FLASH CS4

动画制作与特效设计
2000 例

力行工作室 / 编著

第12章 制作教学课件

第13章 制作游戏类动画

12

13

第10章 制作商业广告

9

第9章 制作MV短片

10

第7章 制作音/视频特效

8

7

第8章 制作贺卡类动画

GO!

1

2

第1章 设计卡通形象

第2章 制作文字特效

第14章 制作网站片头

14

搭上 Flash 的学习地铁,
助您快速成为设计高手!

FLASH CS4
动画制作与特效设计
200例

进入本书学习前,先跟着熊猫阿宝
浏览本书内容吧!如果是初学者,
建议按照章节顺序进行学习,一定
要勤加练习;如果是急性子读者,
看到感兴趣章节也可以抢先阅读!

11

第11章 制作交互式动画

6

第6章 制作导航栏特效

第5章 制作简单动画

5

第4章 制作按钮特效

3

4

第3章 制作鼠标特效

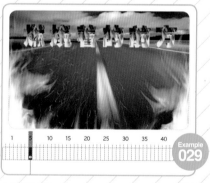

Example **047**

Example **049**

Example **063**

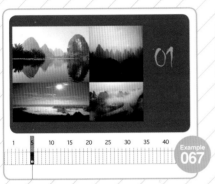

Example **067**

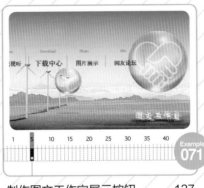

Example **071**

Example **074**

Example **078**

Example **082**

Example **090**

Example **098**

Example **099**

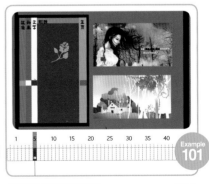

Example **101**

FLASH CS4 动画制作与特效设计 200例

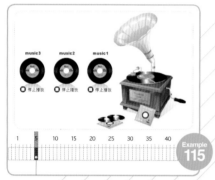

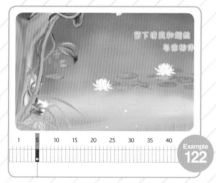

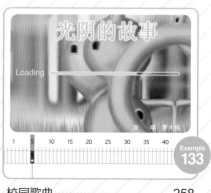

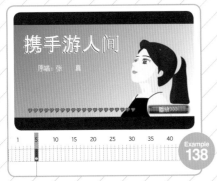

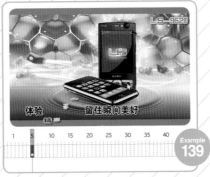

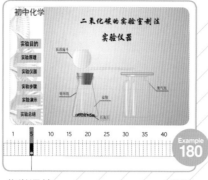

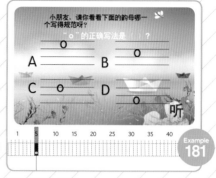

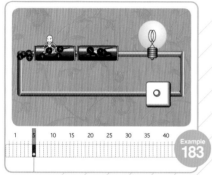

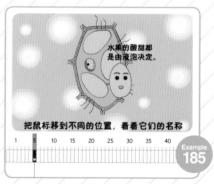

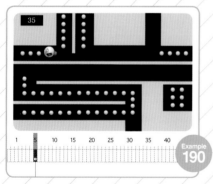

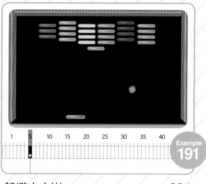

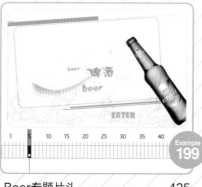

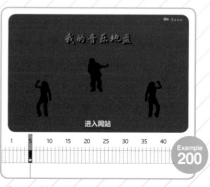

超值多媒体光盘使用说明

本书附赠1张DVD多媒体光盘，内含20小时超长多媒体语音教学视频，读者可以使用Windows Media Player等播放软件观看；另外，还赠送了海量实用素材，包括400个Flash广告欣赏、500幅优秀网站欣赏、2800种精美网页Logo、3000幅网页Banner欣赏、180组网页PSD模板、网页配色词典和语法手册等，读者可以随便调用。

▶ 20小时超长多媒体视频内容索引

▶ 400个Flash广告欣赏

500幅优秀网站欣赏

2800种精美网页Logo

3000幅网页Banner欣赏

新鲜果橙

健康

PREFACE 前 言

Flash是一款优秀的矢量动画编辑软件，具有高品质、跨平台、可嵌入声音、视频，以及强大的交互功能等特性。由于文件体积小，播放效果清晰，因此深受广大用户的青睐，广泛应用于媒体宣传、动漫设计、游戏开发、网站设计等领域。

全书共14章，通过200个精美实用的案例，为用户介绍了使用Flash设计与制作动画的方法，内容涉及卡通形象的设计、文字特效的设计、鼠标特效的设计、导航栏特效的制作、贺卡类动画的制作、MV短片类动画的制作、商业广告的制作、教学课件的制作、游戏类动画的制作、网页片头的制作等方面。

本书在案例的选取上着眼于专业性和实用性，源文件中包含2000个素材和全部脚本代码，供读者学习参考。精心提炼200个实用特效技法，帮助读者解决实际应用中的难题，拓展学习思路。目录采用"实例名称＋关键技术"的双标题形式，方便读者查阅想要学习的内容。每个实例开始都有制作提示、案例描述和效果图预览等内容，使读者快速掌握案例制作方法。

随书附赠1张多媒体光盘，内含20小时多媒体视频教学、本书所有实例的源文件和成品文件，以及海量学习资料。这些资料包括100套实用Flash源文件、400个Flash广告欣赏、500幅优秀网站欣赏、2800种精美网页Logo、3000幅网页Banner欣赏、180组网页PSD模板，以及网页配色词典和语法手册。

本书力求严谨，但由于时间有限，疏漏之处在所难免，望广大读者批评指正。

编 者

CONTENTS 目 录

第1章 设计卡通形象

CHAPTER 01

第2章　制作文字特效

CHAPTER 02

第3章　制作鼠标特效

CHAPTER 03

第4章　制作按钮特效

CHAPTER 04

第5章　制作简单动画

CHAPTER 05

目　录

第6章　制作导航栏特效

CHAPTER 06

第7章　制作音/视频特效

CHAPTER 07

第8章　制作贺卡类动画

CHAPTER 08

第9章　制作MV短片

CHAPTER 09

第10章　制作商业广告

CHAPTER 10

体验精致　　瞬间美好

第11章　制作交互式动画

CHAPTER 11

第12章　制作教学课件

CHAPTER 12

第13章　制作游戏类动画

CHAPTER 13

第14章　制作网站片头

CHAPTER 14

设计卡通形象

　　使用Flash制作动画时，设计卡通造型是动画创作过程中一个非常重要的环节。本章主要介绍卡通型、插画型、漫画型和写实风格中的各种经典角色造型，以及自然景物、日常物品、现代建筑、企业标识等的绘制方法。通过实例对Flash中的钢笔工具、椭圆工具、线条工具、文本工具等基本绘图工具的使用方法进行介绍，使读者掌握Flash软件的基本操作。

EXAMPLE 001 卡通型老人头像

● 钢笔工具的使用　　　◎ 实例文件\Chapter 01\卡通型老人头像\

制作提示 //////////////

❶ 使用钢笔工具绘制人物头像
❷ 使用变形工具、椭圆工具、
　线条工具绘制眼镜

难度系数： ★ ★ ★

案例描述 //////////////

本实例设计的是卡通型老人笑脸头像，人物形象生动、活泼、可爱，通过为头像2添加眼镜，使两个笑脸头像有明显的变化。

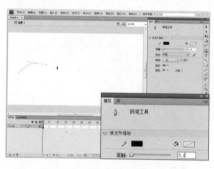

01 新建文件，选择钢笔工具在舞台中单击鼠标左键确定起点，然后在其右侧单击并拖曳鼠标。

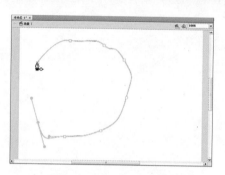

02 在舞台上依次创建其他的锚点，当鼠标指针移至起点位置时，鼠标指针的右下方出现一个小圆圈。

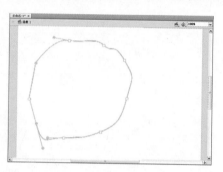

03 当鼠标指针的右下方出现一个小圆圈时，单击鼠标左键，创建闭合曲线。

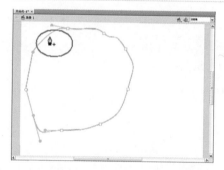

04 将鼠标指针移至两锚点间的曲线上，当指针的右下方出现一个小加号时，单击鼠标左键添加锚点。

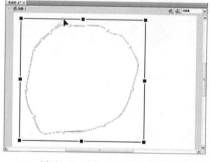

05 按住Ctrl键，显示变形编辑框，按住鼠标左键拖曳控制手柄，调整曲线的弧度。使用同样的方法调整曲线的形状，绘制人物的脸部轮廓。将"图层1"重命名为"脸"。

06 新建"五官"图层，参照人物脸部轮廓的绘制方法，使用钢笔工具绘制人物的五官轮廓。

07 新建"头发1"图层，使用同样的方法绘制人物的头发轮廓。新建"头发2"图层，绘制人物头发轮廓的其他部分。

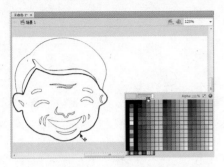

08 使用选择工具双击脸部轮廓,选择颜料桶工具,设置"填充"颜色为皮肤色(#FCCCB8)。

09 在工具箱中选择颜料桶工具,在人物的脸部轮廓区域单击鼠标左键,填充颜色。

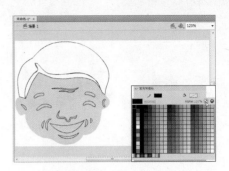

10 保持脸部轮廓为选择状态,单击"填充颜色"色块,在弹出的颜色面板中选择无色。

11 参照脸部轮廓的颜色填充方法,对头像的五官轮廓进行颜色填充,并去除笔触颜色。

12 参照脸部外轮廓的颜色填充方法,对头像的头发轮廓进行颜色填充,并去除笔触颜色。

13 使用选择工具选择绘制好的头像,执行"编辑>复制"命令,复制人物头像。

14 新建"头像2"图层,执行"编辑>粘贴到当前位置"命令,粘贴复制的图形。保持粘贴的图形为选择状态,执行"修改>变形>水平翻转"命令,水平翻转图形。然后将其水平向右移动,调整图形的位置。

15 新建"眼镜"图层,使用椭圆工具在头像2图像的眼睛上绘制两个椭圆。

16 使用任意变形工具,分别调整两个椭圆的形状。

17 使用线条工具在镜框间、镜框的两侧绘制直线,并将镜框间的直线转换为有弧度的曲线。导入并添加背景图像,放置在最底层。至此,完成卡通型老人头像的绘制。

EXAMPLE ── **002 卡通型动物**

● 颜料桶工具的使用　　　　◎ 实例文件\Chapter 01\卡通型动物\

制作提示

❶ 使用椭圆工具、任意变形工具、线条工具等绘制猴子的头部和身体

❷ 使用钢笔工具、椭圆工具绘制大福包和手

难度系数：★ ★ ★ ★

案例描述

本实例设计的是卡通猴子，其形象生动、活泼、可爱，通过为猴子绘制红红的大福包，为猴子造型增添了浓浓的喜庆气氛。

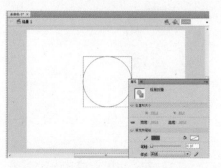

01 新建文件，使用椭圆工具绘制猴子的脸部轮廓。

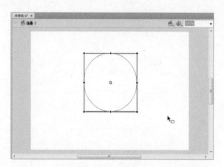

02 使用任意变形工具选择椭圆，对其进行变形。

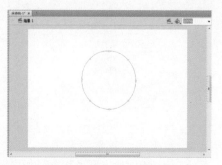

03 选择钢笔工具，按住Ctrl键单击椭圆，进入曲线编辑状态。

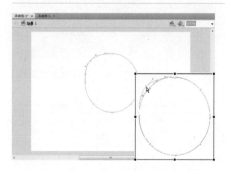

04 按住Ctrl键的同时单击其中的一个锚点，通过调整手柄的长度和方向，改变曲线的形状。

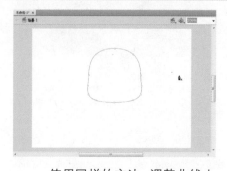

05 使用同样的方法，调整曲线上的其他锚点，将曲线的形状修改为猴子的脸部轮廓。

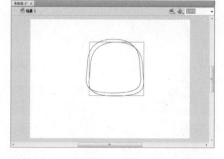

06 在工具箱中选择选择工具，选择猴子的脸部轮廓，按下快捷键Ctrl+D，复制轮廓。

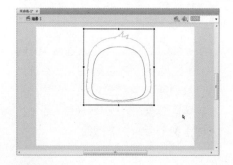

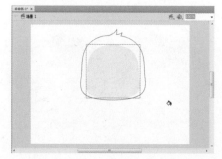

07 使用任意变形工具调整复制轮廓的形状和位置。使用钢笔工具，通过添加、删除和转换描点，绘制出猴子的头部轮廓。选择猴子的脸部轮廓，选择颜料桶工具，设置"填充颜色"为"皮肤色"，为脸部轮廓填充颜色，然后去除其轮廓。

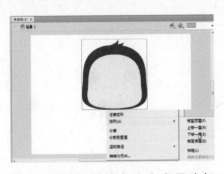

08 使用同样的方法在猴子头部填充咖啡色，并去除其轮廓。选择猴子头部并右击，执行"排列 > 下移一层"命令，调整其排列位置。

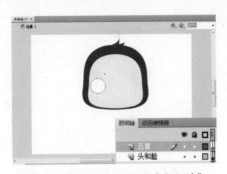

09 将"图层1"更名为"头和脸"，新建"五官"图层，绘制面部五官。使用椭圆工具在脸部轮廓中绘制一个直径为49.4的正圆。

10 复制正圆，调整其直径为39.75，并去除轮廓，修改其"填充颜色"为咖啡色（#7F3B00）至深褐色（#210002）的线性渐变。

11 使用椭圆工具在猴子眼睛上绘制一个白色的小圆，作为眼睛中的高光部分，放置在眼睛的右上角。

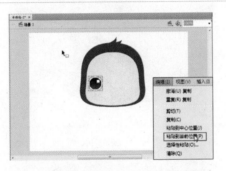

12 选择绘制好的3个正圆，通过执行"复制"和"粘贴至当前位置"命令，进行复制和粘贴。

13 保持粘贴后的图形为选择状态，将其水平翻转并调整至合适位置，作为猴子的另一只眼睛。

14 选择线条工具，在眼睛上方绘制两段倾斜直线，作为眉毛。

15 使用钢笔工具在眼睛下方中间空隙处绘制一条W形状的曲线，作为猴子的鼻子。使用钢笔工具，在鼻子的正下方绘制猴子的嘴。

16 新建"耳朵"图层，然后绘制两个相交的椭圆，删除相交处的线条，制作猴子的耳朵。在耳朵上绘制两个椭圆，作为耳朵的内轮廓。

17 选择耳朵，按下快捷键Ctrl+G组合图形。使用同样的方法绘制猴子的另一只耳朵。

18 在"耳朵"图层下新建"上半身"图层，使用钢笔工具在头像的下方绘制上衣和手臂。

19 使用钢笔工具绘制上衣的领口，使用颜料桶工具，设置相应的填充颜色，填充上衣及衣领。

20 在手臂轮廓内绘制多条线条并分成多段，然后对其进行填充，制作彩条状的衣袖。

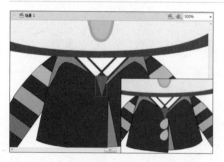

21 使用钢笔工具，在领口下方绘制一个小三角形，填充红色作为红领巾。再在衣服上绘制两个不规则的轮廓，填充黄色作为扣子。

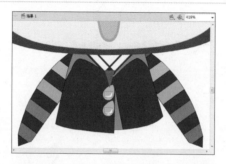

22 在扣子上绘制不规则闭合曲线，填充白色添加高光效果。在"上半身"图层下创建"下半身"图层，绘制裤子轮廓并填充为黄色。

23 使用刷子工具在裤子的内侧绘制浅灰色的图形，增强裤子的立体感。使用钢笔工具绘制猴子的脚和鞋子轮廓，并填充为深蓝色。

24 选择绘制好的脚和鞋子，将其复制并水平翻转，适当调整后将其放置在另一个裤口的下方。

25 在"下半身"图层下创建"尾巴"图层，使用钢笔工具绘制猴子的尾巴轮廓，并填充为深褐色。

26 在"五官"图层上方创建"包"图层，使用钢笔工具在适当位置绘制一个包裹轮廓。

27 选择颜料桶工具，设置"填充颜色"为"红色(#FF3B00)"至"红色(#EB0000)"的线性渐变，填充包裹轮廓后去除轮廓。

28 新建"福"图层，选择文本工具在包裹上输入"福"字，设置字体系列为"方正综艺繁体"。

29 在"福"图层下方新建"福字"图层，在对象绘制模式下绘制一个矩形，将"福"字完全遮盖。

30 在"颜色"面板中修改矩形的"填充颜色"为"黄色"至"橘黄色"的线性渐变。

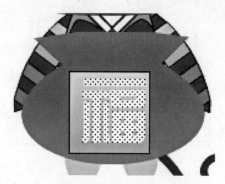

31 使用选择工具选择渐变矩形，按下快捷键Ctrl+B，将矩形分离为图形。再将"福"字分离为图形。

32 选择墨水瓶工具，设置笔触颜色为"黑色"，单击文字，为其描边。按下Delete键删除填充对象。

33 在时间轴中"福"图层的第1帧单击，选择该帧所有的图形对象，剪切并粘贴至"福字"图层。

34 使用选择工具，选择福字轮廓外的所有图块以及黑色福字轮廓，按下Delete键将其删除。

35 删除"福"图层，新建"形状1"图层，使用钢笔工具在包裹的入口处绘制一个灰色的图块，作为包口的形状1；绘制一个红色的图块，作为包口的形状2。

36 新建"扎线"图层，选择钢笔工具，并设置其属性，在包身上绘制一条曲线，作为包的扎线。在扎线的一端绘制两条闭合的曲线，制作扎线的吊穗。

37 使用椭圆工具，在包裹的一侧绘制一个正圆，作为猴子的手，将其复制并放置在包裹的另一侧，作为猴子的另一只手。导入并添加背景图像，完成本例的制作。

EXAMPLE 003 卡通型人物1

● 变形面板的使用　　◎ 实例文件\Chapter 01\卡通型人物1\

制作提示 ////////////////

❶ 使用钢笔工具、选择工具、颜料桶工具等绘制人物轮廓并为人物上色

❷ 使用文本工具和"变形"面板，创建倒立的文字

难度系数：★ ★ ★

案例描述 ////////////////

本实例设计的是卡通人物中的可爱福娃，其形象简单可爱、身体线条简洁、人物比例夸张，男女福娃有相似的面部表情和动作。

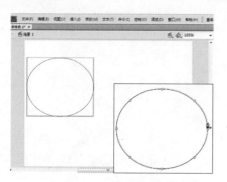

01 新建文件，使用椭圆工具绘制一个椭圆。选择钢笔工具，按住Ctrl键单击椭圆，进入编辑状态。

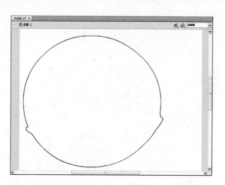

02 通过添加或删除锚点，在椭圆曲线的左右两侧分别绘制出小耳朵的形状。

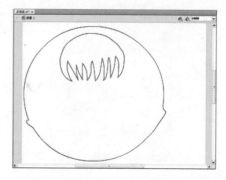

03 使用钢笔工具，在福娃头部轮廓内绘制一条闭合曲线，作为男福娃的头发轮廓。

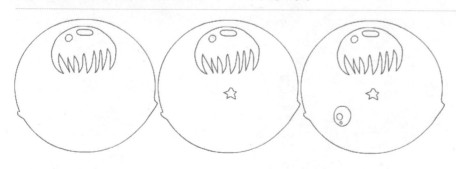

04 选择铅笔工具，在头发轮廓内绘制头发高光轮廓。

05 选择铅笔工具，在福娃的眉心处绘制福娃的眉心形状。

06 选择铅笔工具，在福娃的眉心下方绘制眼睛外轮廓和内部结构。

特效技法1 | 使用铅笔工具绘制形状

在使用铅笔工具绘制形状和线条的方法与使用真实铅笔相同。铅笔工具可以在"拉直"、"平滑"和"墨水"3种模式下进行工作，适合习惯使用手写板进行创作的人员。3种绘图模式介绍如下。

（1）"伸直"模式 ┑：进行形状识别。若绘制出近似于正方形、圆、直线或曲线的图形，Flash将根据它的判断将图形调整成规则的几何形状。

（2）"平滑"模式 ⑤：可以用于绘制平滑曲线。

（3）"墨水"模式 ┗：可较随意地绘制各类线条，在该模式下不对笔触进行任何修改。

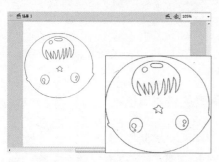

07 使用选择工具选择眼睛,按住 Ctrl 键的同时按住鼠标左键并向右拖曳,复制图形并调整形状和位置。

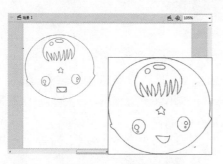

08 使用铅笔工具,在福娃的眼睛下方绘制一条闭合曲线,作为福娃的嘴轮廓。

09 选择钢笔工具,在福娃头部轮廓的下方绘制五条闭合曲线,作为福娃的上肢、躯干和下肢。

10 参照男福娃的绘制方法,在右侧绘制出女福娃,并为男女福娃填充颜色。

11 设置"填充颜色"为"深蓝色",使用颜料桶工具在福娃的头发、眼睛和躯干轮廓内单击,为其上色。

12 使用同样的方法在福娃的头发和眼睛的高光轮廓内填充白色,最后去除其轮廓颜色。

13 选择福娃的主体轮廓、眉心和嘴轮廓,在属性面板中修改其"笔触颜色"和"笔触高度"分别为"深蓝色"和2。

14 新建"图层2",使用文本工具,在男福娃的身上输入"福"字,设置字体系列为 "华文行楷","大小"为50,"颜色"为"白色"。

15 保持文本处于选择状态,然后打开"变形"面板,在该面板中修改其"旋转"角度值为180,将文字进行旋转。

16 选择"福"字,复制文本,并放置在女福娃的身体上,创建同样的文字效果。新建"图层3",在"时间轴"面板中移至图层最底部,导入背景图像,并调整图像的大小和位置,为男女福娃添加背景效果。至此,完成卡通型人物的绘制。

EXAMPLE **004 卡通型人物2**

● 刷子工具的使用　　　◎ 实例文件\Chapter 01\卡通型人物2\

制作提示 ////////////////

❶ 使用椭圆工具、钢笔工具、线条工具等绘制人物轮廓
❷ 使用颜料桶工具为人物上色
❸ 使用刷子工具绘制太阳图案

难度系数：★ ★ ★ ★

案例描述 ////////////////

本实例设计的是卡通人物酷哥，人物丰富的面部表情、漂亮的星形图案上衣和黄色的短裤，在阳光十足的沙滩背景的映衬下，形成一幅非常有特色的沙滩海景。

01 新建文件，修改文档尺寸、帧频等属性，然后将"图层1"重命名为"脸和耳朵"。

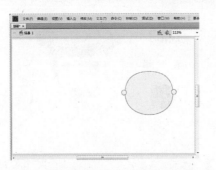

02 使用椭圆工具绘制三个适当大小的椭圆，作为人物的脸和耳朵，"填充颜色"为#FFF0DF。

03 新建"面部表情"图层，使用绘图工具在脸部轮廓内绘制头发、眉毛、眼睛、脸颊、嘴和牙齿。

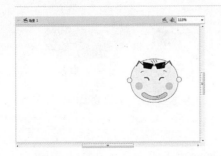

04 新建"眼镜"图层，在人物头部上方绘制眼镜，并在镜片上绘制两条斜线作为镜片的反光区域。

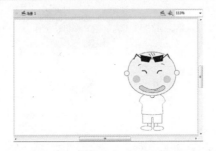

05 新建"主躯干"图层，将其放置在最底层，使用钢笔工具绘制人物的主躯干和下肢轮廓。

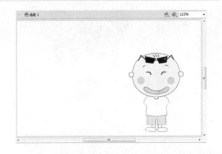

06 选择颜料桶工具，设置"填充颜色"为黄色（#FFEC00），在裤子轮廓内单击鼠标左键，为裤子上色。

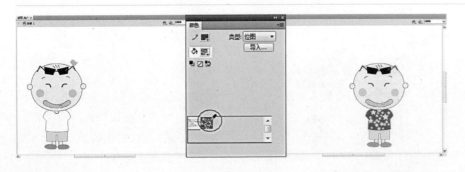

07 使用颜料桶工具为鞋子上色，在"属性"面板中设置"填充颜色"为橘红（#FF9900）。选择颜料桶工具，设置填充类型为"位图"，拾取"图案.jpg"文件作为填充对象，在人物的上衣轮廓内单击，填充图案。

08 使用渐变变形工具选择填充的位图，并调整变形编辑框，改变图案的显示大小。

09 在"主躯干"图层上方新建图层"手1"，使用绘图工具绘制人物的一只手臂，放置在衣服上方。

10 在"主躯干"图层下方新建图层"手2"，使用绘图工具绘制人物的另一只手臂，放置在衣服下方。

11 在"时间轴"面板的最底层新建"太阳"图层，使用刷子工具在人物的右上方绘制太阳。

12 在最底层新建"背景"图层，导入"沙滩背景.jpg"文件作为背景，并对其进行调整。

13 至此，卡通人物酷哥就制作完成了。执行"文件>保存"命令，即可保存文件。

特效技法2 | 人物面部表情的特点

在所有绘画中，人物绘画是最难把握的，而人物绘画中的重点则是形的把握。因此，要想设计出栩栩如生的动画人物，必须掌握好人物绘画的基础，如人体的结构、比例，以及各部分的画法。下面主要介绍人物面部表情的特点。

表情是人类表现内心世界的媒介，也是在人物创作过程中，如何将动画中的人物变成有血有肉的生命的大问题。角色的魅力不单单只是有一张出众的面孔，更多的时候取决于精彩而丰富的表情。脸部表情的变化是刻画人物的关键，通过人物面部表情，可以使欣赏者了解人物的内心感受。丰富的表情富有极大的魅力，可以起到为动画锦上添花的效果。

人物最常用的面部表情有：微笑、大笑、愤怒、悲伤、哭、疲惫、惊讶、不安、害羞等。其中，笑的特点是眉毛和嘴角弯弯的，弯的幅度与笑的程度成正比；哭的特点是眉毛紧拧，眼睛和眉毛挤在一起，眉梢要向上挑起，嘴角向反方向弯曲。

EXAMPLE 005 插画型人物1

● 渐变变形工具的使用　　◎ 实例文件\Chapter 01\插画型人物1\

制作提示

❶ 使用椭圆工具、钢笔工具、渐变变形工具绘制人物

❷ 使用Deco工具用元件进行网络填充

案例描述

本实例设计的是插画型时尚可爱女性，人物衣着时尚、气质高雅。漂亮的背景将手持酒杯坐在沙发上的美女优雅地展现出来。

难度系数：★★★★★

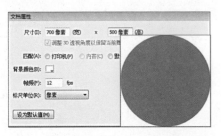

01 新建文件，打开"文档属性"对话框设置文档属性，选择椭圆工具在"对象绘制"模式下绘制一个大小适当的椭圆。

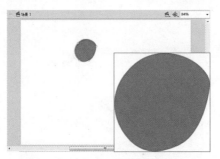

02 选择钢笔工具，按住Ctrl键的同时单击椭圆进入编辑状态，调整各锚点的位置和控制柄，将椭圆修改为人物的头部形状。

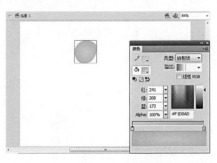

03 选择人物的头部，设置其"填充颜色"为皮肤色（#F1D0AD）至浅棕黄（#E3AF87）的放射状渐变，最后将该颜色作为样本进行保存。

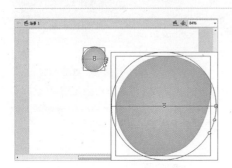

04 选择渐变变形工具，在人物的头部上单击，弹出渐变变形编辑框，调整放射状渐变的扩展大小和位置，将"图层1"重命名为"头"。

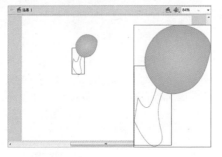

05 新建"颈"图层，并将其放置在"头"图层的下方，使用钢笔工具，在头部的下方绘制一个闭合轮廓，作为人物的颈部。

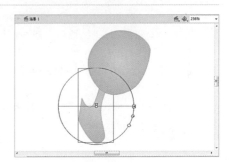

06 选择颜料桶工具，设置"填充颜色"为刚保存的颜色，对颈部进行填充，然后使用渐变变形工具，调整放射状渐变的扩展大小和位置。

特效技法3 | 渐变变形工具

　　渐变变形工具主要用于对图形填充的渐变色和位图进行变形。通过调整填充的大小、方向或者中心，可以使渐变填充或位图填充变形，从而使填充的渐变色彩或位图更加丰富。如果在工具箱中看不到渐变变形工具，可单击并按住任意变形工具，然后从弹出的菜单中选择渐变变形工具。

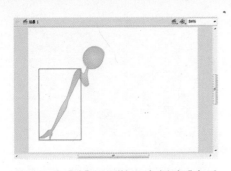

07 在"头"图层的上方新建"右手臂"图层，在颈部右侧绘制做撑起状的右手臂。

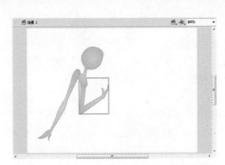

08 在"颈"图层下方新建"左手"图层，在颈部左下方绘制向上托住东西状的左手。

09 使用钢笔工具，在人物的左手上绘制两个闭合的图形，作为人物的左手指。

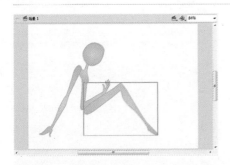

10 在"左手"图层的上方新建"左腿"图层，在人物左手下方绘制人物的左腿。

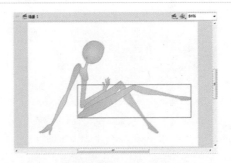

11 在"左腿"图层上方新建"右腿"图层，参照人物颈部的绘制方法，在人物左腿旁绘制右腿。

12 在"左腿"图层的下方新建"上衣"图层，使用钢笔工具绘制一个闭合轮廓，作为人物的上衣。

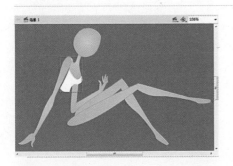

13 选择上衣轮廓，设置其"填充颜色"为"白色"、"笔触颜色"为无，为上衣填充颜色并去除轮廓（暂时将"背景颜色"更改为"桃红色"）。

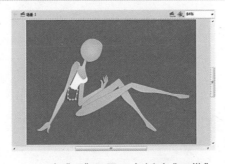

14 在"颈"图层下方新建"腰带"图层，使用钢笔工具绘制一个闭合轮廓，作为上衣与裙子之间的腰带轮廓。

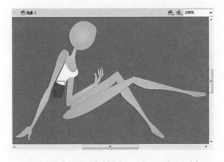

15 选择腰带轮廓，然后在属性面板中设置"填充颜色"为"深红色"（#CA355F）、"笔触颜色"为无，为腰带填充颜色并去除轮廓。

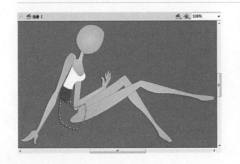

16 在"腰带"图层的下方新建"裙子"图层，使用钢笔工具绘制一个闭合轮廓，作为人物的裙子。

17 选择裙子轮廓，为裙子填充颜色并去除轮廓。其中，"填充颜色"为"白色"、"笔触颜色"为无。

18 在"腰带"图层的上方新建"沙发"图层,使用钢笔工具绘制一个闭合轮廓,作为沙发轮廓。

19 选择沙发轮廓,设置"填充颜色"为"深褐色"(#713B4B)、"笔触颜色"为无,为沙发填充颜色并去除轮廓。

20 在"头"图层的上方新建"头发1"图层,使用钢笔工具,在人物的头上绘制一个闭合轮廓,作为人物的头发轮廓。

21 选择头发轮廓,在"属性"面板中设置"填充颜色"为"深褐色"(#713B4B)、"笔触颜色"为无,为头发填充颜色并去除轮廓。

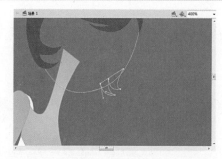

22 在"头"图层的下方新建"头发2"图层,使用钢笔工具,在人物头发的左下侧绘制一个闭合轮廓,作为人物的头发轮廓。

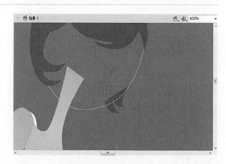

23 选择头发轮廓,在"属性"面板中设置"填充颜色"为"深褐色","笔触颜色"为无,为头发填充颜色并去除轮廓。

24 在"头发2"图层上方新建"头饰1"图层,使用钢笔工具,在人物的右侧头发下绘制一个闭合轮廓,作为人物的头饰轮廓。

25 选择绘制的人物头饰轮廓,在"属性"面板中设置"填充颜色"为"浅青色"(#CCFFFF)、"笔触颜色"为无,为头饰填充颜色并去除轮廓。参照"头饰1"图层中头饰图形的绘制方法,在"头"图层上新建"头饰2"图层,并绘制相应的头饰图形。

26 参照"头饰1"图层中头饰图形的绘制方法,在"右手臂"图层下方新建"头饰3"图层,并绘制相应的头饰图形。

27 在"头饰3"图层下方新建"耳朵"图层,使用钢笔工具,在人物头发右侧绘制一个闭合轮廓,作为人物的耳朵轮廓。

28 选择耳朵轮廓,设置"填充颜色"为前面保存的放射状颜色样本,并设置"笔触颜色"和"笔触高度"分别为"棕黄色"(#CF9372)和0.25。

29 在"耳朵"图层下方新建"嘴"图层,使用钢笔工具绘制"浅红色"的嘴唇、"白色"的牙齿和"深红色"的上嘴唇。

30 使用刷子工具在人物的下嘴唇上绘制"粉红色"(#F6BAB2)和"白色"的不规则图形,作为人物嘴唇上的高光区域。

31 在"嘴"图层的下方新建"鼻子"图层,使用钢笔工具,在人物嘴唇上方绘制填充色为"粉红色"(#E8AB9F)的图形,作为人物的鼻子。

32 在"鼻子"图层的下方新建"眼睛"图层,使用钢笔工具,在头发下绘制"填充颜色"为"深褐色"(#713B4B)的图形,作为人物的眼框。

33 使用钢笔工具,在眼框内绘制一个闭合的"白色"图形和一个"深蓝色"(#342754)的图形,分别作为人物的眼白和眼珠。

34 使用刷子工具,在人物的眼球上绘制"浅蓝色"(#415EAA)和"白色"的小圆形,作为人物眼睛内的高光区域。

特效技法4 | Deco绘画工具

使用Deco绘画工具,可以对舞台上的选定对象应用效果。在选择Deco绘画工具后,可以在"属性"面板中选择对称刷子、网格填充和藤蔓式填充3种效果,本节中使用的是网格填充效果。

应用网格填充效果,可以用库中的元件填充舞台、元件或封闭区域。在舞台中应用网格填充后,如果移动填充元件或调整其大小,则网格填充将随之移动或调整大小。

35 参照人物右眼的绘制方法,使用钢笔工具、刷子工具等,绘制人物的左眼。在"眼睛"图层下方新建"脸颊"图层。

36 绘制"填充颜色"为"粉红色"(#EFB6AB, #EFB8AD、Alpha 值为 80%, #F3D2B3、Alpha 值为 0%) 的人物脸颊。

37 选择渐变变形工具,在人物的脸颊上单击,弹出渐变变形编辑框,拖动控制手柄调整放射状渐变的扩展大小和位置。

38 使用工具箱中的选择工具选择脸颊图形,按住Ctrl键的同时按住鼠标左键并向右拖曳,复制脸颊,调整脸颊的位置,将其放置在脸部的另一侧。

39 新建"酒杯"图层,使用钢笔工具绘制一个酒杯轮廓,并设置"填充颜色"为"淡青色"(#D4ECEB)、"笔触颜色"为"浅青色"(#A6D9DD)。

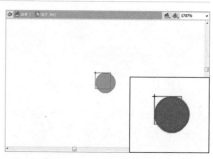

40 新建"圆点_粉红"影片剪辑元件,在舞台上绘制一个"填充颜色"为(#E5729D)、"宽度"和"高度"均为3.9的正圆。使用同样的方法创建"圆点_蓝色"影片剪辑元件。

41 返回主场景,选择"沙发"图层,选择 Deco 工具,在属性面板中设置绘制类型为"网格填充"。单击"编辑"按钮,在打开的"交换元件"对话框中选择"圆点_粉红"元件。

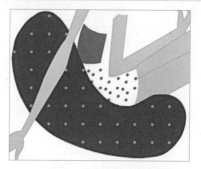

42 完成后单击"确定"按钮,在沙发图形上单击鼠标左键,进行网格填充。参照"沙发"图层中的网络填充方法,在"裙子"图层上进行"蓝色_圆点"形状的网格填充。

43 在图层的最底部新建"背景"图层,然后导入"背景.jpg"文件并调整其大小与位置。最后按下快捷键Ctrl+S保存文件,按下快捷键Ctrl+Enter进行测试。

EXAMPLE 006 插画型人物2

● 部分选取工具的使用　　◎ 实例文件\Chapter 01\插画型人物2\

制作提示 //////////////

❶ 使用钢笔工具、椭圆工具、部分选取工具等绘制整体轮廓

❷ 使用多角星形工具和刷子工具绘制眼睛、眉毛和嘴

❸ 使用文本工具和滤镜功能添加文本和画面发光效果

难度系数：★ ★ ★ ★

案例描述 //////////////

本实例设计的是时尚化妆美女插画，波浪形的长发、优雅的喷香水动作与和谐的颜色，将时尚化妆美女的形象完美地表现了出来。

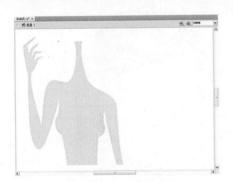

01 执行"文件>新建"命令，新建文档。将"图层1"重命名为"主躯干"，然后使用钢笔工具绘制人物的上半身和手。

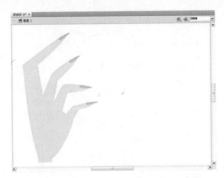

02 新建"指甲"图层，使用钢笔工具，在舞台左侧的手指上绘制4个指甲，设置其"填充颜色"为"橘黄色"（#FFB600）。

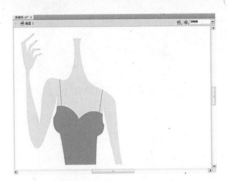

03 新建"衣服"图层，使用钢笔工具，在主躯干上绘制女性的吊带衣，设置"填充颜色"为"水红色"（#FF5E53）。

04 新建"头发1"图层，使用钢笔工具，在颈部的右侧绘制图形作为女性的长发，设置"填充颜色"为"暗红色"（#7F0000）。

05 使用钢笔工具，沿着头发的曲线绘制几条曲线，作为头发的纹理，设置"填充颜色"为"深红色"（#0000FF）。

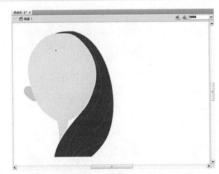

06 新建"脸和耳朵"图层，使用椭圆工具和部分选取工具绘制人物的脸和耳朵，设置"填充颜色"为"土黄色"（#F2C090）。

07 新建"面部表情"图层,使用钢笔工具和椭圆工具,绘制人物的眼睛,设置"填充颜色"为"深红色"(#B35B49)。

08 使用多角星形工具,设置"样式"和"边数"为"多边形"和3,在眼球旁绘制白色三角形,复制并翻转,调整眼球和白色部分的位置。

09 使用线条工具,在眼睛上方分别绘制两条斜线,并使用选择工具,将斜线向上弯曲,变为曲线,作为人物的眉毛。

10 使用钢笔工具和刷子工具,绘制人物的嘴唇,设置"填充颜色"分别为"粉红色"(#FFB3AE)和"橘黄色"(#DE9F49)。

11 使用钢笔工具和选择工具,在嘴唇上方绘制两个图形,作为人物的鼻孔,设置"填充颜色"为"深红色"(#B35B49)。

12 新建"头发2"图层,使用钢笔工具,沿着前面绘制的头发曲线,在人物的头顶处绘制头发和头发的纹理。

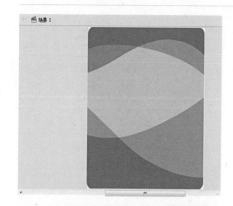

13 新建"背景"图层,使用矩形工具、钢笔工具和编辑工具,绘制一个与舞台同大、由色块组成的圆角矩形,作为背景。

14 将"背景"图层拖动至最底层。新建"香水"图层,使用矩形工具和线条工具在人物的右手上绘制一个呈喷洒状的香水瓶。

15 使用文本工具输入"PERFU-ME"文本,并设置其属性。保持文本为选择状态,为其添加发光效果。完成插画型人物的绘制。

EXAMPLE **007 QQ表情**

● 椭圆工具的使用 　　　　　　● 实例文件\Chapter 01\QQ表情\

制作提示 ////////////////////

❶ 使用椭圆工具、渐变变形工具、钢笔工具等绘制面部轮廓

❷ 使用椭圆工具、复制功能绘制眼睛和嘴

❸ 利用填充功能填充颜色，并制作阴影效果

难度系数：★ ★ ★ ★

案例描述 ////////////////////

本实例设计的是示爱QQ表情，心形的眼睛、张开的大嘴，以及整齐的牙齿，将QQ表情形象、夸张地表现出来，并且趣味性十足。

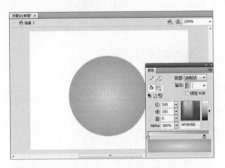

01 新建文档，选择椭圆工具，设置其"填充颜色"为"黄色"（#FFF100）至"金黄色"（#F39700）的放射状渐变，绘制一个椭圆。

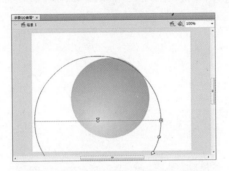

02 在工具箱中选择渐变变形工具，选择渐变椭圆，调整渐变变形编辑框的大小和位置，改变渐变颜色的扩展效果。

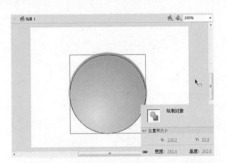

03 使用椭圆工具，设置"笔触颜色"和"填充颜色"分别为"黑色"和无，在渐变椭圆上绘制一个圆边框，并调整其大小和位置。

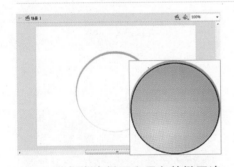

04 选择渐变椭圆和黑色的椭圆边框，按下快捷键Ctrl+B将椭圆对象分离为图形，使用选择工具选择黑色椭圆边框内部的填充图形，按下Delete键，将其删除。

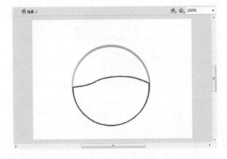

05 将"图层1"重命名为"轮廓"图层，并创建"面部1"图层。选择钢笔工具，设置"笔触颜色"为"黑色"，"笔触高度"为0.1，在轮廓内绘制一条闭合的曲线。

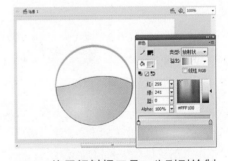

06 使用颜料桶工具，为刚刚绘制的闭合曲线填充渐变颜色，设置其"填充颜色"为"黄色"（#FFF100）至"金黄色"（#F9B800）的放射状渐变，填充图形。

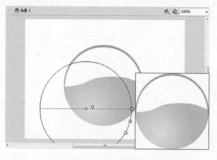

07 保持闭合曲线为选择状态,单击"笔触颜色"色块,在弹出的面板中选择无。使用渐变变形工具调整放射状渐变的扩展大小和位置。

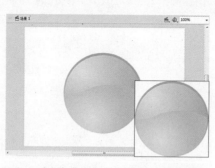

08 新建"面部2"图层,参照"面部1"图层中渐变图形的绘制方法,在轮廓内的上半部分绘制渐变图形,作为QQ表情的面部颜色。

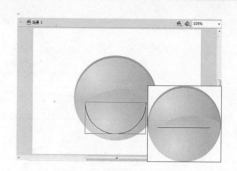

09 新建"白色轮廓"图层,使用线条工具,在面部1中绘制一条水平直线,使用选择工具,将直线向下拖曳,将直线转换为曲线。

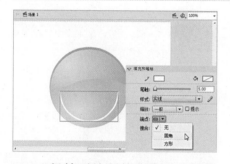

10 保持刚绘制的曲线为选择状态,在"属性"面板中设置"笔触颜色"、"笔触高度"和"端点"分别为"白色"、5和"方形"。

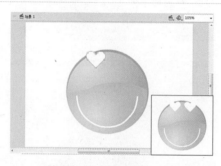

11 使用钢笔工具绘制一个填充色为"白色"的心形,作为QQ表情的心形眼睛。复制该图形并适当调整得到另一只眼睛。

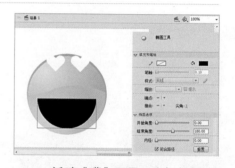

12 新建"嘴"图层,选择椭圆工具,设置其"开始角度"为0、"结束角度"为180,在QQ表情上绘制一个内径为200的半圆。

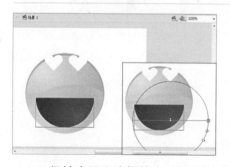

13 保持半圆为选择状态,设置"填充颜色"为从"红色"到"深红色"再到"暗红色"的放射状渐变。使用渐变变形工具选择渐变颜色的半圆,调整放射状渐变的扩展大小和位置。新建"舌头"图层,使用相同的方法绘制舌头。

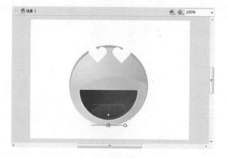

14 新建"牙齿"图层,使用钢笔工具在嘴唇处绘制一条闭合曲线,作为QQ表情的牙齿。

特效技法5 | 基本椭圆工具

在工具箱中的矩形工具 □ 上按住鼠标左键,在弹出的菜单中选择基本椭圆工具 ○ 绘制椭圆图元与使用椭圆工具绘制椭圆的方法完全一样,只是椭圆图元所对应的"属性"面板不同。

在使用基本椭圆工具绘制对象时,按住Shift键的同时按住鼠标左键并拖曳,可绘制正圆图元;按住Alt键的同时按住鼠标左键并拖曳,可以以鼠标单击位置为中心绘制椭圆图元;按住Shift+Alt组合键的同时按住鼠标左键并拖曳,可绘制出以鼠标单击位置为中心的正圆图元。

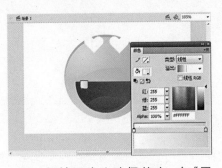

15 保持牙齿为选择状态,在"属性"面板中设置"填充颜色"为"白色"至"灰色"(#CCCCCC)的线性渐变,填充图形。

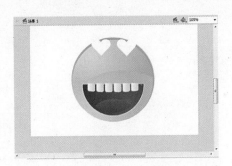

16 为牙齿去除黑色的轮廓,使用选择工具选择绘制好的牙齿图形,按住 Ctrl 键的同时按住鼠标左键并拖曳,复制多个牙齿,并进行排列。

17 新建"嘴唇"图形,选择线条工具,设置"笔触颜色"和"笔触高度"分别为"橘黄色"(#F39700)和4,在牙齿上绘制直线作为嘴唇。

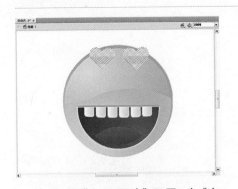

18 新建"心形眼睛"图层,在"白色轮廓"图层中选择绘制好的两个白色心形图形,复制这两个白色心形图形,并粘贴到"心形眼睛"图层上。

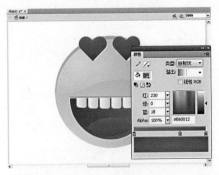

19 选择两个白色心形图形,调整其位置,并修改"填充颜色"为从"红色"到"深红色"再到"暗红色"的放射状渐变。然后将红色的眼睛图形分别进行组合。

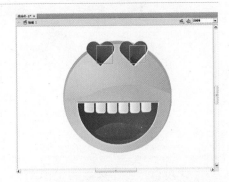

20 使用钢笔工具,分别在红色的眼睛图形上绘制一条不规则的闭合曲线,为该图形填充与眼睛图形相同的红色渐变颜色,并调整渐变颜色的扩展位置。

21 新建"眉毛"图层,选择线条工具,并设置其"笔触颜色"为"黑色"、"笔触高度"为4,在QQ表情的心形眼睛上方绘制两条直线。

22 使用选择工具,将刚绘制的两条直线转换为曲线,作为QQ表情的眉毛。新建"阴影"图层,将其放置在"时间轴"面板的最底层。

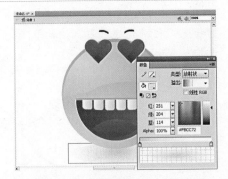

23 在"阴影"图层绘制一个椭圆,设置"填充颜色"为"浅黄色"(#FBCC72)至"白色"(#FFFDF8、Alpha 值为 0%)。完成本例制作。

EXAMPLE 008 漫画型人物

● 线条工具的使用　　　　◎ 实例文件\Chapter 01\漫画型人物\

制作提示

❶ 使用钢笔工具、椭圆工具、线条工具等绘制3个不同人物的造型
❷ 使用矩形工具、线条工具、任意变形工具绘制箱子
❸ 使用文本工具添加文本内容

难度系数：★ ★ ★

案例描述

本实例设计的是漫画型人物可爱的一家，一家三口的形象生动、活泼、可爱，通过做不同的家庭事物，体现出人物在家庭中的角色，将一家三口其乐融融的日常生活场景完美地展现了出来。

01 执行"文件>新建"命令，新建文件。执行"修改>文档"命令，在弹出的"文档属性"对话框中设置"尺寸"为550像素×400像素，单击"确定"按钮。

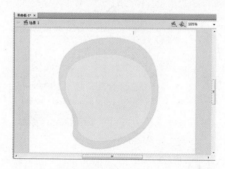

02 将"图层1"生命名为"背景"图层，使用钢笔工具在舞台上绘制两个"填充颜色"分别为"浅蓝色"和"淡蓝色"的图形，作为背景图形。

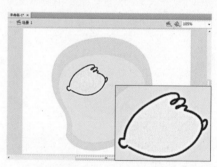

03 新建"小孩头"图层，使用钢笔工具在舞台上绘制一个小孩头像轮廓，并设置其"填充颜色"、"笔触颜色"和"笔触高度"分别为"皮肤色"、"黑色"和3。

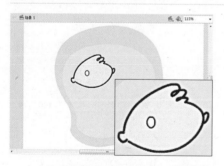

04 选择椭圆工具，设置"笔触颜色"、"笔触高度"和"填充颜色"分别为"黑色"、2和"白色"，绘制一个小椭圆，作为小孩的眼睛。

05 选择椭圆工具，在"属性"面板中的"填充和笔触"卷展栏中设置"填充颜色"为"黑色"，在眼睛内绘制一个小圆，作为眼珠。

06 参照步骤4~步骤5的操作，在工具箱中选择椭圆工具，然后在"属性"面板中设置相应的参数，在人物头像上绘制另一只眼睛。

07 选择铅笔工具，在绘制好的眼睛对象上方绘制两条直线，作为小孩的眉毛。

08 使用铅笔工具在眼睛之间绘制一条弯曲的线条，作为鼻子。使用铅笔工具和刷子工具，绘制嘴。

09 选择刷子工具，设置"填充颜色"为"粉红色"（#FBDCCB），在人物的眼睛下方绘制脸颊。

10 新建"箱子"图层，设置"笔触颜色"、"填充颜色"和"笔触高度"分别为"黑色"、"浅金色"（#CFB688）和2，绘制一个矩形。

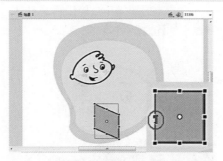

11 使用任意变形工具选择刚绘制的矩形，通过调整变形编辑框将其进行上下倾斜变形，作为箱子的一个侧面。

12 同样地，使用矩形工具和任意变形工具，绘制箱子的其他两个面，并将绘制好的面组合成一个立体的箱子。

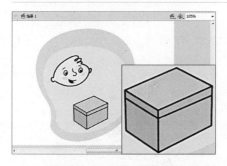

13 使用线条工具，在箱子上绘制两条倾斜的直线，作为箱盖的分割线。

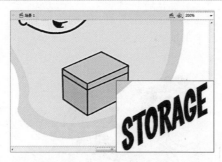

14 使用文本工具创建STORAGE文本，将文本分离为图形，使用任意变形工具将文本倾斜变形。

15 将变形后的文本进行组合，并放置在箱子的一个面上，作为箱子上的文字。

特效技法6 | 人物绘制过程

俗话说"人靠衣装"，服装不仅可以为人物形象增添情趣，而且还可以体现出人物的个性和身份。在创作一部作品之前，首先要根据要创作的故事发生的年代，收集大量相关的资料，其中便包括当时的服装和饰物。

一般来说，绘制人物的步骤是：先起草不着衣的人体结构，然后再加上服装。在绘制服装时，注意服装和褶皱与人体结构的关系。

16 在"小孩头"图层下创建"小孩上半身"图层，使用钢笔工具和刷子工具，绘制颈部和条纹上衣。

17 在"小孩上半身"图层下方创建"小孩脚"图层，使用钢笔工具和刷子工具，绘制腿和鞋子。

18 在"箱子"图层的上方创建"小孩手"图层，使用钢笔工具，绘制小孩的手。

19 在"小孩脚"图层下方新建"爸爸的头部"图层，参照小孩头部的绘制方法，绘制小孩爸爸的头部并进行适当调整。

20 在"爸爸的头部"图层下方新建"爸爸的上半身"图层，使用钢笔工具、铅笔工具等，绘制小孩爸爸的上半身。

21 在"爸爸的上半身"图层下方新建"办公桌及文件"图层，使用钢笔工具、铅笔工具等，绘制办公桌及桌上的文件。

22 在"办公桌及文件"图层下方新建"妈妈的头"图层，参照小孩头部的绘制方法，绘制小孩妈妈的头部并进行适当调整。

23 在"妈妈的头"图层的下方新建"妈妈上半身"图层，使用钢笔工具、刷子工具等绘制小孩妈妈的上半身、手中的衣服和衣盆。

24 在"妈妈上半身"图层下方新建"妈妈脚"图层，使用钢笔工具绘制妈妈的脚。至此，完成漫画型人物的绘制。

EXAMPLE 009 写实人物1

● 选择工具的使用　　◎ 实例文件\Chapter 01\写实人物1\

制作提示 ////////////////

❶ 使用钢笔工具、刷子工具、颜料桶工具绘制人物

❷ 使用椭圆工具、"颜色"面板、渐变变形工具绘制气泡

❸ 使用选择工具选择复制的对象，并调整复制对象的大小和位置

难度系数：★★★★

案例描述 ////////////////

本实例设计的是写实人物——玩气泡的男孩，在人物绘制过程中，采用不变形、不夸张的手法，从而使画面接近真实的人物场景。

01 新建文件，执行"修改>文档"命令，在弹出的"文档属性"对话框中设置"尺寸"为550像素×400像素，单击"确定"按钮。

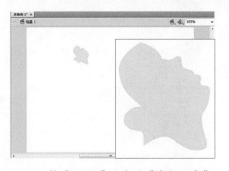

02 将"图层1"更名为"头和五官"图层，使用钢笔工具绘制向上抬起的小孩头部轮廓，设置其"填充颜色"为"皮肤色"（#FFDCCB）。

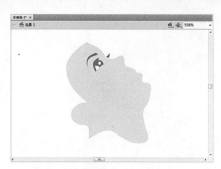

03 使用钢笔工具、刷子工具，根据人物向上抬头的姿势，绘制"金黄色"的眼睛和眉毛，以及眼球中的"白色"反光区。

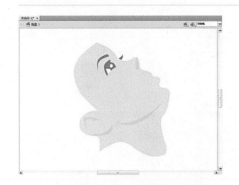

04 使用钢笔工具、刷子工具，在头像的相应部位绘制"填充颜色"为"深肤色"（#FCCAB3）图形，对人物的鼻子、耳朵和下颚处进行加深，突出人物的轮廓。

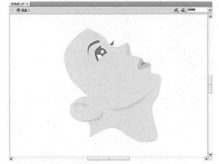

05 使用钢笔工具、刷子工具，在头像的嘴部进行绘制，设置"填充颜色"分别为"粉红色"（#FFB8CA）和"洋红色"（#FF6ACA），作为人物微微张开的嘴。

06 新建"头发"图层，使用钢笔工具绘制"填充颜色"为"金色"（#9F7200）的头发。使用刷子工具，在头发处绘制"浅金色"（#BD9238）的不规则图形，作为头发的高光部位。

07 在"头和五官"图层下新建"绿色上衣"图层，使用钢笔工具在颈部的下方绘制填充色为"绿色"（#42BF00）的人物上衣。

08 新建"上衣皱褶"图层，选择刷子工具，设置"填充颜色"为"深绿色"（#42A200），在上衣上绘制衣服皱褶，突出衣服的轮廓。

09 新建"领口袖口"图层，使用刷子工具在上衣的领口和袖口处绘制"填充颜色"为"深绿色"（#428100）的图形，作为领口和袖口。

10 新建"白色条纹"图层，选择刷子工具，设置"填充颜色"为"白色"，在上衣上绘制图形，作为衣服的白色条纹。

11 新建"双手"图层，参照人物脸部轮廓的绘制方法，使用钢笔工具和刷子工具绘制出人物向上张开的双手。

12 在"绿色上衣"图层下新建"裤子"图层，选择钢笔工具，设置"填充颜色"为"灰白色"（#E8E-BEB），绘制裤子。

13 新建"裤子皱褶"图层，然后使用铅笔工具和刷子工具，在裤子图形上绘制图形，作为裤子的线条和皱褶。

14 在"时间轴"面板的最底层创建"鞋子"图层，使用钢笔工具绘制"灰色"的鞋底、"绿色"的鞋面、"深绿色"的皱褶和"白色"的鞋头。

15 在"时间轴"面板的最上方新建"小孩2"图层，参照穿绿色条纹上衣小孩的绘制方法，在舞台的右侧绘制另一个视线向下的小孩头部。

16 使用钢笔工具、刷子工具,在小孩2头部的下方绘制衣服、手、裤子和腿。

17 使用钢笔工具、刷子工具,在小孩2裤子的下方绘制小孩的袜子和鞋子。

18 新建"气泡"图层,使用椭圆工具,绘制一个"宽度"和"高度"均为40的正圆。

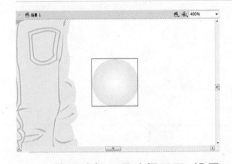

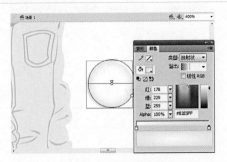

19 使用选择工具选择正圆,设置"填充颜色"为"白色"至"淡蓝色"(#B2E5FF)的放射状渐变颜色,并为正圆去除轮廓。

20 在"颜色"面板的渐变条中添加色标,并调整色标的位置,使用渐变变形工具调整渐变颜色的扩展范围和位置,完成气泡图形的绘制。

21 使用选择工具选择气泡图形,多次复制气泡,并调整各气泡的大小和位置,制作出气泡在空中飘浮的效果。完成写实人物的绘制。

特效技法7 | 使用选择工具选择对象的方法

　　使用选择工具可以选择单个对象,也可以同时选择多个对象,具体有以下3种方法。

　　(1)选择单一对象。使用选择工具,将鼠标指针移至要选择的对象上单击即可。

　　(2)选择多个对象。先选择一个对象,然后按住Shift键的同时依次在要选择的其他对象上单击;或按住鼠标左键,拖曳出一个矩形范围,将要选择的对象都包含在矩形范围内。

　　(3)双击选择图形。对于包含填充和轮廓的图形,将鼠标指针移至要选择的对象上双击即可同时选择填充的形状及其笔触轮廓;要选择叠在一起的图形构成的连接笔触轮廓,只需将鼠标指针移至要选择的笔触轮廓上双击即可。

EXAMPLE **010 写实人物2**

● 刷子工具的使用　　　　◎ 实例文件\Chapter 01\写实人物2\

制作提示 ////////////////

❶ 使用钢笔工具、刷子工具绘制人物的头部

❷ 使用椭圆工具、渐变变形工具绘制脸颊效果

难度系数：★ ★ ★ ★

案例描述 ////////////////

本实例设计的是写实人物——身穿学士服的毕业生，毕业生头戴学士帽、身穿学士服、手持学位证，站在学校一角留影。

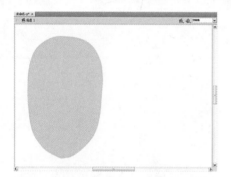

01 新建文件，将"图层1"重命名为"头和五官"图层，使用钢笔工具绘制人物的头部轮廓，并设置其"填充颜色"为"皮肤色"（#FFCEBE）。

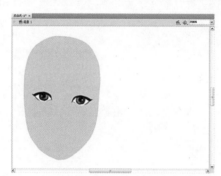

02 使用钢笔工具、刷子工具，绘制"白色"的眼白、"黑色"的眼睑、"深蓝色"（#4F2C67）的眼珠，以及眼球中的"白色"反光区，完成人物眼睛的绘制。

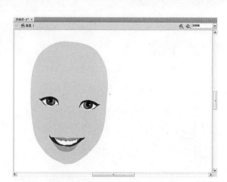

03 使用钢笔工具、刷子工具，在嘴部绘制"填充颜色"分别为"粉红色"（#F5929A）、"浅红色"（#DE686D）、"咖啡色"（#4E1200）和"白色"的图形，作为人物微张的嘴。

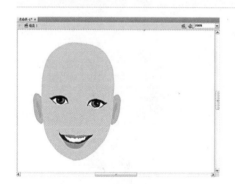

04 使用钢笔工具、刷子工具，在头像的两侧绘制"填充颜色"分别为"粉红色"（#F2BBB3）和"浅红色"（#EFAAA0）的图形，作为人物的耳朵。

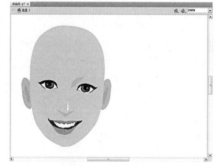

05 使用钢笔工具绘制人物的鼻子和眉毛轮廓，并为其填充"浅红色"（#F2BBB3）。使用刷子工具，在鼻子上绘制"填充颜色"为"白色"的图形，作为鼻子上的高光。

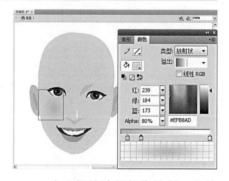

06 在人物的脸颊部位绘制一个填充色为"粉红色"（从左到右依次为#EFB6AB，#EFB8AD，Alpha值为80%，#F3D2B3、Alpha值为0的放射状渐变）的椭圆图形。

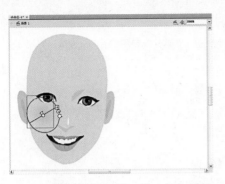

07 选择渐变变形工具，在人物的脸颊上单击，弹出渐变变形编辑框，拖曳变形编辑框的控制手柄，调整放射状渐变的扩展大小和位置。使用相同的方法在脸部的另一侧创建同样的效果。

08 新建"头发及高光"图层，使用钢笔工具，绘制填充色分别为"黑色"和"咖啡色"（#6F4E4E）的图形作为人物的头发，并绘制填充颜色为由深至浅的"咖啡色"线性渐变的图形，作为头发的高光部位。

09 新建"学士帽"图层，绘制带吊穗的学士帽图形。在"头和五官"图层下方新建"颈和衣领"图层，使用钢笔工具、刷子工具绘制人物的颈部和"填充颜色"为"灰白色"（#D9DEEB）的衣领。

10 在"颈和衣领"图层下新建"学士服"图层，使用钢笔工具绘制"填充颜色"为"深蓝色"（##2A395D）的图形，作为衣服。使用刷子工具在衣服的袖口、皱褶等位置绘制深颜色的图形，为学士服添加皱褶。新建"双手"图层，使用钢笔工具、刷子工具参照脸部的绘制方法，在衣服的袖口处绘制人物的双手。

11 新建"蝴蝶结"图层，使用绘图工具在人物手中所握的对象上绘制一个蝴蝶结，在"属性"面板中设置"填充颜色"为"浅紫色"。

12 在图层的最底层新建"腿"图层，使用钢笔工具，在学士服下方绘制"填充颜色"为"深灰色"（#464646）的图形，作为人物的双腿。

13 新建"鞋子"图层，使用钢笔工具、刷子工具，绘制"黑色"的鞋子、"浅灰色"的鞋面以及"白色"的高光部位。

14 在图层的最底层新建"背景"图层，导入位图素材，并调整位图的大小和位置，为其添加背景。至此，完成写实人物的绘制。

EXAMPLE

011 自然景物1

● 颜色面板的使用　　　　　◎ 实例文件\Chapter 01\自然景物1\

制作提示 ////////////////////////

❶ 使用矩形工具、渐变变形工具绘制蓝天

❷ 使用钢笔工具、颜料桶工具等绘制白云

❸ 使用选择工具、"库"面板添加"草地和树"元件

难度系数：★ ★ ★ ★

案例描述 ////////////////////////

本实例设计的是自然景物蓝天白云，蔚蓝色的天、白色的云、绿色的草地和树，将一幅清新的自然景色展示出来。

01 执行"文件>打开"命令，打开附书光盘\实例文件\Chapter 01\自然景物1\蓝天白云素材.fla文件绘制自然景物图形。

02 选择矩形工具，设置"笔触颜色"和"填充颜色"分别为无和"黑白"线性渐变，绘制一个与舞台等大的渐变矩形。

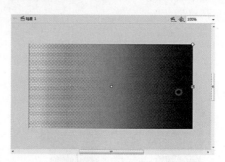

03 使用渐变变形工具选择渐变矩形，将鼠标指针移至渐变变形编辑框右上角的控制手柄上，按住鼠标左键拖动，向左旋转90°。

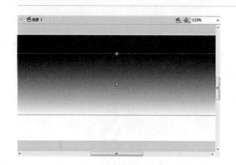

04 将鼠标指针移至调整渐变变形编辑框大小的控制手柄上，此时鼠标指针变成双向箭头，按住鼠标左键并向下拖曳，缩小变形编辑框的高度调整矩形。

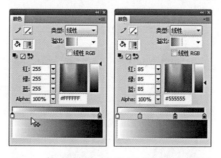

05 将鼠标指针移至"颜色"面板下方的渐变条上，鼠标指针的右下角多出一个"+"符号，在渐变条上两次单击鼠标左键，添加两个色标以便设置渐变颜色。

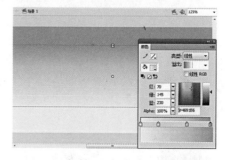

06 双击第一个色标，在弹出的面板中设置其颜色为"浅青色"（#DDECFF），依次设置其他三个色标的颜色为（#BEDEFF）、（#91C5F7）和（#4691E6）。

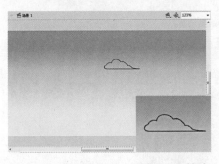

07 新建"图层2",选择工具箱中的钢笔工具,在渐变背景上绘制一个闭合轮廓,作为云朵的轮廓。

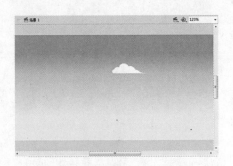

08 选择颜料桶工具,设置"填充颜色"为"白色",在云朵轮廓内单击鼠标左键填充颜色,设置"笔触颜色"为无,为云朵去除轮廓。

09 保持云朵为选择状态,按下快捷键Ctrl+D,复制云朵。使用工具箱中的任意变形工具,设置云朵的大小,并将其放置在适当的位置。

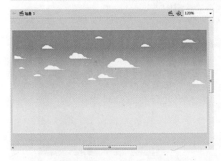

10 重复步骤9的操作,多次复制云朵图形,并调整图形大小和方向,添加多个云朵图形。

11 新建"图层3",将"库"面板中的"草地和树"元件拖动到舞台中,放置在舞台的底部。

12 至此,完成本例制作。按下快捷键Ctrl+S保存文件,按下快捷键Ctrl+Enter预览该影片。

特效技法8 | 色彩搭配要注意的3个要素

(1) 色调

美术上画一幅作品,一般要先铺一种颜色,为整幅画奠定基调。制作动画也一样,首先要把握基本基调,再为动画配色。

(2) 冷暖

色彩搭配的另一个重要因素就是色彩的冷暖问题。色彩的冷暖变化是人们的一种心理感觉,又是一种色彩变化规律。冷暖关系直接关系到画面的色彩效果,如右图所示。

(3) 明暗

如果画面色彩没有明暗对比、深浅变化,那么在画面中看到的,只是一些缺乏关系、混乱不堪、互不相干的颜色。

此外,还要注意光源对主要对象颜色的影响,一般动画中的有形对象都会在与光源相背处留下阴影,要用深浅不同的颜色加以区分。

EXAMPLE

012 自然景物2

● 矩形工具的使用　　◎ 实例文件\Chapter 01\自然景物2\

制作提示 ////////////////////

❶ 使用矩形工具、渐变变形工具绘制草地和道路

❷ 使用钢笔工具、颜料桶工具绘制白云

❸ 使用"库"面板添加素材元件

难度系数：★ ★ ★ ★

案例描述 ////////////////////

本实例设计的是自然景物秋天之韵，整个画面呈金黄色，天空、草地、枫叶和蜻蜓，将一幅金色之秋的画面表现得淋漓尽致。

01 执行"文件>打开"命令，打开附书光盘\实例文件\Chapter 01\自然景物2\秋天之韵素材.fla文件绘制自然景物图形。

02 选择矩形工具，设置"笔触颜色"和"填充颜色"分别为无和"黑白"线性渐变，绘制一个与舞台等大的渐变矩形。

03 使用渐变变形工具选择渐变矩形，将鼠标指针移至渐变变形编辑框右上角的控制手柄上，按住鼠标左键拖动，向左旋转90°。

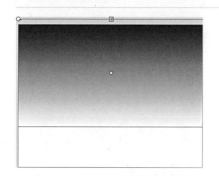

04 将鼠标指针移至调整渐变变形编辑框大小的控制手柄上，此时鼠标指针变成双向箭头，按住鼠标左键并向下拖曳，缩小变形编辑框的高度调整矩形。

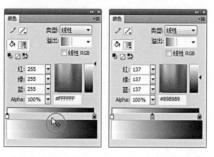

05 将鼠标指针移至"颜色"面板下方的渐变条上，鼠标指针的右下角多出一个"+"符号，在渐变条上单击鼠标左键，添加一个色标以便设置渐变颜色。

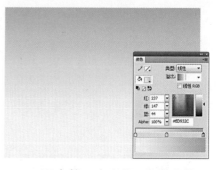

06 双击第一个色标，在弹出的面板中设置其颜色为"浅黄色"（#FEFFAA），分别设置其他两个色标的颜色为"黄色"（#F5DB18）和"橘黄色"（#ED932C）。

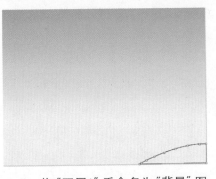

07 将"图层1"重命名为"背景"图层,新建"草地1"图层,选择工具箱中的钢笔工具,在渐变背景上绘制一个闭合轮廓,作为草地的轮廓。

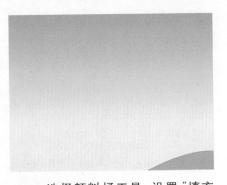

08 选择颜料桶工具,设置"填充颜色"为"草黄色"(#A3B531),在草地轮廓内单击填充颜色。设置"笔触颜色"为无,为草地去除轮廓。

09 新建"草地2"图层,参照前面"草地1"的绘制方法,绘制另一块"填充颜色"为"草黄色"(#BACA11)的草地。

10 新建"路"图层,使用钢笔工具,在第一块草地上绘制一个封闭轮廓,作为草地上的路。

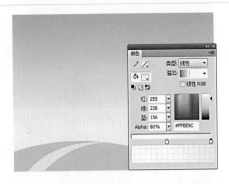

11 使用颜料桶工具,为其填充"浅黄色"(#FFFDEB)至"黄色"(#FFEE9C)的线性渐变。

12 执行"插入>新建元件"命令,打开"创建新元件"对话框,设置"名称"为"云","类型"为"影片剪辑"。

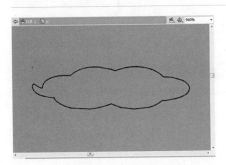

13 单击"确定"按钮,进入"云"元件的编辑区,使用钢笔工具绘制一个闭合轮廓,作为云的形状(暂时将"背景颜色"更改为"桃红色")。

14 选择颜料桶工具,为其填充从"白色"到"黄色"(#F6E234)再到"白色"的放射状渐变,然后去除云朵的轮廓。

15 返回主场景,新建"云"图层,将"库"面板中的"云"元件拖曳至舞台,调整实例的位置。设置"颜色样式"为Alpha,Alpha值为30%。

16 使用选择工具，按住Ctrl键将"云"实例复制两次，使用任意变形工具对复制的实例进行变形，设置Alpha值分别为70%和50%。

17 新建"树"图层，将"库"面板中的"树"元件拖曳至舞台，放置在道路的一旁，使用任意变形工具调整其位置和大小。

18 使用选择工具选择"树"实例，按住Ctrl键连续复制实例，将复制的实例放置在路的两旁，并依次调整树的大小。

19 新建"树叶"图层，将"库"面板中的"树叶"元件拖曳至舞台，在"属性"面板中设置其"宽"、"高"、X和Y值分别为289.6、353.5、210.45和0。

20 新建"蜻蜓"图层，将"库"面板中的"蜻蜓"元件拖曳至舞台，在"属性"面板中设置其"宽"、"高"、X和Y值分别为72.3、89、398.9和263.4。

21 复制"蜻蜓"，在"变形"面板中设置缩放值均为100%、倾斜值均为75°，并适当调整实例的位置。保存并测试影片，完成自然景物的绘制。

特效技法9 | 天空和云的画法

　　自然背景在动画片中处处可见，要想随心所欲地设计符合故事情节的自然背景，就必须先打好基础，掌握自然界中天空、云等景物的绘制方法。

　　（1）天空

　　天空在背景中面积较大，它往往能表现出影片的气氛、色调，有时还能体现出动画人物的情绪，动画的高潮和低潮。随着春、夏、秋、冬四季景物和早晚的变化，天空的表现也各不相同。

　　在Flash中绘制天空比较简单，一般是先画一个无边框的矩形，再为其填充线性渐变色，然后使用渐变变形工具将渐变填充的方向修改为从上至下。画天空时要有变化，表现出高深的空间感，有时上部颜色深，下部颜色浅；有时上部颜色浅，下部颜色深，不能平涂成一样，但差别也不要太大。

　　（2）云

　　天上的云彩变幻不定、形象万千，在Flash动画中表现为卡通和写实两种风格，本案例中的云彩即为卡通风格。

　　在绘制云彩时，要表现云和天空的关系，云有厚、薄、大、小、虚和实之分，近处的云可以比远处的云大、效果清晰。

EXAMPLE 013 小手提袋

● 椭圆工具的使用　　◎ 实例文件\Chapter 01\小手提袋\

制作提示 //////////////////////////////

❶ 使用钢笔工具和颜料桶工具绘制提手

❷ 使用钢笔工具、刷子工具绘制手提袋

❸ 使用钢笔工具、椭圆工具、矩形工具绘制花朵造型

难度系数： ★ ★ ★

案例描述 //////////////////////////////

本实例设计的是日常物品小手提袋，黄绿色的袋身、粉红色的提手，以及淡雅的小花，将一个精巧别致的手提袋展示了出来。

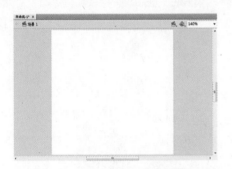

01 新建文件，执行"修改>文档"命令，在打开的对话框中设置"尺寸"为300像素×300像素，单击"确定"按钮。

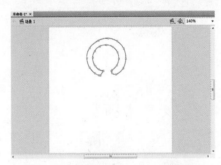

02 选择钢笔工具，将"笔触颜色"和"笔触高度"分别设置为"黑色"和0.1，在舞台中创建一个闭合轮廓，作为手提袋的提手。

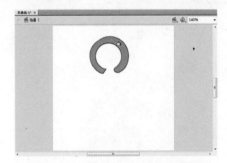

03 选择颜料桶工具，设置"填充颜色"为"粉红色"（#D779A3），将鼠标指针移至绘制好的轮廓内，单击鼠标左键，完成颜色的填充。

04 新建"图层2"，参照步骤2～3的操作，再绘制一个闭合轮廓，作为手提袋的袋子，使用颜料桶工具，为其填充"黄绿色"（#ABCD03）。

05 使用工具箱中的选择工具选择绘制好的手提袋，在"属性"面板中设置其"笔触颜色"为无，去除手提袋周围的轮廓。

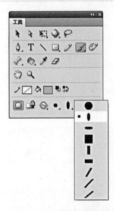

06 新建"图层3"，选择工具箱中的刷子工具，设置"填充颜色"为"青绿色"（#85B81C），并设置刷子的大小和形状。

07 使用绘图工具在手提袋的提手下方绘制一些形状，作为手提袋的褶皱，在"属性"面板中设置"填充颜色"为"深绿色"。

08 新建"图层4"，参照步骤2~3的操作，使用钢笔工具绘制一个闭合轮廓，作为手提袋上的花朵造型，并为其填充"白色"。

09 选择椭圆工具，设置"填充颜色"为"粉红色"（#D779A3），在白色的花上绘制一个"宽"和"高"均为10.6的正圆。

10 使用选择工具选择白色的花瓣和粉红色的花芯，按下快捷键Ctrl+G组合图形。

11 按住Ctrl键的同时按住鼠标左键并拖曳，复制组合好的花朵，并调整其大小和位置。

12 重复步骤11的操作，再次复制花朵图形，使用任意变形工具调整其大小和位置。

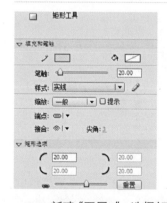

13 新建"图层5"，选择矩形工具，设置"笔触颜色"、"填充颜色"和"笔触高度"分别为"浅灰色"、无和20，并设置"矩形边角半径"为20。

14 按住Shift键的同时，使用矩形工具在舞台正中央绘制一个"宽"和"高"均为280的正方形边框。至此，小手提袋就制作完成了。

特效技法10 | 绘制圆角矩形

使用工具箱中的矩形工具■可以绘制长方形和正方形，也可以绘制带圆角的矩形。

在Flash CS4中，使用以下两种方法可以调用矩形工具。

（1）在工具箱中单击选择矩形工具■。

（2）按下 R 键。

除了可以使用矩形工具绘制圆角矩形外，选择工具箱中的基本矩形工具■，设置矩形角半径后，同样可以绘制圆角矩形。

EXAMPLE **014 时尚手机**

● 任意变形工具的使用　　◎ 实例文件\Chapter 01\时尚手机\

制作提示 ///////////

❶ 使用椭圆工具、渐变变形工具、颜料桶工具绘制手机机身

❷ 用矩形工具、任意变形工具和刷子工具绘制显示屏

❸ 使用"库"和"属性"面板添加素材

难度系数：★ ★ ★ ★

案例描述 ///////////

本实例设计的是日常物品时尚手机，手机以明亮的黄色为主，外形时尚漂亮，红色的心形和可爱卡通头像，为手机增添了别样的装饰效果。

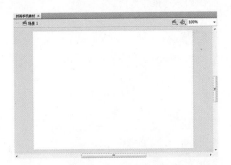

01 执行"文件>打开"命令，打开附书光盘\实例文件\Chapter 01\时尚手机\时尚手机素材.fla文件，打开"文档属性"对话框设置其属性。

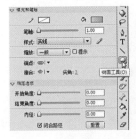

02 选择椭圆工具，将"笔触颜色"和"填充颜色"分别设置为无和"黄色"（#FACC00）至"橘红色"（#EA7B08）的线性渐变。

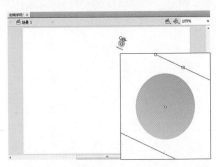

03 在舞台上绘制一个椭圆，并设置其"宽"、"高"、X和Y值分别为22.6、24.4、313.9和40.1，使用渐变变形工具调整渐变的角度和范围。

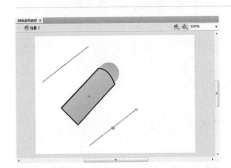

04 新建"图层2"，选择钢笔工具绘制一个闭合框，作为手机的天线，使用颜料桶工具填充闭合框，使用渐变变形工具，调整渐变的角度和范围。

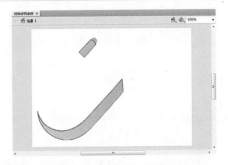

05 新建"图层3"，选择钢笔工具绘制一个闭合框，作为手机机身的侧面，使用颜料桶工具填充闭合框，使用渐变变形工具，调整渐变的角度和范围。

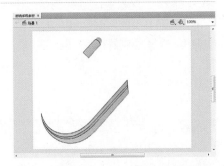

06 新建"图层4"，选择钢笔工具绘制一个闭合框，作为手机机身上下盖的侧面，设置"填充颜色"为"橘黄色"（#DB9019），使用颜料桶工具填充闭合框。

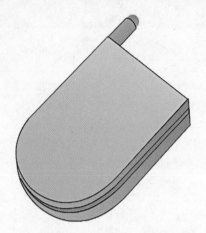

07 新建"图层5"，利用钢笔工具绘制一个闭合框，作为手机上盖的壳，并对其进行填充，使用渐变变形工具，调整渐变的角度和范围。

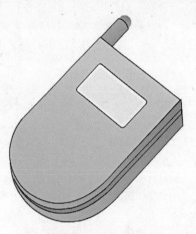

08 新建"图层6"，选择矩形工具，在手机的外壳上绘制一个"米白色"（#F7F2E2）矩形，作为手机盖的时间显示窗口。

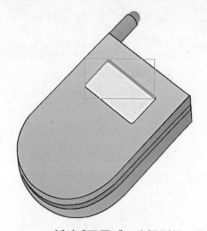

09 新建"图层7"，选择刷子工具，设置"填充颜色"为"黄色"至"橘红色"的线性渐变，沿手机时间显示窗口绘制图形。

10 选择工具箱中的选择工具，按住Shift键的同时按住鼠标左键并拖曳，选择绘制的所有图形，在"属性"面板中设置其"笔触颜色"为无，去除轮廓。

11 新建"图层8"，将"图层8"拖曳至"图层1"的下方，将"库"面板中的"头像"元件拖曳至舞台，在"属性"面板中设置该元件的X和Y值分别为142.8和5.5。

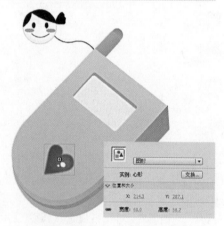

12 在"图层7"上方新建"图层9"，将"库"面板中的"心形"元件拖曳至舞台，设置其"宽"、"高"、X和Y值分别为60、58.7、214.3和287.1。至此，完成时尚手机的绘制。

特效技法11 | 绘制有立体感的物体

在Flash 中，绘制有立体感的物体，一般步骤如下。

先画好物体的基本轮廓，再平涂固有色，然后根据光源的位置确定物体的3个面，即亮面、灰面和暗面；最后在固有色的基础上将颜色调亮、调暗，分别填充在物体的亮部、暗部和投影处，这样，物体的立体感便出来了。

在绘制简单物体时，它有着三大面，引申到其他的复杂物体时，也要将它们总结成三大面来画。初学者只要掌握好这个规律，就很容易画出有立体感的物体。

虽然，在Flash中可以绘制出非常精美的矢量图形，但动画设计人员通常不会把角色和物品绘制得很细腻，一方面是因为这样会增加作品的体积，不利于网络的传播，另一方面是因为越细腻制作动画的工作量就越大。因此，为了减少前期投入，提高工作效率，绘画时会忽略一些细节，有的还采用了平涂固有色的手法，直接绘制角色和物品。

EXAMPLE **015 现代建筑**

● 库面板的使用　　　　　◎ 实例文件\Chapter 01\现代建筑\

制作提示 //////////////

❶ 使用矩形工具、"属性"面板绘制天空并设置天空参数

❷ 使用椭圆工具、"变形"面板、线条工具绘制彩虹

❸ 使用颜料桶工具、"库"面板添加并调整素材

难度系数： ★ ★ ☆ ★

案例描述 //////////////

本实例设计的是现代科教楼建筑，高耸的科教楼坐落于绿色的草地上，建筑周围被大树围绕，并配上蓝天、白云和彩虹，整个画面清新、明亮、自然。

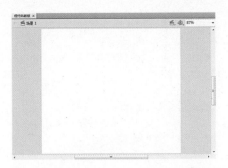

01 执行"文件>打开"命令，打开附书光盘\实例文件\Chapter 01\现代建筑\现代科教楼素材.fla文件，打开"文档属性"对话框设置其属性。

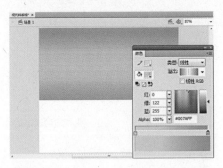

02 将"图层1"更名为"天空"图层，使用矩形工具在舞台上绘制一个宽为550、高为278、填充色为"浅青色"至"天蓝色"的线性渐变矩形。

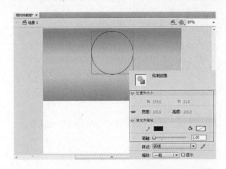

03 新建"彩虹"图层，选择椭圆工具，设置"笔触颜色"为"黑色"、"笔触高度"为1，在舞台上绘制一个宽和高均为165的正圆。

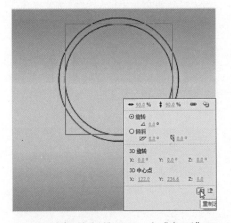

04 选择绘制的正圆，在"变形"面板中单击"重制选区和变形"按钮，设置"缩放宽度"和"缩放高度"均为90%，重制并变形正圆。

05 使用同样的方法连续5次单击"变形"面板中的"重制选区和变形"按钮，并设置相应的参数，重制并变形正圆。

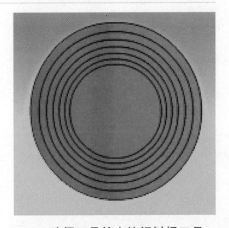

06 选择工具箱中的颜料桶工具，在"属性"面板中设置"填充颜色"为"红色"，在第一个正圆内单击鼠标左键，填充颜色。

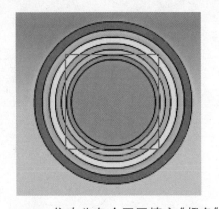

07 依次为各个正圆填充"橙色"（#FF9900）、"黄色"（#FFFF00）、"绿色"（#00CD00）、"蓝色"（#00CCFF）和"紫色"（#CC66FF）。

08 选择线条工具，在彩色圆的两侧绘制两条斜线。选择斜线和所有的圆将其分离，删除倾斜线条两侧的彩色填充区域和线条轮廓。

09 新建"白云"图层，使用矩形工具和刷子工具，在舞台中绘制白云图形。

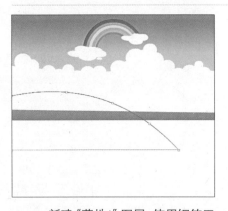

10 新建"草地1"图层，使用钢笔工具，绘制一个封闭轮廓，作为草地的轮廓。

11 选择颜料桶工具，为草地填充从"绿色"（#1EAA00）到"草绿色"（#71CD00）再到"黄绿色"（#71CD00）的线性渐变，并去除轮廓。

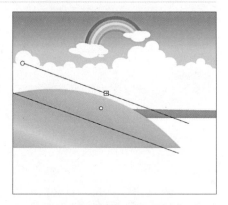

12 选择工具箱中的渐变变形工具，在渐变草地上单击鼠标左键，弹出渐变变形编辑框，调整渐变的角度和范围。

13 新建"路1"图层，使用钢笔工具绘制一个封闭轮廓，作为马路的轮廓。

14 选择颜料桶工具，为马路填充"黄色"（#FFDC00）到"橘黄色"（#FFA000）的线性渐变并去除轮廓。

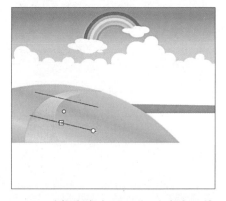

15 选择渐变变形工具，在渐变马路上单击鼠标左键，弹出渐变变形编辑框，调整渐变的角度和范围。

16 参照"草地1"图层中草地的绘制方法，新建"草地2"图层，在舞台的右侧绘制另一块草地图形。

17 参照"路1"图层中马路的绘制方法，新建"路2"图层，在刚绘制的草地图形上绘制马路图形。

18 参照"草地1"图层中草地的绘制方法，新建"草地3"图层，在舞台的正前方绘制第三块草地图形。

19 参照"路1"图层中马路的绘制方法，新建"路3"图层，在刚绘制的草地图形上绘制马路图形。

20 在"白云"图层上方新建"楼1"图层，使用钢笔工具，绘制两两相接的封闭轮廓，作为楼房的轮廓。

21 选择颜料桶工具，为左侧楼房填充"浅蓝色"（#00DCFF）至"蓝色"（#00A0E6）的线性渐变。

22 选择颜料桶工具，为右侧楼房填充"深蓝色"（#0082BE）至"蓝色"（#00A0E6）的线性渐变，并去除楼房的轮廓。

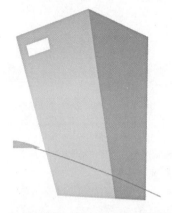

23 使用矩形工具，绘制一个"填充颜色"为"白色"的矩形，使用部分选取工具调整矩形的角点，将矩形变形。

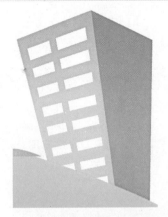

24 使用选择工具选择白色矩形，按住Ctrl键的同时按住鼠标左键并拖曳，将变形后的矩形多次复制并进行排列，作为楼房的玻璃。

25 使用矩形工具，在楼的另一面绘制一个"填充颜色"为"白色"的矩形，使用部分选取工具调整矩形的角点，将矩形变形。

26 使用选择工具选择刚绘制的白色矩形，按住Ctrl键并拖曳鼠标，将变形后的矩形多次复制并进行排列，作为楼房的玻璃。

27 参照"楼1"图层中楼房的绘制方法，新建"楼2"图层，在蓝色楼房的右侧再绘制一座楼房，在"属性"面板中设置"填充颜色"为"粉红色"。

28 参照"楼1"图层中楼房的绘制方法，新建"楼3"图层，在粉红色楼房的前面再绘制一座楼房，在"属性"面板中设置"填充颜色"为"粉红色"。

29 在"楼3"图层上方新建"树1"图层，将"库"面板中的"树1"元件拖动至舞台中，放置在粉红色楼房的一旁。

30 在"路1"图层上方新建"树2"图层，将"库"面板中的"树2"元件拖曳至舞台中，放置在蓝色楼房的一旁。至此，完成本例的绘制。

特效技法12 | 颜色样本

　　在Flash CS4中，用户可以在颜色面板中复制、删除某个颜色或清除所有颜色。

　　若要复制或删除颜色，执行"窗口>样本"命令打开"样本"面板，单击要复制或删除的颜色，然后在扩展菜单中执行"直接复制样本"或"删除样本"命令，如右图所示，即可复制或删除选中的颜色。执行"直接复制样本"命令，将启用颜料桶工具，使用颜料桶在"样本"面板的空白区域单击可复制选中的颜色。

　　若要从颜色面板中清除所有颜色，在"样本"面板扩展菜单中执行"清除颜色"命令，将删除黑白两色以外的所有颜色。执行"添加颜色"命令，可以将已设置好的颜色作为样本保存。

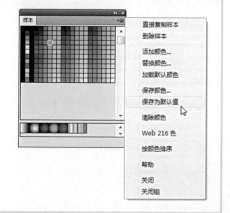

EXAMPLE **016 企业标识**

● 文本工具的使用　　　◎ 实例文件\Chapter 01\企业标识\

制作提示 //////////

❶ 使用线条工具、椭圆工具、颜料桶工具绘制标识图案

❷ 使用选择工具、"变形"面板等复制并变形图案

❸ 使用文本工具、仿粗体命令输入并设置文本

难度系数： ★ ★ ★

案例描述 //////////

本实例设计的是雅洁彩妆企业标识，桃色的背景、扇形的标识图案和夸张的文本效果，体现出雅洁彩妆时尚流行的象征意义。

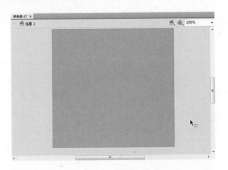

01 执行"文件>新建"命令，新建一个"宽"和"高"分别为420像素和400像素、"背景颜色"为"粉红色"（#FF6699）的Flash文档。

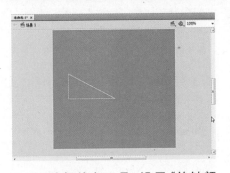

02 选择线条工具，设置"笔触颜色"和"填充颜色"均为"白色"、"笔触高度"为0.1，在舞台上绘制一个闭合的三角形。

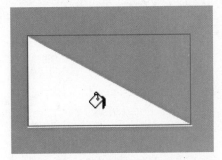

03 选择工具箱中的颜料桶工具，设置"填充颜色"为"白色"，将鼠标指针移动到闭合的三角形内，单击鼠标左键，填充颜色。

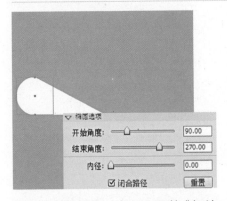

04 选择椭圆工具，设置其"起始角度"和"结束角度"分别为90和270，按住Shift键的同时按住鼠标左键并拖曳，绘制一个"宽"为42的正半圆，放置在三角形的左侧。

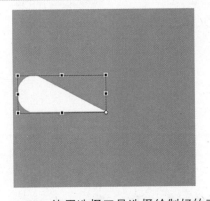

05 使用选择工具选择绘制好的三角形和半圆，将其组合，使用工具箱中的任意变形工具选择组合好的对象，将变形控制中心移至变形框中的右下方角点。

06 保持组合对象为选择状态，在"变形"面板中单击"重制选区和变形"按钮，设置"旋转"值为30°，然后连续4次单击"重制选区和变形"按钮，复制组合对象。

07 新建"图层2"，选择椭圆工具，设置"开始角度"和"结束角度"分别为180和0，按住Shift键的同时按住鼠标左键并拖曳，绘制一个"宽"为65的正半圆，并调整半圆的位置。

08 新建"图层3"，选择文本工具，设置字体的"系列"、"大小"、"文本填充颜色"和"字母间距"分别为"黑体"、75、"白色"和20，在舞台上输入"雅洁彩妆"文本。

09 使用工具箱中的选择工具选择"雅洁彩妆"文本，然后执行"文本>样式>仿粗体"命令，制作仿粗体文本效果，使文本看起来更加醒目。

10 选择文本工具，并设置字体的"系列"、"大小"和"字母间距"分别为Arial CYR、65和10，在舞台上输入"YAJIECZ"。

11 使用选择工具选择"YAJIECZ"文本，执行"文本>样式>粗体"命令，制作粗体文本，保存并测试标识动画。

12 使用选择工具选择舞台上所有的对象，按下F8键，将其转换为"标识"影片剪辑元件，并复制舞台上的"标识"实例。

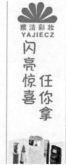

13 打开"对联广告素材.fla"文档，将"标识"实例粘贴到该文档，新建"标识"图层，将制作好的标识应用至该动画中。

14 将"对联广告素材.fla"保存为"对联广告动画.fla"，并测试影片，预览动画。

Chapter

EXAMPLE 017 世博会标识

中国2010年上海世博会
EXPO 2010 SHANGHAI CHINA

● 钢笔工具的使用　　　　　◎ 实例文件\Chapter 01\世博会标识\

制作提示 //////////////////

❶ 使用钢笔工具、颜料桶工具
绘制并填充会徽轮廓

❷ 使用文本工具、分离功能输
入并设置文本

难度系数：★ ★ ★

案例描述 //////////////////

本实例设计的是中国2010年上海世博会的标识，会徽图案以汉字"世"为书法创意原形，并与数字"2010"巧妙组合，相得益彰，表达了中国人民举办一届属于世界的、多元文化融合的博览盛会的强烈愿望。

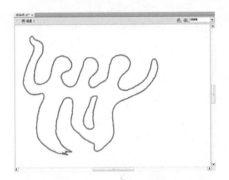

01 新建一个Flash文档，并设置"名称"为"世博会标识"，使用钢笔工具绘制会徽轮廓。

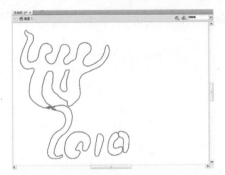

02 使用钢笔工具，在已绘制的轮廓下绘制数字"2010"的书法轮廓，并与前面的轮廓相接。

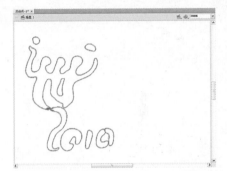

03 使用钢笔工具，在会徽轮廓上绘制两个闭合轮廓，放置在左右人物形状的手形上。

04 使用颜料桶工具，分别为闭合轮廓填充相应的颜色。其中，将右上角的图形填充为"橘黄色"，其余图形填充为"绿色"。

05 使用工具箱中的选择工具选择绘制的图形，在"属性"面板中设置"笔触颜色"为无，为绘制的会徽去除轮廓。

06 使用文本工具，在编辑区中合适位置创建相应的文本内容。然后分别将其打散，分离为图形。至此，完成世博会标识的绘制。

特效技法13 | 文本样式

在Flash中，要应用粗体或斜体样式，执行"文本>样式"命令，在打开的级联菜单中选择相应的样式即可。

如果所选字体不包括粗体或斜体样式，则菜单中将不显示该样式。可以在级联菜单中选择仿粗体或仿斜体样式（文本>样式>仿粗体/仿斜体）。

018 世博会吉祥物"海宝"

● 滤镜效果的应用　　　◎ 实例文件\Chapter 01\世博会吉祥物海宝\

制作提示 ////////////////////

❶ 使用椭圆工具、钢笔工具、选择工具等绘制吉祥物海宝的轮廓
❷ 使用导入到舞台功能添加素材
❸ 应用滤镜功能添加发光效果

难度系数：★ ★ ★

案例描述 ////////////////////

本案例设计的是世博会吉祥物"海宝"的形象，它以汉字"人"为核心创意，配以代表生命和活力的海蓝色。它的欢笑展示着中国积极乐观、健康向上的精神面貌，挺胸抬头的动作显示着包容和热情，手举标牌倡议大家要爱护环境。

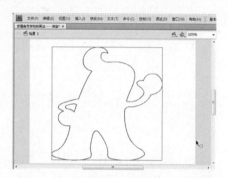

01 执行"文件>新建"命令，新建一个Flash文档，将"图层1"重命名为"身体"。使用钢笔工具在舞台上绘制"人"字形的卡通轮廓，作为吉祥物海宝的身体轮廓。

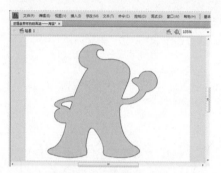

02 选择颜料桶工具，设置"填充颜色"为"海蓝色"(#00CBFF)，然后为海宝填充颜色。使用选择工具选择黑色的轮廓，按下键盘上的Delete键将其删除。

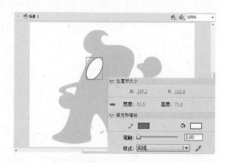

03 新建"眼睛"图层，使用椭圆工具，设置"填充颜色"、"笔触颜色"和"笔触高度"分别为"白色"、"深蓝色"(#095AA6)和2，绘制椭圆，作为吉祥物的眼球。

04 选择钢笔工具，在"属性"面板中设置"填充颜色"为"灰色"，沿着眼球的右侧轮廓绘制一个弧形，作为眼睛的一部分。

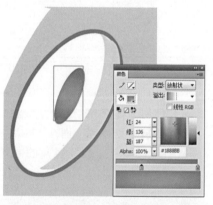

05 使用椭圆工具，在眼睛内绘制一个小椭圆，在"属性"面板中设置"填充颜色"为"浅蓝"到"深蓝"的线性渐变颜色，填充图形。

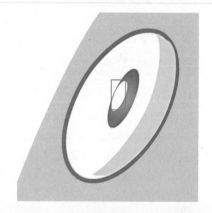

06 再次使用椭圆工具，在眼睛内绘制一个小椭圆，并为其填充"白色"，作为眼珠的反光部位，至此，完成吉祥物一只眼睛的绘制。

07 使用选择工具选择绘制的眼睛，复制图形作为吉祥物的另一只眼睛，并对复制图形的位置和旋转角度进行调整，以符合视线的角度。

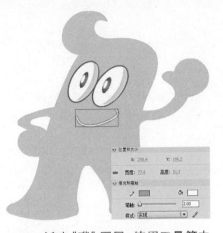

08 新建"嘴"图层，使用工具箱中的钢笔工具，在眼睛图形的下方绘制一个弧形的闭合图形，作为吉祥物的大嘴。

09 新建"标牌"图层，使用绘图工具，在吉祥物海宝展开的手掌上绘制一个不规则的四边形，作为标牌的杆。

10 选择本书配套光盘中的"图片.JPG"文件，将其导入到舞台中，并调整位图的大小和位置，放置在标杆上，作为标牌。

11 新建"文字"图层，使用文本工具，在标牌上输入广告宣传语"天蓝水清 地绿居佳"，并设置文字的属性。

12 单击"滤镜"卷展栏下方的"添加滤镜"按钮，在弹出的菜单中执行"发光"命令。设置"发光"参数，为文本添加白色发光效果。

13 复制"身体"图层中的吉祥物身体图形，新建"浮雕"图层，将图形原位粘贴，并将其转换为"元件1"影片剪辑元件。

14 保持"浮雕"实例为选择状态，在"滤镜"卷展栏中为实例添加"发光"滤镜，并设置相应的参数，为吉祥物添加立体的效果。

15 至此，完成世博会吉祥物海宝的绘制。按下快捷键Ctrl+S保存该文件，按下快捷键Ctrl+Enter对该动画进行测试预览。

制作文字特效

Flash CS4提供了非常强大的文本编辑功能，在动画效果中除了可以输入文本内容外，还可以制作出各种字体效果。本章主要介绍了水波文字、渐隐文字、模糊文字、遮罩文字、激光文字、霓虹灯文字等特效文字的创建，通过添加文字特效得到各种文字效果。主要应用的知识点包括关键帧的创建、遮罩层的创建、遮罩动画的创建、引导层的创建、滤镜功能的应用等。

EXAMPLE ■ **019 打字效果**

● 关键帧的创建　　　　　　　◎ 实例文件\Chapter 02\打字效果\

制作提示 ///////////////////////

❶ 输入并分离文本

❷ 在不同帧保留不同的文本

难度系数：★★

案例描述 ///////////////////////

本实例是通过将文本打散，然后分别编辑每一帧中文字的显示来完成的。

01 执行"文件>打开"命令，打开附书光盘\实例文件\Chapter 02\打字效果\城市.fla文档。

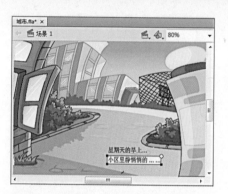

02 在"图层1"的第200帧处插入普通帧。新建"图层2"，利用文本工具在编辑窗口中输入合适的文本。

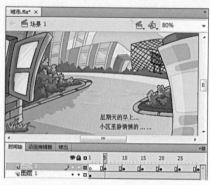

03 将"图层2"中的第1帧拖至第5帧的位置，并依次间隔5帧插入关键帧，直至第65帧为止。

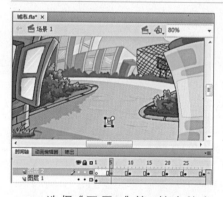

04 选择"图层2"第5帧中的文本，删除"星"字外的文本。

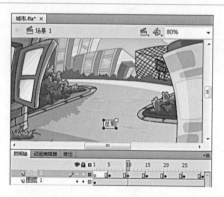

05 选择"图层2"第10帧中的文本，删除"星期"外的文本。

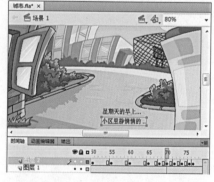

06 间隔5帧删除多余的文本。至此，完成打字效果的绘制。

特效技法1 | 打字效果创建原理

在编辑窗口中输入文本时，会有一个闪烁的光标提示用户输入文字的位置。该效果创建方法如下。新建"光标"影片剪辑元件，使用绘图工具绘制一个光标形状，在第2帧插入关键帧，并将关键帧中的图形删除。返回到舞台中，新建图层3，在第5帧插入空白关键帧，并将元件拖动至文字的前面，然后每间隔5帧插入一个关键帧，并调节关键帧中元件的位置。

EXAMPLE **020** 水波文字

● 旋转命令的应用　　　　　　◎ 实例文件\Chapter 02\水波文字\

制作提示 ////////////////////

❶ 文本内容的输入
❷ 波纹动画的设计
❸ 遮罩效果的创建

难度系数：★ ★

案例描述 ////////////////////

本实例设计的是水波文字效果，在一片蔚蓝的海底世界中，一行文字随着波纹荡漾。

01 新建一个Flash文件，将所有的素材文件导入到库中，新建"背景"图层，并将"背景"图形元件拖曳至舞台中央。

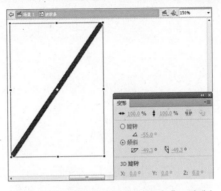

02 新建图形元件"波纹条"，绘制一条宽为317，笔触为10的直线。执行"修改>变形>旋转与倾斜"命令，调整旋转角度为-55°。

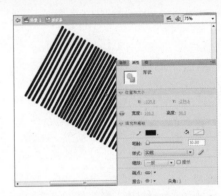

03 选中该斜线，反复复制粘贴多次，在"属性"面板中设置斜线的属性，并调节每条斜线之间的间距形成一排斜线组。

04 新建元件"波纹动画"，新建"图层2"，并输入"神秘的海底世界"文本。新建"图层3"，在同样的位置输入与前面相同的文本，在两文字图层的第200帧处插入帧。

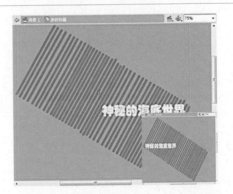

05 选择图层1，将"波纹条"图形右上角置于文字右边缘，恰好覆盖文字。在第200帧处插入关键帧，将其左下角置于文字左边缘，不露出文字，并创建补间动画。

06 右击"图层2"，执行"遮罩层"命令。返回主场景，新建"文字"图层，将影片剪辑元件"波纹动画"拖动至合适位置。最后保存并预览该动画。

EXAMPLE **021 四色跳动文字**

● 分散到图层命令的应用 ◎ 实例文件\Chapter 02\四色跳动文字\

制作提示

❶ 使用文本工具创建四色文字
❷ 使用分离功能、分散到图层命令创建文字分离效果

难度系数：★★★★

案例描述

本案例设计的是圣诞快乐贺卡中的四色跳动文字，四个颜色鲜明并带着白色投影的文字依次跳着出场，与贺卡中打鼓角色的动作相互映衬。

01 打开"圣诞快乐.fla"文件，新建"圣诞快乐"影片剪辑元件，使用文本工具输入"圣诞快乐"文本。

02 填充颜色为橘红色 (#FF6600)、蓝紫色 (#5821AA)、天蓝色 (#246DDB) 和洋红色 (#CC0099)。

03 将文本分离为单个文本，转换为图形元件。右击文本，执行"分散到图层"命令，删除"图层1"。

04 在"圣"字所在图层的第4帧和第7帧插入关键帧，在所有图层的第55帧插入帧。将"圣"字所在图层第1帧所对应的实例垂直向上移动一段距离，第4帧所对应的实例垂直向下移动一段距离。

05 选择"诞"字所在图层的第1帧并将其拖至第8帧，参照"圣"字的创建方法对该图层进行设置。

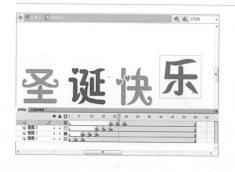

06 参照"诞"字所在图层中各关键帧的创建方法，在"快"、"乐"图层中创建相应的动画效果。返回主场景，在图层的最上方创建"图层6"，将"圣诞快乐"元件拖至舞台，并调整其位置。保持"圣诞快乐"实例为选择状态，为其添加投影效果。至此，完成四色跳动文字的绘制。

EXAMPLE 022 隐现文字

● 遮罩层的创建　　　　◎ 实例文件\Chapter 02\隐现文字\

制作提示

❶ 背景及文本内容的创建
❷ 云雾效果的创建
❸ 综合效果的实现

难度系数：★ ★ ★

案例描述

本实例设计的是隐现字效果，在一个充满迷雾的山谷中，若隐若现出一行文字"山谷中隐藏着什么？"，从而增强画面的神秘感。

01 新建一个Flash文件并将所有的素材文件导入到库中。新建"背景"图层，然后将"背景"图形元件拖曳至舞台中央。

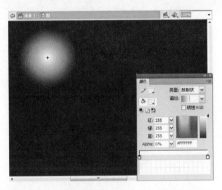

02 新建图形元件"圆"，绘制一个直径为185的圆，在"颜色"面板中调整圆的填充色为白色到透明的放射状渐变。

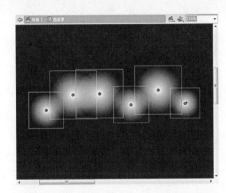

03 新建图形元件"圆遮罩"，在"图层1"的第1帧上放置6个刚刚创建的"圆"图形元件，并调整它们的大小与位置。

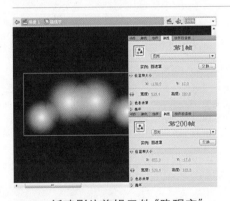

04 新建影片剪辑元件"隐现字"。在第1帧放置"圆遮罩"图形元件，在第200帧处插入关键帧并将其适当右移，然后创建补间并在第210帧插入帧。

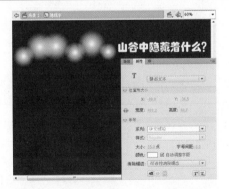

05 新建"图层2"，输入静态文本"山谷中隐藏着什么？"，并设置字体大小为55，字体系列为华文琥珀。选中文字图层并右击，执行"遮罩层"命令，创建遮罩层。

06 返回主场景中，新建"文字"图层，将"隐现字"元件置于舞台背景下方的云雾中。按下快捷键Ctrl+S保存该文档。至此，完成隐现文字的绘制。

EXAMPLE **023 模糊文字**

● 发光滤镜的创建　　　　◎ 实例文件\Chapter 02\模糊文字\

制作提示

❶ 使用文本工具、仿粗体命令
　输入并设置文字效果
❷ 使用"属性"面板中的色调
　和滤镜功能创建模糊效果

难度系数：★ ★ ★

案例描述

本案例设计的是横幅类广告中的模糊文字动画，文字清晰、冲击力强，文本由左向右闪电般模糊出现，然后转换为金黄色发光的文本，与背景画面相映。

01 打开"模糊文字素材.fla"文件，新建"文本2"影片剪辑元件，然后在舞台上创建合适的文本，并在"属性"面板中设置其参数。

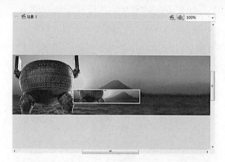

02 保持文本为选择状态，执行"文本>样式>粗体"命令为其添加粗体效果。返回主场景，新建图层4，在第50帧处插入空白关键帧。

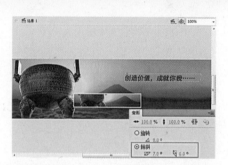

03 将"文本2"影片剪辑元件拖曳至舞台中，并设置其X和Y值分别为447和46，在"变形"面板中设置"水平倾斜"为7。

04 在图层4的第55、56帧插入关键帧，在第50~55帧间创建传统补间动画。将第50帧所对应的实例放置在舞台的左侧。

05 选择图层4中第55帧所对应的实例，在"属性"面板中设置"填充颜色"为"白色"，添加"模糊"滤镜并设置模糊参数。

06 选择图层4中第56帧所对应的实例，为其添加"阴影颜色"为"金黄色"（#FFCC00）的"发光"滤镜。至此，完成隐现文字的绘制。

特效技法2 | 滤镜功能

　　读者可以使用滤镜功能为文本、按钮和影片剪辑的实例添加特殊的视觉效果。例如，投影、模糊、发光、斜角、渐变发光、渐变斜角和调整颜色效果。

　　要为对象添加滤镜效果，可以在属性面板中的 "滤镜"卷展栏下方单击"添加滤镜"按钮 ，在弹出的菜单中选择一种滤镜，然后设置其参数即可。

EXAMPLE **024 遮罩文字**

● 遮罩动画的创建　　◎ 实例文件\Chapter 02\遮罩文字\

制作提示

❶ 插入关键帧并创建传统补间动画

❷ 使用遮罩层命令来创建遮罩动画

案例描述

本案例设计的是网站导航中文字的动画效果。金黄色的描边、灵动的白色线条在文本内来回运动，突出了动画的主体。

难度系数：★ ★ ★ ★

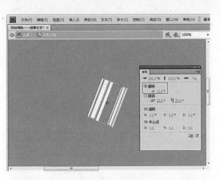

01 打开"遮罩文字素材.fla"文件，新建"遮罩动画"影片剪辑元件，拖入"遮罩形状"元件，在"变形"面板中设置"旋转"角度为22。

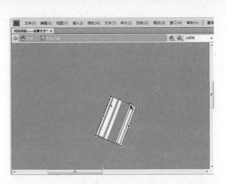

02 使用任意变形工具选择"遮罩形状"实例，将变形的中心点移至实例的中心点，设置实例的X和Y值为68.3和-5.3。

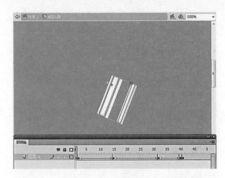

03 在"图层1"的第2、15、32、40、41帧处插入关键帧，在第55帧插入帧，并在各关键帧间创建传统补间动画。

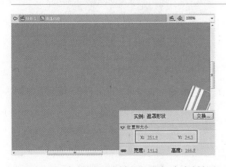

04 修改第2、15帧所对应实例的（X、Y）值分别为（88.6，-3.1）和（351.9，24.3），并制作出实例向右运动的动画。修改第32、41帧所对应实例的（X、Y）值分别为（107.9，24.3）和（325.6，352.9），制作出实例向左运动的动画。第42帧与第41帧的实例位置相同。

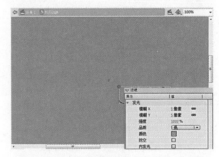

05 新建"标识动画"元件并拖入"文本3"元件，为实例添加阴影颜色为"金黄色"（#CC9900）的"发光"滤镜。

特效技法3｜为不连续图形填充颜色

　　首先绘制一个大于不连续图形的图形。接着为该图形填充另外一种颜色，并将不连续图形移至该图形中，当图形结合后，再将不连续图形移出，这时可见图形中有一个空心的不连续图形形态。最后新建一个图形，并为图形设置需要的渐变，将空心图形移至该图形的上方，并再次移动空心图形即可。

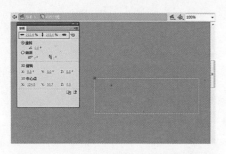

06 在第1~15帧间创建传统补间动画。设置第1帧中实例的宽和高均为202.6%，Alpha值为0%。

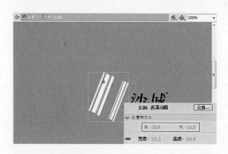

07 新建图层2~7，在"图层2"的第15帧处插入空白关键帧，并将"遮罩动画"元件拖动至合适位置。

08 复制"图层1"中的"文本3"实例，在"图层3"的第15帧插入空白关键帧并将实例粘贴。

09 右击"图层3"，创建遮罩动画。选择"图层4"，将"文本2"元件拖至舞台，设置"宽"、"高"、X和Y值分别为94、10.9、78.3和79.7。

10 参照图层1的创建方法，在图层4的第1~15帧间创建传统补间动画，设置第1帧实例的宽度和高度值均为256.0%、Alpha值为0%。

11 选择"图层5"，将"直线"元件拖至舞台。参照图层1的创建方法，在第1~15帧间创建运动补间动画，并对第1帧中的实例进行设置。

12 选择"图层6"，拖入"文本1"影片剪辑元件，并设置其宽、高、X和Y值。参照图层1的方法创建传统补间动画。

13 在"图层7"的第15帧处插入空白关键帧。执行"窗口>动作"命令，打开"动作"面板，在该面板中为该帧添加脚本stop ();。

14 返回主场景，拖入"背景"元件。新建"图层2"，再拖入"标识动画"元件并调整其大小。最后保存该动画。至此，完成遮罩文字的绘制。

特效技法4 | 使用选择工具选择对象的方法

使用选择工具可以选择单个对象，也可以同时选择多个对象，具体有以下3种方法。

（1）选择单一对象。使用选择工具，将鼠标指针移至要选择的对象上单击即可。

（2）选择多个对象。先选择一个对象，然后按住Shift键的同时依次在要选择的其他对象上单击；或按住鼠标左键，拖曳出一个矩形范围，将要选择的对戏爱你个包含在矩形范围内。

（3）双击选择图形。对于包含填充和轮廓的图形，将鼠标指针移至要选择的对象上双击即可同时选择填充的形状及其笔触轮廓；要选择叠在一起的图形构成的连接笔触轮廓，只需将鼠标指针移至要选择的笔触轮廓上双击即可。

EXAMPLE

EXAMPLE 025 立体文字

● 任意变形工具的应用　　◎ 实例文件\Chapter 02\立体文字\

制作提示

❶ 使用文本工具输入文本，使用任意变形工具编辑文本

❷ 设置渐变色

难度系数：★★★★

案例描述

本实例是通过设置文本的渐变填充颜色，并添加滤镜效果来实现的。

01 新建文件，使用文本工具输入2009字样。

02 复制并粘贴文本，选择原始文本，将其转换为图形元件。

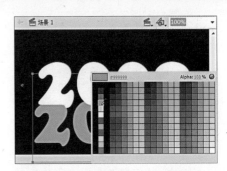

03 选择复制的文本，在"属性"面板的颜色列表框中选择灰色。

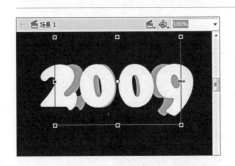

04 选择任意变形工具，将文本移至文本图形的位置，并按住文本的控制手柄将其向内侧拖动。

05 选中变形后的文本，按下快捷键Ctrl+B将其分离，然后选择文本图形按下快捷键Ctrl+B将其分离。

06 选择线条工具，将鼠标指针移动到编辑窗口中，将分离文本中的部分连接。

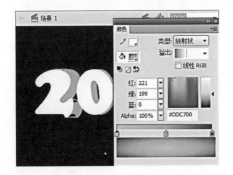

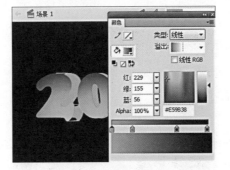

07 打开"颜色"面板，在"类型"下拉列表框中选择"放射状"选项，并设置渐变色。

08 返回编辑窗口，为文本的前面部分填充颜色。选择"线性"选项，并设置由橙黄到黑色的渐变。

09 返回编辑窗口,为2的后面部分填充颜色,并使用渐变变形工具对填充颜色进行编辑。

10 使用相同的方法对文本其他部分的颜色进行编辑,并将其转换为名称为"效果"的图形元件。

11 使用文本工具再次输入2009字样,然后使用钢笔工具绘制一条曲线。

12 将文本元件删除,然后将文本打散,为图形填充颜色并删除,最终保留文本的上半部分。

13 在"颜色"面板中设置"类型"为"放射状",并设置相应的渐变颜色填充文本。

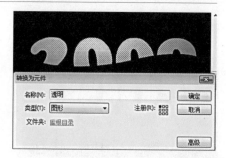

14 使用渐变变形工具对编辑颜色进行调节,按下F8键在弹出对话框中将文本转换为"透明"元件。

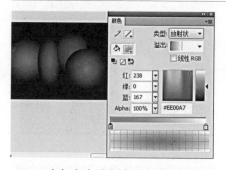

15 在舞台中绘制多个矩形图形,在"颜色"面板中分别设置其渐变颜色,并调节图形的位置。

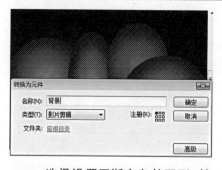

16 选择设置了渐变色的图形,按下F8键,在弹出的对话框中将其转换为"背景"影片剪辑元件。

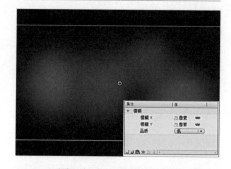

17 选择修改后的元件,在"属性"面板中为其添加模糊滤镜,设置模糊值为75。

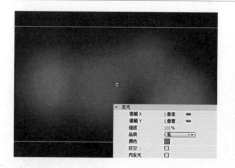

18 单击"添加滤镜"按钮,在弹出的菜单中选择"发光"命令,并设置模糊值为5,颜色为"红色"。

19 依次将"效果"和"透明"元件拖入到舞台中,调节其位置。至此,完成立体文字的绘制。

EXAMPLE 026 变形渐出文字

● 滤镜功能的应用　　　◎ 实例文件\Chapter 02\变形渐出文字\

制作提示

❶ 使用"导入到舞台"命令导入背景图片

❷ 使用变形和图层功能制作变形渐出文字

难度系数：★★★★

案例描述

本实例设计的是变形渐出文字效果，文本通过变形渐出的方式依次出现，两句广告语依次动态交替出现，将广告的主题表现得淋漓尽致。

01 新建Flash文件，将素材导入到库中。拖入image.jpg文件并设置其大小，转换为"背景"元件。

02 将"图层1"重命名为"背景"图层，新建"标题"图层，使用文本工具输入"雅舍装饰"文本。

03 选择文本，然后通过滤镜属性为其添加白色的描边效果。选择该文本，将其转换为图形元件。

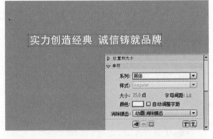

04 新建"动态文本1"影片剪辑元件，使用文本工具输入"实力创造经典 诚信铸就品牌"字样。

05 在"动态文本1"元件中，由下往上创建图层2~12。保持文本的选择状态，将其分离为单个文字。

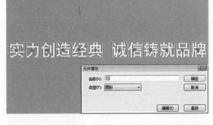

06 选择文字"实"并将其转换为图形元件。用同样的方法依次将其他文字也转换为图形元件。

特效技法5 | 创建文本

　　使用文本工具可以创建横排文本或竖排文本，创建的文本以文本块的形式显示，使用选择工具可以任意调整文本块的位置。用户可以使用以下两种方法调用文本工具。（1）选择工具箱中的文本工具 Ⓣ。（2）按下T键。

　　调用文本工具后，将鼠标指针移至舞台并单击鼠标左键，确定输入文本的起点位置，直接输入文本；或者在调用文本工具后，在舞台上按住鼠标左键并拖曳，创建一个文本框输入文本，然后在其他位置单击鼠标左键即可。

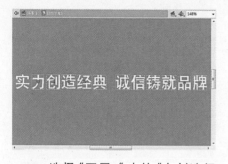

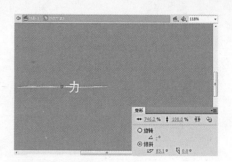

07 选择"图层1"中的"力创造经典 诚信铸就品牌"文本,将其剪切。选择"图层2"中的第1帧,然后进行粘贴操作。

08 参照"图层2"中关键帧的添加方法,依次在图层3~12中添加文本。后面各图层的起始关键帧与前面图层相差1帧。

09 在"图层1"的第3、4、11、12、13帧插入关键帧,并创建传统补间动画。选择第1帧所对应的实例,在"变形"面板中设置其属性。

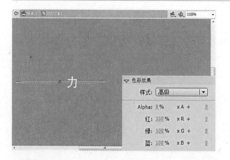

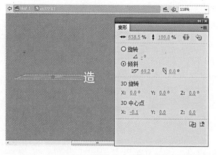

10 选择"图层1"中第1帧所对应的实例,在"属性"面板的"色彩效果"卷展栏中设置"样式"为"高级",Alpha值为8%。

11 参照"图层1"中第1帧实例的属性设置方法,设置第3帧实例的宽度为638.5%、水平倾斜值为69.2、Alpha值为23%。设置第4、11、12帧中实例的宽度分别为584.6%、207.7%、153.8%,水平倾斜值分别为62.3、13.8、6.9,Alpha值分别为31%、85%、92%。

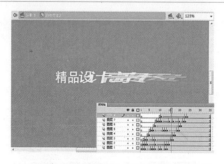

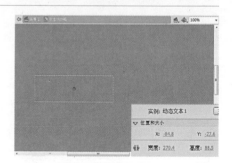

12 参照图层1中各关键帧的设置方法,在"时间轴"面板中依次创建图层2~12中的各关键帧,并制作出文本的渐变动画。

13 参照"动态文本1"影片剪辑元件的创建方法,创建"动态文本2"影片剪辑元件,其所对应的文本为"精品设计 高贵不贵"。

14 新建"文本总动画"影片剪辑元件,将"动态文本1"元件拖至舞台,并调整实例的位置。在第46帧处插入空白关键帧。

15 将"动态文本2"元件拖至舞台合适位置,再在第80帧插入帧。返回主场景,新建"广告语"图层,将"文本总动画"元件拖至舞台合适位置。最后保存并测试该动画。至此,完成变形渐出文字的绘制。

EXAMPLE **027 旋转文字**

● 变形工具的应用 ◎ 案例文件\Chapter 02\旋转文字\

制作提示

❶ 输入并编辑每一个文本
❷ 为文本添加补间效果

难度系数：★ ★ ★ ★

案例描述

本实例是通过将文本打散，然后单独对每一个文字进行编辑，最后为其添加补间动画来完成的。

01 选择"文件>打开"命令，打开"旋转字.fla"文件。

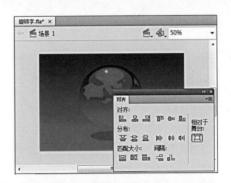

02 将背景元件拖至舞台，在"对齐"面板中设置元件居中对齐。

03 新建"图层2"，使用文本工具输入文本，在第55帧插入帧。

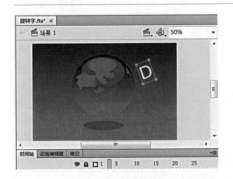

04 将输入的文本旋转-20°。新建"图层3"，在第3帧插入关键帧，复制"图层2"中的文本并原位粘贴，返回"图层2"，删除D外的文本。

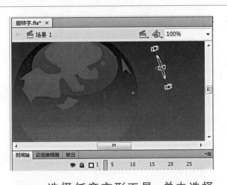

05 选择任意变形工具，单击选择"图层2"中的文本显示控制手柄，按住左边中部的控制手柄不放向内侧拖动，使文本变得扁窄。

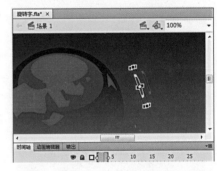

06 在第3帧插入关键帧，单击"绘图纸外观"按钮，并调节外观显示范围为0~3帧，微移第3帧中图形的位置并变形文本。

07 在第30帧插入关键帧，设置绘图纸外观的显示为0~30，将文本移至球形左边并变形。

08 在"图层2"的第5帧插入关键帧，并调整文本的位置。用同样的方法编辑其他关键帧，使文本有序排列。

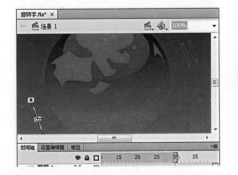

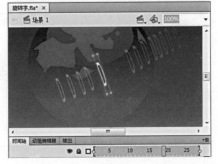

09 依次选择不同关键帧中的文本，分别使用任意变形工具对文本的形状进行编辑。

10 删除"图层2"中第30帧后的所有帧，在第31、32帧插入空白关键帧，在第32帧输入I。

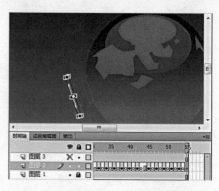

11 用同样的方法，依次间隔一帧的位置插入一个字母，使得最终显示时出现不同文字的变换。

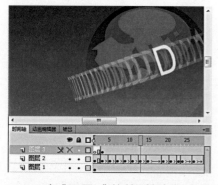

12 在"图层2"的第4帧中创建传统补间动画。用相同的方法为其他关键帧创建补间动画。

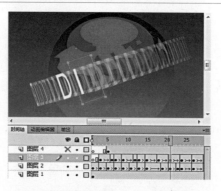

13 使用相同的方法在"图层3"中编辑"I"字母，并为编辑后的关键帧创建补间动画。

14 依次编辑其他字母，每编辑好一个字母，就删除其后的普通帧。至此，完成旋转文字的绘制。

特效技法6 | 套索工具

　　套索工具的主要作用是选择对象，与选择工具不同的是，使用套索工具可以创建任意形状的选取范围，而选择工具只能创建矩形的选取范围，因此，套索工具在选择的时候有更大的灵活性。

　　Flash中的索套工具和Photoshop中的套索工具功能相似。对于矢量图形，可以使用自由选取或者多边形选取方式进行选择，如下图所示；对于分离后的位图，除了可以使用自由选取和多边形选取方式外，还可以使用自动选取方式。

自由选择　　　　　　　　多边形选取模式

028 黑客字效

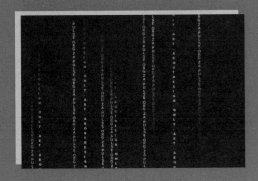

● 遮罩效果的应用　　◎ 实例文件\Chapter 02\黑客字效\

制作提示

❶ 输入并设置文本属性
❷ 使用矩形工具绘制遮罩图形
❸ 创建图形的移动效果、创建遮罩动画

难度系数：★★★

案例描述

本实例是通过创建文字的遮罩效果，使文字逐渐消失来实现的。使用文本工具输入文本并设置文本属性。绘制遮罩图形，并创建移动动画，创建遮罩效果。

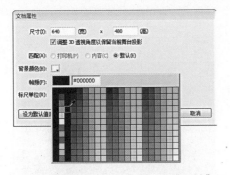

01 新建一个空白文档，在"属性"面板中单击"编辑"按钮，在弹出的"文档属性"对话框中修改文档的"尺寸"为640像素×480像素，"背景颜色"为"黑色"。

02 执行"插入>新建元件"命令，在弹出的"创建新元件"对话框的"名称"文本框中输入"文字"，在"类型"下拉列表框中选择"图形"选项，单击"确定"按钮。

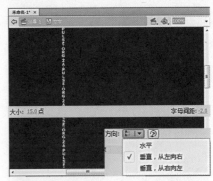

03 选择文本工具，并设置其字体为Arial Rounded MT Bold，字号为15，颜色为"白色"，文字方向为垂直、从左向右，字母间隔为-2，在窗口中输入文本。

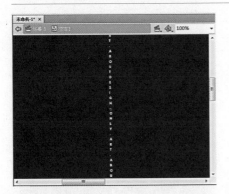

04 选择文本并右击，在弹出的快捷菜单中执行"分离"命令将文字分离，新建"文字1"的图形元件，使用相同的方法编辑另一段文字。

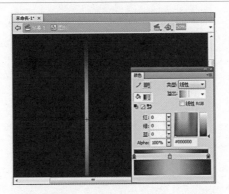

05 新建一个名为"图形"的图形元件，在编辑窗口中绘制一个大小为19×790的矩形图形，并在"颜色"面板中为其添加渐变色。

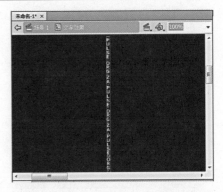

06 新建一个名为"文字效果"的影片剪辑元件，从"库"面板中将"文字"图形元件拖入到元件的编辑窗口中。

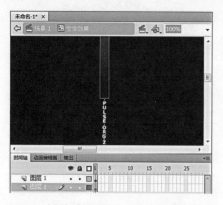

07 新建"图层2"，将"图层2"移动到"图层1"的下方，并移动"图层2"中元件的位置，使图形的底部靠近文本的上部。

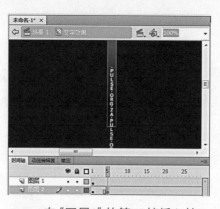

08 在"图层1"的第50帧插入帧。在"图层2"的第50帧插入关键帧，在第5帧处插入关键帧，并使用键盘中的方向键，将图形向下移动。

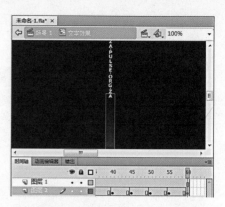

09 使用相同的方法在"图层2"中每间隔5帧便插入一个关键帧，并调节关键帧中图形的位置，使第50帧中图层的上部处于文字的下方。

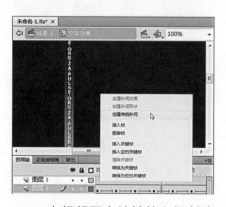

10 在相邻两个关键帧之间创建传统补间，为关键帧创建动画效果。

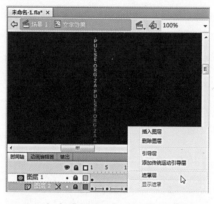

11 右击"图层1"，在弹出的快捷菜单中选择"遮罩层"命令，将普通图层转换为遮罩层。

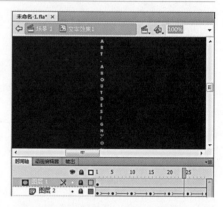

12 新建一个名为"文字效果1"的影片剪辑元件，使用相同的方法创建一个遮罩效果。

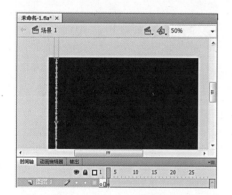

13 返回到舞台中，在第3帧插入关键帧，将"文字效果"元件拖至舞台左边，并在第60帧插入关键帧。

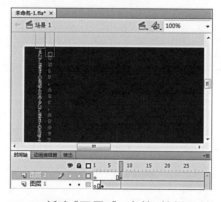

14 新建"图层2"，在第7帧插入关键帧，将"文字效果1"元件拖入到相应的位置。

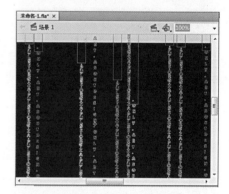

15 使用相同的方法每创建一个图层，便拖入一个文字效果，并任意排列，完成动画的制作。

EXAMPLE 029 火焰文字

● 原位复制粘贴　　　　　　◎ 实例文件\Chapter 02\火焰文字\

制作提示

❶ 背景的创建
❷ 文字的输入
❸ 综合效果的实现

难度系数：★ ★ ★

案例描述

本实例设计的是火焰字效果，在一条通往前方的大路上，有一行熊熊燃烧的文字。

01 新建一个Flash文件，新建"背景"图形元件，并导入素材bg.jpg文件。返回主场景，新建"背景"图层并拖入"背景"图形元件。

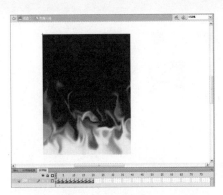

02 新建"燃烧火焰"影片剪辑元件，然后将fire.gif素材文件拖至舞台，在时间轴上显示为一组燃烧的图片。

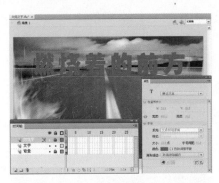

03 返回主场景，新建"文字"图层，输入文本内容。复制该图层，新建"燃烧字"图层，按下快捷键Ctrl+Shift+C进行原位粘贴。

04 在"燃烧字"下方新建"火焰"图层，连续将6个"燃烧火焰"元件置于舞台每个字的后面。

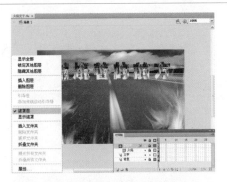

05 返回主场景，在"燃烧字"图层上右击，选择快捷菜单中的"遮罩层"命令，形成文字遮罩。

06 按下快捷键Ctrl+S保存本例，按下快捷键Ctrl+Enter进行预览并发布。至此，完成火焰文字的绘制。

特效技法7 | 火焰文字设计时的注意事项

　　在设计火焰字时要注意以下两个方面。第一，字体的选择。由于要让文字中充满熊熊燃烧的火焰，因此为了得到很好的效果，一定要选择比较粗的字体，如"文鼎粗简体"；第二，由于选择的字体都比较特殊，在发布动画时将会包含字体，导致发布动画过大，不利于网络传输，可以利用快捷键Ctrl+B打散文字，将其转化为矢量图形后再进行发布。

EXAMPLE **030 变色颗粒字**

● 色调的调整　　　　　　　◎ 实例文件\Chapter 02\变色颗粒字\

制作提示

❶ 变色颗粒效果的创建
❷ 文本内容的创建
❸ 控制脚本的添加
❹ 综合效果的实现

难度系数：★ ★ ★

案例描述

本实例设计的是变色颗粒字效果，在一辆出租车车顶的牌子上制作颗粒状不停变色的TAXI文字效果。

01 新建 Flash 文件，新建"背景"图形元件并导入 bg.jpg 文件。返回主场景，新建"背景"图层并将"背景"图形元件拖至舞台中央。

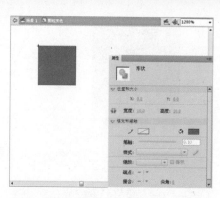

02 新建"颗粒"图形元件，绘制一个边长为10的紫色正方形。新建"颗粒变色"影片剪辑元件，然后拖入"颗粒"图形。

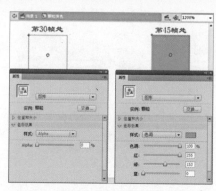

03 在第30帧处插入关键帧，在"属性"面板中设置元件的透明度为0，在第45帧处插入关键帧，将色调调整为深黄。

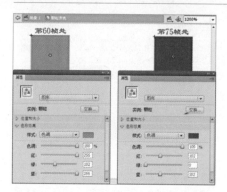

04 在第60帧处插入关键帧，将色调调整为粉色；在第75帧处插入关键帧，将色调调整为深紫色。

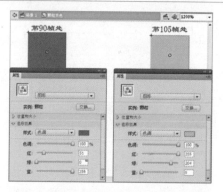

05 在第90帧处插入关键帧，将色调调整为深蓝；在第105帧处插入关键帧，将色调调整为亮黄。

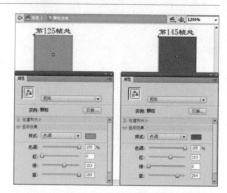

06 在第125帧处插入关键帧，将色调调整为浅蓝；在第145帧处插入关键帧，将色调调整为浅紫色。

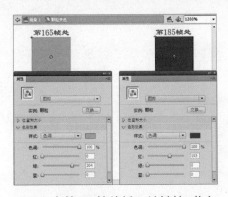

07 在第165帧处插入关键帧,将色调调整为绿色;在第185帧处插入关键帧,将色调调整为暗红。

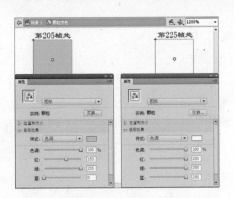

08 在第205帧处插入关键帧,将色调调整为浅绿;在第225帧处插入关键帧,将色调调整为白色。

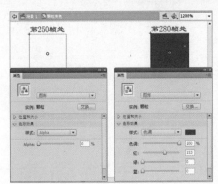

09 在第250帧处插入关键帧,设置元件透明度为0;在第280帧处插入关键帧,将色调调整为暗红。

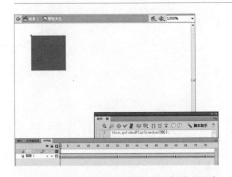

10 在每个关键帧间创建补间动画,在第320帧处插入帧,新建图层,在第1帧处添加this.gotoAndPlay(random (30));脚本。

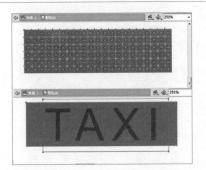

11 新建"颗粒块"影片剪辑元件。将"颗粒变色"元件拖至舞台,进行多次复制并排列成一个矩形。新建"图层2",输入静态文本TAXI。

12 右击"图层2",执行"遮罩层"命令。返回主场景,新建"颗粒字"图层,将"颗粒块"元件拖至车顶牌子位置。完成本例制作。

特效技法8 | 破解动画

　　当用户浏览到效果精美的动画时,可以使用硕思闪客精灵将动画文件还原为源文件格式,了解动画的制作方法。硕思闪客精灵是一款能解析SWF文件的专业工具,它不仅可以浏览、播放、分析Flash动画(SWF文件和EXE文件),而且还能够将每个SWF元素以不同的格式导出,如动作脚本、声音、图片、矢量图、动画帧、字体、文字、按钮和动画片断等。

　　硕思闪客精灵的具体使用方法如下。

　　(1)双击启动硕思闪客精灵,在"资源管理器"窗口中选择文件所在路径,在文件列表窗口中选择需要打开的动画,在动画预览窗口中即可欣赏到该动画。

EXAMPLE 031 冲击波文字

● 任意变形工具的应用　　◎ 实例文件\Chapter 02\冲击波文字\

制作提示

❶ 使用任意变形工具、遮罩层命令制作文字效果
❷ 使用复制、粘贴命令复制图形元件

难度系数：★★★★

案例描述

本案例设计的是全球采购网中的冲击波文字动画，文字从中间同时向两侧进行扩散，整个动画具有冲击波的效果。

01 新建一个Flash文件，新建"文本"图形元件，在编辑窗口中输入文本。

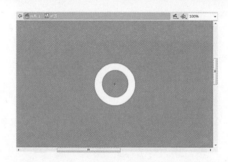

02 新建"遮罩"图形元件，选择工具箱中的椭圆工具，在舞台上绘制一个圆环。

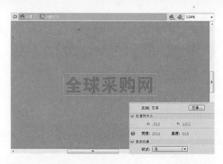

03 新建"文本动画"影片剪辑元件，将"图层1"重命名为"中心文字"。拖入"文本"元件。

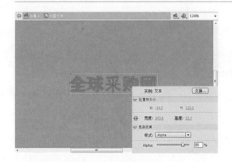

04 新建"淡化文字"图层，拖入"文本"元件，并调整其大小及位置。在"中心文字"图层第16帧处插入帧。

05 在"淡化文字"图层的第10帧插入关键帧，调整该帧所对应实例的位置和大小。

06 创建"遮罩"图层，将"遮罩"元件拖至舞台，并设置其位置和大小。

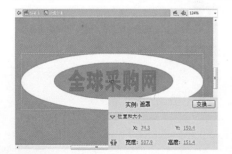

07 将"遮罩"图层的第10帧转换为关键帧，删除第10帧后的帧。

08 在"淡化文字"和"遮罩"图层的第1~10帧间创建传统补间动画，然后创建遮罩层。新建"图层3"，将"文本动画"元件拖至舞台。打开"全球采购网.fla"文档，将文字效果应用到该动画中完成本例制作。

EXAMPLE 032 激光字效

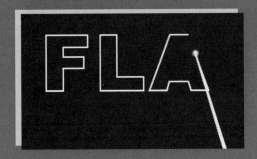

● 引导层的创建

◎ 实例文件\Chapter 02\激光字效\

制作提示

❶ 绘制光柱、分离文本
❷ 在不同帧中保留不同的文字部分，创建引导线

案例描述

本实例使用文字的外边线作为引导线，并设置文字逐步显示的效果，创建出激光文字的效果。

难度系数：★★★

01 新建文件，使用文本工具输入字体为Arial，字号为100的FLASH字样，调整文本居中。

02 选择文字将其分离。选择墨水瓶工具为文字描边，并删除文字的实心部分。

03 执行"插入>新建元件"命令，打开"创建新元件"对话框，新建"光柱"图形元件。

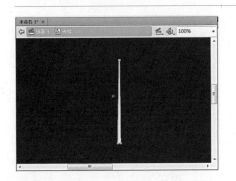

04 在元件编辑窗口中绘制一个无边框白色长方形，用部分选取工具选取一头，并用方向键将其变窄。

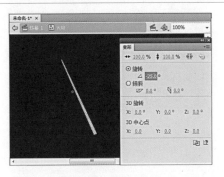

05 选择绘制的图形，打开"变形"面板，设置"旋转"角度为-25，按下Enter键确认。

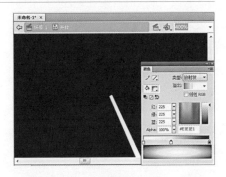

06 在"颜色"面板中设置"类型"为"放射状"，并设置放射状渐变为白色到白色再到黑色。

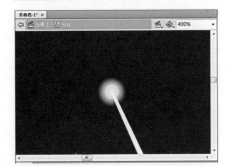

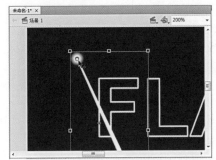

07 选择椭圆工具，将鼠标指针移到光柱图形的上端，绘制一个椭圆图形，并删除图形的边缘线。

08 返回到场景中，新建"光柱"图层，并将绘制的元件拖至其中，使用任意变形工具将该元件的中心点移动到图形中的小圆上。

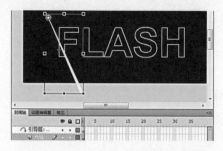

09 右击"光柱"图层,执行"添加传统运动引导层"命令,这时系统将自动在图层上方添加一个引导层。

10 选择"图层1"中的关键帧,单击鼠标右键,在弹出的快捷菜单中执行"复制帧"命令,用相同的方法在引导层中将其粘贴。

11 将"图层1"移到"引导层"上方,在"图层1"中的第2~82帧和第90帧插入关键帧,并在其他图层的第82帧插入普通帧。

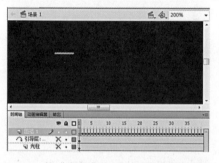

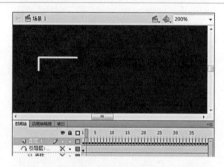

12 将"光柱"和"引导层"图层隐藏,选择"图层1"的第1帧,将帧中的文字删除,只留下F的一小部分。

13 选择该图层的第2帧,在前一帧的基础上多保留一些文字内容。用同样的方法编辑其他帧。

14 显示"引导层",在引导层的第20、33、46、50、66和82帧插入关键帧。

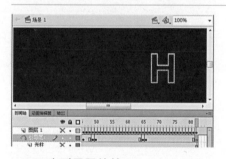

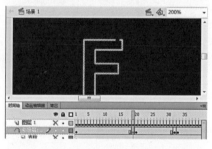

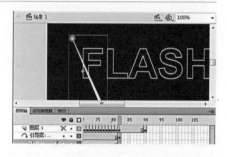

15 在引导层的第1~19、20~32、20~32、33~45、46~49、50~65、66~82帧处分别显示F、L、A的轮廓、A中心的三角形、S和H。

16 选择"引导层"中的第1帧,使用橡皮擦工具将"引导层"中显示的文字擦出一个小缺口,用作引导线,并在第19帧插入关键帧。

17 使用相同的方法设置其他文本。显示"光柱"图层,在"图层2"的第19、20、32、33、45、46、49、50、65、66和82帧插入关键帧。

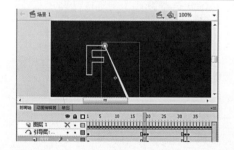

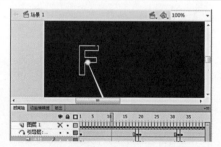

18 将"引导层"中的文字视为引导线,选择"光柱"图层第1帧中的图形,按住中心点不放,拖至缺口一边。

19 编辑其他同类型的关键帧,最后为关键帧创建动画补间动画。至此,完成激光文字的绘制。

EXAMPLE 033 渐变色文字

● 封套功能　　　　　　　　◎ 实例文件\Chapter 02\渐变色文字\

制作提示

❶ 文本工具、矩形工具和"颜色"面板的使用

❷ 使用任意变形工具中的封套功能

难度系数：★★★★

案例描述

本案例设计的是网络广告中的渐变色文字，一组文字的形状大小相间，另一组文字呈波浪形，文字的渐变颜色与主动画中的颜色相辅相承，非常和谐。

01 新建一个Flash文件，使用文本工具在舞台中输入相应的文本内容，然后按下快捷键Ctrl＋B将其分离为文本图形。

02 选择墨水瓶工具，设置"笔触颜色"和"笔触高度"分别为"白色"和1，在分离后的文本上依次单击鼠标左键，为文本图形描边。

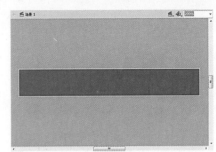

03 按下Delete键删除选中状态的文本填充图形。新建"图层2"，使用矩形工具在舞台上绘制一个矩形块，将文本图形完全遮盖住。

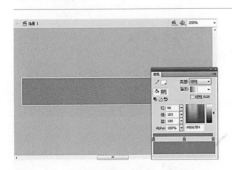

04 在"颜色"面板中，修改填充色为从"蓝色"（#6067B4）到"浅紫色"（#AB65EC）再到"蓝色"（#6067B4）的线性渐变。

05 选择"图层1"中的白色文本描边，将其剪切，并粘贴至"图层2"中。删除文本图形外的多余填充和白色的描边，制作渐变文字。

06 使用任意变形工具选择渐变文字，单击"封套"按钮，调出封套变形框，调整控制手柄的位置，制作出波浪文字的效果。

特效技法9 | 任意变形工具的调用

在Flash中，可以使用以下两种方法调用任意变形工具。

(1) 选择工具箱中的任意变形工具▦。

(2) 按下 Q 键。

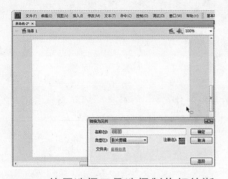

07 使用选择工具选择制作好的渐变波浪文字,按下F8键将其转换为"文本1"影片剪辑元件,删除舞台上的"文本1"实例。

08 参照渐变文字的创建方法,在舞台上创建填充色为从洋红色到浅蓝色再到绿色的"春的律动姿态"渐变文本。

09 选择"的"文本所对应的图形,在锁定状态下调整其"高度"为53。使用相同的方法依次调整"动"和"态"文本所对应图形的高度。

10 选择"春"文本所对应的图形,按下F8键将其转换为影片剪辑元件。使用相同的方法,对其他文本进行设置。

11 调整舞台上各实例的位置,对文本实例进行排列,将制作好的"文本1"元件拖至舞台适当位置,至此,完成渐变文本的创建。

12 打开"网络广告素材.fla"文档,将制作好的渐变文字应用至该动画中,并制作渐变文字的出场动画。至此,完成渐变色文字的绘制。

特效技法10 | 巧用辅助线

　　在制作动画时,常常需要对某些对象进行精确定位。使用辅助线可以对舞台中的对象进行位置规划、对各个对象的对齐和排列情况进行检查,还可以提供自动吸附功能。

　　执行"视图>辅助线>编辑辅助线"命令,即可打开"辅助线"对话框。在"辅助线"对话框中可以设置辅助线的颜色、是否显示辅助线以及辅助线的贴紧精度等,各主要选项的含义介绍如下。

　　(1)"颜色"▇:单击颜色框,可以在弹出的调色板中设置辅助线的颜色。

　　(2)"显示辅助线"复选框:勾选该复选框,即可在场景中显示辅助线;取消该复选框的勾选,则隐藏辅助线。

　　(3)"贴紧至辅助线"复选框:勾选该复选框,将启用辅助线的贴紧对齐功能。

　　(4)"锁定辅助线"复选框:勾选该复选框,可将场景中的辅助线锁定,锁定后的辅助线不能移动。

　　(5)"贴紧精确度"下拉列表框:选择该下拉列表框中的不同选项,可以设置辅助线的对齐精确度。包括"必须接近"、"一般"和"可以远离"3个选项。

　　(6)"全部清除"按钮:单击该按钮,可以将场景中的所有辅助线清除。

　　(7)"保存默认值"按钮:单击该按钮,可以将设置的参数保存,当下次创建辅助线时,辅助线的参数即为用户保存的参数。

　　此外,在制作动画时,灵活借助辅助线、标尺和网格这3种辅助工具来定位对象,不但可以节约时间,还可以更加精确地完成图形的绘制和动画的制作。

EXAMPLE 034 渐出文字

● 文本的分离　　　　　◎ 实例文件\Chapter 02\渐出文字\

制作提示 ////////////////////////////////

❶ 输入文本内容
❷ 分离文本
❸ 综合效果的实现

难度系数：★★★★

案例描述 ////////////////////////////////

本案例设计的是网站导航动画中的渐出文字，文本从左向右、由大到小、由透明到清晰依次出现，然后逐渐渐隐，使网站导航生动起来。

01 打开"渐出文字素材.fla"文件。

02 新建"动态英文"影片剪辑元件，使用文本工具输入文本内容，设置字体系列为"仿粗体"。

03 保持文本的选择状态，将文本分离为单个字母，并执行"分散到图层"命令。删除"图层1"。

04 选择第1个M字母，转换为图形元件。重复此操作，对其他的英文字母也执行相应的转换。

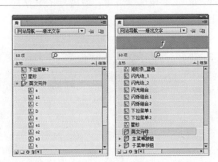

05 在"库"面板中新建"英文元件"文件夹，将所有的英文字母添加到该文件夹中。

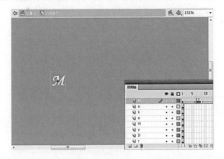

06 选择第1个M字母所对应的图层，依次在第7、8、90、100帧处插入关键帧，并创建传统补间动画。

特效技法11 | 选择文本的方法

在对文本进行编辑之前，首先应选择要编辑的文本，选择文本有以下4种方法：

（1）在文本框中按住鼠标左键并拖动选中文本。

（2）在文本框中双击鼠标左键。

（3）在要选择文本块的开始位置单击鼠标左键，然后按住 Shift 键的同时在结束位置单击鼠标左键。

（4）将鼠标指针置于文本框中，按下快捷键 Ctrl+A。

07 选择M图层中第1帧所对应的实例,在"属性"面板中进行设置。在"变形"面板中设置实例的缩放宽度和高度均为600%。

08 选择M图层第7帧所对应的实例,在"属性"面板中进行相应的设置。在"变形"面板中设置实例的缩放宽度和高度均为180%。

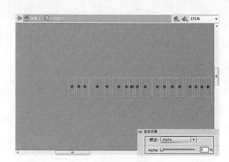

09 在所有图层的第90、100帧处插入关键帧,设置所有第100帧实例的"颜色样式"为Alpha、"Alpha数量"为0%。

10 选择第1个a字母所在图层的第1帧,将其拖至第4帧,然后在第10、11帧处插入关键帧。在各关键帧间创建传统补间动画。

11 参照第1个M字母所在图层各关键帧中实例的属性,在"属性"面板中设置第1个a字母所在图层中实例的属性。

12 参照第1个M字母所在图层和第1个a字母所在图层中动画的创建方法,依次创建其他英文字母图层中的动画。

13 返回主场景,在"导航条"图层上创建"动态英文"图层,拖入"动态英文"元件并调整其大小。

14 按下快捷键Ctrl+S保存制作好的动画,按下快捷键Ctrl+Enter对动画效果进行测试。至此,完成渐出文字的绘制。

特效技法12 | 精确定位图形

在编辑动画时,精确的编辑图形的大小和位置可启用绘图纸外观功能。只要在帧区域中单击 按钮,便可激活"绘图纸外观"功能。按住鼠标左键拖动时间轴上的游标,可以增加或减少场景中同时显示的帧数量。根据需要调整显示的帧数量后,即可在场景中看到选中帧和其相邻帧中的内容。

EXAMPLE **035 跳动文字**

● 文字滤镜的设置　　　　◎ 实例文件\Chapter 02\跳动文字\

制作提示

❶ 创建文本、分离并转换文本
❷ 创建传统补间动画并为实例
　添加滤镜

难度系数：★ ★ ★

案例描述

本实例设计的是跳动文字动画，单个文字先向上跳跃，然后落下，在背景图片的衬托下，一排文字形成一道动态的风景。

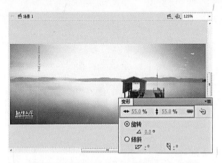

01 打开"跳动文字素材.fla"文件，选择"图层1"，将"图片"素材拖至舞台，设置缩放宽度和高度为55%。

02 新建"字动"影片剪辑元件，使用文本工具在舞台中央输入"风情水岸品味之岸"文本。

03 保持文本为选择状态，按下快捷键Ctrl＋B将其分离为单个文字，选择风字并将其转换为图形元件。

04 用同样的方法，依次将其他文本内容转换为图形元件。选中所有文本实例，执行 "分散到图层"命令，最后删除图层1。在"风"图层的第5、10帧插入关键帧，在所有图层的第30帧插入帧。将第5帧所对应的实例向上移动一小段距离。在第1～5帧、第5～10帧间创建补间动画。

05 选择"情"所在图层的第1帧，将其拖至第3帧，参照"风"效果的设置方法创建"情"字的效果。其他各图层效果的创建与之相似。

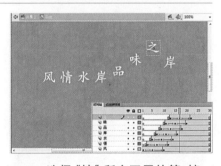

06 返回主场景，新建"图层2，"将"字动"元件拖至舞台，并调整其大小和位置。选择并复制"字动"实例，添加阴影颜色为"黄色"（#AC9723）的"发光"滤镜。

07 新建"图层3"，粘贴"字动"实例。完成本例制作。

036 霓虹灯文字

● 文字色调的调整　　　　◎ 实例文件\Chapter 02\霓虹灯文字\

制作提示 //////////////////////////　**案例描述** ///////////////////////////

❶ 使用文本工具输入文本
❷ 文字色调的调整

难度系数：★★★

本实例设计的是霓虹灯文字效果，在一个布满彩色灯管的招牌上闪烁着一行霓虹灯文字。

01 新建一个Flash文件,导入所有素材文件。新建"背景"图层,并将"背景"图形元件拖至舞台。

02 新建"文字"图形元件,输入字体为华文彩云的文本内容。然后为该文字添加发光和投影效果。

03 新建"文字变色"影片剪辑元件。在第5帧处插入关键帧,通过调整其色调,调整文字为红色。

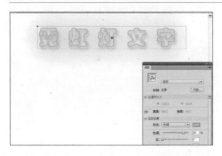

04 在第10帧处插入关键帧,在"属性"面板的"色彩效果"卷展栏中调整文字为绿色。

05 在第15帧处插入关键帧,在"属性"面板的"色彩效果"卷展栏中调整文字为蓝色。

06 在第20帧处插入关键帧,调整文字为亮青色。在第25帧处插入关键帧,调整文字为粉色。

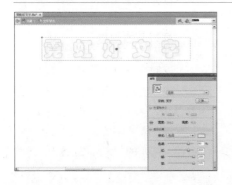

07 在第30、35、40、45、50帧处插入关键帧,并依次调整各帧的色调为淡青色、褐色、黄绿色、紫色和黄色,最后在各关键帧间创建补间动画。返回主场景,新建"霓虹灯"图层并拖入"文字变色"元件。最后保存该动画。至此,完成霓虹灯文字的绘制。

EXAMPLE **037 风吹字效**

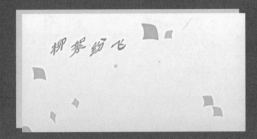

● 旋转命令的应用　　◎ 实例文件\Chapter 02\风吹字效\

制作提示 //////////
❶ 文本内容的输入
❷ 创建传统补间动画

难度系数：★★★

案例描述 //////////
本实例设计的是风吹字的效果。通过创建文字效果元件，并编辑文字补间效果完成。

01 打开"飘.fla"文档，创建"文字效果"影片剪辑元件，输入"柳絮纷飞"，复制该文本。

02 新建图层2、3、4，将复制的文本原位粘贴，分离文本，每个图层只显示一个字，转换为图形元件。

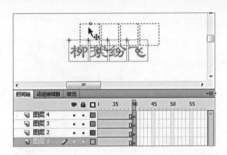

03 在所有图层的第40帧插入关键帧，选择关键帧中的元件，按住鼠标左键不放向右上方移动。

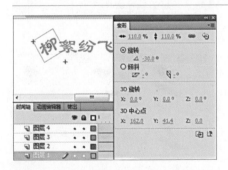

04 选择"文"图形元件，打开"变形"面板，设置缩放宽度和高度为110%，"旋转"角度值为-30。

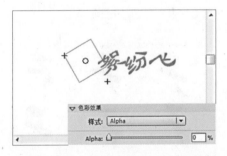

05 保持文字选中状态，在"属性"面板中设置其Alpha值为0，不透明度为0。

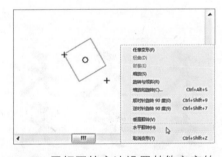

06 用相同的方法设置其他文字的不透明度为0，选中任意一个文本，将其水平翻转。

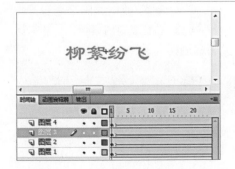

07 选择所有图层的第40帧，将其移动到第130帧，分别为图层创建传统补间动画。

08 返回到舞台，从"库"面板中将"文字效果"元件拖至舞台的左上方。按下快捷键Ctrl+Enter预览动画。至此，完成风吹文字的绘制。

EXAMPLE **038** 书法文字

● 橡皮擦工具的应用　　◎ 实例文件\Chapter 02\书法文字\

制作提示

❶ 橡皮擦工具的使用
❷ 通过逐帧动画制作书法字

难度系数：★★★

案例描述

本实例设计的是书法字效果，在一幅水墨卷轴上会按照写书法的形式出现"天天向上"四个字。

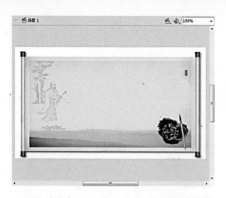

01 新建一个Flash文件，新建"背景"图层，然后将"背景"图形元件拖至舞台中央。

02 新建"天"影片剪辑元件，输入字体为华文行楷的"天"字样，然后将其打散成为图形状态。

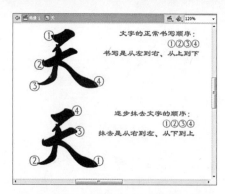

03 观察"天"字的笔画顺序，然后使用橡皮擦工具按逆笔画顺序逐步抹去文字。

04 选择橡皮擦工具，从"天"字最后一笔的末端开始向上擦除，每擦除一次新建一个关键帧。

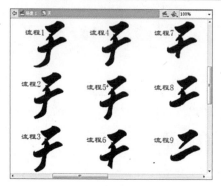

05 "天"字的倒数第二笔即"天"的左下角笔画，以上是其抹去的过程。

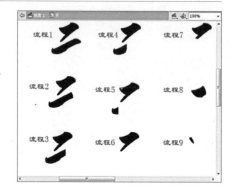

06 "天"字的倒数第三笔和第四笔即上面的两横，以上是其抹去的过程。

特效技法13｜书法字制作经验谈

　　书法文字的制作采用的是逆向抹去的方式，即首先将要制作的文字写在纸上，弄清其笔画顺序，然后按反笔画顺序和反笔画方向用橡皮擦工具慢慢擦去，每次擦去部分的大小都将影响动画的流畅度，每次擦去的部分越少书法字书写动画就越流畅。此外，在制作该动画时，如果使用橡皮擦工具无论如何都擦不去文字，这是因为没有将文字打散成图形状态，此时的文字还属于组件状态，只需选择所有的文字，按下快捷键Ctrl+B打散文字即可。

07 文字全部被抹去后，选择所有的帧，右击，执行"翻转帧"命令，在最后一帧处加入Stop语句。

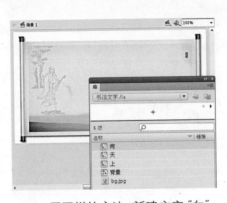

08 用同样的方法，新建文字"向"和"上"的影片剪辑元件，注意每次抹去越少，书法越流畅。

09 返回主场景，新建"天"、"天"、"向"和"上"4个图层分别放入对应影片剪辑元件。

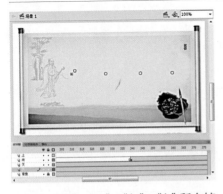

10 "天"、"天"、"向"、"上"所在帧为1、171、340、681，在所有图层第751帧插入帧并加入Stop语句。

11 由于每个文字剪辑的第1帧都是空的，可以暂时添加完整的字，调整好位置后再删除。

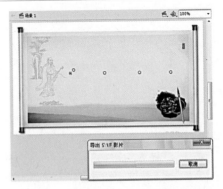

12 按下快捷键Ctrl+S保存本例，按下快捷键Ctrl+Enter进行预览并发布。至此，完成书法文字的绘制。

特效技法14 | 字体特效软件Swftext

　　当用户看到非常特别的文字动画时，又感觉到用Flash制作很麻烦，这时该怎么办呢？此时可以利用字体特效软件Swftext中丰富的文字特效自动生成动画，操作非常简单和方便。这款工具包含了设置动画的尺寸、背景色或背景图片的选择、文字的添加、特效的生成、动画的发布等一系列的功能。在整个动画制作过程完全傻瓜式，不需要使用者有太多的动画制作知识。

　　Swftext的具体使用方法：在影片剪辑中设置动画大小，在背景中设置背景相关参数，在背景效果中设置动画的动态背景，在文本、文本效果和字体中设置动画中显示的文字。

EXAMPLE **039 刹车文字**

● 变形面板的应用 　　　　　◎ 实例文件\Chapter 02\刹车文字\

制作提示 //////////////////

❶ 使用创建传统补间动画功能
　 和"变形"面板

❷ 使用复制、粘贴功能

难度系数：★★★

案例描述 //////////////////

本案例设计的是网络广告中的刹车文字动画，文字从左向右急速前行并突然停下，然后配上刹车时的声音，将广告的主题生动形象地表达出来。

 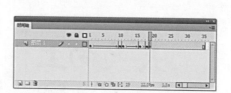 

01 打开"刹车文字素材.fla"文档。新建"刹车文本动画"影片剪辑元件，拖入"描边阴影字"元件并设置其属性。在第10、11、16、18、19帧处插入关键帧，并创建各关键帧间的传统补间动画。在第35帧插入帧。

02 调整第1帧所对应实例的 X 值为-717.15，"缩放高度"为166.2%、"水平倾斜"为-53。

  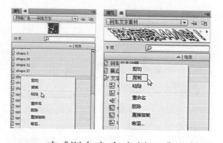

03 新建"图层2"，在第3帧处插入空白关键帧，然后添加声音sound 6，删除该帧之后的所有帧。

04 打开"刹车文字素材.fla"文件，双击舞台中的主动画实例，进入"主动画"元件的编辑区。

05 在"刹车文字素材.fla"文档的"库"面板中将制作好的"刹车文本动画"元件复制并粘贴。

06 在"图层6"的第18帧处插入空白关键帧，拖入"刹车文本动画"元件，并调整实例的大小与位置。

07 返回到主场景中，按下快捷键Ctrl+S保存该动画。按下快捷键Ctrl+Enter对该动画进行测试。

制作鼠标特效

　　在很多Flash作品中，经常会发现鼠标的设计特别引人注目，如鼠标跟随效果、鼠标碰触效果、鼠标移动擦除效果、鼠标移动效果、鼠标经过效果、移动跟踪聚焦、个性化鼠标指针等，这些鼠标特效在整个动画效果中起到了画龙点睛的作用。本章通过23个实例介绍了各种鼠标特效在Flash动画中的应用，同时对动物图案的绘制、水珠效果的创建、触发式按钮的制作、灯笼效果的制作等鼠标特效中应用到的效果的绘制方法进行了简单介绍。

EXAMPLE **040 爱情心形鼠标特效**

● 引导路径的创建　　　◎ 实例文件\Chapter 03\爱情心形鼠标特效\

制作提示 ///////////////////////////

❶ 使用椭圆工具绘制运动的圆球

❷ 通过绘制的引导路径引导圆球进行运动

❸ 脚本的添加使得动画效果轻易实现

难度系数：★ ★

案例描述 ///////////////////////////

本实例设计的是鼠标指针特效，在该动画中鼠标指针始终以心形图案展现在大家面前。再配合示爱的背景图案，更显得鼠标指针与众不同。

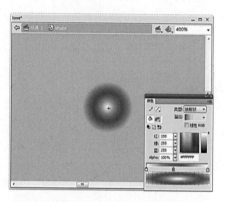

01 新建Flash文档，将素材导入到库中。新建图形元件shape，绘制一个圆球。新建影片剪辑元件sprite 1，拖入元件shape。

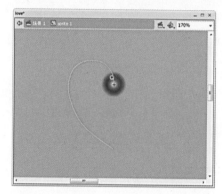

02 为"图层1"新建引导层并绘制一个图形，在第24帧处插入普通帧。在"图层1"的第24帧处插入关键帧，制作圆球的运动效果。

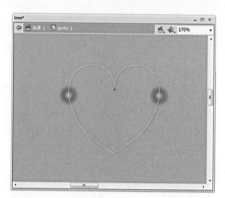

03 新建"图层3"，再次拖入元件shape。为"图层3"新建引导层并绘制一个图形。在"图层3"的第24帧处输入脚本stop();。

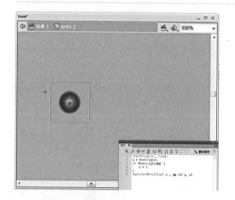

04 新建影片剪辑元件sprite 2，将元件sprite 1拖至编辑窗口，设置实例名称为qm。选择第1帧，在"动作"面板中添加脚本。

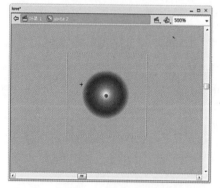

05 在第4帧处插入关键帧。选择元件sprite 2将其放大，选择第4帧，在"动作"面板中添加脚本：gotoAndPlay(1);。

06 返回主场景。新建"图层2"，依次将图片image和元件sprite 2拖至"图层1"和"图层2"的编辑窗口。至此，完成特效制作。

EXAMPLE 041 鼠标移动擦除特效

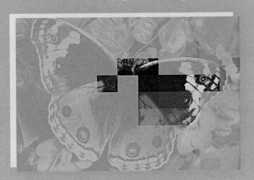

● 变化色块的创建　　　　　◎ 实例文件\Chapter 03\鼠标移动擦除特效\

制作提示 ////////////

❶ 使用矩形工具绘制相应的变化色块

❷ 创建色块变化的补间动画

❸ 编写相应的控制脚本

难度系数：★★

案例描述 ////////////

本实例设计的是一种鼠标擦除特效，但擦除过后还会自动恢复原状，因此总是朦朦胧胧让人觉得是"雾里看花"。

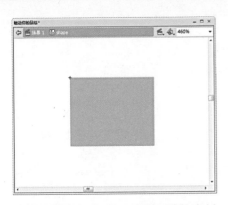

01 新建一个Flash文档，并将素材文件导入到库中。新建一个图形元件shape，然后使用矩形工具绘制一个蓝色的矩形。

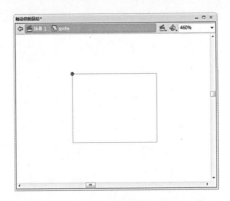

02 新建影片剪辑元件sprite，将元件shape拖至编辑区域，分别在第30、60帧处插入关键帧。选择第30帧，将元件的Alpha值设置为0%。

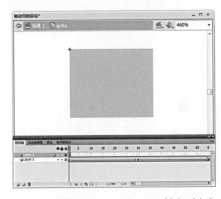

03 在第1~30、30~60帧间创建传统补间动画。新建"图层2"，选择该图层中的第1帧，打开"动作"面板输入脚本stop();。

04 返回到主场景中。在影片剪辑元件sprite的"属性"面板中将其标示符设置为kuai。将图片image拖至编辑区域。

05 新建"图层2"，选择第1帧，执行"窗口>动作"命令，打开"动作"面板，在该面板中添加相应的控制脚本，设置擦除动画效果。

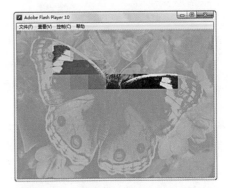

06 按下快捷键Ctrl+S保存该文件。再按下快捷键Ctrl+Enter对该动画进行测试。至此，完成擦除特效的制作。

042 风车式鼠标特效

● 形状补间动画的应用　　◎ 实例文件\Chapter 03\风车式鼠标特效\

制作提示 /////////////////////

❶ 风车页的制作

❷ 风车式指针形成过程的代码
编写

❸ 综合效果的实现

难度系数：★ ★

案例描述 /////////////////////

本实例设计的是一个风车式鼠标指针特效。与以往指针特效不同的是，该风车式指针是逐步形成的，并不是一开始就是风车式的。

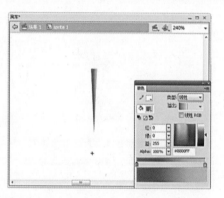

01 执行"文件>新建"命令，新建一个Flash文档，并将素材导入到库中。新建影片剪辑sprite 1，然后在编辑窗口中绘制一个图形。

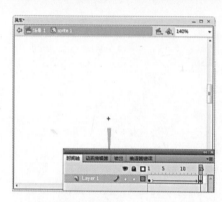

02 在第15帧处插入关键帧。将其位置适当向下移动，并将颜色改修为绿色。在第1~15帧间创建形状补间动画。

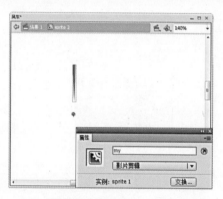

03 新建影片剪辑sprite 2，在第2帧处插入关键帧，然后拖入sprite 1，将其实例名称设置为my。在第3帧处插入普通帧。

04 在第1帧和第2帧处分别输入脚本startDrag("my", true);，然后在第2帧的元件sprite 1中输入脚本my[index] = "my";。

05 新建"图层2"，在第3帧处添加相应的脚本。返回主场景，新建"图层2"，依次将图片image和元件sprite 2拖至"图层1"和"图层2"中。

06 按下快捷键Ctrl+S保存该文件。再按下快捷键Ctrl+Enter对该动画进行测试。至此，完成风车式鼠标特效的制作。

EXAMPLE **043 飞舞的蝴蝶**

● 动物图案的绘制　　◎ 实例文件\Chapter 03\飞舞的蝴蝶\

制作提示 ///////////////

① 使用绘图工具绘制蝴蝶
② 背景图片的布置
③ 编写相应的触发脚本
④ 综合效果的实现

难度系数：★★★

案例描述 ///////////////

本实例设计的是飞舞的蝴蝶特效，当在花丛中移动鼠标指针时，鼠标指针即变为一只翩翩起舞的蝴蝶，展现出景色的无限美好。

01 执行"文件>新建"命令，新建一个Flash文档，将素材导入到库中。新建图形元件shape 1，并绘制一条橙色和一条蓝色的曲线。

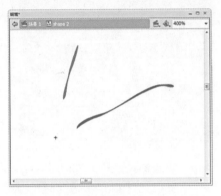

02 新建图形元件shape 2，进入该元件的编辑窗口，在窗口中再次绘制一条橙色和一条蓝色的曲线图形。

03 新建图形元件shape 3和shape 4，依次在各元件编辑区绘制蝴蝶的翅膀。新建影片剪辑元件sprite，制作蝴蝶翅膀扇动效果。

04 返回主场景。新建"图层2"，依次将图片image和元件sprite放至"图层1"和"图层2"的编辑区。

05 选择影片剪辑元件sprite，打开其"动作"面板，在该面板中输入适当的控制脚本。

06 按下快捷键Ctrl+S保存该文件。再按下快捷键Ctrl+Enter对该动画进行测试。至此，完成飞舞的蝴蝶的绘制。

EXAMPLE
044 按下鼠标看大图

● 遮罩动画的应用　　　　◎ 实例文件\Chapter 03\按下鼠标看大图\

制作提示 ////////////////////////

❶ 按钮元件的设计与制作
❷ 遮罩动画效果的应用

难度系数：★★

案例描述 ////////////////////////

本实例设计的是鼠标指针的一种预览效果，当鼠标指针指向某图片并单击后，将会打开并放大该图片。

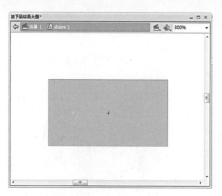

01 新建文件，将素材导入到库中。新建图形元件shape 1，绘制一个矩形。新建按钮元件button，在第4帧处插入关键并拖入shape 1。

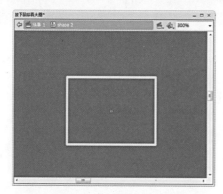

02 新建影片剪辑元件sprite 1，拖入元件shape 1并调整其大小。新建图形元件shape 2，绘制一个白色的边框。

03 新建影片剪辑元件sprite 2并拖入元件shape 2，新建影片剪辑元件sprite 3，将图片image 1~image 6依次拖入编辑区。

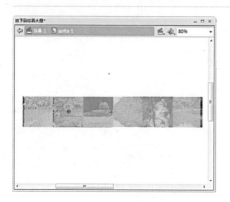

04 新建图层2~图层7，依次将按钮元件button拖动到各图层，将各个图片覆盖。分别选择各个图层的按钮元件并输入相应的脚本（改变脚本中第2行的帧数即可）。

05 新建元件sprite 4输入文本，转换为影片剪辑元件text。在第5、10、20帧插入关键帧。将第1、20帧处元件的Alpha值设置为0%。在第1~5、15~20帧处创建传统补间动画。在第1帧输入脚本stop();。

06 新建影片剪辑元件sprite 5，在第2~7帧处插入空白关键帧，依次将图片image 1~image 6拖动至各关键帧并调整其大小。在第1~7帧处添加脚本stop();。

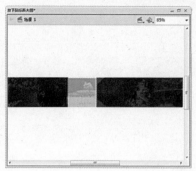

07 新建影片剪辑元件sprite 6，拖入影片剪辑元件sprite 5，并设置其实例名为mu。再在第1帧处添加脚本stop();。

08 返回主场景，拖入元件sprite 3，并改变其色彩效果。新建图层2~3，分别将元件sprite 3和sprite 1拖至各图层。将"图层3"设置为"图层2"的遮罩层，并设置元件sprite 1的实例名为m。新建"图层4"，拖入元件sprite 2，使之与"图层3"中元件sprite 1的位置一致，并将其实例名称设置为k。

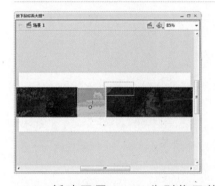

09 新建图层5~6，分别将元件sprite 6和sprite 4拖至各图层，并设置其实例名为t和ts。

10 选择"图层6"的第1帧，在其"动作"面板中输入脚本stop();。至此，完成按下鼠标看大图动画的制作。按下快捷键Ctrl+S保存文件，按下快捷键Ctrl+Enter对该动画进行测试预览。

特效技法1 | 深入了解遮罩动画

所谓遮罩动画即指在Flash动画中至少会使用到一种遮罩效果的动画，它在Flash中有着广泛的应用。遮罩动画是Flash设计中控制元件或影片剪辑的一个重要的部分，在设计动画时，首先要分清楚哪些元件需要运用遮罩，在什么时候运用。合理地运用遮罩效果会使动画看起来更流畅，元件与元件之间的衔接时间更准确，具有丰富的层次感和立体感。遮罩动画的时间轴显示如右图所示。

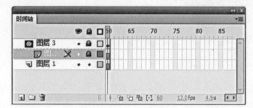

在制作遮罩动画的过程中，共分为背景层、遮罩层和被遮罩层3个图层。在背景层和被遮罩层中分别放不同的图像，在遮罩层中制作一个变化为与舞台相同大小的长方形动画。这样当动画播放时，被遮罩中的图像逐渐显露出来，将背景层中的图像遮住，形成一个转场效果。在制作遮罩层动画时，应注意以下几点：

（1）若要创建动态效果，则可以让遮罩层动起来。

（2）若要获得聚光灯效果和过渡效果，则可以使用遮罩层创建一个孔，通过这个孔可以看到下面的图层。遮罩项目可以是填充的形状、文字对象、图形元件的实例或影片剪辑。将多个图层组织在一个遮罩层下可创建复杂的效果。

（3）若要创建遮罩层，则可以将遮罩项目放在要用作遮罩的图层上。

此外，还需要指出的是，只有遮罩层与被遮罩层同时处于锁定状态时，才会显示遮罩效果。若需要对两个图层中的内容进行编辑，则可以先解除锁定，编辑结束后再次将其锁定。

EXAMPLE

045 跟随鼠标旋转特效

● 控制脚本的添加　　◎ 实例文件\Chapter 03\跟随鼠标旋转特效\

制作提示 ////////////////////////

❶ 太阳眨眼、闭眼效果图形的绘制

❷ 相应触发代码的编写

❸ 综合效果的实现

难度系数：★ ★ ★

案例描述 ////////////////////////

本实例设计的是跟随鼠标旋转的太阳特效，其实该效果是鼠标跟随效果的一种演变。通过移动鼠标，使画面中的另一事物随之作出不同的反应。

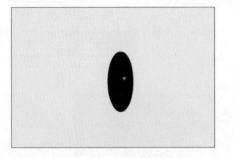

01 新建文档，将素材导入到库中。新建影片剪辑元件eye-close，绘制黑色椭圆。在第1帧添加脚本stop();。

02 在第2帧处插入空白关键帧，绘制图形。新建"图层2"，绘制蓝色矩形，并将其颜色的Alpha值设置为0%。在第2帧处插入普通帧。新建影片剪辑元件eye-AS，将元件eye-close拖至编辑区，打开"动作"面板，输入脚本。

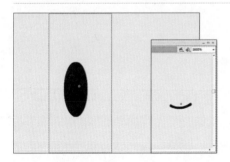

03 新建影片剪辑元件eye clip，将元件eye AS拖动至编辑区，并制作其眨眼的效果。

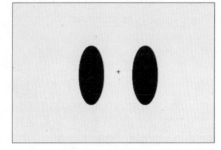

04 新建影片剪辑元件eyes，拖入元件eye clip两次，并将其实例名称分别设置为eye 1和eye 2。

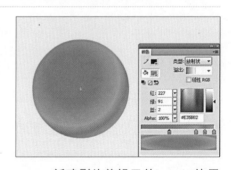

05 新建影片剪辑元件head。使用工具箱中的椭圆工具在编辑区域绘制一个圆形。

06 新建影片剪辑元件sprite。将素材元件sunny 2拖至编辑区域。新建"图层2"，依次将元件head和eyes拖入编辑区，并在元件eyes的"动作"面板中输入脚本。

07 返回主场景，将图片image和元件sprite拖至编辑区。至此，完成本例制作。

EXAMPLE 046 天马行空鼠标特效

● 控制脚本的添加　　　◎ 实例文件\Chapter 03\天马行空鼠标特效\

制作提示 ///////////////

❶ 天马移动动画效果的实现
❷ 综合效果的创建

难度系数：★ ★

案例描述 ///////////////////////////////////

本实例设计的是一款鼠标拖动特效，当在场景中拖动鼠标指针时，鼠标指针将转变成一只天马，在天空中疾速奔驰，同时还会拖出一条如影如幻的移动特效画面。

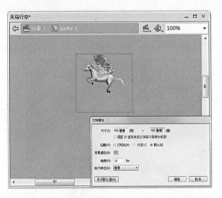

01 新建Flash文档，将素材导入到库中。新建sprite 1，在第2~7处插入关键帧，将图片image 1~image 7拖入各帧的编辑区域。新建元件sprite 2，拖入元件sprite 1。

02 返回主场景，将图片image 8拖至编辑区域，在第4帧处插入普通帧。新建"图层2"，拖入元件sprite 2，并将其实例名称设置为aa0，在第4帧处插入普通帧。

03 新建"图层3"，在第2~4帧处插入空白关键帧，分别在前4帧的"动作"面板中输入相应的控制脚本。最后保存并测试该动画。至此，完成天马行空鼠标特效的制作。

特效技法2 | 认识"动作"面板及其组成

在Flash中，脚本语言是通过"动作"面板实现的，所谓脚本语言是指实现某一具体功能的命令语句或实现一系列功能的命令语句组合。如果要使动画中的关键帧、按钮、动画片段等具有交互性的特殊效果，就必须为其添加相应的脚本语言。

打开"动作"面板有以下2种方法。一是执行"窗口>动作"命令；二是按下F9键。"动作"面板如右图所示。

"动作"面板由3个部分组成，分别是动作工具箱、脚本导航器和脚本窗口，各组成部分的功能分别如下。

（1）动作工具箱：动作工具箱位于"动作"面板左侧上方，可以根据选择的ActionScript版本显示不同的脚本命令。

（2）脚本导航器：脚本导航器位于"动作"面板的左下方，列出了当前选中对象的具体信息，如名称、位置等。通过脚本导航器可以快速地在文档中的脚本间导航。

"动作"面板

（3）脚本窗口：脚本窗口可以创建导入应用程序的外部脚本文件。脚本可以是ActionScript、Flash JavaScript文件。

047 飘舞的梅花

● 鼠标触发式脚本的添加 ◎ 实例文件\Chapter 03\飘舞的梅花\

制作提示 //////////////

❶ 梅花素材的处理与导入
❷ 相应触发脚本的添加
❸ 关键帧的创建
❹ 实例属性的设置

难度系数： ★ ★

案例描述 //////////////

本实例设计的是飘舞的梅花特效。通过添加梅花素材，制作出精美的画面效果。添加触发式脚本后，当鼠标指针在画面中经过时，将呈现出梅花飞舞的景观。

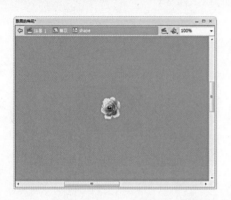

01 新建一个Flash文档，将素材导入到库中。新建影片剪辑元件"梅花"，将图片image 1拖至编辑区，并转换为图形元件shape。

02 继续在影片剪辑元件"梅花"的第101帧处插入关键帧，将图形元件shape向下移动，并调整其Alpha值为0%。

03 新建"图层2"，在第100帧处插入空白关键帧，并输入脚本this.removeMovieClip()。返回主场景，将图片image 2拖至编辑区域。

04 新建"图层2"，将元件"梅花"拖至编辑区，并设置其实例名为flower。

05 新建"图层3"，选择第1帧，在其"动作"面板中输入相应的控制脚本。

06 按下快捷键Ctrl+S保存文件。再按下快捷键Ctrl+Enter对该动画进行测试。完成特效制作。

EXAMPLE

048 鼠标经过水面特效

● 触发式按钮的制作   ◎ 实例文件\Chapter 03\鼠标经过水面特效\

制作提示 ////////////////

❶ 水面波纹的绘制
❷ 触发按钮的设计与制作
❸ 主场景中各个元件的排列与
  布局
❹ 综合效果的实现

难度系数：★ ★

案例描述 ////////////////

本实例设计的是鼠标经过水面时展现出的涟漪效果。鼠标经过后，波纹逐渐扩散开来，稍后又恢复往常的平静。

01 新建一个Flash文档，打开"文档属性"对话框设置文档属性，然后将素材导入到库中。

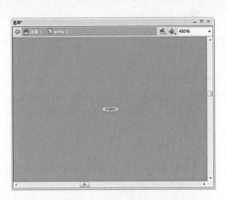

02 新建影片剪辑元件sprite 1，在编辑区域绘制一个椭圆。在第20帧处插入关键，然后将其放大。

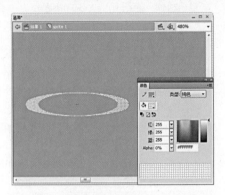

03 设置椭圆填充色的Alpha值为0%。在第1~20帧间创建形状补间动画。新建"图层2~3"。

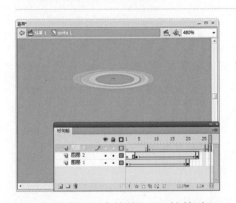

04 将"图层1"的第1~20帧粘贴至"图层2"的第4~23帧和"图层3"的第8~26帧。在"图层3"的第26帧处输入脚本stop();。

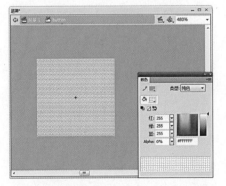

05 新建按钮元件buttton，在第4帧处插入空白关键帧，然后绘制一个白色矩形，并将其填充颜色的Alpha值设置为0%。

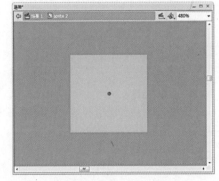

06 新建影片剪辑元件sprite 2，从"库"面板中将按钮元件拖动至sprite 2元件的编辑区域，并在第1帧处输入脚本stop();。

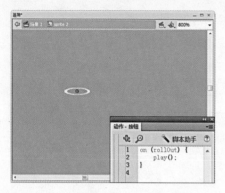

07 在第2帧处插入空白关键帧并拖入元件sprite 1。在第30帧处插入普通帧。选择第2帧中的button，在其"动作"面板输入相应的脚本。

08 返回主场景，将图片image拖至编辑区域。新建"图层2"，将影片剪辑元件sprite 2多次拖入编辑区域合适位置。

09 按下快捷键Ctrl+S保存该文件。再按下快捷键Ctrl+Enter对该动画进行测试。至此，完成鼠标经过水面特效的制作。

特效技法3 | 认识ActionScript 3.0

ActionScript 是 Adobe Flash Player 和 Adobe AIR 运行时环境的编程语言。它在 Flash、Flex 和 AIR 内容和应用程序中可以实现交互性、数据处理以及其他许多功能。ActionScript 3.0 旨在方便用户创建拥有大型数据集和面向对象的可重用代码库的高度复杂应用程序。与早期版本相比ActionScript 3.0 的脚本编写功能更加强大，代码的执行速度也快了十多倍。 在Flash中ActionScript语句的基本语法介绍如下。

（1）点语法

点"."用于指定对象的相关属性和方法，并标识指向的动画片段或变量的目标路径。如表达式"wyx._w"即表示动画片段"wyx"的_w属性。点语法包含_root和_parent两个特殊的别名，其中_root：用于创建一个绝对的路径，主要为主时间轴。_parent：用于对嵌套在当前动画中的动画片段进行引用，还可使用该别名创建一个相对的目标路径。

（2）大括号

大括号"{}"用于将代码分成不同的块。

（3）圆括号

圆括号"()"用于放置使用动作时的参数，定义一个函数以及对函数进行调用等，还可用来改变 ActionScript 的优先级。

（4）分号

分号";"用于ActionScript语句的结束处，用来表示该语句的结束。

（5）大写和小写字母

只有关键字才区分大小写，其余的ActionScript脚本都可以不用区分大小写。

（6）注释

在脚本的编辑过程中，为了便于脚本的阅读和理解，一般使用comment命令为动作添加注释。方法是直接在脚本中输入"//"，然后输入注释语句。

（7）关键字

具有特殊含义可供ActionScript进行随意调用的单词，被称为"关键字"。在ActionScript中较为重要的关键字主要包括Break、Continue、Delete、Else、For、Function、If、In、New、Return、This、Typeof、Var、Void、While、With。

EXAMPLE 049 用鼠标捕蝴蝶

● 形状补间动画的应用　　　◎ 实例文件\Chapter 03\用鼠标捕蝴蝶\

制作提示

❶ 使用绘图工具绘制网拍
❷ 创建网拍在画面中移动时的补间动画
❸ 添加代码实现综合效果

难度系数：★ ★

案例描述

本实例设计的是鼠标跟踪效果，当在有蝴蝶飞舞的百花丛中移动鼠标时，鼠标后面将会产生一张网，用来捕捉飞舞的蝴蝶。蝴蝶是随机产生的，网也可以自由的移动。

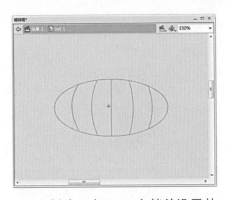

01 新建一个Flash文档并设置其属性，然后将素材导入到库中。新建影片剪辑元件net 1，利用椭圆和线条工具在编辑区域绘制一个图形。

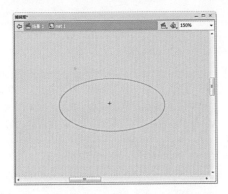

02 在第2帧处插入空白关键帧，利用椭圆工具在编辑区域绘制一个图形。在第20帧处插入关键帧，并改变其大小。

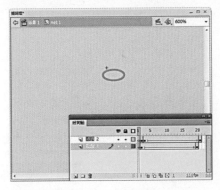

03 在第2~20帧创建形状补间动画。新建"图层2"，在第2帧插入空白关键帧。将"图层1"的第1~20帧复制到"图层2"的第2~21帧。

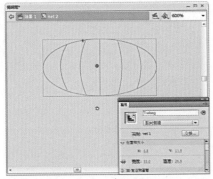

04 新建影片剪辑元件Cursor，新建影片剪辑元件net 2，然后拖入元件Cursor，并设置其实例名为Cursor。新建"图层2"，拖入元件net 1，并将其实例名设置为Trailseg。在"图层1"和"图层2"的第3帧处插入普通帧。新建"图层3"，在第2、3帧处插入空白关键帧，并在前3帧添加相应的脚本。

05 返回主场景，新建"图层2~3"，将图片image、元件net 2和HD拖入舞台。至此，完成用鼠标捕捉蝴蝶动画的制作。

EXAMPLE **050 滑落的水珠效果**

● 水珠效果的创建　　　◎ 实例文件\Chapter 03\滑落的水珠效果\

制作提示

❶ 水珠的绘制
❷ 水珠坠落效果的创建
❸ 背景图片的处理与导入
❹ 综合效果实现代码的编写

难度系数：★★

案例描述

本实例设计的是一款鼠标触碰效果，当鼠标指针接近绿叶上的水珠时，水珠将自动滑落。若不移动鼠标指针，此处产生的水珠就像断了线的珠子，一直向下滑落。

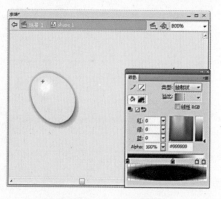

01 新建一个Flash文档，执行"文件>导入>导入到库"命令，将素材导入到库中。新建图形元件shape 1并绘制一个椭圆。新建"图层2"，然后绘制光圈效果。新建按钮元件button。

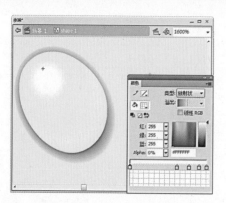

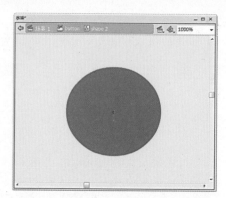

02 在第4帧处插入关键帧，绘制一个圆形，并将其转换为图形元件shape 2。

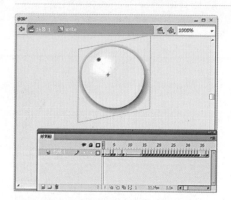

03 新建影片剪辑元件sprite，从"库"面板中将图形元件shape 1拖动到sprite元件的编辑区域，然后制作水珠坠落效果。

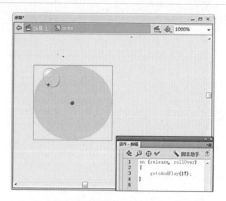

04 新建"图层2"，将元件button拖至合适位置。在第16帧处插入普通帧。在元件button的"动作"面板中添加适当的脚本。

05 新建"图层3"，在第17帧处插入空白关键帧。分别选择第1帧和第17帧，并将其标签分别设置为start和over。

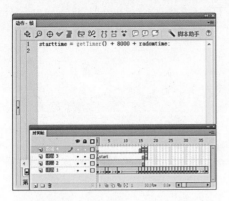

06 新建"图层4",分别在第16帧和第17帧处插入空白关键帧。在第16帧处输入脚本stop();,在第17帧处也输入相应的脚本。

07 返回主场景。新建"图层2",依次将图片image和影片剪辑元件sprite拖至编辑区域。在第4帧处插入普通帧。

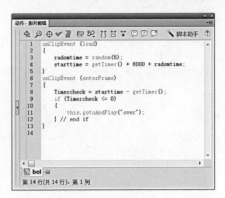

08 选择影片剪辑元件sprite,将其实例名称设置为bal。打开"动作"面板,在该面板中添加相应的控制脚本。

09 新建"图层3",复制"图层2"的第1~4帧粘贴至"图层3"。将影片剪辑元件sprite移动到舞台最上方。

10 新建"图层4",选择第1帧输入脚本i = 1;。在第2、4帧处插入空白关键帧,并分别在其"动作"面板中添加相应的脚本。

11 按下快捷键Ctrl+S,设置名称为"滑落的水珠效果",按下快捷键Ctrl+S保存文件。至此,完成滑落水珠效果的制作。

特效技法4│认识颜色面板

在"颜色"面板中,各主要选项的含义介绍如下。

(1) 笔触颜色:用于更改图形对象的笔触或边框的颜色。

(2) 填充颜色:用于更改填充颜色。填充的是填充形状的颜色区域。

(3) 类型:用于更改填充样式。其中包含"无"、"纯色"、"线性"、"放射状"和"位图"5个选项。"无"表示删除填充,"纯色"表示提供一种单一的填充颜色,"线性"表示产生一种沿线性轨道混合的渐变,"放射状"表示产生从一个中心焦点出发沿环形轨道向外混合的渐变,"位图"表示用可选的位图图像平铺所选的填充区域。

(4) RGB:用于更改填充的红、绿和蓝(RGB)的色密度。

(5) Alpha:用于设置实心填充的不透明度,或者设置渐变填充当前所选滑块的不透明度。如果 Alpha 值为 0%,则创建的填充不可见(即透明);如果 Alpha 值为 100%,则创建的填充不透明。

(6) 当前颜色样本:用于显示当前所选颜色。如果从填充"类型"下拉列表中选择某个渐变填充样式(线性或放射状),则"当前颜色样本"将显示所创建的渐变内的颜色过渡。

051 闪亮的萤火虫

● 传统补间动画的应用　　　◎ 实例文件\Chapter 03\闪亮的萤火虫\

制作提示 //////////////

❶ 萤火虫的绘制及效果的实现

❷ 综合效果的实现

难度系数：★ ★

案例描述 //////////////

本实例设计的是一款鼠标移动特效。夜幕降临，幽蓝幽蓝的天空中点缀着无数的小星星，一眨一眨的。月亮斜挂在天空，笑盈盈的，仿佛在邀请人们到广阔的太空中去遨游。如此的美景中突然出现了一大群萤火虫，忽明忽暗，忽远忽近。

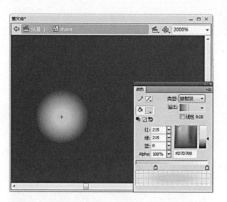

01 执行"文件>新建"命令，新建一个Flash文档，执行"文件>导入>导入到库"命令，将素材导入到库中。新建影片剪辑元件sprite 1，将其拖至主场景，再设置其实例名为follower。新建图形元件shape，在编辑区域绘制一个图形。新建影片剪辑sprite 2，拖入元件shape。新建影片剪辑元件sprite 3，拖入影片剪辑元件sprite 2，设置其实例名为particle。

02 新建"图层2"，在第2~3帧插入关键帧，输入相应的代码。新建影片剪辑元件sprite 4，拖入元件shape，在第11帧处插入关键帧，将元件shape缩小，并设其属性。

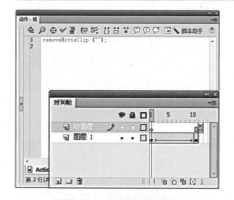

03 在第1~11帧之间创建传统补间动画。新建"图层2"，在第12帧处插入空白关键帧，并输入相应的脚本。

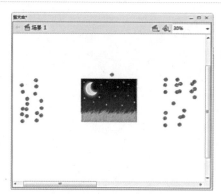

04 参照元件sprite 4的创建方法新建元件sprite 5~11。返回主场景，新建多个图层。将图片和元件sprite 3~21拖至各图层编辑区。

05 按下快捷键Ctrl+S保存文件。按下快捷键Ctrl+Enter对该动画进行测试。至此，完成闪亮的萤火虫效果的制作。

EXAMPLE **052 飘落的叶子**

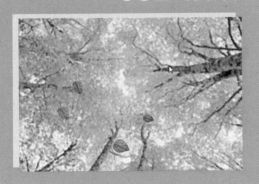

● 滤镜效果的设置　　◎ 实例文件\Chapter 03\飘落的叶子\

制作提示 //////////////////////

① 绿叶飘落效果的实现
② 动作脚本的添加
③ 滤镜效果的应用
④ 综合效果的创建

难度系数：★ ★

案例描述 //////////////////////

本实例设计的是叶子飘落的特效。当鼠标指针指向茂密的丛林时，树上的绿叶将缓缓地从高空中飘落下来，给人一种自然、无拘无束的感觉。使人产生心灵从此放飞的念想。

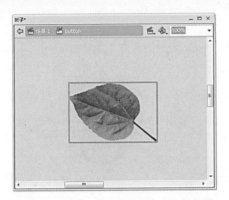

01 新建一个Flash文档，然后将素材导入到库中。新建按钮元件button，在第4帧处插入关键帧，将图片image 1拖至编辑区域。

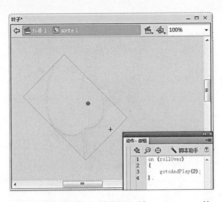

02 新建影片剪辑元件sprite 1，将按钮元件button拖动到编辑区域，然后在其"动作"面板中添加相应的脚本。

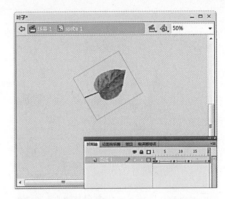

03 在第2帧插入空白关键帧，拖入 image 1转换为图形元件shape。在第20帧插入关键帧，在第2～20帧制作树叶飘落效果。

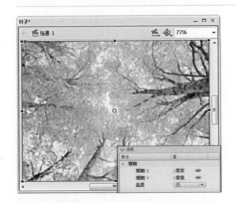

04 新建影片剪辑元件sprite 2，将图片image 2拖至编辑区域。返回主场景，拖入元件sprite 2，再通过"属性"面板为其添加滤镜效果。

05 新建"图层2"，多次拖入影片剪辑元件sprite 1，在"属性"面板中对该元件的位置及大小进行适当的调整。

06 按下快捷键 Ctrl+S 保存文件。按下快捷键 Ctrl+Enter 对该动画进行测试。至此，完成飘落的叶子效果的制作。

EXAMPLE **053 灵活的水蛇**

●控制脚本的添加　　　◎ 实例文件\Chapter 03\灵活的水蛇\

制作提示 ////////////

❶ 使用绘图工具绘制水蛇的头部及身体

❷ 水蛇游动效果的实现

❸ 场景的选择与布置

❹ 动作脚本的添加

难度系数： ★ ★

案例描述 ////////////

本实例设计的是水蛇游动的特效。当鼠标指针在水中移动时，将会出现一条游动的水蛇，其形状逼真、动作灵活，在海洋中尽情畅游。

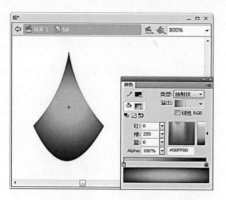

01 新建一个Flash文档，将素材导入到库。新建影片剪辑元件tail，在编辑区域绘制一个图形。

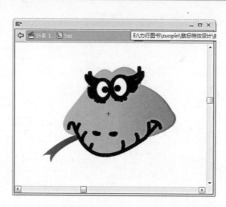

02 新建影片剪辑元件top，在编辑区域绘制蛇的头部。新建影片剪辑元件sprite，新建"图层2"。

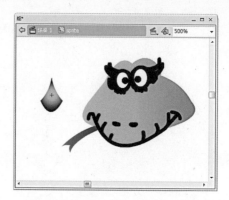

03 将元件tail和top拖至"图层1、2"中。设置实例名为Cible和Souris。在"图层1、2"的第18帧插入普通帧。

04 新建"图层3"，在第1帧的"动作"面板中添加合适的脚本。在第2帧处插入空白关键帧，在其"动作"面板添加相应的控制脚本。

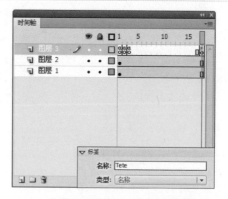

05 在第3帧处插入空白关键帧，并添加脚本gotoAndPlay(2);。在第18帧处插入空白关键帧，通过"属性"面板设置其帧标签为Tete。

06 返回主场景，将图片image和元件sprite拖至舞台。按下快捷键Ctrl+S保存该动画。至此，完成水蛇的绘制。

EXAMPLE

054 跟随鼠标的金鱼

● 形状补间动画的应用　　◎ 实例文件\Chapter 03\跟随鼠标的金鱼\

制作提示 //////////////////////

❶ 使用绘图工具绘制金鱼
❷ 金鱼游动动画效果的实现
❸ 背景图片的加工与导入
❹ 综合效果代码的编写
❺ 最终效果的实现

难度系数：★ ★

案例描述 //////////////////////

本实例设计的是一款鼠标跟随效果，当鼠标
指针在水墨画中移动时，在指针后面紧紧跟
随着一条游动着的金鱼，其色彩鲜明突出。

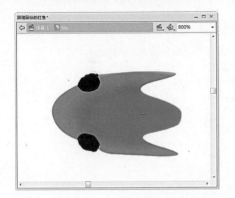

01 新建一个Flash文档，将素材导
入到库中。新建影片剪辑元件
tou，利用绘图工具绘制鱼的头部。

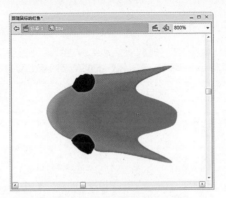

02 在第15、30帧插入关键帧，改
变第15帧金鱼的形状。在第
1~15、15~30帧创建形状补间动画。

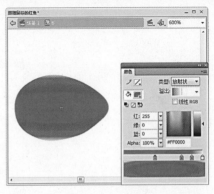

03 新建影片剪辑元件ti，进入该元
件的编辑窗口，在编辑窗口中
绘制鱼的身体。

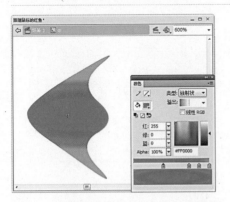

04 新建影片剪辑元件qi，在编辑
区域绘制鱼鳍。在第15、30帧
处插入关键帧。

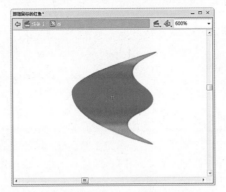

05 改变第15帧中鱼鳍的形状，然
后在第1~15、15~30帧间创建
形状补间动画。

06 在"库"面板中依次打开3个影
片剪辑元件的"元件属性"对
话框，分别设置其类和基类。

07 返回到主场景中,从"库"面板中将图片image拖动到编辑区域中的合适位置。

08 选择第1帧,打开"动作"面板,添加相应的控制脚本,实现鼠标的触发事件。

09 保存该动画文件,并对该动画进行测试。至此,完成跟随鼠标的金鱼动画的制作。

特效技法5 | 形状补间动画的创建

形状补间动画也称为形变动画,它是Flash动画中比较特殊的一种过程动画。该动画的时间轴效果如下图所示。

选择形状补间动画图层中的任意帧,在"属性"面板的"补间"卷展栏中包含两个设置形状补间属性的选项,分别为"缓动"和"混合"。在"缓动"数值框中,若输入一个负值,则在补间开始处缓动;若输入一个正值,则在补间结束处缓动。"混合"用于设置形状补间动画的混合属性。在该下拉列表框中,包含"分布式"和"角形"两个选项,如果设置为"分布式",可以建立平滑插入的图形;如果设置为"角形",可以以角和直线建立插入的图形。

在制作形状补间动画时,在时间轴中的一个特定帧上绘制一个矢量形状,然后更改该形状,或在另一个特定帧上绘制另一个形状。Flash 将内插中间的帧的中间形状,创建一个形状变形为另一个形状的动画。对于形状补间动画,要先为一个关键帧中的形状指定属性,然后在后续关键帧中修改形状或者绘制另一个形状,在关键帧之间创建补间动画。

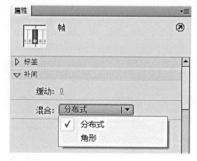

补间形状最适合用于简单形状。使用补间形状时要避免使用有一部分被挖空的形状。如果要使用的形状已确定相应的结果,可以使用形状提示来告诉 Flash 起始形状上的哪些点应与结束形状上的特定点对应。形状提示包含从 a 到 z 的字母,用于识别起始形状和结束形状中相对应的点,在Flash中最多可以使用 26 个形状提示。起始关键帧中的形状提示是黄色的,结束关键帧中的形状提示是绿色的,当不在一条曲线上时为红色。

在Flash CS4中,要在补间形状时获得最佳效果,需要遵循以下准则:

(1)在复杂的补间形状中,需要创建中间形状然后再进行补间,而不要只定义起始和结束的形状。

(2)确保形状提示是符合逻辑的。例如,在一个三角形中使用三个形状提示,则三个形状提示在原始三角形和要补间的三角形中的顺序必须相同,不能在第一个关键帧中是 abc,而在第二个中是 cba。

(3)如果按逆时针顺序从形状的左上角开始放置形状提示,则工作效果最好。

EXAMPLE 055 漫天飞扬的雪花

● 引导层的创建与应用　　◎ 实例文件\Chapter 03\ 漫天飞扬的雪花\

制作提示 ///////////
❶ 远景雪花的绘制
❷ 雪花飘落效果的制作
❸ 动作脚本的添加
❹ 综合效果的实现

难度系数： ★★

案例描述 ///////////
本实例设计的是雪花飞扬的特效。随着鼠标的移动，皑皑白雪将会漫天飞扬，将"千峰笋石千株玉，万树松罗万朵云"的美景完美地展现在我们眼前。

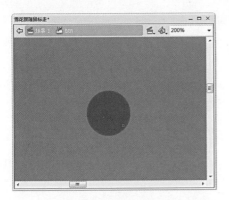

01 新建文档，将素材导入到库中。新建按钮元件button，在第4帧插入空白关键帧，并绘制圆形。

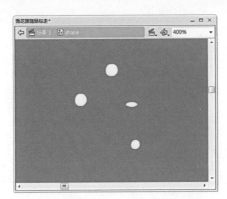

02 选择刷子工具，并设置其颜色为白色，然后在编辑区域绘制若干雪花。

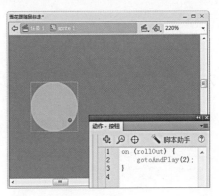

03 新建影片剪辑sprite 1，拖入按钮元件button，并打开其"动作"面板，添加相应的脚本。

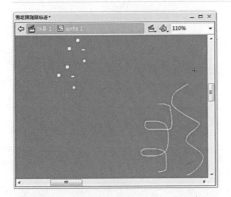

04 在第2帧处插入空白关键帧，将元件shape拖至编辑区域。在第40帧处插入关键帧并为其添加引导层，制作雪花飘舞效果。

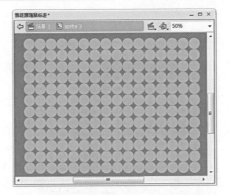

05 新建影片剪辑sprite 2，将元件sprite 1拖至编辑区。新建影片剪辑元件sprite 3，多次拖入影片剪辑元件sprite 2。

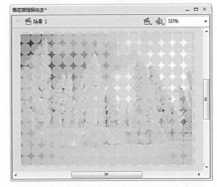

06 返回主场景，将图片image和元件sprite 3拖至舞台，最后保存该动画即可。至此，完成漫天飞扬的雪花动画的制作。

056 浩瀚的星空

● 传统补间动画的应用　　◎ 实例文件\Chapter 03\浩瀚的星空\

制作提示 ////////////////////////////

❶ 使用绘图工具绘制星星
❷ 星星闪烁效果的制作
❸ 背景效果的添加
❹ 综合效果的实现

难度系数：★★

案例描述 ////////////////////////////

本实例设计的是一款鼠标跟踪特效。当鼠标指针在浩瀚的星空中移动时，将会有无数的星星跟随其移动，仿佛是滑落的流星，又仿佛是移动的星座，从而将整个夜空点缀的无比的美丽。

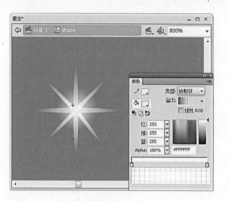

01 执行"文件>新建"命令，新建一个Flash文档，并将素材导入到库中。新建图形元件shape，在编辑区域绘制星星图形。

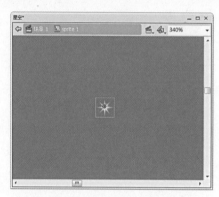

02 新建影片剪辑元件sprite 1，将元件shape放至编辑区域，并将其缩小。在第14帧处插入关键帧，再将元件shape放大。

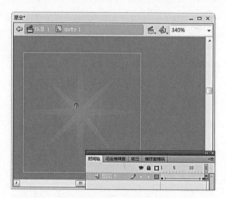

03 将其Alpha值设置为20%，在第1~14帧之间创建传统补间动画。在第15帧处插入空白关键帧，选择该帧输入脚本stop();。

04 新建影片剪辑元件 sprite 2，拖入影片剪辑元件 sprite 1，并将其实例名称设置为kk，在第3帧处插入普通帧。

05 新建"图层2"，在第2~3帧处插入空白关键帧，在前3帧中添加相应的脚本。返回主场景，将图片image和元件sprite 2拖至舞台。

06 按下快捷键Ctrl+S保存文件。再按下快捷键Ctrl+Enter对该动画进行测试。至此，完成浩瀚的星空效果的制作。

EXAMPLE 057 鼠标触碰特效

● 控制脚本的添加 ◎ 实例文件\Chapter 03\鼠标触碰特效\

制作提示

❶ 使用绘图工具绘制珠帘子
❷ 珠帘子动画效果的实现
❸ 动作脚本的添加
❹ 综合效果的设计与制作

难度系数：★ ★

案例描述

本实例设计的是一种鼠标触碰特效。在漂亮的窗台中悬挂着一架珠帘子，当鼠标在指针其中移动时，帘子的位置将发生变化，产生动画效果。

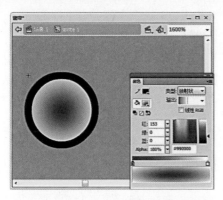

01 新建一个Flash文档，并将素材导入到库中。新建影片剪辑元件sprite 1，绘制一个圆球。

02 新建影片剪辑元件sprite 2，将元件sprite 1拖至编辑区域，在其"动作"面板中添加脚本。

03 返回主场景，新建"图层2"，分别将图片image 1~2拖至"图层1~2"的编辑区域。

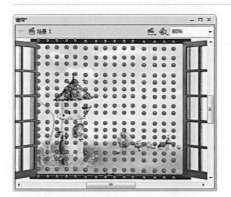

04 新建"图层3"，将元件sprite 2多次拖至编辑区域。

05 选择第1帧，打开其"动作"面板添加相应的脚本。

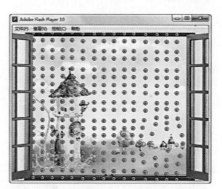

06 保存该文件，并对其进行测试。至此，完成本例制作。

EXAMPLE **058 鼠标测量特效**

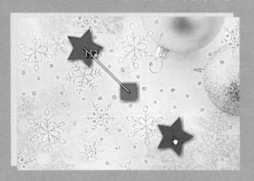

● 动态文本的应用　　　◎ 实例文件\Chapter 03\鼠标测量特效\

制作提示 ///////////

❶ 使用绘图工具绘制星形图案
❷ 星星旋转效果的设计
❸ 传统补间动画的创建方法
❹ 投影滤镜效果的设置

难度系数：★ ★

案例描述 ///////////

本实例设计的是一个鼠标移动且带测量功能的特效。场景中有两个星形图案，当移动鼠标时，其中一个图案将跟随鼠标移动，另一个图案将向相反的方向移动。

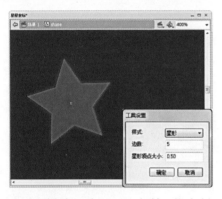

01 新建一个Flash文档，将素材导入到库中。新建图形元件shape，选择多角星形工具在编辑区域绘制绿色五角星。

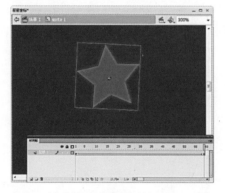

02 新建影片剪辑元件sprite 1，将元件shape拖至编辑区域。在第59帧处插入关键帧，旋转360°。在第1~59帧间创建传统补间动画。

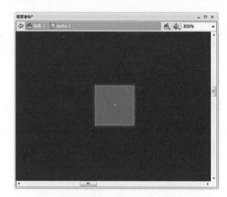

03 新建影片剪辑元件sprite 2。在编辑区域绘制一个蓝色的矩形。返回到主场景中，将图片image拖至编辑区域。

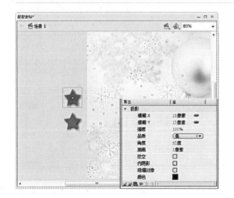

04 新建"图层2"，拖入两个sprite 1和1个sprite 2元件，并为其添加投影效果。选中一个sprite 1元件，对其颜色进行调整。

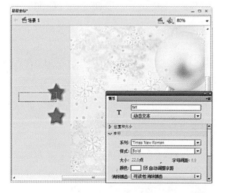

05 选择文本工具，在编辑区域创建动态文本。分别选择动态文本和各个元件，依次将其实例名称设置为：text、wuxing、sixing、aa。

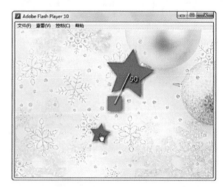

06 在元件sprite 2的"动作"面板中添加合适的脚本。新建"图层3"，在其第1帧"动作"面板中添加相应的脚本。至此，完成本例制作。

EXAMPLE **059 鼠标聚焦特效**

● 遮罩动画的创建 　　　　　● 实例文件\Chapter 03\鼠标聚焦特效\

制作提示 ///////////////////

❶ 使用椭圆工具和线条工具绘
制准心图形

❷ 光标样式的绘制及效果制作

❸ 控制脚本的添加

❹ 综合效果的实现

难度系数：★★

案例描述 ///////////////////

本实例设计的是一个鼠标聚焦特效。在一组远
景画面中，一切都显得那么模糊，此时鼠标就
好比是一个望远镜，将远景画面尽揽眼底。

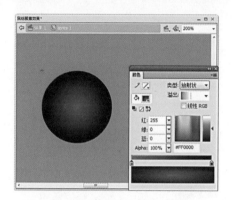

01 新建一个Flash文档，将素材文
件导入到库中。将"图层1"重命
名为"模糊"图层。新建影片剪辑元件
sprite 1，在编辑区域绘制一个圆球。

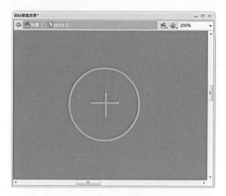

02 新建影片剪辑元件sprite 2，选
择工具箱中的椭圆工具和线条
工具，然后在编辑区域绘制一个绿色
准心图形。

03 返回主场景，新建"清晰"图
层。将图片image 1~2拖至图
层1~2中。分别在两个图层的第2帧处
插入普通帧。

04 新建"遮罩"图层，将元件sprite
1拖至编辑区，并将其实例名设
置为mask。在第2帧处插入普通帧，
最后将"遮罩图层"设置为"清晰图
层"的遮罩层。

05 新建"图层4"，拖入元件sprite
2且与"遮罩"图层中元件
sprite 1的位置一致。选择sprite 2将
其实例名称设置为kuang，在第2帧处
插入普通帧。

06 新建"图层5"，在第2帧处插
入空白关键帧，然后在前两帧
处分别添加相应的脚本。按下快捷键
Ctrl+S保存文件，并测试该动画。至
此，完成鼠标聚焦特效的制作。

060 鼠标跟随轨迹特效

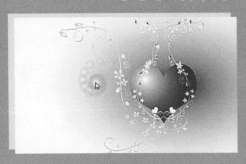

● 传统补间动画的制作　　◎ 实例文件\Chapter 03\鼠标跟随轨迹特效\

制作提示 //////////////////////

❶ 气泡的绘制及效果的实现
❷ 传统补间动画的创建方法
❸ 综合效果的设计与制作

难度系数：★ ★

案例描述 /////////////////////////

本实例设计的是鼠标跟随轨迹特效。当移动鼠标时，将会有一串气泡跟随鼠标运动，从而显示出鼠标移动的轨迹。

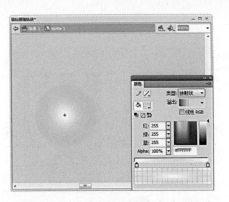

01 执行"文件>新建"命令，新建一个Flash文档。执行"文件>导入>导入到库"命令，将素材文件导入到库中。新建影片剪辑元件sprite 1，在编辑区域绘制一个圆球。

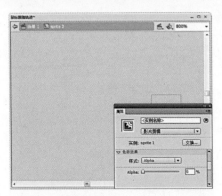

02 新建影片剪辑元件sprite 2，拖入元件sprite 1。在第20帧处插入关键帧，将元件sprite 1适当缩小并设置其Alpha值为0%。在第1~20帧间创建传统补间动画。

03 新建影片剪辑元件sprite 3，将元件sprite 2拖至编辑区域，并设置其实例名为mc1。在第20帧处插入普通帧。新建"as"图层，在第1帧的"动作"面板中添加相应的脚本。

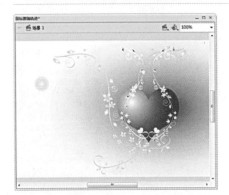

04 返回主场景，新建"图层2"，依次将图片image和元件sprite 3拖入"图层1~2"中。选择元件sprite 3将其实例名称设置为mc。

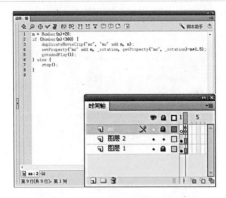

05 新建as图层，在第2帧处插入关键帧。选择该关键帧，打开其"动作"面板，在该面板中添加相应的控制脚本。

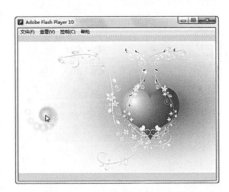

06 按下快捷键Ctrl+S保存文件。按下快捷键Ctrl+Enter对该动画进行测试。至此，完成鼠标跟随轨迹特效的制作。

EXAMPLE **061** 新年快乐鼠标特效

● 灯笼效果的制作　　　　　◎ 实例文件\Chapter 03\新年快乐鼠标特效\

制作提示 //////////////////

❶ 灯笼效果的制作
❷ 动作脚本的添加
❸ 综合效果的实现

难度系数： ★ ★

案例描述 //////////////////

本实例设计的是一款节日鼠标特效。背景图案中张灯结彩，喜迎2010年的到来。当鼠标指针在其中移动时，指针将变为一个挑杆，下方悬挂新年快乐四个红灯笼，烘托出节日的喜庆。

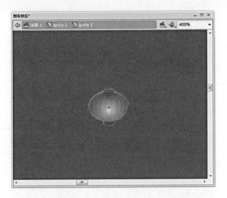

01 新建一个Flash文档，将素材文件导入到库中。新建影片剪辑sprite 1，将图片image 1拖至编辑区域，并转换为影片剪辑元件sprite 2。

02 在第1~47帧间及第47帧处插入关键帧，并调整各帧中色彩的效果，最后在各关键帧间创建传统补间动画。以制作其颜色渐变动画。

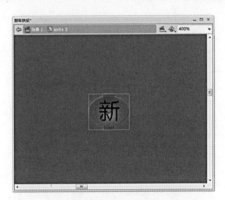

03 新建影片剪辑元件sprite 3，将元件sprite 1拖至编辑区域。新建"图层2"，输入文本"新"。

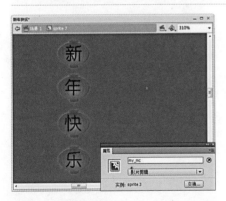

04 新建影片剪辑元件 sprite 7，新建"图层2~4"，依次将元件sprite 3~6拖至"图层1~4"的编辑区，设置实例名为 my_mc1~3。新建"图层5"，在第1帧添加脚本。

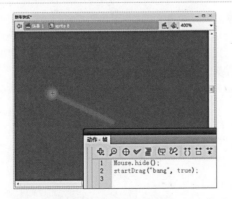

05 新建影片剪辑元件sprite 8，在编辑区绘制一个图形，并将其转换为元件sprite 9。选择元件sprite 8，将其实例名称设置为bang。

06 新建"图层2"，在第1帧处添加脚本。返回主场景，拖入image 2。新建"图层2"，将元件sprite 7~8拖至左上角。完成本例制作。

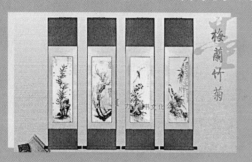

EXAMPLE 062 鼠标跟随效果

● 控制脚本的添加　　　　　◎ 实例文件\Chapter 03\鼠标跟随效果\

制作提示 //////////////////

❶ 素材图片的加工与导入
❷ 鼠标触发代码的添加
❸ 综合效果的制作

难度系数：★ ★

案例描述 //////////////////

本实例设计的是一款鼠标跟随特效，当鼠标指针在字画页面中移动时，其后将会显示出相应的文字说明。

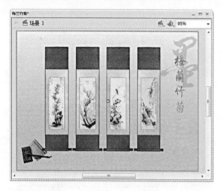

01 新建一个Flash文档，然后将素材导入到库中。将图片image拖至编辑区域。

02 新建"图层2"，选择第1帧打开"动作"面板，输入相应的控制脚本。

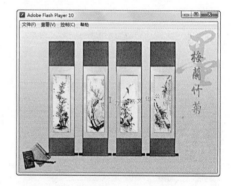

03 按下快捷键Ctrl+S保存该文件，并对该动画进行测试。至此，完成鼠标跟随效果的制作。

特效技法6 | 认识while语句

　　while 循环语句与 if 语句相似，只要条件为 true，就会反复执行。使用 while 循环（而非 for 循环）的一个缺点为：编写 while 循环更容易导致无限循环。若遗漏递增计数器变量的表达式，则 for 循环示例代码将无法编译；而 while 循环示例代码能够编译。若没有用来递增 i 的表达式，则循环将成为无限循环。do...while 循环是 while 循环的一种，它保证至少执行一次代码块，这是因为在执行代码块后才会检查条件。

制作按钮特效

按钮特效是Flash动画中必不可少的元素，它就像日常生活中的按钮一样，主要用来控制动画中的某些功能。按钮设计的巧妙，将会为整个动画效果增色。本章主要介绍了迷你播放器按钮、水晶球导航按钮、登录按钮、旋转运动按钮、网页导航按钮、图片按钮等按钮特效的制作方法。主要应用的知识点包括控制脚本的添加、遮罩动画的应用、系统预设组件的应用等。

EXAMPLE

063 触摸式婚纱相册

● 矩形工具的应用　　　　◎ 实例文件\Chapter 04\触摸式婚纱相册\

制作提示 //////////////////////////

❶ 使用矩形工具制作元件

❷ 为按钮添加脚本实现特殊的
动作效果

❸ 综合效果的实现

难度系数：★ ★

案例描述 //////////////////////////

本实例设计的是电子婚纱像册，通过单击左
侧的缩览图即可将所选相册中的照片放大，
便于用户查看。

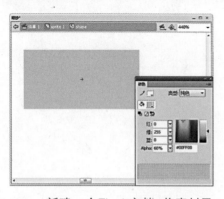

01 新建一个Flash文档，将素材导
入到库中。新建影片剪辑元件
sprite 1，在编辑区绘制一个绿色矩
形，转换为图形元件shape。

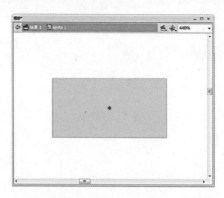

02 选择图形元件shape，在"属
性"面板中设置其Alpha值为
20%。在第2帧处插入关键帧，设置其
Alpha值为60%。

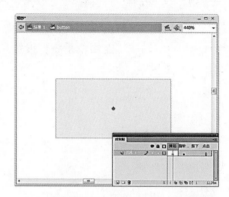

03 新建按钮元件button，在第2帧
处插入关键帧。将影片剪辑元
件sprite 1拖动到编辑区域，在第4帧
处插入普通帧。

04 新建影片剪辑元件sprite 2。从
"库"面板中将图片image 1拖
动到编辑区域，并将其转换为图形元
件pic 1。

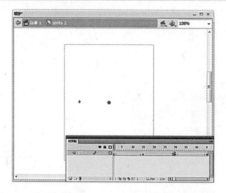

05 在第15、30、45帧处插入关键
帧，将第1、45帧中元件pic 1的
Alpha值设置为0%，在第30帧处添加
脚本stop();。

06 新建"图层2~4"，参照"图层
1"中图形元件pic 1的设置方
法，创建并编辑图形元件pic 2~4，并
设置相应的属性参数。

07 返回主场景,将舞台设置为蓝色,然后在编辑区域绘制一个白色的矩形。

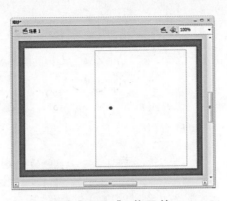

08 新建"图层2",将元件sprite 2拖至适当位置,将其实例名称设置为z1。

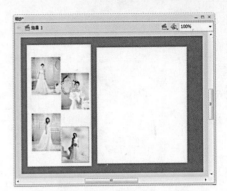

09 新建"图层3",绘制一个方框。新建"图层4",将元件pic 1~4拖入编辑区域。

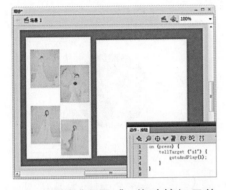

10 新建"图层5"。拖动按钮元件button到舞台上,并为各按钮添加相应的脚本。

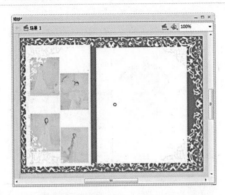

11 新建"图层6",从"库"面板中将图片image 5拖至舞台,并转换为图形元件pic 5。

12 新建"图层7",选择第1帧,设置该帧中所要播放的声音文件为sound。至此,完成本例制作。

特效技法1 | 声音文件的导入与设置

（1）导入声音文件

在Flash中,为动画添加声音效果,可以增强作品的吸引力。Flash CS4支持多种格式的音频文件,如WAV、MP3、ASND、AIF等。执行"文件>导入>导入到舞台"命令,可以直接将音频文件导入到当前所选择的图层中。执行文件>导入>"导入到库"命令,打开"导入到库"对话框选择音频文件,单击"打开"按钮,将音频文件导入到"库"面板中,并以喇叭图标 来表示,如右图所示。

（2）对声音文件进行设置

在"声音属性"对话框中可以对导入的音频文件进行设置,如右图所示。在Flash中,打开"声音属性"对话框有多种方法,具体介绍如下。

➤ 在"库"面板中选择音频文件,在"喇叭"图标 上双击鼠标左键。

➤ 在"库"面板中选择音频文件,单击鼠标右键,在弹出的快捷菜单中执行"属性"命令。

➤ 在"库"面板中选择音频文件,单击面板底部的"属性"按钮 。

使用以上任意一种方法,即可打开"声音属性"对话框,在该对话框中可以对当前声音的压缩方式进行调整,也可以更改音频文件的名称,还可以查看音频文件的属性等。

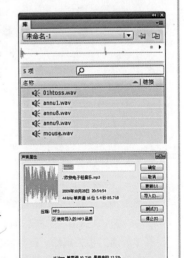

064 战斗机表演欣赏

● 椭圆工具的应用　　　◎ 实例文件\Chapter 04\战斗机表演欣赏\

制作提示 //////////////

❶ 使用椭圆工具绘制下方的圆形按钮图案
❷ 各关键帧间补间动画的创建
❸ 声音文件的插入与设置
❹ 按钮动作脚本的添加

难度系数：★ ★

案例描述 //////////////

本实例设计的是战斗机表演的宣传片，通过单击序号按钮，即可打开相应的表演画面。此外，用户还可以通过画册的自动浏览功能来进行播放，精彩的图片配上动感的音乐，将会使人产生身临其境的感觉。

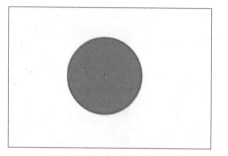

01 新建一个Flash文档，将素材导入到库中。新建影片剪辑元件sprite 1，绘制一个蓝色的圆球，在第3、6帧处插入关键帧。

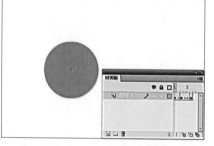

02 选择第3帧，选择工具箱中的任意变形工具，通过调整变形编辑框将其缩小，并在第1~3、3~6帧间创建形状补间动画。

03 新建按钮元件button 1，绘制一个蓝色的圆球，然后转换为图形元件shape 1，输入文本"1"。在第4帧处插入普通帧。

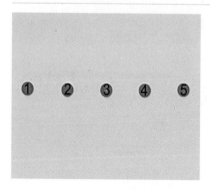

04 将元件button 1复制4次得到元件button 2~5。

05 新建图形元件shape 2。将图片image 1~6拖动至编辑区域。

06 返回主场景，将元件shape 2拖至舞台。

特效技法2 | **基本形状的绘制方法**

　　在Flash CS4中，选择矩形工具并按住鼠标左键不放，在弹出的菜单中选择基本椭圆工具，此时"属性"面板中将会显示出基本椭圆的相关属性。在舞台上拖动鼠标，即可创建基本椭圆。若要绘制正圆，则可在按住Shift键的同时，拖动鼠标进行绘制。此外，通过设置"属性"面板"椭圆选项"卷展栏中的相应参数，还可以绘制扇形、半圆形，以及其他有创意的形状。

07 在第20、25帧处插入关键帧。选择第25帧，将图形元件shape 2向右移动。在第20～25帧间创建传统补间动画。

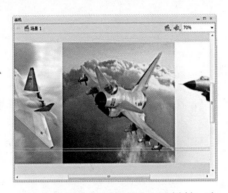

08 在第45、51帧处插入关键帧。选择第51帧，将图形元件shape 2向右移动。在第45～51帧间创建传统补间动画。

09 在第70、75帧处插入关键帧。选择第75帧，将图形元件shape 2向右移动。在第70～75帧间创建传统补间动画。

10 在第95、100帧处插入关键帧。选择第100帧，将元件shape 2向右移动。在第95～100帧之间创建传统补间动画。

11 在第120、125帧处插入关键帧。选择第100帧，将元件shape 2向右移动。在第120～125帧间创建传统补间动画。

12 新建"图层2"，在舞台下方绘制一个矩形。在第125帧处插入普通帧。新建"图层3"，将元件sprite 1拖至舞台。

13 在第25、50、75、100、125帧处插入关键帧。除第125帧外将各帧中元件sprite 1的位置向右移动。在第20、45、70、95、120帧处插入空白关键帧。

14 新建"图层4"，从"库"面板中将按钮元件button 1～5分别拖至舞台合适位置。在第125帧处插入普通帧，最后打开"动作"面板，在该面板中为各个按钮输入相应的脚本。

15 新建"图层5"，选择第1帧，设置该帧中所要播放的声音文件为sound。保存并按下快捷键Ctrl+Enter测试该动画。至此，完成战斗机表演动画的制作。

EXAMPLE
065 迷你播放器

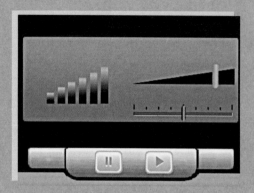

● 控制脚本的添加　　　　◎ 实例文件\Chapter 04\迷你播放器\

制作提示 //////////////////

❶ 使用矩形工具绘制音乐播放器按钮的形状

❷ 使用动作脚本控制音乐的加载过程

❸ 综合效果的实现

难度系数：★ ★

案例描述 //////////////////

本实例设计的是一款简单迷你音乐播放器，单击开始和暂停按钮，可以实现播放和停止播放。拖动声音滑块可以调整声音的大小。

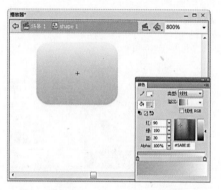

01 新建文档，将素材导入到库中。新建图形元件shape 1，绘制圆角矩形，制作播放按钮。新建按钮元件button 1，在第3帧处插入关键帧。

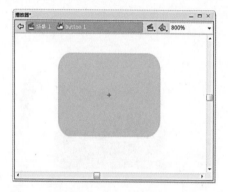

02 选择第3帧，绘制一个图形。新建"图层2"，复制"图层1"的第3帧至"图层2"，适当缩小并更改其颜色。在第4帧处插入普通帧。

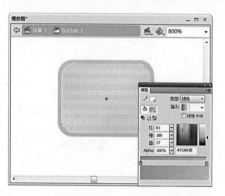

03 新建"图层3"，在编剧区域绘制一个白色图形。在第3帧处插入关键帧，在"颜色"面板中更改该关键帧实例的颜色。

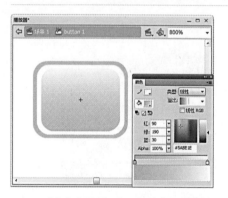

04 新建"图层4"，在编辑区域绘制一个图形。

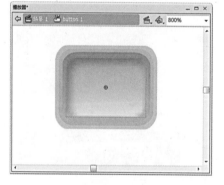

05 在第2帧插入关键帧，更改该帧中图形的颜色。在第3帧处插入空白键帧，拖入元件 shape 1。

06 新建"图层5~6"。依次绘制白色和绿色的三角形，分别在各图层的第3帧处插入普通帧。

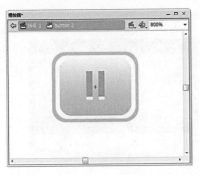

07 新建按钮元件button 2, 使用相同的方法创建暂停按钮。

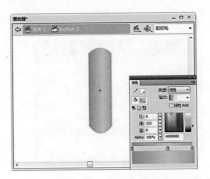

08 新建按钮元件button 3, 在编辑区域绘制一个图形。

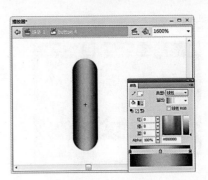

09 新建按钮元件button 4, 在编辑区域绘制一个图形。

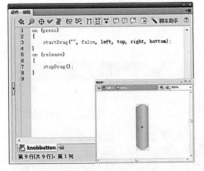

10 新建影片剪辑元件sprite 1, 将按钮元件button 3拖至编辑区域, 并在其"动作"面板中输入脚本。

11 新建影片剪辑元件sprite 2, 将按钮元件button 4拖至编辑区域, 并在其"动作"面板中输入脚本。

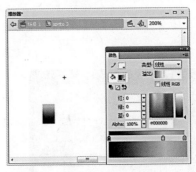

12 新建影片剪辑元件sprite 3, 在第2帧处插入空白关键帧, 绘制一个渐变矩形。

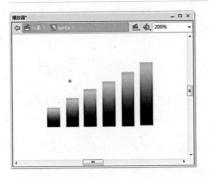

13 分别在第3~7帧处插入关键帧, 并在编辑区域依次绘制逐个递增效果的矩形。

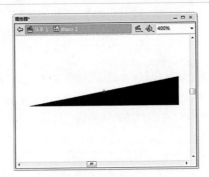

14 新建图形元件 shape 2, 在编辑区域绘制一个三角形, 设置"填充颜色"为"黑色"。

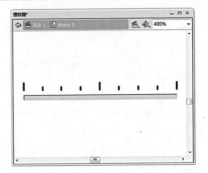

15 新建图形元件shape 3, 绘制一个图形。选择声音文件sound, 将其标示符设为a_thousand_ways。

特效技法3 | 基本矩形工具的使用

　　使用基本矩形工具或基本椭圆工具创建矩形或椭圆时, 所绘制的形状将会成为独立的对象。使用基本形状工具可以利用属性检查器中的控件, 指定矩形的角半径以及椭圆的起始角度、结束角度和内径。创建基本形状后, 选择舞台上的形状, 调整属性检查器中的控件可以更改半径和尺寸。再次选中这一基本对象绘制工具, 在"属性"面板中将会保留上次所编辑基本对象的值。

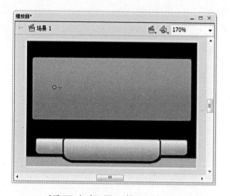

16 返回主场景，将图片image拖至编辑区域，并新建"图层2"，将元件sprite 3拖至编辑区域。

17 新建"图层3"，将按钮元件button 1~2放置在合适位置。新建"图层4"，拖入元件shape 3。

18 新建"图层5"，将元件sprite 2放置在合适位置，并在其"动作"面板中输入相应的脚本。

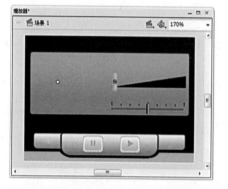

19 新建"图层6~7"，分别将元件sprite 1和shape 2拖入，并为元件sprite 1添加合适的脚本。

20 新建"图层8"，选择该图层的第1帧，打开"动作"面板，输入相应的脚本。

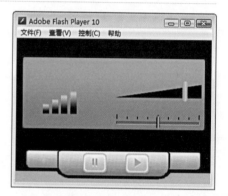

21 保存文件，并按下快捷键Ctrl+Enter对该动画进行测试。至此，完成迷你播放器的绘制。

特效技法4 | 对函数的掌握

在ActionScript中，"函数"是执行特定任务并可以在程序中重复使用的代码块，其中包括方法和函数闭包两种函数类型。若用户将函数定义为类定义的一部分或者将它附加到对象的实例，则该函数称为方法；若用户以其他任何方式定义函数，则该函数称为函数闭包。

函数在ActionScript中始终扮演着极为重要的角色。在ActionScript 3.0中可以通过两种方法来定义函数，即使用函数语句和使用函数表达式，用户可以根据需要选择合适的方法。函数表达式更多地用在动态编程或标准模式编程中。若倾向于静态或严格模式的编程，则应使用函数语句来定义函数。

函数语句是在严格模式下定义函数的首选方法。函数语句以关键字function开头，其后可以跟以下3种类型：

(1) 函数名。

(2) 用小括号括起来的逗号分隔参数列表。

(3) 用大括号括起来的函数体，即在调用函数时要执行的ActionScript代码。

例如：btn _ up.addEventListener(MouseEvent.MOUSE _ DOWN, act1);
```
    function act1(event:MouseEvent):void {
        basketball.y -= 20;
        bas _ Y.text = basketball.y.toString();
```
函数表达式和函数语句的一个重要区别是，函数表达式是表达式，不是语句，只能作为语句（通常是赋值语句）的一部分。这意味着函数表达式不能独立存在，而函数语句则可以。

EXAMPLE **066 水晶方块按钮**

● 滤镜效果的添加　　　　◎ 实例文件\Chapter 04\水晶方块按钮\

制作提示 ///////////////////////

❶ 使用矩形工具绘制方块按钮的外形

❷ 滤镜效果的添加

❸ 综合效果的展现

难度系数：★ ★

案例描述 ///////////////////////

本实例设计的是一款水晶方块按钮效果，它是仿照现实生活中的玻璃按钮制作的，其特殊的质感吸引着人们的注意力。

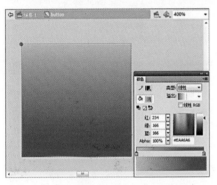

01 新建文档，将素材导入到库中。新建影片剪辑元件button，绘制矩形，并转换为图形元件shape 1。

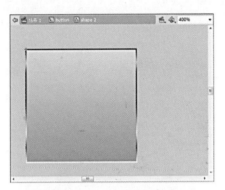

02 新建"图层2"，选择线条工具在编辑区域绘制矩形边框，并转换为图形元件shape 2。

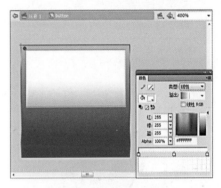

03 新建"图层3"，选择矩形工具绘制一个矩形，并对其进行相应的设置。

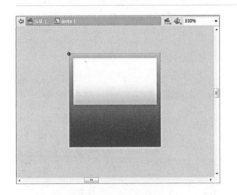

04 新建影片剪辑元件sprite 1，将元件button拖动至编辑区域，在第40帧处插入普通帧。

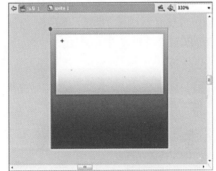

05 在第20帧处插入关键帧，放大图形。在第1~20、20~40帧间创建传统补间动画。

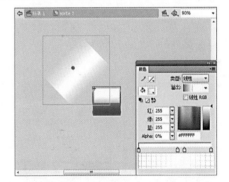

06 新建"图层2"，在编辑区域绘制一个白色渐变矩形，并将其转换为图形元件shape 4。

特效技法5 | 基本矩形的参数设置

　　选择基本矩形工具，打开其"属性"面板可对矩形的形状和颜色进行设置。其中"角半径"选项用于指定矩形的角半径。如果输入负值，则创建的是反半径。"重置"按钮用于重置基本矩形的所有控件，并将在舞台上绘制的基本矩形形状恢复为原始大小和形状。

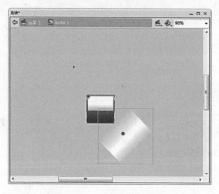

07 在第20、30、40帧处插入关键帧。将第20帧中的元件shape 4移至按钮的右下角。在10～20、20～40帧之间创建传统补间动画。

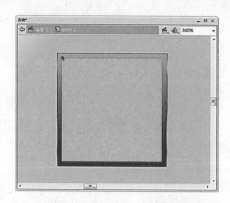

08 新建"图层3"，在编辑区域绘制一个绿色矩形，并将其转换为图形元件shape 5。在第20、30、40帧处插入关键帧。

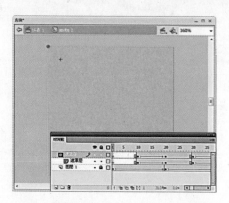

09 将第20帧中的shape 5放大并覆盖"图层1"。在第10～20、20～40帧间创建传统补间动画。将"图层3"设置为"图层2"的遮罩层。

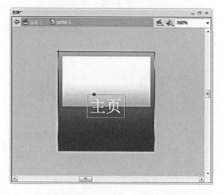

10 新建"图层4"，利用文本工具在编辑区域输入"主页"字样，并转换为图形元件text 1。在第40帧处插入普通帧。

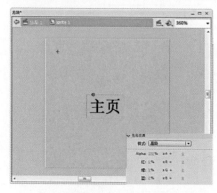

11 在第30帧处插入关键帧。设置其色彩效果。在第30～40帧间创建传统补间动画。新建"图层5"，在10、20、30帧处插入关键帧。

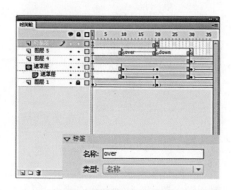

12 设置各帧标签为名称。新建"图层6"，在第20帧处插入关键帧。在第1、20帧处输入脚本stop();。为第10帧添加sound。

13 将元件sprite 1复制3次得到元件sprite 2～4，修改文本内容，并转换为图形元件text 2～4。

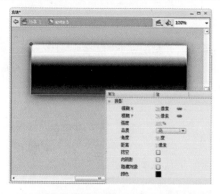

14 新建影片剪辑元件sprite 5，绘制一个图形，并转换为影片剪辑元件sprite 6，为其添加滤镜效果。

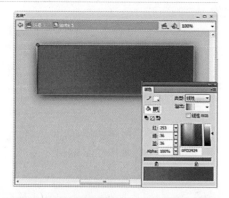

15 新建"图层2"，选择矩形工具在编辑区域绘制一个红色矩形，并转换为图形元件shape 6。

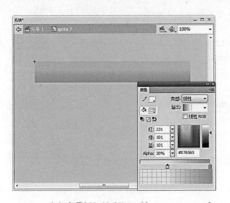

16 新建影片剪辑元件sprite 7，在编辑区域绘制一个矩形，并对其进行设置。

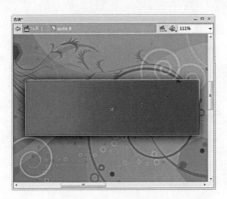

17 新建影片剪辑元件sprite 8，将图片image拖入，在第50帧插入普通帧。新建"图层2"，将元件sprite 5拖入，在第51帧插入普通帧。

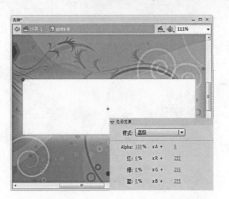

18 分别在第6、11帧处插入关键帧。选择第6帧，设置其色彩效果。在第1~6、6~11帧间创建传统补间动画。

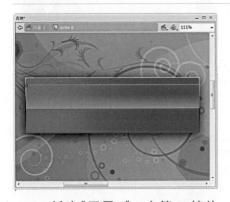

19 新建"图层3"，在第11帧处插入关键帧。将影片剪辑元件sprite 7放置在合适位置。在第51帧处插入普通帧。

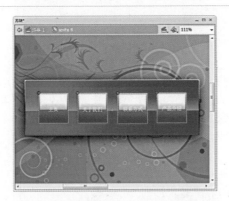

20 新建"图层4~7"。依次在4个图层的第11、16、21、26帧处插入关键帧。将元件sprite 1~4放置在编辑区域，制作渐变效果。

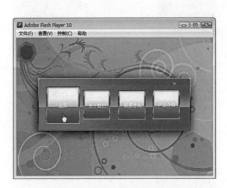

21 返回主场景。将元件sprite 8拖至舞台。最后保存该文件，并按下快捷键Ctrl+Enter对该动画进行测试。至此，完成水晶方块按钮的绘制。

特效技法6 | 滤镜效果的应用

在Flash CS4中，添加滤镜效果，可以为文本、按钮和影片剪辑增添有趣的视觉效果。如投影、模糊、发光、斜角、渐变发光、渐变斜角等。选择要添加滤镜的对象，打开"属性"面板中的"滤镜"卷展栏，单击"添加滤镜"按钮，在弹出的菜单中选择一种滤镜效果，然后设置相应的参数即可。

Flash CS4中包含7种类型的滤镜，其实现的效果各不相同。

（1）投影滤镜模拟对象投影到一个表面的效果。

（2）模糊滤镜可以柔化对象的边缘和细节，将模糊应用于对象，使对象看起来好像是运动的。

（3）发光滤镜可以使对象的边缘产生光线投射效果。

（4）斜角滤镜可以使对象产生一种浮雕效果，阴影色与加亮色对比越强烈,，浮雕效果越明显。

（5）渐变发光滤镜可以产生带渐变颜色的发光效果。

（6）调整颜色滤镜可以改变对象各个颜色的属性。

EXAMPLE 067 桂林山水甲天下

● 动态文本的创建　　　◎ 实例文件\Chapter 04\桂林山水甲天下\

制作提示 ///////////////////

❶ 风景画的选择与加工处理
❷ 动态文本的添加与设计

难度系数：★★

案例描述 //////////////////

本实例设计的是桂林风景的宣传片。通过移动鼠标使可将所选风景图片变大，并给出其对应的序列号，以便用户查看详细内容。

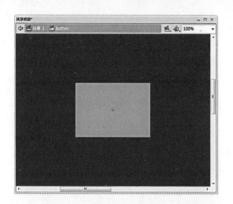

01 新建Flash文档，将素材导入到库中。新按钮元件button，在第4帧处插入关键帧，然后在编辑区域绘制一个橙色的矩形。

02 新建"图层2"，在第2帧处插入关键帧，从"库"面板中拖动sound至该关键帧，为其添加音效效果。在第4帧处插入普通帧。

03 新建影片剪辑元件sprite。在第21、41、61帧处插入关键帧。依次将图片image 1~4拖至各关键帧，并转换为图形元件pic 1~4。

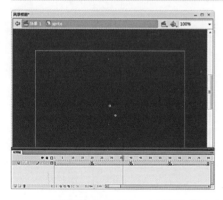

04 在第20、40、60、80帧处插入关键帧。选择第1、21、41、61帧处的元件，将其Alpha值设置为0%。在第1~20、21~40、41~60、61~80帧间创建传统补间动画。

05 在第20、40、60、80帧处输入脚本 stop();。新建"图层2"，在第20帧处插入关键帧，输入"后退"，将元件 button 拖至文本上方。复制第20帧至第40、60、80帧。

06 返回到主场景中。新建"图层2~4"，依次将图形元件pic 1~4拖至"图层2~4"中。分别在各图层的第20帧、第40帧、第60帧、第80帧处插入关键帧。

07 分别在各图层的第10、30、50、70帧处插入关键帧，并调整各个图层中相应帧处元件的大小。

08 新建"图层5"，输入"01"，在"属性"面板中设置"变量"为Text。在第80帧处插入普通帧。

09 新建"图层6"，将影片剪辑元件sprite拖动到舞台适当位置。在第80帧插入普通帧。

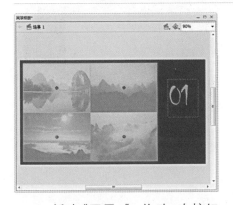

10 新建"图层7"，拖动4次按钮元件button放置在舞台合适位置，然后在各按钮元件的"动作"面板中输入相应的控制脚本。

11 分别在第2、10帧处插入空白关键帧。选择第10帧，再次将按钮元件button拖至舞台合适位置，并输入相应的脚本。

12 分别在第11、30帧处插入空白关键帧。选择第30帧，再次将按钮元件button拖至舞台合适位置，并输入相应的脚本。

13 分别在第31、50帧处插入空白关键帧。选择第50帧，再次将按钮元件button拖至舞台合适位置，并输入相应的脚本。

14 分别在第51、70帧处插入空白关键帧。选择第70帧，再次将按钮元件button拖至舞台合适位置，并输入相应的脚本。新建"图层8"，在第1、20、30、40、50、60、70、80帧处插入关键帧。在第1、10、30、50、70帧处输入stop();。在第20、40、60、80帧处输入gotoAndPlay(1);。至此，完成本例制作。

EXAMPLE

068 水晶球导航按钮

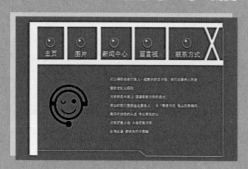

● 遮罩动画的应用　　　　◎ 实例文件\Chapter 04\水晶球导航按钮\

制作提示 //////////////////

❶ 使用椭圆工具绘制圆球
❷ 相应动作脚本的添加
❸ 综合效果的展示

难度系数：★ ★

案例描述 //////////////////

本实例设计的是网页中的导航按钮，该设计突破以往固定不变的观念，当鼠标指针指向该按钮区域后，按钮即可发生旋转、位移等变化。它就如同一个气泡，显得更加灵活、不被束缚。

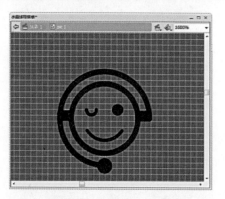

01 新建 Flash 文档，将素材导入到库中。新建图形元件 pic 1~5，将图片 image 1~5 拖至各个元件。

02 新建影片剪辑 sprite 1，输入文本，然后将元件 pic 1 拖入。在第 15 帧处插入普通帧。

03 新建"图层 2"，在编辑区域绘制一个白色图形，并将其转换为图形元件 shape 1。

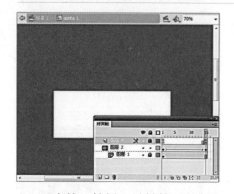

04 在第 15 帧插入关键帧。移动元件 shape 1 覆盖"图层 1"。设置"图层 2"为"图层 1"的遮罩层。新建"图层 3"，在第 15 帧插入空白关键帧。

05 分别在第 1、15 帧处输入脚本 stop();。复制 sprite 1 元件 4 次得到元件 sprite 2~5，将各图层中的元件 pic 1 重命名为元件 pic 2~5。

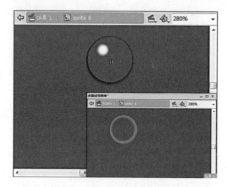

06 新建影片剪辑元件 sprite 6，按住 Shift 键使用椭圆工具绘制一个圆形。新建"图层 2"，隐藏"图层 1"，在编辑区域绘制一个图形。

特效技法 7 | 设置遮罩效果

　　遮罩层主要用于控制被遮罩层内容的显示，从而制作一些复杂的动画效果，如倒影效果、手电筒效果等。如果创建遮罩层后感觉效果不佳，也可以将其取消。其操作方法是：在遮罩层上右击，从弹出的快捷菜单中再次选择"遮罩层"命令即可。

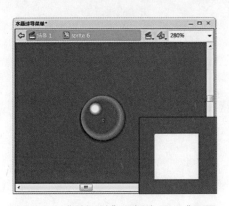

07 在"时间轴"面板中显示"图层1",即可得到相应的效果。新建影片剪辑元件sprite 7,选择矩形工具绘制一个白色矩形。

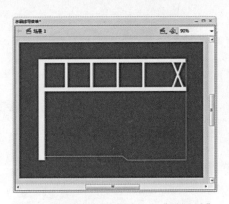

08 返回到主场景中。在"时间轴"面板中选择"图层1",在编辑区域绘制一个图形,以便于整体布局各个按钮。

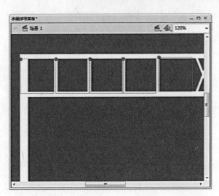

09 新建"图层2",将元件sprite 7拖入舞台5次。分别将其Alpha值设置为0%,并设置其实例名称为hide_button 1~5。

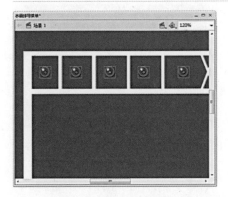

10 新建"图层3",将元件sprite 6拖入舞台5次,分别设置其色彩效果。并依次将其实例名称设置为button 1~5。

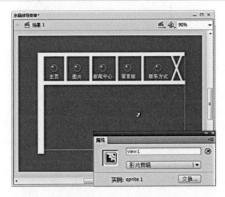

11 新建"图层4",依次输入相应的文本内容。新建"图层5",依次将元件sprite 1~5拖入,并分别设置其实例名称为view 1~5。

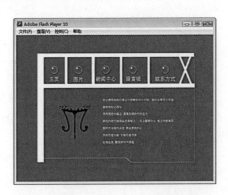

12 新建"图层6",选择第1帧,设置该帧所要播放的声音为sound。新建"图层7",在第1帧处输入控制脚本。至此,完成本例制作。

特效技法8 | 图层的操作——隐藏图层

在Flash中,图层就像一张张透明的纸,在每一张纸上面可以绘制不同的对象,将这些纸叠放在一起就能组成一幅幅复杂丰富的画面。其中上面层中的内容,可以遮住下面层中相同位置的内容,但如果上面一层的一些区域没有内容,透过这些区域就可以看到下面一层相同位置的内容。每个图层上都可以包含任何数量的对象,这些对象在该图层上又有其自己内部的层叠顺序。

在Flash中,每个图层都是相互独立的,拥有独立的时间轴和帧,可以在一个图层上任意修改图层中的内容而不会影响到其他图层的内容。当舞台中的对象过多时,可以将部分图层隐藏。隐藏和显示图层有以下3种方法:

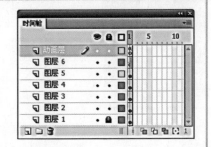

(1) 单击"显示 / 隐藏所有图层"按钮●,可以将所有的图层隐藏,再次单击则显示所有图层。

(2) 单击图层名称右侧的隐藏栏即可隐藏该图层,隐藏的图层上将标记一个✕符号,再次单击隐藏栏则显示图层。

(3) 在图层的隐藏栏上下拖动鼠标,可以隐藏多个图层或取消隐藏多个图层。

069 Windows 7桌面

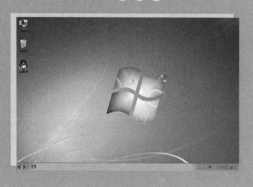

● 控制脚本的添加　　　　◎ 实例文件\Chapter 04\Windows 7桌面\

制作提示

❶ Windows 7操作系统桌面按钮的制作
❷ 开始菜单中按钮的制作
❸ 综合效果的展示

难度系数：★ ★

案例描述

本实例设计的是最新的Windows 7操作系统桌面，当鼠标单击"开始"按钮后将打开"开始"菜单。

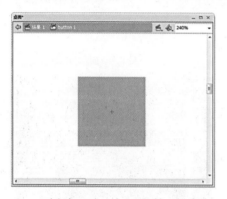

01 新建一个Flash文档，将素材导入到库中。新建按钮元件button 1，在第4帧处插入关键帧，绘制一个矩形。

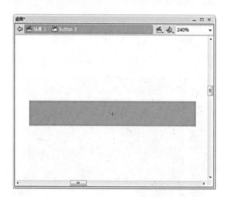

02 新建按钮元件button 2，在第2帧处插入关键帧，绘制一个长方形。在第4帧处插入关键帧。在第3帧将长方体删除。

03 新建影片剪辑元件spite，将图片image 1拖入。在第2帧处插入关键帧并将image 2拖入。在第1~2帧处输入脚本stop()。

04 新建"图层2"，在第2帧处插入关键帧。多次拖入按钮元件button 2，分别选择各个按钮，在其"动作"面板中输入相应的脚本。

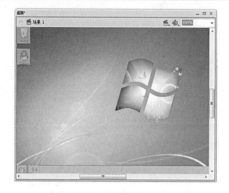

05 返回主场景，将图片image 1拖入舞台。新建"图层2"，将元件sprite拖至舞台。新建"图层3"，拖置多个按钮元件button 2到舞台中。

06 选择开始菜单上的按钮，打开"动作"面板输入脚本。新建"图层5"，选择第1帧打开"动作"面板输入脚本。至此，完成本例制作。

EXAMPLE **070 同色展示按钮**

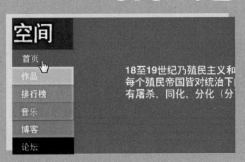

● 遮罩动画的创建　　　　◎ 实例文件\Chapter 04\同色展示按钮\

制作提示 ////////////

❶ 使用矩形工具绘制不同颜色的色块

❷ 遮罩动画的创建

难度系数：★ ★

案例描述 ////////////

本实例设计的是同色展示列表按钮。在设计过程中，采用颜色作为板块的区分准则，颜色不同所列内容也就不同。这种直观、便捷的选择给人们带来了很大的方便。

01 新建Flash文档，将素材导入到库中。新建按钮元件button 1，在编辑区域绘制一个红色矩形。新建"图层2"，输入文本"首页"。在"图层1、2"的第4帧处插入普通帧。

02 新建"图层3"，在第3帧处插入空白关键帧，添加声音文件sound。在第4帧处插入普通帧。复制5个按钮元件button 1以得到按钮元件button 2~6。

03 新建图形元件shape 1，绘制与按钮元件button 1相对应的红色。新建"图层2"，输入文本。复制5次元件shape 1得到元件shape 2~6，并更改文本内容及颜色。

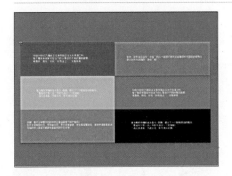

04 新建影片剪辑元件sprite 1。新建"图层2~6"，然后依次将元件shape 1~6拖动到各个图层中。

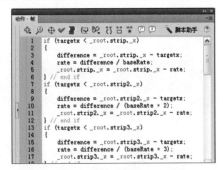

05 新建元件sprite 2。在第1帧处输入stop();，在第5、6帧处插入空白关键帧并输入脚本。

06 新建图形元件shape 7，选择工具箱中的矩形工具在编辑区域绘制颜色不同的矩形。

特效技法9 | Flash常见脚本详解之Stop();与Play();

脚本Stop();用于停止当前播放的影片，该动作最常见的应用是使用按钮控制影片剪辑。如果我们需要某个影片剪辑在播放完毕后停止而不是循环播放，则可以在电影剪辑的最后一帧添加Stop（停止播放）动作。这样，当动画播放到最后一帧时，播放将立即停止。而脚本Play();的功能正好与Stop();相反，它用于指定影片继续播放。

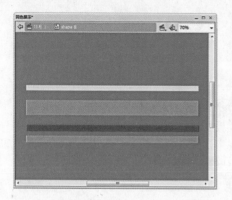

07 新建图形元件shape 8，绘制颜色不同的矩形。

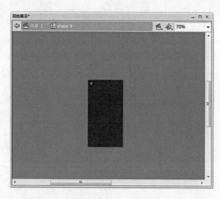

08 新建图形元件shape 9，绘制一个黑色图形。

09 新建图形元件text，在编辑区中输入文本"空间"。

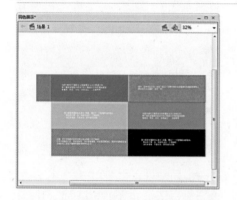

10 返回到主场景中。将影片剪辑元件sprite 1拖入到舞台中合适的位置，并在"属性"面板中设置其实例名称为strip。

11 新建"图层2"，复制"图层1"的第1帧至"图层2"。新建"图层3"，将元件shape 7拖入，再将"图层3"设置为"图层2"的遮罩层。

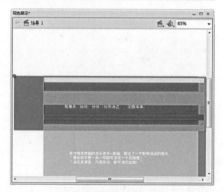

12 新建"图层4"，复制"图层1"的第1帧至"图层4"。新建"图层5"，将元件shape 8拖入，再将"图层5"设置为"图层4"的遮罩层。

13 新建"图层6"，将元件shape 8拖至舞台左侧。

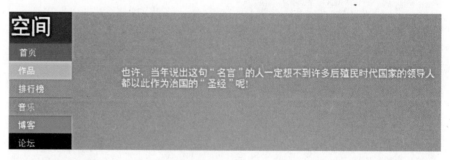

14 新建"图层7~14"，依次将元件button 1~6、text和sprite 2拖至编辑区域。新建"图层15"，在第1帧输入脚本stop();。至此，完成本例制作。

EXAMPLE **071 图文工作室导航按钮**

● 线条工具的应用　　　◎ 实例文件\Chapter 04\图文工作室导航按钮\

制作提示 ////////////////

❶ 使用矩形工具绘制导航按钮的底纹

❷ 使用文本工具编辑按钮上的文本内容

难度系数：★ ★

案例描述 ////////////////

本实例设计的是图文工作室的动态导航按钮。当鼠标指针指向某按钮时，该按钮将会以一种突出的方式显示出来。

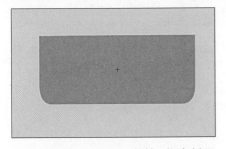

01 新建一个Flash文档，将素材导入到库中。新建按钮元件sprite 1，在编辑区域绘制一个圆角矩形，并转换为图形元件shape 1。

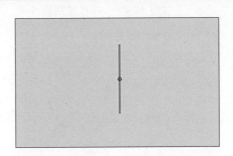

02 在第8帧处插入关键帧，输入脚本stop();。选择第1帧，使用任意变形工具对其进行缩放。在第1~8帧间创建传统补间动画。

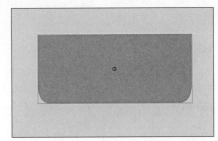

03 新建按钮元件button，在第2帧处插入关键帧，并拖入元件sprite 1。在第3、4帧处插入空白关键帧，将元件shape 1拖入第4帧。

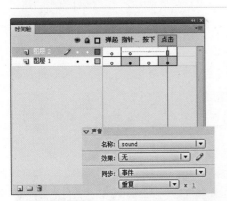

04 新建"图层2"，在第2帧处插入关键帧。打开"属性"面板，为其添加声音效果sound。

05 新建影片剪辑元件text 1。选择文本工具，在编辑区域输入文本"站点首页"。

06 新建"图层2"，在第1~3帧处插入关键帧，打开"动作"面板，依次输入相应的控制脚本。

特效技法10 | ActionScript中的函数

　　函数在ActionScript中始终扮演着非常重要的角色。在ActionScript 3.0中可以通过两种方法来定义函数：使用函数语句和使用函数表达式。其中，函数语句以关键字function开头，其后可以跟3种类型，即函数名、用小括号括起来的逗号分隔参数列表、用大括号括起来的函数体。

07 复制6个元件text 1得到元件 text 2~7，其各元件中的文本 分别为"更新新闻"、"技术文摘"、"在 线视听"、"下载中心"、"图片展示"。

08 新建影片剪辑元件sprite 2，选 择文本工具，在编辑区域输入 文本"图文工作室"，并将其转换为图 形元件shape 2。

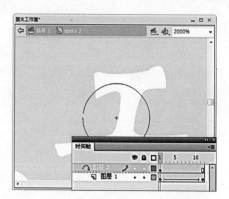

09 在第12帧处插入关键帧。新 建引导层，在编辑区域绘制一 个图形。以制作图形元件shape 2的 运动效果。

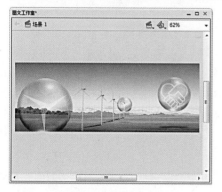

10 返回主场景。将图片image拖 动至合适位置。

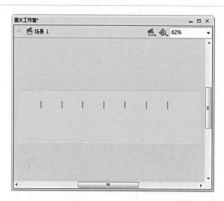

11 隐藏图层1。新建"图层2"， 使用线条工具进行绘制。

12 新建"图层3"，在编辑区域输 入文本"New"、"Article"等。

13 显示"图层1"，将元件sprite 3 拖至编辑区域。

14 新建"图层4~5"。依次将按钮元件button和元件text 1~7拖至编辑区域。 最后保存并测试该动画。至此，完成导航按钮的绘制。

特效技法11 | 按钮元件的关键帧属性

　　按钮元件是具有一定交互性的特殊元件，是一个具有4帧的影片剪辑。其时间轴上各帧的含义分别为："弹起"表示鼠标指针没有滑过按钮，或单击按钮后又立刻释放时的状态；"指针经过"表示鼠标指针经过按钮时的外观；"按下"表示鼠标单击按钮时的外观；"点击"用于定义可以响应鼠标事件的最大区域。

072 登录按钮

● 系统预设组件的应用　　◎ 实例文件\Chapter 04\登录按钮\

制作提示 /////////////
① 系统预设组件的应用
② 登录提示信息的设计与制作
③ 综合效果的展示

难度系数： ★ ★

案例描述 /////////////
本实例设计的是一款常见的用户登录按钮，在用户名和密码文本框中输入指定的登录信息，单击"登录"按钮即可成功登录。

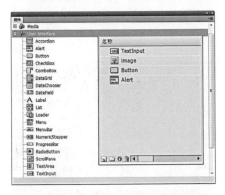

01 新建一个Flash文档，将素材导入到库中。打开"组件"面板，将"User Interface组件"列中的Alert、Button、TextInput组件拖动到库中。

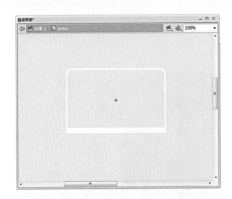

02 新建影片剪辑元件sprite，选择工具箱中的矩形工具，在编辑区域绘制一个圆角矩形，并对其进行适当的调整。

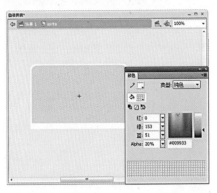

03 使用同样的方法在该矩形中再绘制一个形状相同的小矩形，设置其填充色为绿色，Alpha值为20%。

04 新建"图层2"，在编辑区中输入相应的文本，打开"滤镜"卷展栏为其设置投影滤镜。

05 返回到主场景，从"库"面板中将图片 image 拖入舞台，在第2帧处插入普通帧。

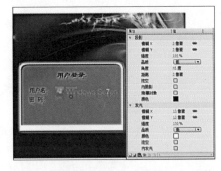

06 新建"图层2"，将元件sprite拖至编辑区域，并为其添加投影和发光效果。

特效技法12 | 关于Button组件

　　Button组件是一个可调整大小的矩形按钮，用户通过鼠标按下该按钮以在应用程序中启动某种操作。按钮是Flash组件中较简单、常用的一个组件，利用它可执行所有的鼠标和键盘交互事件。用户可以为Button添加一个自定义图标，也可以将Button的行为从按下改为切换。在单击切换Button后，它将保持按下状态，直到再次单击时才会返回到弹起状态。

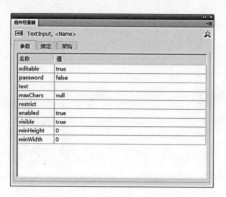

07 新建"图层3",然后拖动两个TextInput组件到编辑区域,设置实例名为Name和Password。

08 分别选择这两个TextInput组件,打开其"动作"面板输入相应的控制脚本。

09 新建"图层4",将组件button拖入舞台,打开"参数"面板,对该组件的尺寸及参数进行设置。

10 选择组件button,打开其"动作"面板,在该面板中输入相应的控制脚本。

11 在第2帧处插入空白关键帧。输入文本"登陆成功!!",并为其添加投影效果。

12 新建"图层5",在第2帧处插入空白关键帧,分别在前两帧输入stop();。至此,完成本例制作。

特效技法13 | Flash中的组件

　　组件是带有参数的影片剪辑,通过设置这些参数可以更改组件的外观和行为。使用组件可以将应用程序的设计过程和编码过程分开。通过使用组件,开发人员可以创建设计人员在应用程序中用到的功能,还可以将常用功能封装到组件中,而设计人员可以通过更改组件的参数来自定义组件的大小、位置和行为。在Flash CS4中,常用的组件包括以下几种类型。

　　(1)选择类组件:在 Flash CS4 中预置了 Button、CheckBox、RadioButton 和 NumerirStepper 4 种常用的选择类组件。

　　(2)列表类组件:为了直观地组织同类信息数据方便用户选择,Flash 预置了 ComboBox、DataGrid 和 List 3 种列表类组件。

　　(3)文本类组件:利用文本类组件可以更加快捷、方便地创建文本框,并且可以载入文档数据信息。在 Flash 中预置了 Lable、TextArea 和 TextInput 3 种常用的文本类组件。

　　(4)文件管理类组件:文件管理类组件包括 Accordion、Menu、MenuBar 和 Tree 4 种。可以对 Flash 中的多种信息数据进行有效的归类管理。

　　(5)窗口类组件:窗口类组件包括 Alert、Loader、ScrollPane、Windows、UIScrollBar 和 ProgressBar。使用这些组件可以制作类似于 Windows 操作系统的窗口界面,如标题栏、滚动条、警告提示框等。

EXAMPLE **073 环绕动画按钮**

● 引导动画的应用　　　◎ 实例文件\Chapter 04\环绕动画按钮\

制作提示 //////////////////////////

❶ 曲线轨迹的设置
❷ 引导动画的设计
❸ 动画脚本的添加
❹ 综合效果的展示

难度系数：★ ★

案例描述 //////////////////////////

本实例设计的是环绕动画按钮，模拟的是月球绕地球运转的情境，当鼠标指针指向地球时，其颜色将会发生变化。

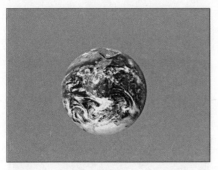

01 新建Flash文档，将素材导入到库中。新建按钮元件button，将image 1拖至编辑区。新建"图层2"，在第2帧处插入空白关键帧并绘制一个图形，转换为图形元件shape 1。新建"图层3"，在第2帧处插入空白关键帧，添加声音元件sound，在"图层1～3"第4帧处插入普通帧。

02 新建影片剪辑元件 sprite。从"库"面板中将图片 image 2拖至编辑区域，将图片打散，绘制一个绿色的元件框。

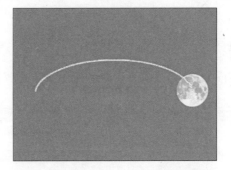

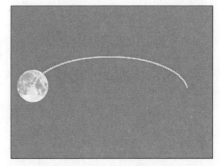

03 选择绿色圆框及其外部黑色部分，按下Delete键删除。将剩余部分转换为图形元件shape 2。

04 将元件shape 2放置于编辑区域右侧。在第30帧处插入关键帧。新建引导层2，绘制一条曲线。

05 选择"图层1"的第30帧，将元件shape 2放置于编辑区左侧位置，以制作月球运动的效果。

特效技法14 | Flash常见脚本详解之gotoAndPlay

　　该脚本用于跳转到指定场景的指定帧，并从该帧开始播放，若没有指定场景，则将跳转到当前场景的指定帧。其一般形式：gotoAndPlay (scene, frame);。其中scene为跳转至场景的名称，frame为跳转至帧的名称或帧数。而gotoAndStop();表示跳转到指定帧，并且停止播放。

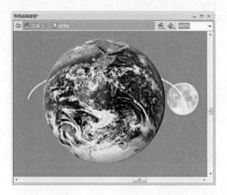
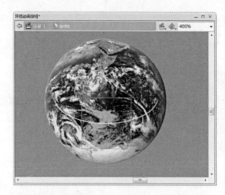
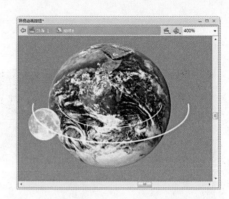

06 新建"图层3",将元件button拖入并在第60帧处插入普通帧。新建"图层4",在第30帧处插入关键帧绘制黑色圆球,再转换为元件shape 3,设置Alpha值为5%。新建引导层5,在第30帧插入关键帧,绘制白色曲线。在第60帧插入普通帧,并制作黑色圆球运动效果。复制图形元件shape 2得到元件shape 4。新建"图层6",在第30帧处插入关键帧,将元件shape 4拖动到编辑区,在第60帧插入普通帧。新建引导层7,在第30帧处插入关键帧绘制白色曲线,在第60帧插入普通帧。新建图层8,在第60帧处插入空白关键帧并输入脚本gotoAndPlay(1);。

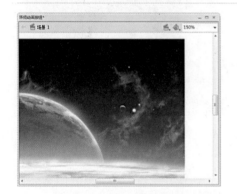

07 返回主场景,将图片image 3拖动到编辑区域。

08 新建"图层2",将元件sprite放置在舞台适当位置。

09 保存并预览该动画。至此,完成环绕动画按钮的绘制。

特效技法15 | 创建引导动画的注意事项

　　在制作运动引导动画时,必须创建引导层,引导层是Flash中的一种特殊的图层,在影片中起了辅助作用,在时间轴中引导层如下图所示。

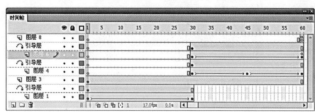

在创建运动引导层时,应注意以下5点。

(1)若要控制传统补间动画中对象的移动,则需要创建运动引导层。

(2)无法将补间动画图层或反向运动图层拖动到引导层上。

(3)一个引导层可以与多个图层链接,若要取消与引导层的链接,将该图层拖到引导层上方即可。

(4)为了防止意外转换引导层,可以将所有的引导层放在图层的底部。

(5)将常规层拖动到引导层上,会将引导层转换为运动引导层,并将常规层链接到新的运动引导层。

074 旋转运动按钮

● 动作脚本的添加　　◎ 实例文件\Chapter 04\旋转运动按钮\

制作提示 ///////////////////

❶ 使用文本工具创建按钮的标识信息

❷ 在"动作"面板中添加脚本

难度系数： ★ ★

案例描述 ///////////////////

本实例设计的是一款旋转运动按钮，其中各种信息标识都在不停的运动着，当鼠标指针靠近后其运动速度将减慢，且字体大小也发生改变。

01 新建一个Flash文档，将素材导入到库中。新建图形元件text 1~7 (Up)，并依次在各元件中输入相应的文本内容，字符大小为25。

02 新建图形元件text 1~7 (Over Down)，并依次在各元件中输入相应的文本内容，在"属性"面板中设置字符大小为20。

03 新建图形元件shape 1~7 (Hit)，依次在各个图形元件中绘制大小不一的矩形，在"属性"面板中设置不同的颜色。

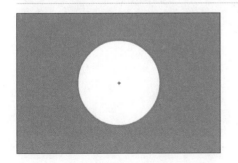

04 新建影片剪辑元件 sprite (Over)，绘制一个白色圆形，并转换为图形元件 shape 1。在第22帧处插入关键帧，通过变形等操作改变其运动效果。

05 新建"图层2"，在第22帧处插入关键帧并输入相应的脚本 stop();。新建按钮元件button 1，将图形元件text 1 (Up) 拖至编辑区域。

06 在第2帧处插入空白关键帧，将元件sprite (Over) 拖入。在第3帧处插入普通帧。在第4帧处插入空白关键帧，将元件shape 1 (Hit) 拖入。

特效技法16｜Flash中的音频文件

　　Flash支持多种格式的音频文件，包含事件声音和数据流声音两种类型。其中，事件声音是必须在影片完全下载后才能开始播放，而数据流声音则是在下载影片足够的数据后即可开始播放，且声音的播放可以与时间轴上的动画保持同步，用户可以使用数据流音乐制作Flash MTV。同时，为了减少Flash作品的体积，提高下载的传输速率，建议使用压缩率较高的MP3格式的声音文件。

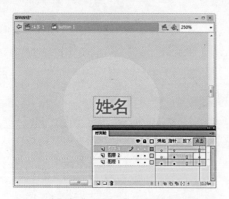

07 新建"图层2",在第2帧处插入关键帧。将元件text 1(Over Down)拖至编辑区域。在第3帧处插入普通帧。新建"图层3",在第2帧处添加声音元件sound 1。

08 在第4帧处插入普通帧,将按钮元件button 1复制6次得到元件button 2~7。新建影片剪辑元件sprite 1~7,依次将按钮元件button 1~7拖至各个影片剪辑元件。

09 返回主场景,将图片image拖入舞台。新建"图层2~3",依次将素材元件ball放置在舞台左侧,并调整其大小,在各图层的第8帧处插入普通帧。

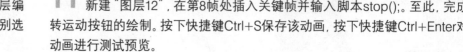

10 新建"图层4~10",依次将元件sprite 1~7拖至各个图层编辑区。在第8帧处插入普通帧,分别选择各元件并输入相应的脚本。

11 新建"图层11",选择第1帧,设置该帧中所要播放的声音文件为sound 2。新建"图层12",在第8帧处插入关键帧并输入脚本stop();。至此,完成旋转运动按钮的绘制。按下快捷键Ctrl+S保存该动画,按下快捷键Ctrl+Enter对该动画进行测试预览。

特效技法17 | ActionScript语言脚本的编写

在编写ActionScript 语言脚本时,其语法定义了一组在编写可执行代码时必须遵循的规则,具体说明如下。

(1)区分大小写:ActionScript 3.0 是一种区分大小写的语言,大小写不同的标识符会被视为不同。

(2)点语法:点运算符 (.) 提供对象的属性和方法的访问。

(3)斜杠语法:ActionScript 3.0 不支持斜杠语法。在早期的 ActionScript 版本中,斜杠语法用于指示影片剪辑或变量的路径。

(4)分号:可以使用分号字符 (;) 来终止语句。若省略分号字符,则编译器将假设每一行代码代表一条语句。

(5)小括号:在 ActionScript 3.0 中,可以通过3种方式使用小括号 (())。分别是使用小括号来更改表达式中的运算顺序;结合使用小括号和逗号运算符 (,) 来计算一系列表达式,并返回最后一个表达式的结果;使用小括号来向函数或方法传递一个或多个参数。

(6)关键字和保留字:保留字是一些单词,在代码中不能作为标识符使用。保留字包括词汇关键字,编译器将词汇关键字从程序的命名空间中移除。若用户将词汇关键字用作标识符,则编译器会报告一个错误。

EXAMPLE

075 旋转的立方体

● 简单图形的绘制　　◎ 实例文件\Chapter 04\旋转的立方体\

制作提示 ////////////////////

❶ 使用多种工具绘制开始与暂停按钮

❷ 立方体产生过程与运动脚本的添加

❸ 综合效果的展示

难度系数：★ ★

案例描述 ////////////////////

本实例设计的是旋转立方体特效。通过单击开始和暂停两个按钮控制立方体的运动。需要特别说明的是，该立方体并非实物，而是由代码控制产生的。

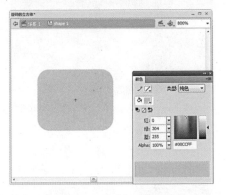

01 新建Flash文档，新建图形元件shape 1，绘制一个矩形。复制元件shape 1得到元件shape 2～3，并将元件shape 2的颜色减淡。

02 新建图形元件shape 4～5，选择工具箱中的矩形工具，在编辑区域分别绘制不同颜色的圆角矩形。

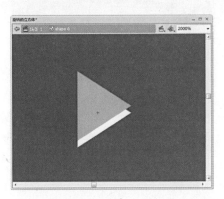

03 新建图形元件shape 6，绘制一个白色三角形。新建"图层2"，复制"图层1"粘贴到"图层2"，调整其颜色为蓝色。

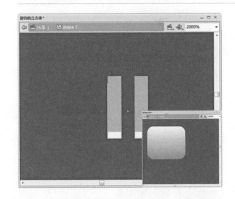

04 新建图形元件shape 7，参照元件shape 6的制作方法创建元件shape 7。新建影片剪辑元件sprite 1，在编辑区域绘制一个矩形。

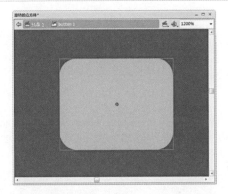

05 新建按钮元件button 1，将元件shape 1拖入，在第3帧处插入关键帧。选择第2帧，按下Delete键将其中的元件删除。

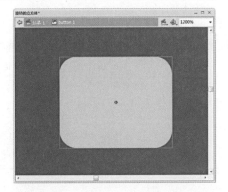

06 新建"图层2"，在第2帧处插入关键帧，将图形元件shape 2拖动到编辑区域，然后在第4帧处插入普通帧。

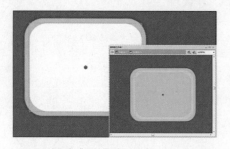 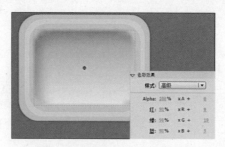 

07 新建"图层3"，将元件shape 3拖入，调整其色调为白色。在第3帧处插入关键，将元件shape 3的色彩效果设置为"无"。

08 新建"图层4"，在第2、3帧处插入关键帧，将元件shape 4~5和影片剪辑元件sprite 1拖至编辑区域。选择第3帧，设置其色彩效果。

09 新建"图层5"，参照"图层2"中动画的创建方法将图形元件shape 6拖至编辑区域，然后在第3帧处插入普通帧。

 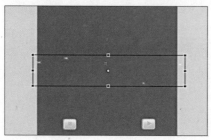

10 复制按钮元件button 1，得到按钮元件button 2，选择"图层5"中的图形元件shape 6，将该图形元件重命名为shape 7。

11 新建影片剪辑元件sprite 2，新建"图层2"，将元件button 1~2分别拖至"图层1~2"，并为元件button 1~2添加相应的脚本。新建"图层3"，在第1帧处输入相应的控制脚本。返回主场景，将元件sprite 2拖入舞台，在第1帧中添加声音元件sound。新建"图层2"，将素材"星际"拖入舞台。完成本例制作。

特效技法18 | Flash CS4新增工具详解

（1）3D 变形工具的应用

在Flash CS4中，3D变形工具包括旋转工具和平移工具两种，如右图所示，它允许用户在 X、Y 和 Z 轴上进行动画处理。可以使用该工具在 3D 空间内对 2D 对象进行很好的动画处理。应用局部或全局旋转可将对象相对于对象本身或舞台旋转。

Flash允许用户通过在舞台的3D空间中移动和旋转影片剪辑来创建3D效果。通过在每个影片剪辑实例的属性中包含Z轴来表示3D空间。通过使用3D平移和3D旋转工具沿影片剪辑实例的Z轴移动和旋转影片剪辑实例，可以向影片剪辑实例中添加3D透视效果。在3D空间中移动一个对象称为平移，在3D空间中旋转一个对象称为变形。在对影片剪辑应用了其中的任一效果后，Flash会将其视为3D影片剪辑。

（2）Deco 工具的应用

使用Deco工具，可以对舞台上选定的对象应用效果。当选择Deco工具后，可以从"属性"面板中选择效果，如下图所示，然后再设置相应的参数，最后在舞台上单击即可绘制图案。使用Deco工具可以绘制以下3种图案效果。

➤ "藤蔓式填充"效果：可以使用藤蔓式图案填充舞台、元件或封闭区域。

➤ "网格填充"效果：使用该效果可创建棋盘图案、平铺背景，或用自定义图案填充区域或形状。

➤ "对称刷子"效果：可使用对称效果来创建圆形用户界面元素（如模拟钟面或刻度盘仪表）和旋涡图案。

制作简单动画

Flash是一种交互式动画设计工具，使用该软件可以将图形、音乐、动画，以及富有新意的图像背景融合在一起，制作出高品质的动态网页元素。本章将对简单动画效果的制作进行介绍，包括百叶窗效果、飘舞的蒲公英、奔跑的马、夜色中的萤火虫、迷人的云雾效果等。主要应用的知识点包括打散并删除图形、引导路径的设计、动作脚本的添加、形状补间动画的应用等。

EXAMPLE

076 百叶窗效果

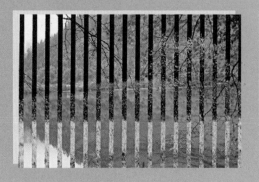

● 遮罩动画的创建　　　◎ 实例文件\Chapter 05\百叶窗效果\

制作提示 ////////////////////////

❶ 使用矩形工具绘制矩形
❷ 遮罩效果的创建
❸ 动作脚本的添加
❹ 背景图片的添加与处理

难度系数：★ ★ ★

案例描述 ////////////////////////

本实例设计的是一款百叶窗动画效果。通过添加遮罩效果展示了从不同方向打开百叶窗，将漂亮的风景一幅幅展现在人们面前。

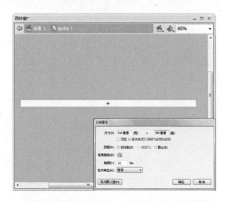

01 执行"文件>新建"命令，新建一个Flash文档。执行"文件>导入>导入到库"命令，将素材文件导入到库中。新建影片剪辑元件sprite 1，在编辑区域绘制一个白色的矩形。

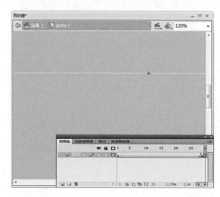

02 在第29帧处插入关键帧，然后对所绘制的图形进行变形操作。在第1~29帧间创建形状补间。在第30帧处插入空白关键帧，并添加脚本_root.play();。

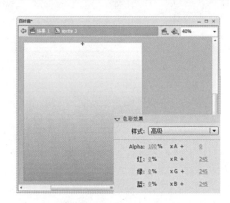

03 新建影片剪辑元件sprite 2，拖入元件sprite 1。新建影片剪辑sprite 3，将元件sprite 2多次拖入并进行排列。新建影片剪辑元件sprite 4，并拖入元件sprite 3。

04 返回主场景，在第2~6帧插入空白关键帧，然后从"库"面板中依次将图片image 1~6拖动到各关键帧的编辑区域。

05 新建"图层2"，在第2~6帧插入空白关键帧，然后从"库"面板中将图片image 6~1依次拖至各关键帧的编辑区域。

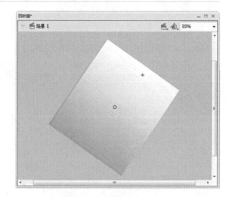

06 新建"图层3"，在第2~6帧处插入空白关键帧，将元件sprite 4拖至各帧编辑区并调整其位置。将"图层3"设置为"图层2"的遮罩层。

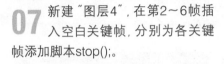
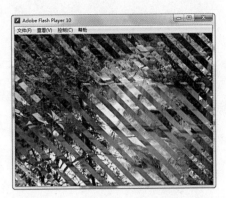
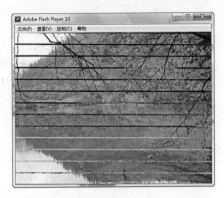

07 新建"图层4",在第2～6帧插入空白关键帧,分别为各关键帧添加脚本stop();。

08 按下快捷键Ctrl+S保存文件,设置名称为"百叶窗效果"。按下快捷键Ctrl+Enter对该动画进行测试。至此,完成百叶窗效果的绘制。

特效技法1 | Flash动画的制作思路

使用Flash进行动画创作的过程与传统动画的创作过程相似,下面将对Flash动画短片的创作过程进行介绍。

（1）故事情节的创作

剧本是文字记录的剧情,主要包括人物对白、动作和场的描述。在很多用Flash制作动画中没有人物对白却也表现出了强烈的震撼。动作的势和力度要生动、形象,人物出场顺序、位置环境、服装、道具、建筑等都要写清楚,只有这样才能够使脚本画家进行更生动的动画创作。通过动画片叙述的故事一定要具有卡通特色,比如幽默、夸张等,如果再加上一些感人情节,那么故事就会更受大家的欢迎。

（2）角色造型的设计

故事情节创作完成后,设计者即可根据故事情节对人物和其他角色进行造型设计,并绘制出每个人物或角色不同角度的形态,供制作人员参考。而且,还要画出他们之间的高矮比例、角度的样子、脸部的表情以及角色所使用的道具等。主角、配角等演员要有很明显的差异,比如服饰、颜色、五官等,服饰和人物个性要匹配,造型与美术风格要配合,还就考虑动画和其他工序的制作人员是否会有困难,不可太复杂、琐碎。

（3）背景图案的选择

背景要根据故事的情节需要和风格来绘制,在背景的绘制过程中,要标出人物组合的位置,白天或夜晚,背景如家具、饰物、地板、墙壁、天花板等结构都要清楚,使用多大的画面（安全框）、镜头推拉等也要标出来,让人物可以自由地在背景中动画。动画背景或角色设计与图像设计处理类似,首先要确定主题创意,其次是应用或播放环境,与图像设计类不同的是：动画需要编辑多个帧或场景,在创意方面需要考虑的因素就更多了。

（4）动画场景间的衔接

动画设计者要在拍摄之前再次检查各个镜头的动作质量。这是保证动片质量好坏的重要环节,是否需要添加脚本程序或是音乐效果等。

EXAMPLE **077 中秋烟花**

● 动作脚本的添加　　　　　◎ 实例文件\Chapter 05\中秋烟花\

制作提示 ////////////////////////

❶ 烟花效果的制作
❷ 背景的应用
❸ 烟花图形的绘制
❹ 综合效果的实现

难度系数：★ ★

案例描述 ////////////////////////

本实例设计的是一个烟花燃放的动画效果。农历八月十五是我国的传统节日，在这浓厚的节日气氛中，燃放的烟花将团圆的心情和思乡的愿望推向了高潮。

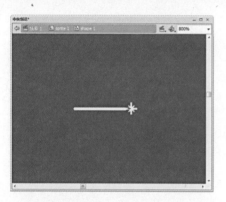

01 执行"文件>打开"命令，打开"中秋烟花素材.fla"文件。新建影片剪辑元件sprite 1，绘制一个图形，并转换为图形元件shape 1。

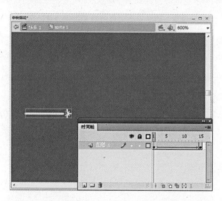

02 在元件sprite 1中，将元件shape 1拖至左侧。在第15帧处插入关键帧，将元件shape 1拖至右侧。在第1~15帧间创建传统补间动画。

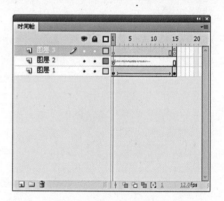

03 新建"图层2"，在第1帧处添加声音效果，在第15帧处插入普通帧。新建"图层3"，在第15帧处插入关键帧并添加脚本stop();。

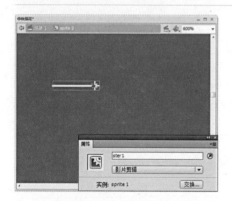

04 新建影片剪辑元件sprite 2，将元件sprite 1拖至编辑区域，设置其实例名为ster 1。新建"图层2"，在第1帧处添加相应的脚本。

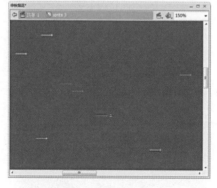

05 新建影片剪辑元件sprite 3，多次将元件sprite 2拖至编辑区域，并改变各个元件的色彩效果，使烟花呈现出五颜六色的效果。

06 返回主场景，将所需元件拖至编辑区域。按下快捷键Ctrl+S保存文件，并对该动画进行测试。至此，完成烟花效果的制作。

EXAMPLE 078 飘舞的蒲公英

● 背景图形的设计　　　◎ 实例文件\Chapter 05\飘舞的蒲公英\

制作提示
❶ 蒲公英图形效果的设计
❷ 综合动画效果的实现

难度系数：★ ★

案例描述
本实例设计的是一个蒲公英的飞舞效果。在阳光明媚的大自然中，天空中漂浮着许多蒲公英，给人一种亲切的感觉。

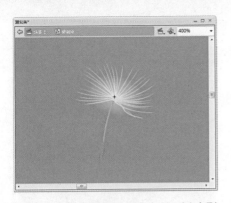

01 打开"蒲公英.fla"文件。新建影片剪辑元件sprite，在编辑区域绘制蒲公英。

02 返回主场景，新建"图层2~3"，将图片image、素材元件sunny和HD拖至编辑区域。

03 新建"图层4"，将元件sprite拖至编辑区域，然后将其实例名称设置为spore。

04 新建"图层5"，选择文本工具输入文本action，并将其转换为图形元件text。

05 选择图形元件text，打开其"动作"面板，在该面板中添加相应的控制脚本。

06 保存文件，并对该动画进行预览。至此，完成飘舞的蒲公英效果的制作。

特效技法2 | 关于条件语句

使用条件语句if…else可用于测试一个条件，如果该条件存在，则执行一个代码块，如果该条件不存在，则执行替代代码块。例如，下面的代码测试x的值是否超过10，若是则生成一个 trace() 函数，否则生成另一个trace()函数：

```
if (x >10)
{
    trace("x is > 10");
}
```
```
else
{
    trace("x is <= 10");
}
```

079 奔跑的马

● 马的绘制　　　　　　　◎ 实例文件\Chapter 05\奔跑的马\

制作提示 ////////////////

❶ 各种形态马的绘制

❷ 背景效果的导入

❸ 动画的创建

难度系数：★ ★

案例描述 ////////////////

本实例设计的是一匹马的奔跑效果，在一望无垠的草原上，一匹飞奔的骏马在朝着自己的目标前进。动作栩栩如生，仿佛这一切就在自己的眼前发生。

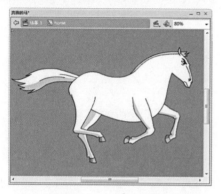

01 新建Flash文档，将素材导入到库中。新建影片剪辑元件horse，绘制一只奔跑中的马，填充颜色为白色和灰色。

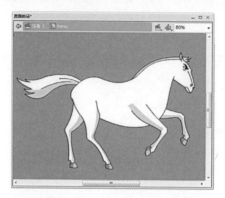

02 在第3、5、7、9、11帧处插入空白关键帧，依次在各帧中绘制不同形态的马。在第12帧处插入普通帧。

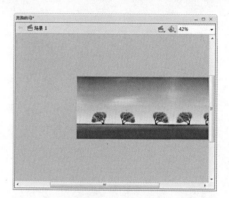

03 新建图形元件pic，将图片image 1~2拖至编辑区。返回主场景，将元件pic拖至编辑区合适位置。

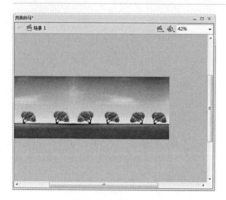

04 在第70帧处插入关键帧并将元件向左移动。在第1~70帧间创建传统补间动画。

05 新建"图层2"，将元件horse拖入编辑区域。在第70帧处插入普通帧。

06 按下快捷键Ctrl+S保存文件，并对该动画进行测试。至此，完成奔跑的马效果的制作。

特效技法3 | 描边操作

　　对填充区域执行描边操作时，在不选中该填充区域的情况下，无论单击填充区的任何部分，都可为其添加描边效果。反之，若选中填充区域，则只有单击填充区域的边缘，才能为其添加描边效果。

EXAMPLE

080 Loading效果

● 形状补间动画的应用　　◎ 实例文件\Chapter 05\Loading效果\

制作提示 ///////////

❶ 进度条的绘制
❷ 文本动画的制作

难度系数：★ ★

案例描述 ///////////

本实例设计的是一个进度条效果，它以动态的图片形式显示处理文件的速度，即可能需要的处理时间，一般以长方形条状显示。

01 新建一个Flash文档，并将素材导入到库中。新建影片剪辑元件text，输入文本loading，然后在第9、17、25帧处插入关键帧。

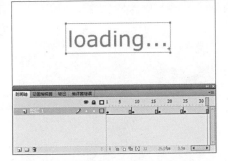

02 选择这3个关键帧，并在文本loading后面输入"."，在第9帧输入1个、第17帧输入2个，以此类推。在第32帧处插入普通帧。

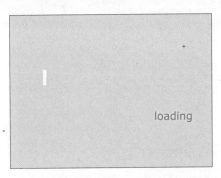

03 新建影片剪辑元件loading，拖入元件text，然后在第100帧处插入普通帧。新建"图层2"，在编辑区域绘制一个白色矩形。

04 在第100帧处插入关键帧。使用工具箱中的任意变形工具将白色矩形拉长，在第1～100帧间创建形状补间。

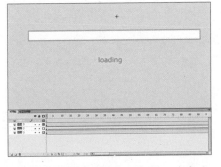

05 新建"图层3"，绘制一个灰色矩形框。在第100帧处插入普通帧。新建"图层4"，在第100帧处插入空白关键帧并添加脚本stop();。

06 返回主场景，拖入素材风车影片剪辑。按下快捷键Ctrl+S保存该文件，并对该动画进行测试。至此，完成本例制作。

特效技法4 | 加载进度条

　　加载进度条（ProgressBar）组件用于显示内容的加载进度，对显示图像和部分应用程序的加载进度非常有用。当内容较大且可能延迟应用程序的执行时，显示加载进度可令人安心。加载进程可以是确定的也可以是不确定的。当已知加载的内容量时，可使用确定的进度栏。确定的进度栏是一段时间内任务进度的线性表示。当未知加载的内容量时，可使用不确定的进度栏。此外，还可以添加 Label 组件，以将加载进度显示为百分比。

EXAMPLE

081 漫天的雪花

● 动作脚本的添加　　　◎ 实例文件\Chapter 05\漫天的雪花\

制作提示 ///////////////

❶ 远景雪花效果的绘制
❷ 背景图像的导入
❸ 动作脚本的添加
❹ 元件属性的设置

难度系数：★ ★

案例描述 ///////////////

本实例设计的是一个雪花飞舞的效果。随着雪花的降落，整个场景变得白茫茫的，只有静静的湖面保持着原来的风貌。

01 新建一个Flash文档，打开"文档属性"对话框设置其属性，将素材导入到库中。

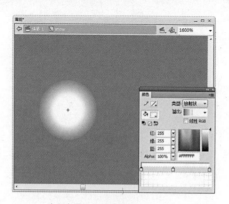

02 新建影片剪辑元件snow，使用绘图工具在编辑区域绘制一个圆球，并设置渐变填充颜色。

03 右击snow元件，执行"属性"命令，打开"元件属性"对话框，设置"标示符"为snow。

04 返回到主场景中，从"库"面板中将图片image拖动到编辑区域，为动画添加背景。

05 新建"图层2"，选择第1帧，打开其"动作"面板，在该面板中输入相应的控制脚本。

06 按下快捷键Ctrl+S保存该文件，并对该动画进行测试。至此，完成漫天雪花效果的制作。

特效技法5 | 保存为CS3/CS4版本

　　在Flash CS4中保存文档时，在"保存类型"下拉列表框中有"Flash CS4文档"和"Flash CS3文档"两种选项类型，用户可以根据需要选择要保存的文件格式。

082 雨中情人

● 传统补间动画的创建　　◎ 实例文件\Chapter 05\雨中情人\

制作提示 ////////////////////

❶ 雨滴动画的创建
❷ 背景效果的制作
❸ 动作脚本的添加

难度系数： ★ ★

案例描述 ////////////////////

本实例设计的是一个卡通型的雨中情人，天空中乌云密布，雨点不停的从天而降，一对情侣站在一把巨大的雨伞下享受着这美好的时刻。

01 新建一个Flash文档，并设置其"尺寸"为600px×349px，"帧频"为12fps，将素材导入到库中。

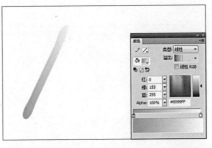

02 新建图形元件shape，在编辑区域绘制一个图形。新建影片剪辑元件rain，拖入元件shape，然后在第20帧处插入关键帧，并将该帧中的元件shape向左下角移动。在第1~20帧间创建传统补间动画，以制作雨水降落效果。

03 返回主场景，拖入背景素材。新建"图层2"，拖入元件rain并设置其实例名为drop。在"图层1~2"的第3帧处插入普通帧。

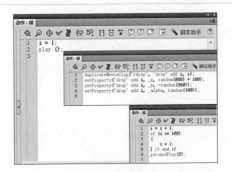

04 新建"图层3"，在第2~3帧处插入空白关键帧。分别选择第1~3帧，打开其"动作"面板，在该面板中依次输入相应的脚本。

05 按下快捷键Ctrl+S保存文件，设置名称为"雨中情人"。再按下快捷键Ctrl+Enter组合键对该动画进行测试。至此，完成本例制作。

特效技法6 | 关于setProperty() 函数

　　setProperty() 函数用于当影片剪辑播放时，更改影片剪辑的属性值。其格式为：setProperty(target,property,value/expression);。其中，target表示要设置其属性的影片剪辑实例名称的路径，Property表示要设置的属性，Value为属性的新文本值，expression计算结果为属性新值的公式。例如在场景图层1中创建一个实例名为lx的影片剪辑元件，在图层2中创建一个按钮元件，打开该按钮元件的"动作"面板，输入代码：on(release){ setProperty("lx",_alpha,"60"); }。即表示当单击按钮时，将lx影片剪辑元件的_alpha属性设置为60%。

EXAMPLE
083 迷人的云雾效果

● 传统补间动画的应用　　◎ 实例文件\Chapter 05\迷人的云雾效果\

制作提示 //////////////

❶ 云雾效果的制作
❷ 背景的应用以及综合效果的
　实现

难度系数：★ ★

案例描述 //////////////

本实例设计的是云雾效果。在大山之巅，太阳刚刚升起，雾气也逐渐扩散开来，从而形成了眼前这迷人的云雾效果。

01 新建一个 Flash 文档并设置其属性，然后将素材导入到库中。

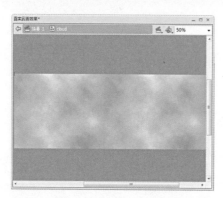

02 新建影片剪辑元件cloud，将图片image 1拖至编辑区域。

03 返回主场景，拖入图片image 2。在第180帧处插入普通帧。

04 新建"图层2"，从"库"面板中将影片剪辑元件cloud拖至编辑区域合适位置。

05 在第180帧处插入关键帧，将元件cloud向左侧移动。在第1~180帧间创建传统补间动画。

06 按下快捷键Ctrl+S保存该文件，并对该动画进行测试。至此，完成迷人云雾效果的制作。

特效技法7 | 传统补间的使用

在Flash CS4中如果要补间实例、组和类型修改的属性，可以使用传统补间。Flash CS4 可以补间实例、组和类型的位置、大小、旋转和倾斜。此外，Flash CS4还可以补间实例和类型的颜色、创建渐变的颜色切换或使实例淡入或淡出。

084 夜色中的萤火虫

● 色彩效果的调整　　　　◎ 实例文件\Chapter 05\夜色中的萤火虫\

制作提示 ///////////////////////

❶ 萤火虫效果的制作
❷ 夜景的制作
❸ 整体效果的实现

难度系数：★ ★

案例描述 ///////////////////////

本实例设计的是夜色中的萤火虫。在浓浓的夜色中，一只只萤火虫自由地飞舞着，时而聚集、时而散开，好不热闹。

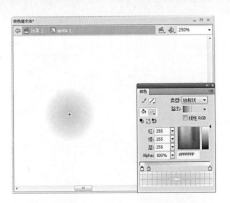

01 新建 Flash 文档，并将素材导入到库中。新建影片剪辑元件 sprite 1，在编辑区域绘制一个图形。

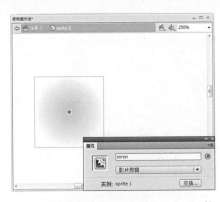

02 新建影片剪辑元件sprite 2，将元件sprite 1拖至编辑区域，并设置其实例名为zoron。

03 在元件sprite 1的"动作"面板中输入相应的脚本，再在第1帧中添加脚本stop();。

04 返回主场景，拖入image并将其转化为影片剪辑pic。选择元件pic，通过"属性"面板更改其色彩效果，以制作黑夜效果。

05 新建"图层2～4"，将元件sprite 2拖至各图层编辑区。新建"图层5"，选择第1帧，设置声音文件为sound，"同步"为"循环"。

06 按下快捷键Ctrl+S保存文件，按下快捷键Ctrl+Enter对该动画进行测试。至此，完成夜色中萤火虫效果的制作。

特效技法8 | Flash的声音采样率

　　大部分声卡内置的采样率都是44.1kHz，所以在Flash中播放的声音的采样率应该是44.1的倍数，如22.05、11.025等。如果使用其他采样率的声音，虽然在Flash中可以播放，但Flash会对它进行重新采样，最终播放出来的声音可能会比原始声音的声调偏高或偏低，从而影响Flash作品的整体效果。

EXAMPLE 085 滑落的流星

● 流星效果的制作　　　◎ 实例文件\Chapter 05\滑落的流星\

制作提示 ////////////////

❶ 流星的制作
❷ 相应动作脚本的添加
❸ 背景图片的添加与调整
❹ 综合效果的实现

难度系数： ★ ★

案例描述 ////////////////

本实例设计的是天空中流星滑落的景象。美丽的天空中，繁星点点，明亮的月光照亮了大地，此时一颗流星突然滑落，并留下了长长的尾巴。

01 新建一个Flash文档，打开"文档属性"对话框设置其属性，然后将素材文件导入到库中。

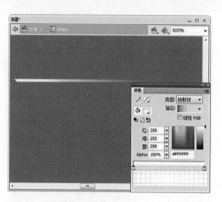

02 新建图形元件shape，使用绘图工具在编辑区域绘制一个图形，并设置其属性。

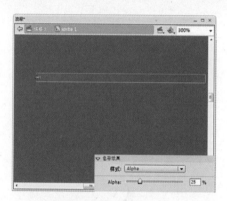

03 新建影片剪辑元件sprite 1，拖入元件shape并对其大小及属性进行调整。在第2帧处插入普通帧。

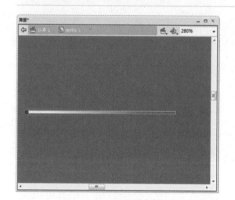

04 新建"图层2"，将元件shape拖至编辑区域并调整其大小。

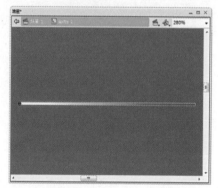

05 在第2帧处插入关键帧，选择任意变形工具将其拉长。

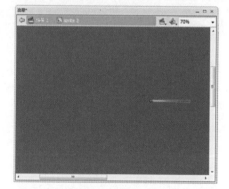

06 新建影片剪辑元件sprite 2，将元件sprite 1拖至编辑区域。

特效技法9 | 任意变形工具的使用

　　使用任意变形工具可以单独执行某个变形操作，也可以将移动、旋转、缩放、倾斜和扭曲等多个变形操作组合在一起执行。但任意变形工具不能用于变形元件、位图、视频对象、声音、渐变或文本。如果选区中包含以上任意一项，则只能扭曲形状对象。要将文本块变形，首先要将字符转换成形状对象。

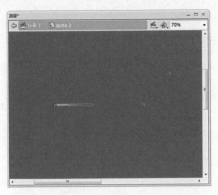

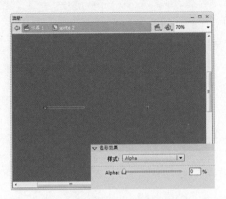

07 在第63帧处插入关键帧，调整编辑区中元件的位置。在第113帧处插入关键帧，再调整其位置，并设置其Alpha值为0%。在第1~63、63~113帧间创建传统补间动画。新建"图层2"，在第113帧处插入空白关键帧并输入脚本this.removeMovieClip()。

08 返回到主场景中，从"库"面板中将素材图片image拖入编辑区域，并设置其位置居中。在第60帧处插入普通帧。

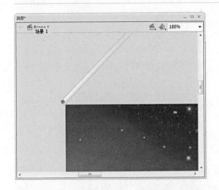

09 新建"图层2"，将影片剪辑元件sprite 2拖至适当位置，并将其实例名称设置为star_M。在第60帧处插入普通帧。

10 新建"图层3"，选择第1帧，打开其"动作"面板添加合适的脚本。在第60帧处插入空白关键帧，并输入脚本gotoAndPlay(2)。

11 按下快捷键 Ctrl+S 保存文件，设置名称为"滑落的流星"。按下快捷键 Ctrl+Enter 对该动画进行测试。至此，完成滑落流星效果的制作。

特效技法10 | if语句的使用

ActionScript 3.0 提供了3个可用来控制程序流的基本条件语句，分别是：if...else、if...else if和switch。

(1) if...else

使用 if...else 条件语句可以测试一个条件，若该条件存在，则执行一个代码块；若该条件不存在，则执行替代代码块。

(2) if...else if

使用 if...else if 条件语句可以测试多个条件。若 if 或 else 语句后面只有一条语句S，则无需用大括号括起该语句。但在此建议用户始终使用大括号（如下代码段），因为以后在缺少大括号的条件语句中添加语句时，可能会出现意外的行为。

```
if (this.i%M _ time == 0) {
        mc = this.duplicateMovieClip ("star _ M"+this.i, this.i);
        mc. _ x = random (scene _ width)+50;
        mc. _ xscale = mc. _ yscale=random (30)+70; }
```

(3) switch

如果多个执行路径依赖于同一个条件表达式，则 switch 语句非常有用。该语句的功能与一长段 if...else if 系列语句类似，但是更易于阅读。switch 语句不是对条件进行测试以获得布尔值，而是对表达式进行求值并使用计算结果来确定要执行的代码块。代码块以 case 语句开头，以 break 语句结尾。

EXAMPLE
086 深秋的落叶

● 动作脚本的添加　　　　◎ 实例文件\Chapter 05\深秋的落叶\

制作提示

❶ 落叶效果的制作
❷ 背景的导入与添加
❸ 色彩效果的设置方法
❹ 综合效果的实现

难度系数：★ ★

案例描述

本实例设计的是深秋落叶的景象。在该动画效果中，茂密的丛林经秋风的洗礼，树叶逐渐变为红色，随后一片一片的从天而降。目睹这一切后，好像自己已身在其中。

01 新建 Flash 文档，将素材文件导入到库中。新建图形元件 shape，将图片 image 1 拖至编辑区。

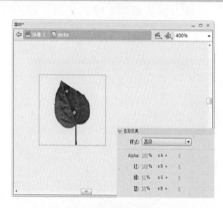

02 新建影片剪辑元件sprite，将元件shape拖至编辑区域。打开其"属性"面板改变色彩效果。

03 在库中选择元件sprite，打开其"元件属性"对话框，设置"标示符"为yezi。

04 返回主场景，将图片image 2拖至编辑区域。

05 新建"图层2"，在第1帧的"动作"面板中输入相应的脚本。

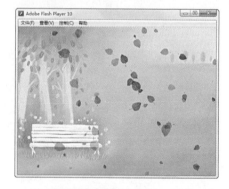

06 保存并预览该文件。至此，完成深秋落叶效果的制作。

特效技法11 | 文档属性的设置

　　创建动画的第一步便是设置文档的属性。通过"属性"面板可以设置舞台的大小、背景颜色、帧频等参数。除此之外，还可以通过选择"修改>文档"命令，或按下快捷键Ctrl+J，在打开的"文档属性"对话框中进行设置，其具体设置的方法和内容与在"属性"面板中相同。

EXAMPLE **087 满天繁星**

● 星星效果的创建   ◉ 实例文件\Chapter 05\满天繁星\

制作提示 //////////

❶ 星星效果的制作
❷ 背景的设计与编辑
❸ 综合效果的实现

难度系数：★★

案例描述 //////////

本实例设计的是一个满天繁星的效果。在晴朗的夜空中，星星显得格外迷人，一眨一眨的像是在跟你打招呼。

01 新建一个Flash文档，将素材导入到库中。新建图形元件shape，绘制两个重叠的圆形，并设置底层圆形颜色的Alpha值为50%。

02 新建影片剪辑元件sprite 1，将图形元件shape拖至编辑区域合适的位置。使用任意变形工具，对其进行变形操作。

03 在第30、60帧处插入关键帧。选择第30帧，设置Alpha值为0%。分别在第1~30、30~60帧间创建传统补间动画。

04 新建"图层2"，将元件shape拖至编辑区，使用任意变形工具对其进行变形。参照"图层1"的制作方法设置"图层2"。

05 新建"图层3"，将图形元件shape拖至编辑区域合适的位置。在第60帧处插入关键帧，使用任意变形工具将图形放大。

06 返回主场景，新建"图层2"，将图片image 1~2拖至"图层1~2"中。将image 2转换为影片剪辑元件sprite 2，并修改其色彩效果。

07 新建"图层3"，拖入元件sprite 1并将其实例名设置为starT。新建"图层4"，在第1帧的"动作"面板中添加相应的控制脚本。

08 按下快捷键Ctrl+S保存文件，并测试该动画效果。至此，完成满天繁星效果的制作。

088 旋转的风车

● 传统补间动画的应用　　　　◎ 实例文件\Chapter 05\旋转的风车\

制作提示 ///////////////

❶ 风车的绘制
❷ 背景的应用
❸ 综合效果的表现

难度系数：★ ★

案例描述 ///////////////

本实例设计的是一个旋转的风车，在风力的作用下，风车开始旋转，为了进一步表现风的效果，在场景中还设计了一棵大树。

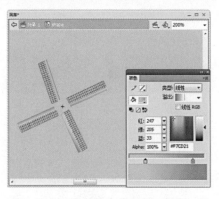

01 执行"文件 > 打开"命令，打开"风车 .fla"文件。新建图形元件 shape，然后在编辑区域绘制一个风车图形。

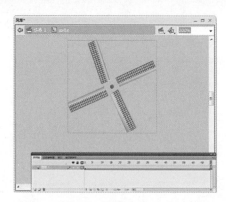

02 新建影片剪辑元件sprite，拖入元件shape。在第70帧处插入关键帧，将元件shape旋转360°。在第1~70帧间创建传统补间动画。

03 返回主场景，新建"图层2~3"，分别将图片image、元件pic与sprite拖入各图层。在各图层第70帧处插入普通帧。完成本例制作。

特效技法12 | 传统补间与补间动画的区别

在Flash CS4中，传统补间提供了一些方便用户使用的特定功能，而补间动画则提供了更多的补间控制，传统补间和补间动画之间有以下几点差异。

（1）补间动画在整个补间范围内由一个目标对象组成。

（2）补间动画将文本视为可补间类型，不会将文本对象转换为影片剪辑。传统补间则会将文本对象转换为图形元件。

（3）传统补间使用关键帧，且关键帧是其中显示对象的新实例的帧。补间动画只能具有一个与之关联的对象实例，并使用属性关键帧而不是关键帧。

（4）补间动画和传统补间都只允许对特定类型的对象进行补间。若应用补间动画，则在创建补间时会将所有不允许的对象类型转换为影片剪辑。而应用传统补间会将这些对象类型转换为图形元件。

（5）补间目标上的任何对象脚本都无法在补间动画范围的过程中更改。

（6）对于传统补间，缓动可应用于补间内关键帧之间的帧组。对于补间动画，缓动可应用于补间动画范围的整个长度。若要仅对补间动画的特定帧应用缓动，则需要创建自定义缓动曲线。

（7）利用传统补间，可以在两种不同的色彩效果（如色调和 Alpha 透明度）之间创建动画。补间动画可以对每个补间应用一种色彩效果。

（8）只可以使用补间动画为 3D 对象创建动画效果。

（9）只有补间动画才能保存为动画预设。

EXAMPLE **089 新春对联**

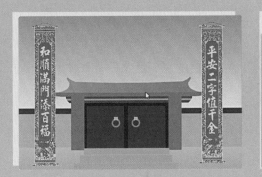

● 打散并删除图形　　◎ 实例文件\Chapter 05\新春对联\

制作提示

❶ 对联展开效果的创建
❷ 图形的打散操作
❸ 遮罩效果的创建
❹ 综合效果的实现

难度系数：★ ★

案例描述

本实例设计的是一副展开的新春对联。在该场景中，喜庆的对联从上至下缓缓展开，为背景图像添加了一道亮丽的风景。

01 新建一个Flash文档，并对其属性进行设置，然后将素材导入到库中。新建影片剪辑元件sprite 1，拖入image 2并打散，保留其中一部分，在第35帧处插入普通帧。

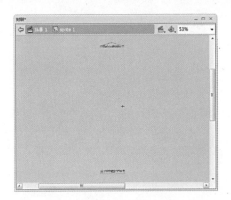

02 新建"图层2"，拖入image 1并使其与image 2的位置保持一致。在第10、35帧处插入关键帧，将第35帧中的元件向下移动。在第10~35帧间创建传统补间动画。

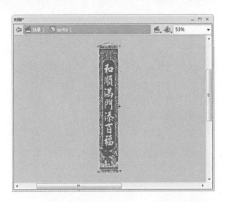

03 将"图层2"拖至"图层1"下方，在"图层2"下方新建"图层3"。在第10帧处插入空白关键帧，将图片image 2拖至编辑区域，在第35帧处插入普通帧。

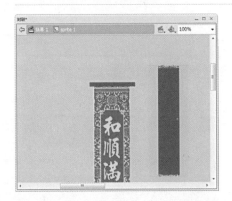

04 新建"图层4"，在第10帧处插入空白关键帧，绘制一个矩形（此为隐藏"图层1~2"的效果）。在第35帧处插入关键帧，对矩形进行变形。在第10~35帧间创建形状补间。

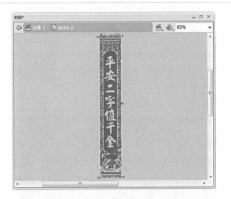

05 将"图层4"设置为"图层3"的遮罩层。新建"图层5"，在第35帧插入空白关键帧并输入脚本stop();。新建影片剪辑元件sprite 2，制作对联的右联。

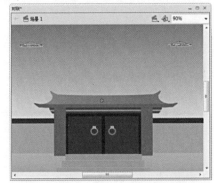

06 返回主场景，将素材元件背景和元件sprite 1~2拖至编辑区域。按下快捷键Ctrl+S保存文件，按下快捷键Ctrl+Enter对该动画进行测试。至此，完成本例制作。

090 美丽的雪景

● 引导层的创建　　　◎ 实例文件\Chapter 05\美丽的雪景\

制作提示 //////////////////

❶ 雪花飘落效果的制作
❷ 按钮与文本的设计
❸ 动作脚本的添加
❹ 综合效果的实现

难度系数： ★ ★ ★

案例描述 //////////////////////////////

本实例设计的是一个雪景欣赏动画。在该动画中用户不但可以单击"换背景"按钮对雪景图进行更换，还可以对雪花降落的数量进行调节。

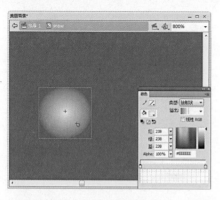

01 执行"文件>新建"命令，新建一个Flash文档。执行"文件>导入>导入到库"命令，将素材导入到库中。新建影片剪辑元件snow，绘制一个图形并将其转换为图形元件shape。在第55帧处插入关键帧。

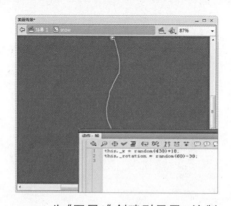

02 为"图层1"创建引导层，绘制一条曲线。在第55帧处插入普通帧。选择"图层1"的元件shape，制作雪花飘落效果。新建"图层3"，在第55帧处插入空白关键帧，并在该帧中输入相应的脚本。

03 新建影片剪辑元件sprite 1，在第2～3帧处插入关键帧，将图片image 1～4拖至各关键帧的编辑区。新建"图层2"，在第4帧处插入空白关键帧，然后在第1、4帧处输入相应的脚本。

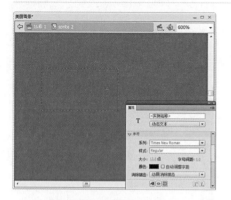

04 新建影片剪辑元件sprite 2，创建动态文本。新建"图层2"，在第2～3帧处插入空白关键帧。

05 在第1～3帧中分别输入相应的脚本。新建影片剪辑sprite 3，将元件sprite 2拖入两次并输入文本。

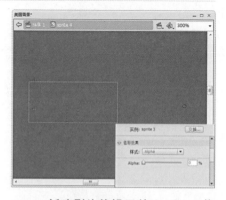

06 新建影片剪辑元件sprite 4，将元件sprite 3拖至编辑区域，设置其Alpha值为0%。

07 在第10、20帧处插入关键帧。选择第10帧，在编辑区域将影片剪辑元件sprite 3向上移动，并设置其色彩样式为无。

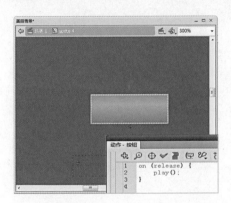

08 在第1~10、10~20间创建传统补间动画。新建"图层2"，将按钮元件button拖至编辑区，在其"动作"面板中输入相应的脚本。

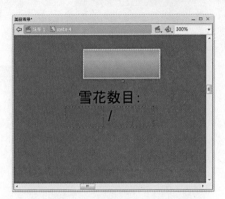

09 在第10、20帧处插入关键帧。选择第10帧，将元件button向上移动。最后在第1~10、10~20间创建传统补间动画。

10 新建"图层3"，在第10、20帧处插入空白关键帧。依次在第1、10、20帧输入文本"关闭"。

11 新建"图层4"，在第10帧处插入空白关键帧。在第1、10帧处输入脚本stop()。返回主场景，拖入元件sprite 1并设置其实例名为bj。

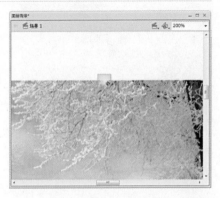

12 新建"图层2"，从"库"面板中将影片剪辑元件snow拖至编辑区域，在"属性"面板中将其实例名称设置为cc。

13 新建"图层3"，将影片剪辑元件sprite 4和按钮元件button拖至编辑区域合适的位置。在按钮元件button上输入文本"换背景"。

14 选择按钮元件 button，打开其"动作"面板，在该面板中输入相应的脚本。新建"图层4"，在第1帧中输入脚本 nnn=30;。

15 按下快捷键Ctrl+S保存该文件。按下快捷键Ctrl+Enter对该动画进行测试。至此，完成美丽雪景效果的制作。

EXAMPLE **091 浮动的云**

● 传统补间动画的创建　　◎ 实例文件\Chapter 05\浮动的云\

制作提示 ///////////////////

❶ 多个云朵效果的绘制
❷ 场景的布置
❸ 传统补间动画的设计

难度系数：★★

案例描述 //////////////////

本实例设计的是天空中飘浮的云朵的动画效果。一望无际的田野、蔚蓝的天空中漂浮着朵朵白云。如此景象是多么令人神往啊。

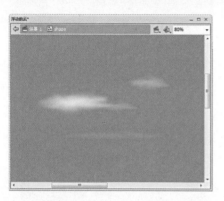

01 新建一个 Flash 文档，并将素材导入到库中。新建图形元件shape，将图片 image 1 拖至编辑区域。

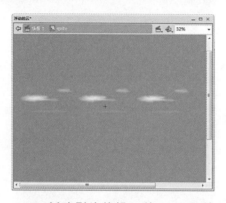

02 新建影片剪辑元件sprite，然后从"库"面板中将图形元件shape拖入3次。

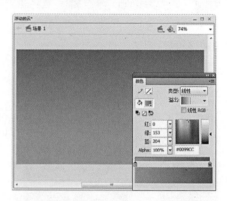

03 返回到主场景中，在编辑区域绘制一个矩形，在第605帧处插入普通帧。

04 新建"图层2"，将图片image 2拖至适当位置，在第605帧处插入普通帧。

05 新建"图层3"，将元件sprite拖至中间。在第605帧处插入关键帧，并将元件sprite向右移动。

06 在第1～605帧间创建传统补间动画。最后保存并测试该动画效果。至此，完成本例制作。

特效技法13 | 工作视窗的调整

　　在Flash CS4中，用户可以根据需要对工作区中的显示情况进行设置。当工作界面中的面板增多时，留给舞台的视窗将会变小，从而无法看到整个舞台，这就要设置适合的舞台显示比例。在工作区右上方的舞台视窗百分比下拉菜单中选择合适的显示比例后便能总览整个舞台，但这样将会导致舞台中的对象变小。要将工作区的视窗变大，可以将所有功能面板缩略成按钮图标，还可以通过按下F4键，隐藏所有的面板和时间轴。

EXAMPLE **092 雷达扫描系统**

● 图形的绘制 　　◎ 实例文件\Chapter 05\雷达扫描系统\

制作提示 //////////////////

❶ 雷达显示器的绘制

❷ 综合效果的设计与实现

难度系数：★ ★

案例描述 //////////////////

本实例是在模拟一个雷达扫描系统。雷达是利用微波波段电磁波探测目标的电子设备，包括发射机、发射天线、接收机、接收天线以及显示器5个基本组成部分，本实例设计的是雷达的显示器。

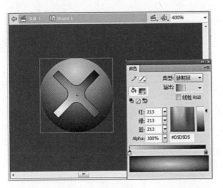

01 新建一个Flash文档，并将素材导入到库中。新建图形元件shape 1，在编辑区域绘制螺丝帽。

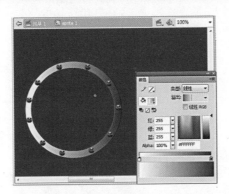

02 新建影片剪辑元件sprite 1，绘制一个圆环，将元件shape 1拖动到圆环上。

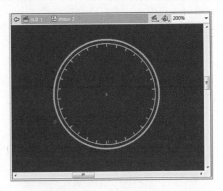

03 新建图形元件shape 2，在编辑区域绘制一个圆环。

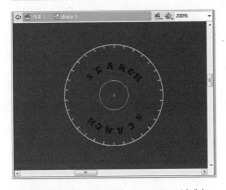

04 新建图形元件shape 3，绘制一个图形，并输入文本search。

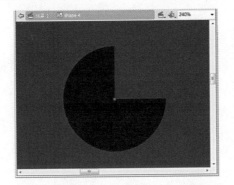

05 新建图形元件shape 4，编辑区域绘制一个图形。

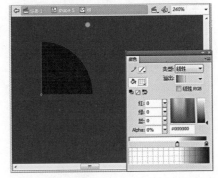

06 新建图形元件shape 5，在编辑区域绘制一个扇形。

特效技法14 | 绘图工具的使用

使用线条工具、椭圆工具和矩形工具可以绘制简单的几何图形，如椭圆、圆、矩形和正方形等。

（1）在绘制椭圆之前或在绘制过程中，按住 Shift 键可以绘制正圆。

（2）在绘制矩形之前或在绘制过程中，按住 Shift 键可以绘制正方形。

（3）在绘制直线时，若按住 Shift 键，则可以绘制水平线、45°斜线和垂直线；若按住 Alt 键，则可以绘制任意角度的直线。

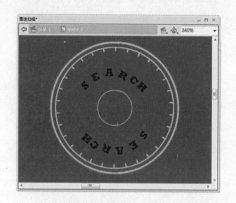

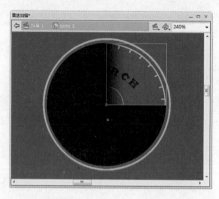

07 新建影片剪辑元件sprite 2。新建"图层2"，将图形元件shape 2~3拖至编辑区域中合适的位置。分别在各个图层的第36帧处插入普通帧。

08 新建"图层3~4"并分别拖入元件shape4~5。在各图层第36帧处插入关键帧，并将该帧中的元件旋转360°。在第1~36帧间创建传统补间动画。

09 返回主场景，绘制渐变矩形。新建"图层2"，将元件sprite 1~2及素材拖至编辑区。在第1帧处添加脚本stop();。最后保存该动画。至此，完成雷达扫描系统的制作。

特效技法15 | 刷子工具的使用技巧

在Flash CS4中选择刷子工具后，在工具箱中单击"刷子模式"按钮，在弹出的下拉菜单中可以选择一种涂色模式；单击"刷子大小"按钮，在弹出的下拉菜单中可以选择刷子的大小；单击"刷子形状"按钮，在弹出的下拉菜单中可以选择刷子的形状。刷子工具包含5种模式，各模式的特点介绍如下。

（1）标准绘画：使用该模式绘图，在笔刷经过的地方，线条和填充全部被笔刷填充所覆盖。

（2）颜料填充：使用该模式只对填充部分或空白区域填充颜色，不会影响对象的轮廓。

（3）后面绘画：使用该模式可以在舞台上同一图层中的空白区域填充颜色，不会影响对象的轮廓和填充部分。

（4）颜料选择：先选择一个对象，然后使用刷子工具在该对象范围内填充（选择的对象必须是打散后的对象）。

（5）内部绘画：该模式分为 3 种状态。当刷子工具的起点和结束点都在对象的范围以外时，刷子工具填充空白区域；当刷子工具的起点和结束点有一个在对象的填充部分以内时，则填充刷子工具经过的填充部分（不会对轮廓产生影响）；当刷子工具的起点和结束点都在对象的填充部分以内时，则填充刷子工具经过的填充部分。

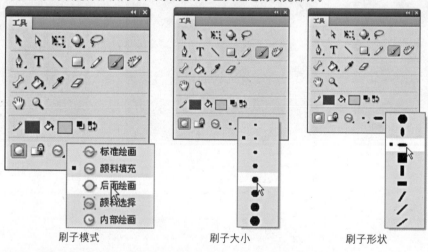

刷子模式　　　　　　　刷子大小　　　　　　　刷子形状

EXAMPLE **093 飞舞的蝴蝶**

● 引导路径的设计　　◎ 实例文件\Chapter 05\飞舞的蝴蝶\

制作提示 //////////////////

❶ 蝴蝶的绘制
❷ 蝴蝶飞舞效果的实现
❸ 引导路径的创建
❹ 背景图像的添加

难度系数：★ ★

案例描述 //////////////////

本实例设计的是一只蝴蝶的飞舞效果，其中主要应用了引导动画的相关知识，使蝴蝶在预先设置好的路径上翩翩起舞。

01 新建一个Flash文档，将素材文件导入到库中。新建图形元件shape 1，使用绘图工具在编辑区域绘制蝴蝶的翅膀。

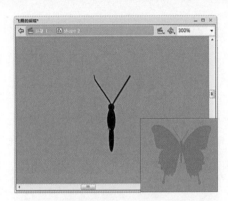

02 新建图形元件shape 2，绘制蝴蝶的躯干。新建图形元件shape 3。将元件shape 1和shape 2拖至编辑区域并打散，填充灰色。

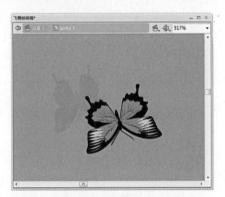

03 新建影片剪辑元件sprite 1，拖入图形元件shape 3。新建"图层2"，将图形元件shape 1~2拖至编辑区域。

04 在第1~32帧间多次插入关键帧，并改变在各帧中翅膀的形状，以制作蝴蝶飞舞的效果。新建影片剪辑元件sprite 2，拖入元件sprite 1。

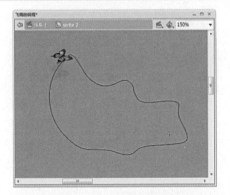

05 在第69帧处插入关键帧。为"图层1"创建引导层并绘制曲线路径，在第69帧处插入普通帧。返回主场景，将图片image和元件sprite 2拖至编辑区域。

06 按下快捷键Ctrl+S，在弹出的对话框中设置文件名称为"飞舞的蝴蝶"，保存文件。按下快捷键Ctrl+Enter对该动画进行测试。至此，完成飞舞蝴蝶效果的制作。

EXAMPLE **094 旋转的地球**

● 遮罩动画的设计 ◎ 实例文件\Chapter 05\旋转的地球\

制作提示 /////////////////////

❶ 地球效果的制作
❷ 传统补间动画的创建
❸ 背景的应用
❹ 综合效果的实现

难度系数：★ ★

案例描述 ///////////////

本实例设计的是一个旋转的地球。在浩瀚的宇宙中，地球在进行公转的同时还在不停的自转。该效果描述的正是地球的自转运动。

01 打开附书光盘\实例文件\Chapter 05\旋转的地球\旋转的地球素材.fla文件。

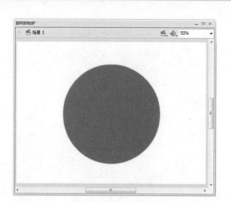

02 使用绘图工具在编辑区域绘制一个蓝色的圆球。在第65帧处插入普通帧。

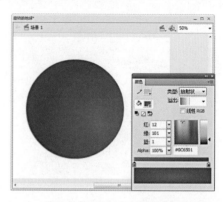

03 新建"图层2"，在编辑区域绘制一个绿色渐变圆球。在第65帧处插入普通帧。

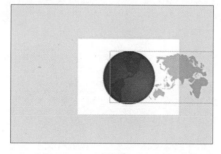

04 新建"图层3"，拖入元件pic，设置Alpha值为20%。在第65帧处插入关键帧，将元件pic向右移动。在第1~65帧间创建传统补间动画。

05 将"图层3"设置为"图层2"的遮罩层。

特效技法16｜为图形填充颜色

　　在Flash CS4中，为绘制好的动画对象进行填充和轮廓上色可以使用墨水瓶工具和颜料桶工具。其中，墨水瓶工具主要用于改变当前的线条的颜色（不包括渐变和位图）、尺寸和线型等，或为无线的填充增加线条。而颜料桶工具可以用于为工作区内有封闭区域的图形填色，无论是空白区域还是已有颜色的区域，它都可以填充。在此需要注意的是，当为填充区域进行描边处理时，在不选中该填充区域的情况下，无论单击填充区域的任何部分，都可为其添加描边效果。反之，则只有单击填充区域的边缘，才能为其添加描边效果。

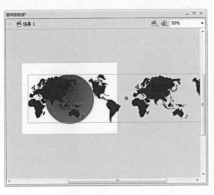 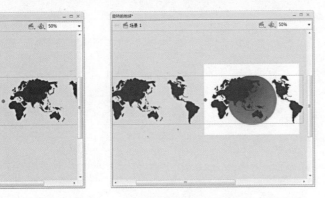 

06 新建"图层4"，复制"图层2"的第1~65帧粘贴至此图层。新建"图层5"，将元件pic拖至合适位置。在第65帧处插入关键帧，将元件pic移至舞台左侧。最后在第1~65帧间创建传统补间动画。

07 将"图层3"设置为"图层2"的遮罩层。在第65帧处添加脚本gotoAndPlay(1);。

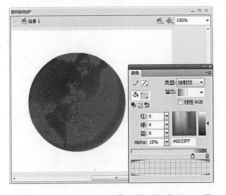 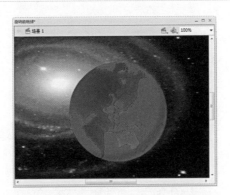 

08 新建"图层6"，使用绘图工具在编辑区域绘制一个圆形。在第65帧处插入普通帧。

09 新建"图层7"，将图片image拖至编辑区域，在第65帧处插入普通帧。将"图层7"拖至最底层。

10 按下快捷键Ctrl+S保存该文件，并对该动画进行测试。至此，完成旋转地球效果的制作。

特效技法17 | 深入认识图层

　　图层可以帮助用户组织文档中的插图。在图层上绘制和编辑对象，不会影响图层上的其他对象。在图层上没有内容的舞台区域，可以透过该图层看到下面的图层。

　　此外，使用图层可以很好地对舞台中的各个对象分类组织，并且可以将动画中的静态元素和动态元素分割开来，减少整个动画文件的大小。图层的基本操作包括创建图层、重命名图层、删除图层、选择图层、复制图层、移动图层以及设置图层属性等。

　　在Flash CS4中包括5种类型的图层，分别介绍如下。

　　（1）常规层包含FLA文件中的大部分插图。

　　（2）遮罩层包含用作遮罩的对象，这些对象用于隐藏其下方的选定图层部分。

　　（3）被遮罩层是位于遮罩层下方并与之关联的图层。被遮罩层中只有未被遮罩覆盖的部分才是可见的。

　　（4）引导层包含一些笔触，可用于引导其他图层上的对象排列或传统补间动画的运动。

　　（5）被引导层是与引导层关联的图层。可以沿引导层上的笔触排列被引导层上的对象或为这些对象创建动画效果。被引导层可以包含静态插图和传统补间，但不能包含补间动画。

　　常规层、遮罩层、被遮罩层和引导层可以包含补间动画或反向运动骨骼。当上述某个图层中存在这些项目时，可向该图层添加的内容类型将受到限制。

095 翻书效果

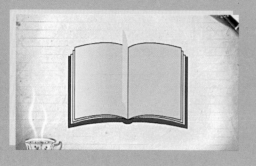

● 页面图形的制作　　　◎ 实例文件\Chapter 05\翻书效果\

制作提示 ////////////////////////

❶ 页面图形的绘制
❷ 书页翻动效果的制作
❸ 综合效果的实现

难度系数：★★

案例描述 ////////////////////////

本实例设计的是一个翻书效果，在这一场景中包含了一支钢笔、一个笔记本、一杯咖啡、一本书，从而构造了一个轻松且温馨的办公环境。

01 新建一个Flash文档，并将素材导入到库中。新建影片剪辑元件book 1，在编辑区域绘制一书本图形。

02 新建影片剪辑元件book 2。在第12帧处插入空白关键帧，然后在该帧编辑区绘制页面图形。

03 在第20帧处插入空白关键帧，使用绘图工具在该帧编辑区域绘制一个页面图形。

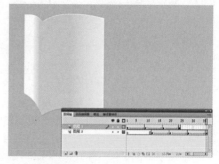

04 使用同样的方法，在第28、36帧处插入空白关键帧，并在各帧编辑区绘制相应的页面图形。最后在12~20、20~28、28~36间创建形状补间。新建"图层2"，复制"图层1"的第12~36帧并粘贴至"图层2"的第1~24帧。

05 返回主场景。将图片image和元件book 1~2拖至编辑区域合适位置。按下快捷键Ctrl+S保存该文件。按下快捷键Ctrl+Enter对该动画进行测试。至此，完成翻书效果的制作。

EXAMPLE **096 移动的放大镜**

祝祖国六十周年

生日快乐

● 遮罩动画的制作　　　　　　◎ 实例文件\Chapter 05\移动的放大镜\

制作提示 //////////////////////

❶ 放大镜的绘制
❷ 放大效果的制作
❸ 文本内容的输入
❹ 综合效果的设计与制作

难度系数：★★

案例描述 ////////////////////////////

本实例设计的是一款放大镜效果，在动画中移动的放大镜将背景中的文本内容逐一放大显示。

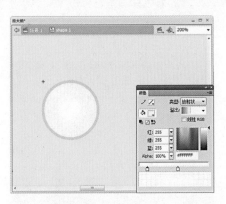

01 新建一个 Flash 文档，并将素材文件导入到库中。新建图形元件 shape 1，使用绘图工具在编辑区域绘制一个圆形。

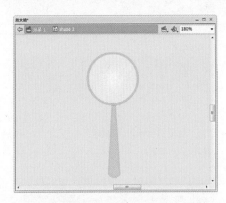

02 新建图形元件shape 2，将图形元件shape 1拖至编辑区域中合适的位置，然后使用绘图工具绘制放大镜的手柄。

03 返回主场景，拖入图片image。新建"图层2"，在编辑区输入文本并将其转换为图形元件text 1。在"图层1~2"的第50帧插入普通帧。

04 新建"图层3"，在编辑区域绘制一个圆形，并将其转换为图形元件shape 3。

05 在第50帧处插入关键帧。将元件shape 3向右移动，在第1~50帧间创建传统补间动画。

06 新建"图层3~4"，复制"图层1~2"的第1~50帧粘贴至"图层3~4"，将"图层3~4"中元件放大。

07 新建"图层6"，拖入图形元件shape 1，在第50帧处插入关键帧。将元件shape 1向右移动。

08 在第1~50帧间创建传统补间动画。将"图层6"设置为"图层4~5"的遮罩层。

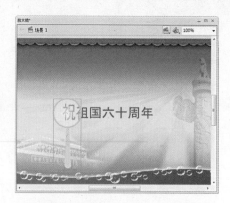

09 新建"图层7"，拖入元件shape 2，在第50帧插入关键帧，在第1~50帧创建传统补间动画。

10 新建"图层8"，在第46帧处插入空白关键帧。在编辑区输入文本并将其转换为影片剪辑元件text 2，同时为其添加滤镜效果。

11 在第50帧处插入关键帧。将第46帧中元件的Alpha值设置为20%。在第46~50间创建传统补间动画。

12 新建"图层9"，在第50帧处插入空白关键帧，并在该帧处输入脚本stop();。至此，完成移动放大镜效果的制作。

特效技法18 | 动画预设

　　动画预设是预配置的补间动画，用户可以将它们应用于舞台上的对象。使用预设能够极大地节省项目设计和开发的时间，特别是在用户经常使用相似类型的补间时，只需选择对象并单击"动画预设"面板中的"应用"按钮即可。

　　使用动画预设是在 Flash 中添加动画的快捷方法。一旦了解了预设的工作方式后，制作动画就非常容易了。用户可以创建并保存自己的自定义预设，也可以修改现有动画预设，或创建的自定义补间。

　　在Flash CS4中，执行"窗口>动画预设"命令，即可打开"动画预设"面板。其中默认预设有30种，如2D放大、3D弹出、3D弹入、波形、从底部飞出、从底部飞入、从顶部模糊飞入、从右边飞入、从右边飞出、快速跳跃、快速移动、烟雾、小幅度跳跃等。

EXAMPLE **097 小鱼入河**

● 引导动画的设计　　　　　◎ 实例文件\Chapter 05\小鱼入河\

制作提示 //////////////

❶ 波纹的绘制
❷ 小鱼跳跃动作的设计
❸ 综合效果的实现

难度系数： ★ ★

案例描述 //////////////

本实例设计的是一条小鱼儿在河水中跳跃的动画效果。一条条小鱼钻出水面，又快速地跳入水中，激起一圈圈的波纹。

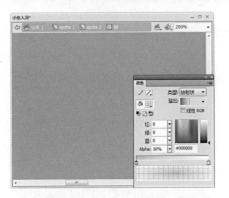

01 新建Flash文档，将素材导入到库中。新建影片剪辑元件sprite 1，在第2帧处插入空白关键帧，绘制一个图形并转换为元件sprite 2。

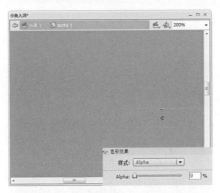

02 在第25帧处插入关键帧。将元件sprite 2的Alpha值设置为0%。在第2~25帧间创建传统补间动画。复制第2帧粘贴至第26帧。

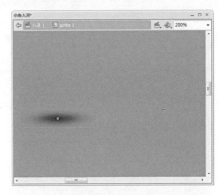

03 改变第26帧中元件的位置。在第50帧处插入关键帧，并设置元件的Alpha值为0%。在第26~50帧间创建传统补间动画。

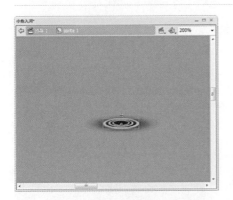

04 新建"图层2"，复制"图层2"的第2~50帧粘贴至"图层2"的第2~50帧处。新建"图层3"，在第2帧处插入空白关键帧，绘制一个图形并将其转换为图形元件shape。

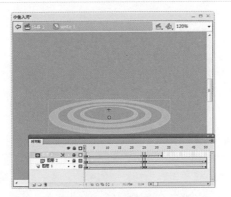

05 在25帧处插入关键帧，将元件shape放大。复制第1、25帧粘贴至第26、32帧。在2~25、26~50帧创建传统补间动画。设置"图层3"为"图层2"的遮罩层。

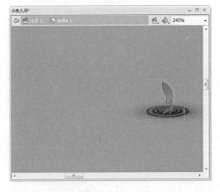

06 新建"图层4"，在第2帧处插入空白关键帧，从"库"面板中将图片image 1拖至编辑区域合适的位置，并转换为影片剪辑元件fish。在第25帧处插入关键帧。

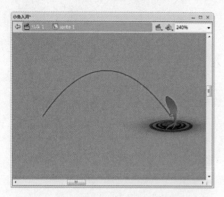

07 为"图层4"创建引导层"图层5",在编辑区域绘制曲线图形。在第25帧处插入普通帧。

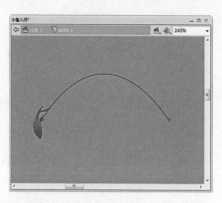

08 选择"图层4"第25帧的元件fish,移至曲线的另一端。在第2~25帧创建传统补间动画。

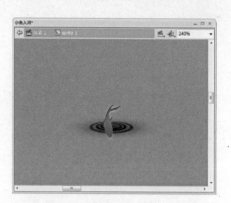

09 新建"图层6",复制"图层4"的第25帧,将其粘贴至"图层6"的第26帧处。

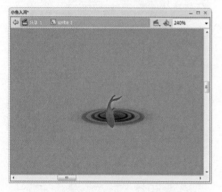

10 在第32帧处插入关键帧。将元件fish向下移动一个单位。在第26~32帧间创建传统补间动画。

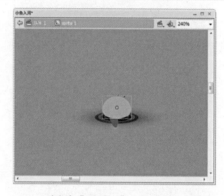

11 新建"图层7",在编辑区域绘制一个图形。在第50帧处插入普通帧。

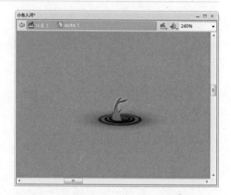

12 将"图层5"设置为"图层4"的遮罩层。新建"图层8",在第1帧中添加脚本stop();。

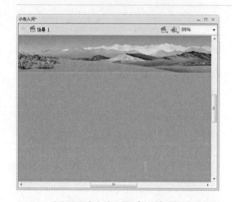

13 返回到主场景中,使用绘图工具在编辑区域绘制一个矩形。新建"图层2",将图片image 2拖至编辑区域合适位置。

14 新建"图层3",在编辑区域绘制一个矩形。新建"图层4",将元件sprite 1拖至编辑区域,并设置其实例名为zpos。

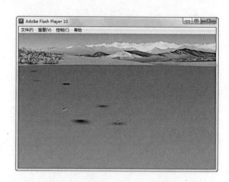

15 新建"图层5",选择第1帧,打开"动作"面板,输入相应的控制脚本。最后保存并测试该动画。至此,完成小鱼入沙效果的制作。

制作导航栏特效

Chapter
06

　　随着科技的进步，网络的不断发展，网站也得到了大力推广。网页元素的设计与制作也就越来越受人关注。尤其是导航栏特效的制作最为重要和关键。

EXAMPLE 098 果橙产品导航栏

● 文本工具的使用　　　　◎ 实例文件\Chapter 06\果橙产品导航栏\

制作提示 //////////////////////

① 使用矩形工具、线条工具等绘制导航栏区域

② 使用文本工具编辑其中的文本内容

③ 通过"属性"面板设置模糊效果

难度系数：★ ★

案例描述 //////////////////////

本实例设计的是果橙产品宣传页导航栏，通过单击导航栏中的标题，即可查看与该主题相关的页面及内容介绍。

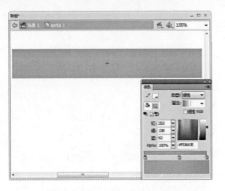

01 新建一个Flash文档，将素材图片image 1~7和声音文件导入库中。新建影片剪辑元件sprite 1，在编辑区域绘制一个矩形。

02 新建"图层2"，利用线条工具，在矩形中绘制4条白色线条。新建"图层3"，利用文本工具在各区域中输入相应的文字。

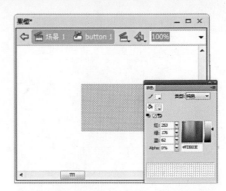

03 新建按钮元件button 1，在编辑区绘制橙色矩形，在第4帧处插入普通帧，在第2帧处插入关键帧，将第1帧的Alpha值设置为0%。

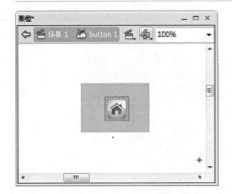

04 新建"图层2"，将图片image 1拖至合适位置，在第4帧处插入普通帧。参照元件button 1的制作方法创建按钮元件button 2~5。

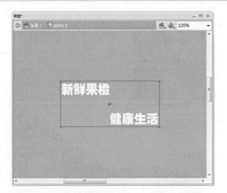

05 更改背景颜色，设置背景颜色为橙色。新建影片剪辑元件sprite 2，选择文本工具，在编辑区输入文本"新鲜果橙 健康生活"。

06 返回主场景，在第13帧处插入关键帧，将image 6拖动到合适的位置，并将其转换为图形元件shape 1，在第52帧处插入普通帧。

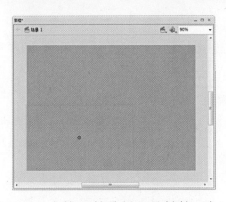

07 在第35帧处插入关键帧。选择第13帧，将元件shape 1的Alpha值设置为0%。在第13~35帧之间创建传统补间动画。

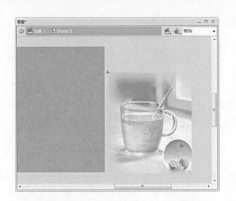

08 新建"图层2"，从"库"面板中将素材图片image 7拖动到舞台右侧位置，然后将其转换为图形元件shape 2。

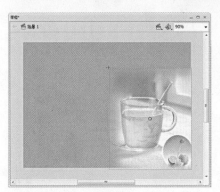

09 在第13帧处插入关键帧，将元件shape 2向左侧移动，在第52帧处插入普通帧，在第1~13帧处插入传统补间动画。

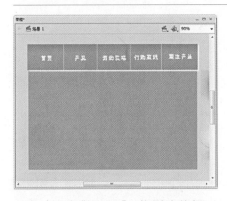

10 新建"图层3"，将影片剪辑元件，sprite 1，拖至编辑区域，并为其添加投影，在52帧处插入普通帧。

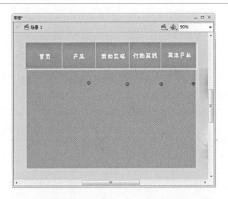

11 新建"图层4"，将按钮元件button 1~5拖动到舞台上，并放置在合适的位置。

12 新建"图层5"，在第35帧处插入关键帧，拖入元件sprite 2，并为其添加投影与模糊效果。

13 在第45帧处插入关键帧，将其模糊值设置为0像素。在第35~45帧间创建传统补间动画。在第52帧处插入普通帧。

14 新建"图层6"，选择第1帧，设置该帧中所要播放的声音文件为sound。新建"图层7"，在第52帧处插入关键帧，并输入脚本stop();。

15 按下快捷键Ctrl+S保存文件。按下快捷键Ctrl+Enter对该动画进行测试。至此，完成果橙产品导航栏的制作。

EXAMPLE **099 动感音乐网站导航栏**

● 按钮元件的制作　　　　　◎ 实例文件\Chapter 06\动感音乐网站导航栏\

制作提示

❶ 导航按钮的制作
❷ 弹出菜单的制作
❸ 音乐的添加与设置
❹ 绘制效果的实现
❺ 动画背景的设置
❻ 动画人物的添加

难度系数：★ ★

案例描述

本实例设计的是音乐网站导航栏，其中包含流行的舞曲、炫丽的舞姿、快捷的导航菜单。这一切都深深吸引着人们的眼球。

01 执行"文件>打开"命令，打开"音乐导航.fla"文件。新建按钮元件button 1，在编辑区域输入文本"作品区"。

02 在第2、3帧处插入关键帧，然后分别将颜色更改为紫色和绿色。在第4帧处插入空白关键帧，绘制一个黄色矩形。

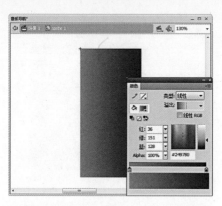

03 参照按钮元件button 1的制作方法创建元件button 2～5。新建影片剪辑元件sprite 1，利用矩形工具绘制图形，制作"首页"选项。

04 新建"图层2"，输入文本"首页"。新建"图层3"，将按钮元件button 1～5拖动到适当的位置。

05 参照元件sprite 1的制作方法创建元件sprite 2～5。返回主场景，将图片image拖至舞台。

06 新建"图层2"，从"库"面板中将影片剪辑元件dance拖至编辑区域合适的位置。

07 新建"图层3",将元件sprite 1 ～ 5拖至编辑区域,并依次将其实例名称设置为menu 1～5。

08 新建"图层4",选择第1帧,并设置该帧中所要播放的声音文件为sound。

09 新建"图层5",选择第1帧,在其"动作"面板中输入相应的脚本。至此,完成本例制作。

特效技法1 | 编辑Flash文件中的声音

Flash CS4提供了编辑声音的功能,可以对导入的声音进行编辑、剪裁和改变音量等操作,还可以使用Flash预置的多种声效对声音进行设置。下面对"属性"面板中的声音选项进行介绍。

在"属性"面板的"声音"卷展栏中可以查看声音文件的一些基本属性,如名称、效果及同步技术。同一种声音可以做出多种效果,在"效果"下拉列表框中选择不同的选项可以设置多种声音效果,还可以让左右声道产生各种不同的变化。其中,"效果"下拉列表框中各选项的含义介绍如下。

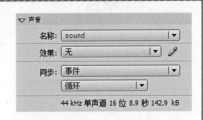

(1)无:表示不使用任何效果。

(2)左声道:表示只在左声道播放音频。

(3)右声道:表示只在右声道播放音频。

(4)向右淡出:表示声音从左声道传到右声道。

(5)向左淡出:表示声音从右声道传到左声道。

(6)淡入:表示逐渐增大声音。

(7)淡出:表示逐渐减小声音。

(8)自定义:自己创建声音效果,并可利用音频编辑对话框编辑音频。

"同步"是指影片和声音的配合方式。用于设置当前关键帧中所播放声音采用的同步类型,并对声音在输出影片中的播放进行控制。在"同步"下拉列表框中各选项的含义介绍如下。

(1)事件:选择该选项,必须等声音全部下载完毕后才能播放动画。

(2)开始:若选择的声音实例已在时间轴上的其他地方播放过了,则Flash将不会再播放这个实例。

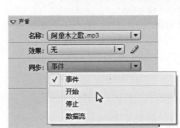

(3)停止:可以使正在播放的声音文件停止。

(4)数据流:将使动画与声音同步,以便在Web站点上播放。Flash强制动画和音频流同步,将声音完全附加到动画上。

此外,选择"重复"选项后,在右侧的文本框中可以设置播放的次数,默认的是播放一次。选择"循环"选项,表示声音可以一直不停地循环播放。如果为数据流声音设置了循环,Flash将自动地为影片添加帧,这样会增加文件的尺寸。因此不建议为数据流声音设置循环模式。

EXAMPLE 100 九寨沟景点导航栏

● 动作脚本的添加 ◎ 实例文件\Chapter 06\九寨沟景点导航栏\

制作提示

❶ 按钮元件的制作
❷ 声音效果的添加

难度系数：★★★

案例描述

本实例设计的是九寨沟旅游景点的宣传导航栏，其中包括变换的风景图、一触即发的导航按钮等。

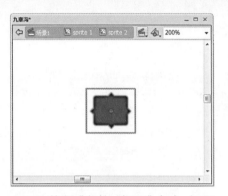

01 执行"文件>打开"命令，打开"九寨沟.fla"文件。新建影片剪辑元件sprite 1，将图片image 1拖至合适位置，并转换为影片剪辑元件sprite 2。

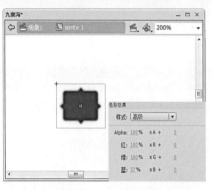

02 选择元件sprite 2，打开"属性"面板，更改其色彩效果。新建影片剪辑元件sprite 3。在第1~6帧处插入关键帧，将图片image 2~7依次拖入各帧。

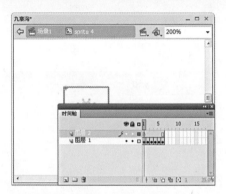

03 新建"图层2"，在第1帧处输入脚本stop();。新建元件sprite 4，在第1~6帧处插入关键帧，将image 8~13拖入各帧。新建"图层2"，在第1帧输入脚本stop();。

04 新建影片剪辑元件sprite 5，分别在"图层1"的第1、5、8、15、20、25、30帧处插入关键帧，打开"动作"面板，为各关键帧输入相应的脚本，制作"主页"按钮。

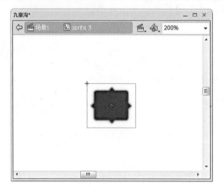

05 新建"图层2"，将元件sprite 1拖至合适位置。在第5帧处插入关键帧，改变其大小。在第20、25帧处插入关键帧。复制第1帧粘贴至第15帧，设置Alpha值为0%。

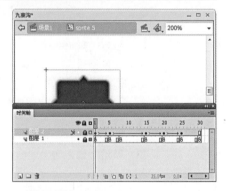

06 在第1~5、5~15、15~20、20~25帧间创建传统补间动画。新建"图层3"，在第5帧处插入关键帧，将元件sprite 6拖至合适位置，并将其Alpha值更改为0%。

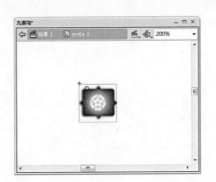

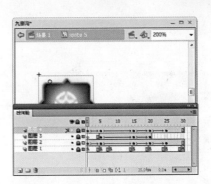

07 在第15、20帧处插入关键帧。将第15帧中元件的色彩效果改为"无"，调整其大小。在第5~15、15~20帧间创建传统补间动画。

08 新建"图层4"，拖入元件sprite 3，设置实例名称为ti 1。在第15、25帧处插入关键帧，在第30帧处插入普通帧。设置第15帧Alpha值为0%。

09 在第5帧处插入关键帧，然后将sprite 3放大，复制第5帧至第20帧处。分别在1~5、5~15、15~20、20~25之间创建传统补间动画。

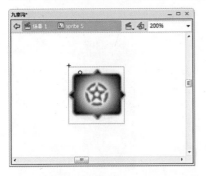

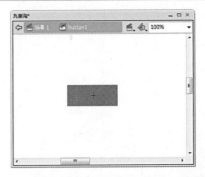

10 新建"图层5"，在第5帧处插入关键帧。将元件sprite 4拖入，然后将其Alpha值设置为0%，并设置其实例名称设置为ti 2。

11 分别在第15、20帧处插入关键帧。选择15帧，将色彩效果样式设置为"无"并将其缩小。最后在各帧间创建传统补间动画。

12 新建按钮元件button，在第2帧处插入关键帧，为其添加声音效果sound，在第4帧处插入空白关键帧，绘制一个蓝色矩形。

13 返回sprite 5，新建"图层6"，拖入元件button，在第30帧处插入普通帧。新建"图层7"，在第15帧处插入关键帧，输入文本"主页"。新建"图层8"，在第1、15帧处插入关键帧，分别添加相应的动作脚本。

14 新建"图层9"，在第2帧处插入关键帧，在此添加音效sound 2。参照"主页"按钮的制作方法创建其他按钮，即影片剪辑元件sprite 7~11。新建影片剪辑元件sprite 12，新建"图层1~6"，依次将元件sprite 5、sprite 7~11拖至各图层的第1、5、9、13、17、21帧处并进行编辑。使其实现逐次出现的效果。新建"图层7"，在第35帧处输入脚本stop();。导航制作完成，返回舞台制作整体动画。最后保存并测试该动画效果。至此，完成九寨沟景点导航栏的制作。

EXAMPLE **101 动画宣传导航手册**

● 图形的绘制　　　　　　◎ 实例文件\Chapter 06\动画宣传导航手册\

制作提示

❶ 使用矩形工具、线条工具绘制其中的图案

❷ 使用任意变形工具绘制变换的导航栏

❸ 遮罩动画的设计与制作

难度系数： ★ ★ ★

案例描述

本实例设计的是动画比赛宣传导航手册，其中包括宣传的图案、文字、动画以及链接等选项。通过导航手册可查看各种信息方便参赛用户随时了解比赛动态。

01 新建一个Flash文档，然后打开"文档属性"对话框设置其属性，并将素材图片image 1~3和声音文件sound导入到库中。

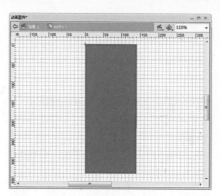

02 新建影片剪辑元件sprite 1，使用矩形工具在编辑区域绘制一个图形。其中，设置"笔触颜色"为"无"，"填充颜色"为蓝色（#006699）。

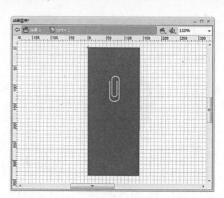

03 新建"图层2"，使用线条工具绘制一个曲线图形，设置"填充颜色"为灰色（#CCCCCC），将其转换为影片剪辑元件pic 1。

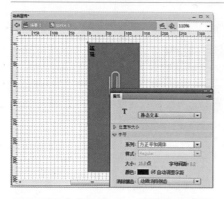

04 新建"图层3"，在编辑区域输入文本"链接"，并将其转换为影片剪辑元件text 1。打开"属性"面板，将其实例名称设置为text 1。

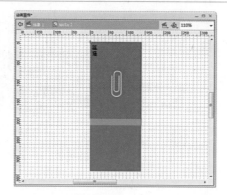

05 新建"图层4"，绘制一个黄色矩形，并转换成为影片剪辑元件sprite 6。在"属性"面板中将其实例名称设置为buttons 1。

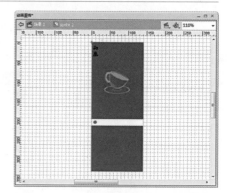

06 参照影片剪辑sprite 1的制作方法，创建影片剪辑sprite 2~5。为了展示不同的色彩效果，在设计时可以进行不同颜色的搭配。

sprite 2

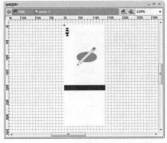
sprite 3

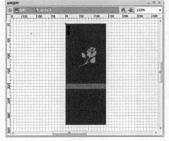
sprite 4

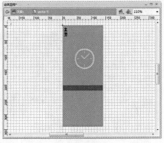
sprite 5

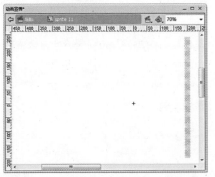

07 新建影片剪辑元件sprite 11，利用矩形工具在编辑区域绘制一个图形。

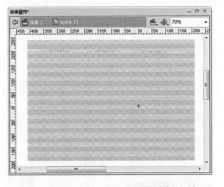

08 在第10帧处插入关键帧。使用任意变形工具变形图形，在第1～10帧创建形状补间动画。

09 新建"图层2"，在第5帧处插入关键帧，并输入相应的文本。在第10帧处插入普通帧。

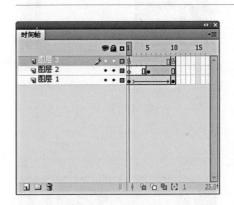

10 新建"图层3"，在第10帧处插入关键帧，然后分别在第1帧与第10帧中输入脚本stop();。参照元件sprite 11中"图层1"的制作方法创建元件sprite 12~14的"图层1"。

11 在元件sprite 12中新建"图层2"，将image 1拖至舞台。在第10帧处插入普通帧。新建"图层3"，在第10帧处插入关键帧，分别在第1帧与第10帧处插入脚本stop();。

12 在元件sprite 13中新建"图层2"，使用文本工具输入文本内容，在第10帧处插入普通帧。新建"图层3"，在第10帧处插入关键帧，并分别在第1、10帧处插入脚本stop();。

13 在元件sprite 14中新建"图层2",在第5帧处插入关键帧,将图片image 2~3拖至合适位置,并转换为影片剪辑元件sprite 16。在第10帧处插入关键帧。

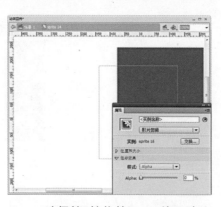

14 选择第5帧将其Alpha值更改为0%,在第5~10帧处创建传统补间动画。新建"图层3",其制作方法参照元件sprite 11~13中"图层3"的制作方法。

15 新建影片剪辑元件sprite 15,其中"图层1、3"的制作方法可参照影片剪辑元件sprite 11~13。在"图层2"的第5帧处插入关键帧,输入文本内容,在第10帧处插入普通帧。

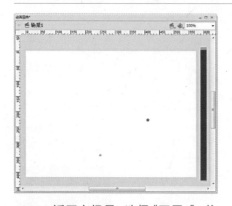

16 返回主场景,选择"图层1",拖入元件sprite 11~15,并分别将其实例名称更改为view_1~5。

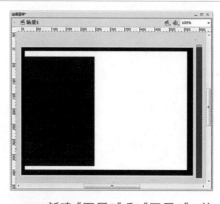

17 新建"图层2"和"图层3",使用绘图工具分别在这两个图层中绘制相应的图形。

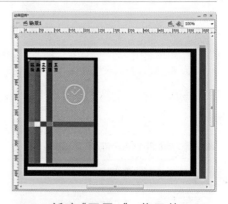

18 新建"图层4",将元件sprite 1~5拖曳至舞台,并分别将其实例名称设置为menu 1~5。

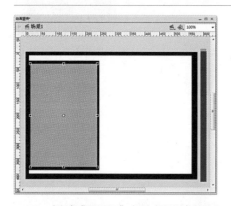

19 新建"图层5"在编辑区域绘制一个图形,将"图层4"覆盖,将"图层5"设置为"图层4"的遮罩层。

20 新建"图层6",选择第1帧,打开"属性"面板,设置该帧中所要播放的声音文件为sound。

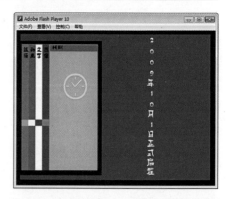

21 新建"图层7",选择第1帧,打开"动作"面板输入相应的控制脚本。至此,完成本例制作。

EXAMPLE

102 情人节专题导航栏

● 动作脚本的添加　　◎ 实例文件\Chapter 06\情人节专题导航栏\

制作提示

❶ 按钮的制作
❷ 声音效果的添加
❸ 图形的绘制
❹ 综合效果的实现

难度系数：★ ★

案例描述

本实例设计的是情人节专题导航，其中以黑背景配红心，以突显神秘、浪漫的节日气氛。加之旋转的导航选项，更使人心潮澎湃。

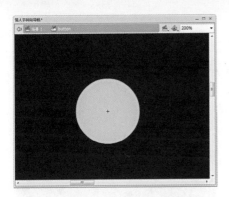

01 新建一个Flash文档，将素材文件导入到库中。新建按钮元件button，在"图层1"的第4帧处插入关键帧，并绘制一个圆形。

02 新建"图层2"，在第2帧处插入关键帧，设置该帧中所要播放的声音文件为sound 1，在第4帧处插入普通帧。

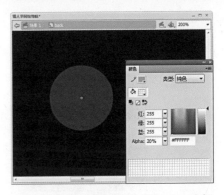

03 新建影片剪辑元件back，选择椭圆工具，设置"填充颜色"为白色，透明度为20%，按住Shift键在编辑区域绘制一个透明圆形。

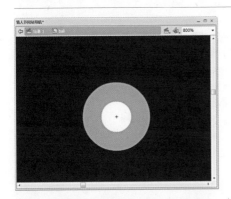

04 新建影片剪辑元件ball，选择工具箱中的椭圆工具，在"属性"面板中依次设置"填充颜色"为灰色与白色，按住Shift键在编辑区域绘制一个图形。

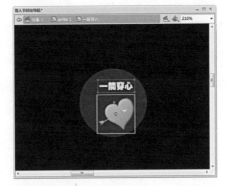

05 新建影片剪辑元件sprite 1，将元件back拖至合适位置。新建"图层2"，将图片image 1拖入舞台，输入文本"一箭穿心"，并将其转换为影片剪辑。

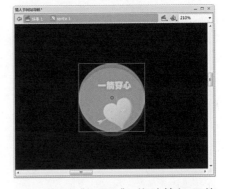

06 新建"图层3"，拖动按钮元件button至编辑区域合适位置。新建"图层4"，在第1帧处输入脚本stop();。使用同样的方法制作元件sprite 2~6。

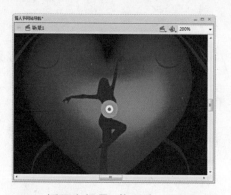

07 返回主场景,将图片image 7拖入。新建"图层2",拖入元件ball,修改其实例名称为ball,并在"动作"面板中输入相应的控制脚本。

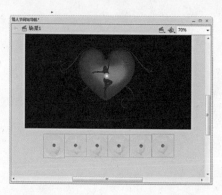

08 新建"图层3",将影片剪辑元件sprite 1~6拖入舞台并进行布置。分别在元件sprite 1~6的"动作"面板中输入相应的脚本。

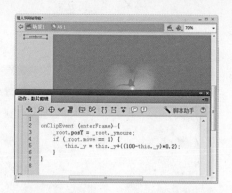

09 新建"图层4",在编辑区域输入文本actionscript,并转换为影片剪辑AS 1。打开其"动作"面板,输入合适的脚本。

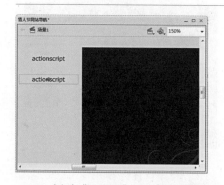

10 新建"图层5",再次在编辑区域输入文本actionscript,并转换为影片剪辑元件AS 2。打开其"动作"面板,输入合适的脚本。

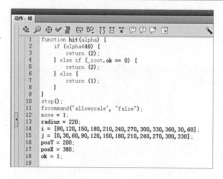

11 新建"图层6",选择第1帧,设置该帧中所要播放的声音文件为sound 2。新建"图层7",选择第1帧,在其"动作"面板中输入脚本。

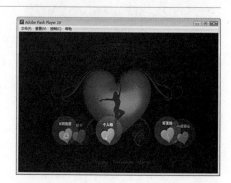

12 按下快捷键Ctrl+S保存文件。按下快捷键Ctrl+Enter对该动画进行测试。至此,完成情人节专题导航栏的制作。

特效技法2 | 在动作面板中添加脚本

　　使用"动作"面板可以创建和编辑对象或帧的 ActionScript 代码。选择帧、按钮或影片剪辑实例可以激活"动作"面板。根据选择的内容,该面板的标题也会变为"动作-按钮"、"动作-影片剪辑"或"动作-帧",下面分别介绍添加脚本的方法。

　　为帧添加的动作脚本只有在影片播放到该帧时才被执行。如果在第10帧处通过ActionScript脚本程序设置动作,那么就要等到影片播放到第10帧时才会响应该动作。因此,这种动作必须在特定的时机执行,与播放时间或影片内容有很大的关系。

　　为影片剪辑添加脚本通常是在播放该影片剪辑时,ActionScript才会被响应。影片剪辑的不同实例也可以有不同的动作。右图为步骤10中的脚本。

　　为按钮添加脚本只有在触发按钮,如经过按钮、按下按钮、释放按钮时才会执行。可以将多个按钮组成按钮式菜单,菜单中的每个按钮实例都有自己的动作,即使是同一元件的不同实例也不会互相影响。

首页

EXAMPLE

103 风筝导航栏

● 形状补间动画的创建　　◎ 实例文件\Chapter 06\风筝导航栏\

制作提示

❶ 按钮的制作
❷ 控制脚本的添加
❸ 综合效果的实现

难度系数： ★ ★ ★

案例描述

本实例设计的是风筝导航栏，在画面上有4个按钮，将鼠标指针放置在不同的按钮上空中会像风筝一样出现不同图案。

01 执行"文件>新建"命令，新建一个Flash文件，将素材文件导入到库中。新建"背景"图层，并将"背景"图形元件拖至舞台中央。

02 新建影片剪辑元件"菜单背景"，并将素材cbg.png导入到舞台。新建影片剪辑元件"菜单1"，拖入"菜单背景"影片剪辑元件。

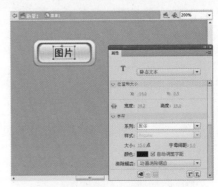

03 新建"图层2"，在按钮图形上输入静态文本"图片"，在"属性"面板中设置其字体颜色为黑色，大小为15，字体为黑体。

04 参照影片剪辑元件"菜单1"的创建方法，新建影片剪辑元件"菜单2~4"，其静态文本内容分别为"音乐"、"电影"和"软件"。

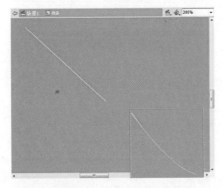

05 新建影片剪辑元件"线条"，在其编辑区域绘制一条黄色斜线。使用变形工具配合键盘上的Ctrl键调整斜线形状向下弯曲。

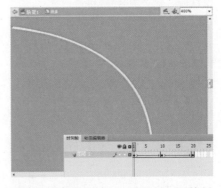

06 在第10帧插入关键帧，调整斜线，并创建形状补间动画。在第20帧插入关键帧，复制第1帧的图形粘贴至此，创建形状补间动画。

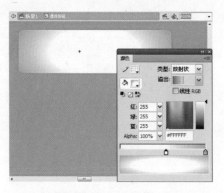

07 新建影片剪辑元件"漂浮按钮",绘制一个宽和高分别为120和33、填充色为白色至黄色的放射性渐变的圆角矩形。

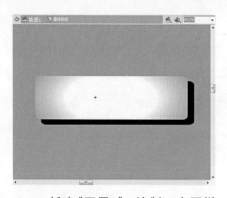

08 新建"图层2",绘制一个同样大小的矩形,填充色为黑色,向下和向右各移5像素,在两图层的第4帧处插入帧。

09 新建"图层3",选择第1帧,使用文本工具在矩形形状上输入静态文本Image,并导入素材图片001.png放置在文本的右侧。

10 第2帧插入关键帧,输入静态文本Music,并导入素材图片002.png至文本旁。

11 第3帧插入关键帧,输入静态文本Movie,并导入素材图片003.png至文本旁。

12 第4帧插入关键帧,输入静态文本Software,并导入素材图片004.png至文本旁。

13 新建"图层4",插入4个关键帧并为每帧都添加代码Stop();。返回主场景,新建多个图层,分别拖入菜单元件、漂浮按钮及线条元件。

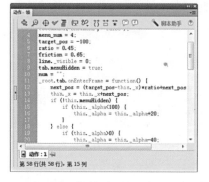

14 设置菜单元件的实例名称分别menu 1~4。新建"动作"图层,添加相应代码以实现风筝导航栏的控制,详细代码见源文件。

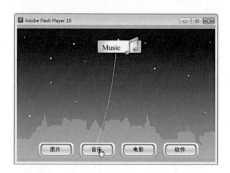

15 按下快捷键Ctrl+S保存本例,再按下快捷键Ctrl+Enter对该动画进行预览并发布。至此,完成风筝导航栏的制作。

104 电脑公司网站导航栏

● 导航按钮的制作　　　　◎ 实例文件\Chapter 06\电脑公司网站导航栏\

制作提示 //////////////////////

❶ 导航按钮的制作

❷ 搜索文本框的设置

难度系数： ★★★

案例描述 //////////////////////

本实例设计的是电脑公司的网站导航，其中不但包括分类按钮，还提供了搜索文本框，在很大程度上方便了用户的查询操作。

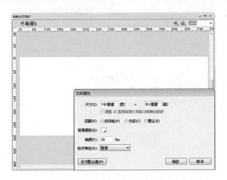

01 打开"电脑公司导航.fla"文件，打开"文档属性"对话框设置其属性，然后将素材文件导入到库中。

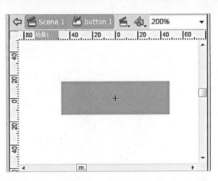

02 新建按钮元件button 1，在第4帧插入关键帧，在编辑区域绘制一个图形。

03 新建"图层2"，在第2帧处插入关键帧，并为该帧指定所要播放的声音文件。在第4帧插入普通帧。

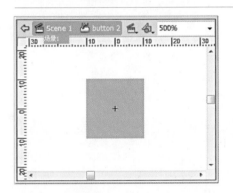

04 新建按钮元件button 2，在第4帧处插入关键帧，在编辑区域绘制一个图形。

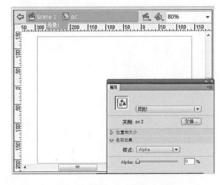

05 新建影片剪辑元件pc，拖入图片image 7并将其转换为图形元件pc 2。在元件pc的第15帧处插入关键帧。选择第1帧将其Alpha值更改为0%。在第1～15帧间创建传统补间动画。在第15帧的"动作"面板中输入脚本stop();。

特效技法3 | 转换元件的操作方法

在 Flash CS4 中，可以直接将已有的图形转换为元件，其转换方法共有 4 种，分别介绍如下。

(1) 选择要转换为元件的对象，执行"修改>转换为元件"命令。

(2) 在选择的对象上单击鼠标右键，在弹出的快捷菜单中执行"转换为元件"命令。

(3) 选择对象，按下F8键。

(4) 直接将选择的对象拖曳至"库"面板中。

06 新建影片剪辑元件fz1,然后从"库"面板中将图片image d1拖至舞台合适位置。

07 将拖入的素材图片转换为图形元件shape 1,在"属性"面板中设置"填充颜色"更改为"灰色"。

08 在第1~31帧处插入关键帧。制作其翻转效果(在翻转时,适当添加阴影效果)。

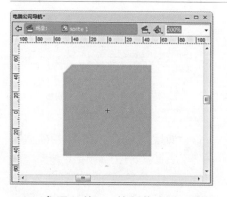

09 参照元件fz 1的制作方法,利用图片image d2~d5分别制作影片剪辑元件fz 2~5。新建影片剪辑元件sprite 1,将图片image 1拖至舞台合适位置,在第26帧处插入普通帧。

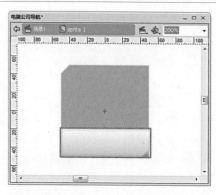

10 新建"图层2",从"库"面板中将素材图片image 2拖动到舞台中适当的位置,然后在第26帧处插入普通帧。

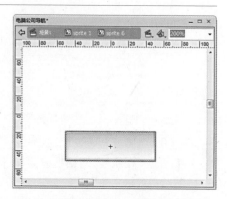

11 新建"图层3",将图片image 3拖至合适位置,并转换为影片剪辑元件sprite 6(已隐藏"图层1~2")。将元件sprite 6的Alpha值更改为25%,在第26帧处插入普通帧。

12 分别在第7、14、21帧处插入关键帧。选择第14帧,在"属性"面板中设置"色彩效果"为"无"。在第7~14、14~21帧之间创建传统补间动画。

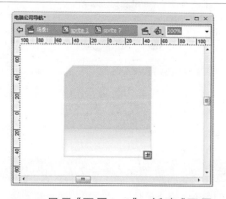

13 显示"图层1、2"。新建"图层4",将图片image 4拖至适当位置,并将其转换为影片剪辑元件sprite 7,设置Alpha值为0%,在第26帧处插入普通帧。

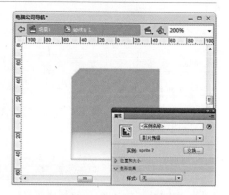

14 分别在第7、14、21帧处插入关键帧。选择第14帧,在"属性"面板中设置"色彩效果"为"无"。在第7~14、14~21帧之间创建传统补间动画。

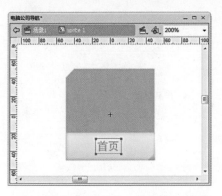

15 新建"图层5"，在编辑区域输入文本"首页"，在第26帧处插入普通帧。

16 新建"图层6"，将图片image d1拖至合适位置，并转换为影片剪辑元件sprite 8。在第14、26帧处插入关键帧，选择第14帧，将其Alpha值更改为0%。在第1~14、14~26帧间创建传统补间动画。

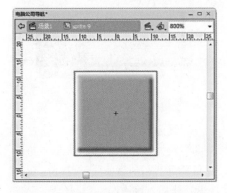

17 新建"图层7"，在第2帧处插入关键帧，将元件fz 1拖至适当位置。在第14、26帧处插入关键帧，并更改第2帧与第26帧处元件fz 1的色彩效果。在第2~14、14~26帧间创建传统补间动画。

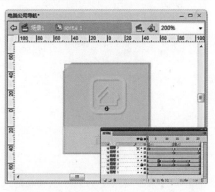

18 新建"图层8"，分别在第1、14帧输入stop();。将第2、15帧处的标签名称设置为s1、s2。

 sprite 2　　 sprite 3　　 sprite 4　　 sprite 5

19 新建"图层9"，将元件button 1拖至合适位置，打开其"动作"面板，输入相应的脚本。同理制作方法制作元件sprite 2~5。

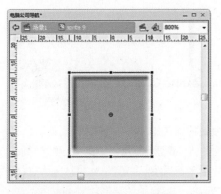

20 新建影片剪辑元件sprite 9，将图片image 5拖至合适位置，在第5帧处插入普通帧。

21 在第3帧处插入关键帧。选择工具箱中的任意变形工具，将图片向左旋转180°。

22 新建"图层2"，在第3帧处插入关键帧，分别在第1帧与第2帧处输入脚本stop();。

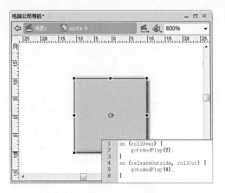

23 新建"图层3",将元件button 2拖至适当位置,在第5帧处插入普通帧。选择元件button 2,打开"动作"面板,输入相应的控制脚本。

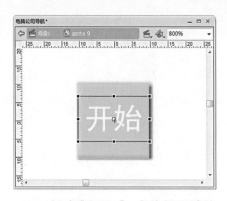

24 新建"图层4",在编辑区域输入文本"开始"。新建影片剪辑元件sprite 10,将元件sprite 9拖动到舞台中合适的位置。

25 新建"图层2",拖入image 6。新建"图层4",输入文本"产品查找"。新建"图层5",选择文本工具,设置字体、颜色等。

26 新建影片剪辑元件sprite 11,将元件sprite 10拖至合适位置。在第22帧处插入关键帧,将元件sprite 11向下移动。在第1~22帧间创建传统补间动画。

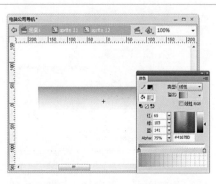

27 新建"图层2",在第22帧处插入关键帧,打开其"动作"面板输入脚本stop();。新建影片剪辑元件sprite 12,绘制一个渐变图形并将其转换为元件sprite 13。

28 新建"图层2~3",分别输入相应的文本内容,并将其转换成影片剪辑text 1~3。返回主场景,将image 8拖至适当位置,并转换为影片剪辑元件sprite 14。

29 在第153帧处插入普通帧,在第40帧处插入关键帧,选择第1帧更改其色彩效果。在第1~40帧间创建传统补间动画。新建"图层2",在第12帧处插入关键帧,拖入image 9并打散。在第153帧处插入普通帧。在第25、43帧处插入关键帧,依次改变image 9的位置。最后在13~25、25~43帧间创建形状补间动画。

30 新建"图层3",在第40帧处插入关键帧,从"库"面板中将影片剪辑元件sprite 11拖入舞台。在第153帧处插入普通帧。

31 新建"图层4"，在第61帧处插入关键帧，拖入元件sprite 12，在第153帧处插入普通帧。

32 在第78帧处插入关键帧，移动元件sprite 12的位置，并在第61~78帧间创建传统补间动画。

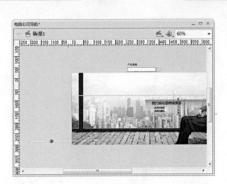

33 新建"图层5"，在第71帧处插入关键帧。将图片image 10拖入舞台，在第153帧处插入普通帧。

34 在第88帧处插入关键帧，移动元件image 10的位置，在第71~88帧间创建传统补间动画。新建"图层6~10"。

35 分别在各图层的第66、69、71、73、74帧处插入关键帧，依次将sprite 1~5拖至这5个图层编辑区域的下方，同时将其Alpha值更改为0%。

36 分别在各图层的第74、77、79、81、82帧处插入关键帧，分别将元件sprite 1~5移至适当位置，分别在各图层的第153帧处插入普通帧。

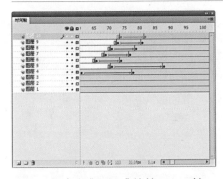

37 依次在"图层6"的第66~74帧、"图层7"的第69~77帧、"图层8"的第71~79帧、"图层9"的第73~81帧、"图层10"的第74~82帧间创建传统补间动画。

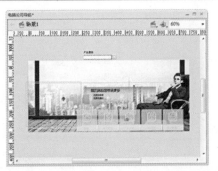

38 新建"图层11"，在第122帧处插入关键帧，然后拖入pc元件。在第153帧处插入普通帧。新建"图层12~13"，在"图层12"的第17帧、"图层13"的第9帧插入关键帧。分别在这两个关键帧上添加音效sound 2~3。新建"图层14"，在153帧处插入关键帧，并在该帧的"动作"面板中输入脚本stop();。最后保存并测试该动画。至此，完成电脑公司网站导航栏的制作。

EXAMPLE 105 购物网导航栏

● 图像模糊效果的添加   ◎ 实例文件\Chapter 06\购物网导航栏\

制作提示

❶ 导航按钮的制作，弹出菜单项的制作

❷ 图像模糊效果的设计与添加

难度系数： ★ ★

案例描述

本实例设计的购物网导航栏，其整体设计区别于常见的网页导航，在左侧以垂直排列的方式进行分类罗列，其中各分类又以水平弹出方式展开菜单项。

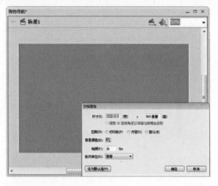

01 执行"文件>新建"命令，新建一个Flash文档。在"属性"面板中单击"编辑"按钮，打开"文档属性"对话框设置其属性，然后将素材文件导入到库中。

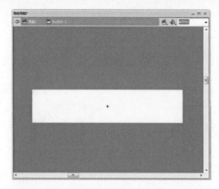

02 新建按钮元件button 1，在第4帧处插入关键帧，在编辑区域绘制一个图形，并将其转换为图形元件shape 1。使用同样的方法制作按钮元件button 2~6。

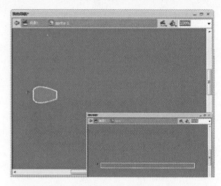

03 新建影片剪辑元件sprite 1，在第2、13帧处插入关键帧，并依次在这两个关键帧处绘制图形，在第2~13帧间创建传统补间动画，在第28帧处插入普通帧。

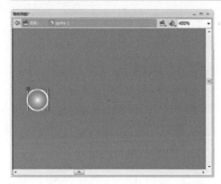

04 新建"图层2"，在编辑区域绘制一个图形，并转换为图形元件shape 2，在第28帧处插入普通帧。

05 新建"图层3"，利用文本工具输入文本"主页"，并转换为图形元件text 1。

06 新建"图层4~7"，在各层第17帧插入关键帧，并输入文本，转换为图形元件text 2~5。

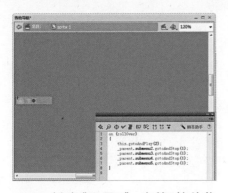

07 新建"图层8"，在第1帧处将元件button 1拖至合适位置，在第28帧处插入普通帧。选择元件button 1，为其添加相应的脚本。

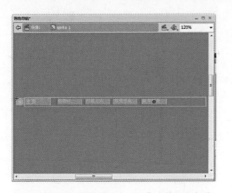

08 新建"图层9~12"，分别在各层第17帧处插入关键帧，然后将按钮元件button 2依次拖至各图层的合适位置。

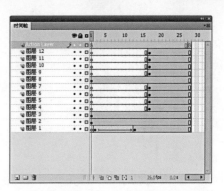

09 新建"图层13"，在第28帧处插入关键帧，分别在第1、28帧的"动作"面板中输入stop();。用同样的方法制作影片剪辑元件sprite 2~5。

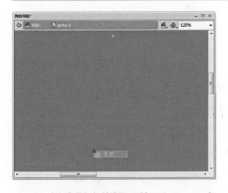

10 新建影片剪辑元件sprite 6，在第24帧插入关键帧，拖入元件sprite 1，在第64帧插入普通帧。

11 在28帧处插入关键帧，将元件sprite 1移至合适位置。在第24~28帧间创建传统补间动画。

12 分别在29、30帧处插入关键帧。选择29帧，将元件sprite 1向上移动一个单位。

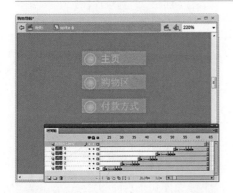

13 新建"图层2~5"，依次在各图层的第31、38、46、52帧处插入关键帧，并依次将元件sprite 2~5拖至各帧处，其效果的实现与"图层1"相同。新建"图层6"，在第64帧处插入关键帧并输入脚本stop();。

14 返回主场景，将image 1拖至编辑区域合适位置，在第83帧处插入普通帧。新建"图层2"，在第10帧插入关键帧，将图片image 2拖至合适位置，将其转换为影片剪辑pic 1，并设置其Alpha值为0%。

15 在第23帧处插入关键帧，将其Alpha值更改为22%，在第28帧处插入关键，移动其位置。在第83帧处插入关键帧，将其色彩效果样式设置为"无"。在第10~23、23~28、28~83帧间创建传统补间动画。

16 新建"图层3",在第57帧处插入关键帧,将图片素材image 3拖至合适位置,并将其转换为影片剪辑元件pic 2。

17 在第83帧处插入普通帧,然后选择第57帧,为其添加模糊效果并设置模糊参数,在第57~83帧间创建传统补间动画。

18 新建"图层4",在第33帧处插入关键帧,将图片image 4拖动到编辑区域合适的位置,并将其转换为影片剪辑元件pic 3。

19 在第42帧处插入关键帧,将影片剪辑元件pic 3移至舞台中适当位置,然后在第33~42帧间创建传统补间动画。

20 在第58、74帧处插入关键帧,选择74帧处的元件pic 3,改变其位置。在第58~74帧间创建传统补间动画。在第83帧处插入普通帧。

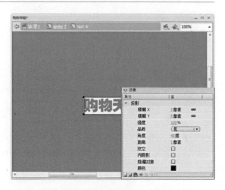

21 新建影片剪辑元件sprite 7,在编辑区域输入"购物天堂",并将其转换为影片剪辑元件text 6。通过"属性"面板,为其添加投影效果。

22 返回主场景,新建"图层5",在第74帧处插入关键帧,将元件sprite 7拖至合适位置,将其Alpha值更改为0%。在第83帧处插入关键帧。在第74~83间创建传统补间动画。

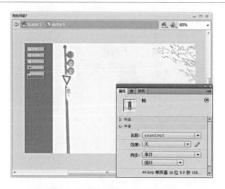

23 新建"图层6",将元件sprite 6拖至橙色区域,在第83帧处插入普通帧。新建"图层7",选择第1帧,打开"属性"面板,设置该帧中所要播放的声音文件为sound。

24 新建"图层12",在第4帧处插入关键帧,打开其"动作"面板输入脚本stop( );。按下快捷键Ctrl+S保存文件,并测试该动画。至此,完成购物网导航栏的制作。

EXAMPLE **106 度假村网站导航栏**

● 传统补间动画的创建　　◎ 实例文件\Chapter 06\度假村网站导航栏\

制作提示

❶ 矩形的绘制
❷ 导航按钮效果的设计

难度系数： ★ ★

案例描述

本实例设计的是度假村网站导航栏，其中每一个导航按钮以垂直滚动的方式进行动态显示，从而将另一番情趣展现在人们面前。

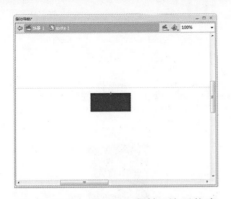

01 新建一个Flash文档，然后将素材导入到库中。新建影片剪辑元件sprite 1，在编辑区域绘制一个矩形，在第39帧处插入普通帧。

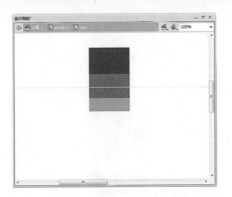

02 新建"图层2"，在编辑区域绘制一个图形，并转换为影片剪辑元件over。在38帧处插入关键帧，第39帧处插入普通帧。

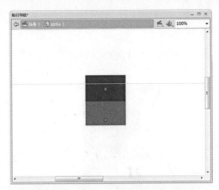

03 在第8帧处插入关键帧，移动元件over。在第17帧处插入关键帧，再将元件over向上移动一个单位。在第20帧处插入关键帧。

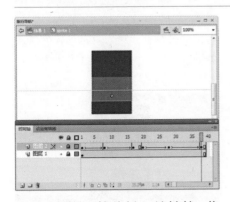

04 在第28帧处插入关键帧。将元件over向上移动。分别在第1～8、8～17、20～28、28～38帧间创建传统补间动画。

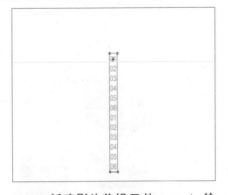

05 新建影片剪辑元件num 1，输入文本，转换为元件text。在第20、39帧处插入关键帧。将第20处的元件text向上移动。在第1～20、20～39帧间创建传统补间动画。

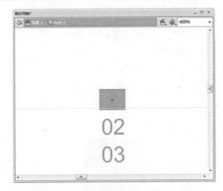

06 新建"图层2"，在元件text顶端位置绘制一个矩形。在第39帧处插入普通帧。将"图层2"设置为"图层1"的遮罩层。

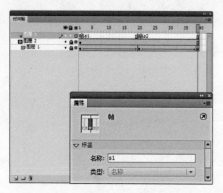

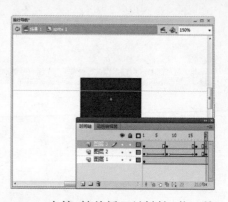

07 新建"图层3",在第20帧处插入关键帧。分别在第1、20帧处输入脚本stop();。再在第2、21帧处插入关键帧,将标签名设置为s1、s2。

08 返回影片剪辑元件sprite 1,新建"图层3",将元件num 1拖至合适位置。在第38帧处插入关键帧,第39帧处插入普通帧。

09 在第8帧处插入关键帧,将元件num 1向下移动。在第17帧处插入关键帧,将元件num 1向上移动一个单位。在第20帧处插入关键帧。

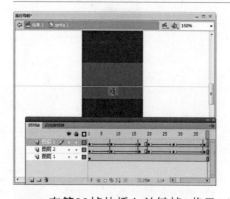

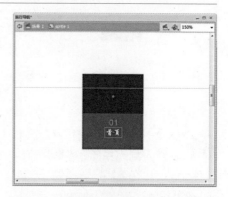

10 在第28帧处插入关键帧,将元件num 1向上移动,分别在第1~8、8~17、20~28、28~38帧间创建传统补间动画。

11 新建"图层4",利用文本工具输入文本"首页",并转换为影片剪辑元件num_txt01,在第39帧处插入关键帧。

12 在第7帧处插入关键帧。移动元件num_txt01。在第1~7帧间创建传统补间动画。在第8帧处插入关键帧,将元件num_txt01向上移动。

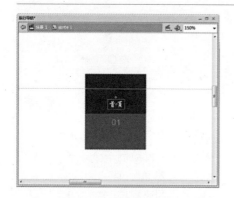

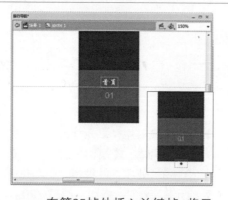

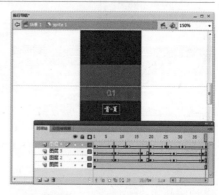

13 在第12帧处插入关键帧。将元件num_txt01移动到适当位置。在第20帧处插入关键帧,将元件num_txt01向上移动一个单位。分别在第8~12、12~20间创建传统补间动画。

14 在第25帧处插入关键帧,将元件num_txt01移至适当位置。在第20~25帧之间创建传统补间动画,在26帧处插入关键帧,将元件num_txt01移至适当位置。

15 在第31帧处插入关键帧,再将影片剪辑元件num_txt01移动到合适位置,分别在第26~31、31~39帧间创建传统补间动画。

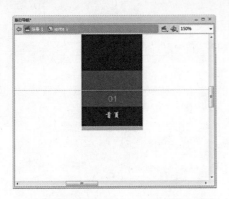

16 新建"图层5"，在编辑区域绘制一个黄色矩形。参照"图层4"的制作方法制作"图层5"的效果在该图层中创建形状补间动画。

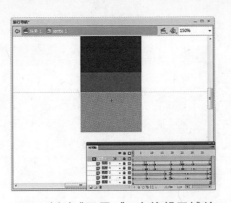

17 新建"图层6"，在编辑区域绘制一个图形。在第26帧处插入普通帧，然后将该图层设置为"图层1~5"的遮罩层。

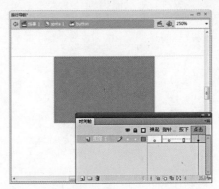

18 新建按钮元件button，在第2帧处插入关键帧，设置该帧所要播放的音频为sound.mp3。在第4帧处插入空白关键帧并绘制一个矩形。

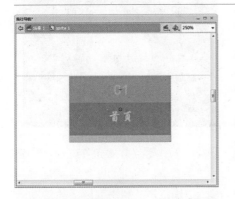

19 返回元件sprite 1，新建"图层7"，将元件button拖至合适位置，在第39帧处插入普通帧。新建图层8"，在第20帧处插入关键帧，在第1、20帧处输入脚本stop();。

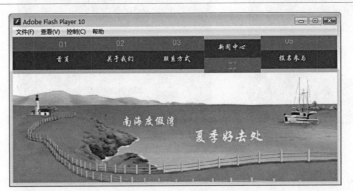

20 在"图层8"的第2、21帧处插入关键帧，并依次将其标签名设置为s1、s2。导航栏中"首页"的按钮就制作完成了。用同样的方法制作影片剪辑元件sprite 2~5。其名称分别为"关于我们"、"联系方式"、"新闻中心"和"报名参与"。至此，完成度假村网站导航栏的制作。按下快捷键Ctrl+S保存文件，按下快捷键Ctrl+Enter对该动画进行测试预览。

特效技法4｜编辑元件的方式

　　在Flash CS4中，编辑元件可以通过在当前位置、在新窗口中、在元件的编辑模式下3种方式进行。

　　(1) 在当前位置编辑元件的方法有3种，具体介绍如下。

➤ 在舞台上双击要进入编辑状态的元件的一个实例。

➤ 在舞台上选择元件的一个实例，单击鼠标右键，在弹出的快捷菜单中执行"在当前位置编辑"命令。

➤ 在舞台上选择要进入编辑状态的元件的一个实例，执行"编辑>在当前位置编辑"命令。

　　(2) 在新窗口中编辑元件，首先在舞台上选择要进行编辑的元件并右击，执行"在新窗口中编辑"命令，可以同时看到该元件和主时间轴。正在编辑的元件名称会显示在舞台顶部的编辑栏内，位于当前场景名称的右侧。

　　(3) 在元件的编辑模式下编辑元件的方法有多种，具体介绍如下。

➤ 选择进入编辑模式的元件所对应的实例并右击，在弹出的快捷菜单中执行"编辑"命令。

➤ 选择进入编辑模式的元件所对应的实例，执行"编辑>编辑元件"命令。

➤ 按下快捷键Ctrl＋Enter。

➤ 在"库"面板中双击要编辑元件名称左侧的图标。

EXAMPLE

107 信息导航栏

● 椭圆工具的应用　　　　◎ 实例文件\Chapter 06\信息导航栏\

制作提示

❶ 椭圆工具、矩形工具的使用
❷ 太阳上升效果的设计

难度系数：★★

案例描述

本实例设计的是一个信息宣传导航栏，其中以圆形象征每一天的太阳，寓意信息的先进性，这是因为太阳每一天都是新的，我们所传播的消息也是如此。

01 新建文档，将素材导入到库中。新建图形元件shape 1，新建"图层2~3"，在各图层中绘制圆形，设置透明度为10%、26%、100%。

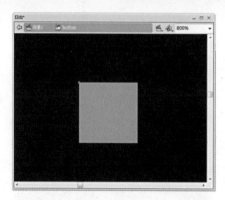

02 执行"插入>新建元件"命令，打开"创建新元件"对话框，新建按钮元件button。在第4帧处插入关键帧，然后绘制一个矩形。

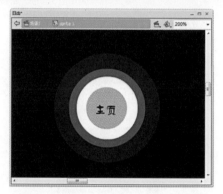

03 新建影片剪辑元件sprite 1，将元件shape 1拖至合适位置。新建"图层2"，利用椭圆工具绘制一个圆球，并输入文本"主页"。

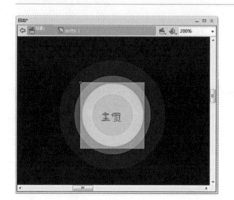

04 新建"图层3"，将按钮元件button放置在合适位置。打开其"动作"面板输入控制脚本。完成导航栏中主页按钮的制作。

05 将元件sprite 1复制5次，并分别重命名为元件sprite 2~5，将每个元件"图层2"中的文本改为"信息"、"群组"、"邮件"、"留言"。

06 执行"插入>新建元件"命令，打开"创建新元件"对话框，新建影片剪辑元件pic，然后将图片image拖至编辑区域。

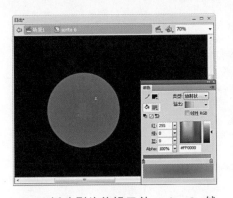

07 新建影片剪辑元件sprite 6，然后使用工具箱中的椭圆工具在编辑区域绘制一个圆形，在"颜色"面板中设置渐变填充颜色。

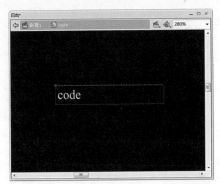

08 新建影片剪辑元件code，在编辑区域输入动态文本code。在第37帧处插入普通帧。在第4、5帧处插入关键帧，并在其对应的"动作"面板中输入控制脚本。在第8、18帧处插入关键帧，分别将其标签名称设置为growme、shrinkme，并在各帧中输入相应的脚本。

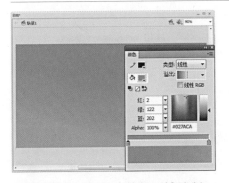

09 返回主场景，在编辑区域绘制一个蓝色矩形。在第71、87帧处插入关键帧。选择87帧，更改其颜色设置。在第71~87帧间创建形状补间。

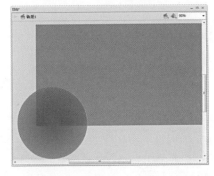

10 新建"图层2"，在第37帧处插入关键帧，将元件sprite 6拖至舞台左下角。在第87帧处插入关键帧，将元件sprite 6向上移动。

11 在"图层2"的第37~87帧间创建传统补间动画。新建"图层3"，将元件pic拖至舞台下方，并将其Alpha值设置为0%。

12 在第37、97帧处插入关键帧，在第37帧中将元件pic向上移动，在第97帧中调整元件的色彩效果。在第1~37、37~97帧间创建传统补间动画。

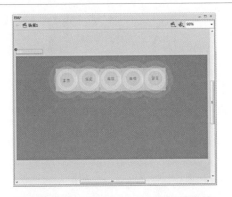

13 新建"图层4"，在第1帧处将元件sprite 1~5拖至合适位置。并依次将其实例名称设置为M1~M5。新建"图层5"，将元件code拖至舞台左上角，在第87帧处插入普通帧。

14 新建"图层6"，选择第1帧，并指定该帧所要播放的声音文件为sound。新建"图层7"，在第1帧输入相应的脚本，在第87帧处输入stop();。至此，完成导航栏的制作。

EXAMPLE 108 香香西饼屋导航栏

● 图片按钮的制作　　　　　◎ 实例文件\Chapter 06\香香西饼屋导航栏\

制作提示 ///////////////////

❶ 文本工具的使用
❷ 图片按钮的制作

难度系数：★★

案例描述 ///////////////////

本实例设计的是一个蛋糕房的网站导航栏，以精美的图片做按钮，显示出了主人的良苦用心。时钟的显示，更说明了蛋糕的质量保证，真是分分秒秒都新鲜啊！

01 新建Flash文档，将素材导入到库中。新建影片剪辑元件text 1，在编辑区中输入"优质蛋塔"，并将其转换为影片剪辑元件text 1r。

02 选择元件text 1r，设置其填充颜色为灰色。新建"图层2"，复制"图层1"到"图层2"，并将元件text 1r向上移动一个单位。

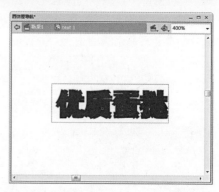

03 新建"图层3~4"，复制"图层1"到"图层3~4"，分别将元件text 1r向右上角和向右移动一个单位。

04 新建"图层5"，复制"图层1"到"图层5"，调整其色彩效果样式为"无"。参照元件text 1的制作方法创建影片剪辑元件text 2~4。新建按钮元件button，在第4帧处插入关键帧，然后绘制一个蓝色矩形。

05 制作导航栏中的"咖啡蛋糕"按钮。新建影片剪辑元件sprite 1，将图片image 1拖入，并转换为影片剪辑元件pic 1，在第25帧处插入普通帧。新建"图层2"，在第3帧处插入关键帧，拖入image 2将"图层1"中的元件pic 1覆盖，并将其转换为元件pic 1r，再设置其Alpha值为0%。在第13帧处插入关键帧。选择元件pic 1r并将其缩小。在第2~13帧间创建传统补间动画。复制第2帧至第25帧处。在第13~25帧间创建传统补间动画。

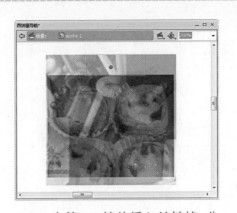

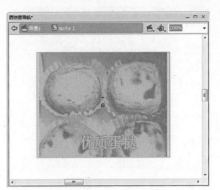

06 新建"图层3",在第2帧处绘制一个矩形,在第25帧处插入普通帧。最后将"图层3"设置为"图层2"的遮罩层。新建"图层4",拖入元件text,在第8、13帧插入关键帧,在25帧处插入普通帧。

07 在第4、5帧处插入关键帧,分别将元件text 1适当向下和向上移动,并将其Alpha值设置为0%。选择第8帧,将元件text 1向上移动一个单位,在第1~4、5~8、8~13帧间创建传统补间动画。

08 新建"图层5",将按钮元件button拖至编辑区域,选择任意变形工具将其放大,在第25帧处插入普通帧。新建"图层6",在第13帧处插入关键帧,在第1、13帧处输入脚本stop();。

09 在"图层6"的第2、14帧处插入关键帧,分别将其实例名称设置为s1、s2。新建"图层7",在第2帧处插入关键帧,设置该帧中所要插放的音频文件为sound 1。参照影片剪辑元件sprite 1的制作方法创建元件sprite 2~4。

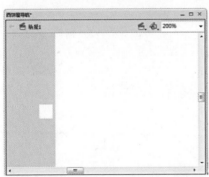

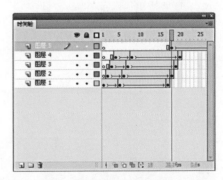

10 返回主场景,绘制白色矩形。在第5、17帧处插入关键帧,将矩形移至舞台中央并向右移动一个单位,设置其填充颜色为灰色。在第1~5、5~17帧间创建形状补间动画。

11 新建"图层2~4",依次在各层的第2帧、第3帧、第4帧处插入关键帧。参照"图层1",在舞台顶端、右面、底端各绘制一个白色矩形,制作各图层中矩形向中间聚拢的动画效果。新建"图层5",在第17帧处插入关键帧。将元件sprite 1拖至舞台第一色块处,然后将其缩小,并设置其Alpha值为20%,最后将其实例名称设置为item 1。在第31帧处插入关键帧。将元件sprite 1拖至左下角位置。

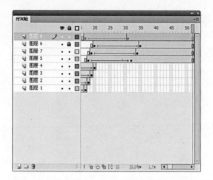

12 第52帧处插入普通帧，并在第17～31帧之间创建传统补间动画。参照"图层5"的设置方法新建"图层6～8"，分别设置其实例名称为item 2～4。新建"图层9"，在第34帧处插入关键帧并输入相应的脚本。

13 新建"图层10"，在第26帧处插入关键帧并输入文本，然后将其转换为影片剪辑元件text 5。在第52帧处插入普通帧，在第26～37帧间创建传统补间动画，以创建该文本由上至下逐渐变清晰的动画效果。

14 新建影片剪辑元件text 6，使用文本工具输入文本"香香西饼屋"。新建影片剪辑元件text 6r。将元件text 6拖至编辑区域，并设置其色彩效果。新建"图层2"，再次将元件text 6拖入舞台。

15 返回主场景，在第32帧处插入关键帧，将元件text 6r拖至舞台合适位置，然后在第52帧处插入普通帧。

16 新建"图层12"，在编辑区域绘制一个图形。在第43帧处插入关键帧。选择任意变形工具将其放大，并改变其位置。

17 在第12～43帧之间创建传统补间动画。选择"图层12"并右击，在弹出的快捷菜单中执行"遮罩层"命令，将"图层12"设置为"图层11"的遮罩层。

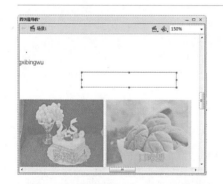

18 新建"图层13"，在第36帧处插入关键帧，利用动态文本在编辑区新建一个文本框，输入相应的脚本，在第52帧处插入普通帧。

19 新建"图层14"，在第52帧处插入关键帧，分别第1、52帧的"动作"面板中输入脚本quality ="best"和stop();。新建"图层15～16"，分别在第3、32帧处添加音效sound 2、sound 3。最后保存并测试该动画。至此，完成香香西饼屋导航栏的制作。

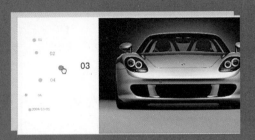

EXAMPLE **109 汽车展销活动导航**

● 浮动按钮的制作   ◎ 实例文件\Chapter 06\汽车展销活动导航\

制作提示

❶ 图片的导入与布局
❷ 浮动按钮效果的设计

难度系数：★ ★ ★

案例描述

本实例设计的是一个汽车展销活动网页的导航。其中浮动的按钮、精美的实物照片，展现了车展活动的专业性。

01 新建一个Flash文档，将所有素材文件导入到库中。新建影片剪辑元件sprite 1，在编辑区域绘制一个白色的矩形。

02 新建"图层2"，从"库"面板中将素材图片image 1拖至适当位置，并将其转换为图形元件pic 1，设置其Alpha值为45%。

03 新建"图层3~4"，使用工具箱中的文本工具在编辑区域依次输入文本"2009/10/01"、"震撼上市"，并调整文本在舞台中的位置。

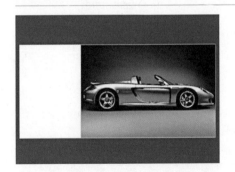

04 新建影片剪辑元件sprite 2，绘制一个白色矩形。新建"图层2"，拖入image 2，并转换为图形元件pic 2。同样地制作元件sprite 3~5。

05 新建影片剪辑元件sprite 6，使用矩形工具在"图层1"中绘制一个白色矩形。新建"图层2~4"，依次输入相应的文本。

06 新建影片剪辑元件sprite 7，新建"图层2~6"，分别将影片剪辑元件sprite 1~6拖至"图层1~6"中的合适位置。

特效技法5 | 套索工具的应用

在套索工具主要用于选取不规则对象，选择套索工具█后，在工具栏的下方将出现3个按钮，分别是"魔术棒"按钮、"魔术棒设置"按钮和"多边形模式"按钮。

（1）魔术棒按钮█ 不但可以用于沿对象轮廓进行较大范围的选取，还可对色彩范围进行选取。

（2）魔术棒设置按钮█ 主要对魔术棒选取的色彩范围进行设置。单击该按钮，将打开"魔术棒设置"对话框，该对话框中"阈值"选项用于定义选取范围内的颜色与单击处像素颜色的相近程度，"平滑"选项用于指定选取范围边缘的平滑度。

（3）多边形模式按钮█ 主要用于对不规则图形进行比较精确的选取。

07 新建影片剪辑元件sprite 8, 新建"图层2~6", 从"库"面板中依次将影片剪辑元件sprite 1~6拖至"图层1~6"的合适位置。

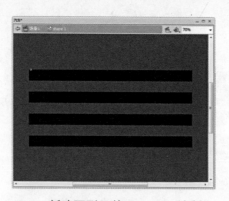

08 新建图形元件shape 1, 绘制一个图形。新建影片剪辑元件ball 1, 绘制一个圆球, 在第38帧处插入关键帧, 将其向上移动一个单位。

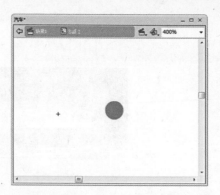

09 在第73帧处插入关键帧, 然后将圆球向右下角移动一个单位。在第109帧处插入关键帧, 再将圆球向下移动一个单位。

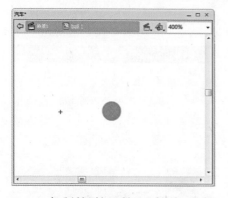

10 复制第1帧至第146帧处, 在第146帧处插入普通帧。在1~38、38~73、73~109、109~146帧间创建形状补间动画。参照ball 1的制作方法创建影片剪辑元件ball 2~6。

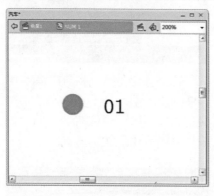

11 制作导航按钮01。新建影片剪辑元件NUM 1, 将元件ball 1拖至合适位置。新建"图层2", 输入文本"01"。新建"图层3", 在前三帧插入关键帧并分别添加相应的控制脚本。

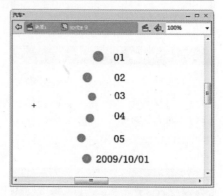

12 使用同样的方法制作导航按钮02~06。新建影片剪辑元件sprite 9, 新建"图层2~6", 从"库"面板中依次将元件NUM 1~6拖至各图层的合适位置。

13 新建按钮元件button, 在第3帧处插入关键帧, 并为其指定音频文件sound 1。在第4帧处插入空白关键帧, 然后绘制一个红色矩形。

14 返回主场景, 在第2帧处插入关键帧, 从"库"面板中将影片剪辑元件sprite 7拖入舞台中合适的位置。在第3帧处插入普通帧。

15 新建"图层2", 在第2帧处插入关键帧, 然后将影片剪辑元件sprite 8拖至舞台适当位置。在第3帧处插入普通帧。

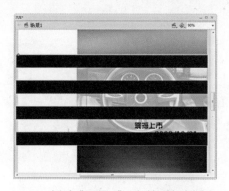  

16 新建"图层3"，在第2帧处插入关键帧，将图形元件shape 1拖入舞台中合适的位置，在第3帧处插入普通帧。最后将"图层3"设置为"图层2"的遮罩层。

17 新建"图层4"，将元件sprite 9拖入。新建"图层5~10"，在各层第2帧处插入关键帧，然后将按钮button元件拖入，并在第3帧处插入普通帧。

18 为各图层的按钮添加脚本。新建"图层11"，在第1帧中添加声音，在第3帧处插入普通帧。新建"图层12"，在前三帧中插入关键帧，并输入相应的脚本。完成本例制作。

特效技法6 | 元件的类型

　　每个元件都有一个惟一的时间轴、舞台以及相应的图层。可以将帧、关键帧和图层添加至元件时间轴，就像将它们添加至主时间轴一样。创建元件时需要选择元件类型，Flash中的元件包括图形、按钮和影片剪辑3种类型，在"库"面板中的显示有所不同，如下左图所示。

　　各元件类型的含义如下。

　　（1）图形元件：该元件在"库"面板中以一个几何图形构成的图标表示。用于存放静态的对象，在动画中也可以包含其他的元件，但用户不能为图形元件添加声音，也不能为图形元件的实例添加脚本动作。

　　（2）按钮元件：该元件以一个手指向下按的图标表示。用于在影片中创建对鼠标事件响应的互动按钮。用户不可以为按钮元件创建补间动画，但可以将影片剪辑元件的实例应用到按钮元件中，填补其缺陷。

　　（3）影片剪辑元件：该元件以一个齿轮图标表示。使用影片剪辑元件可以创建一个独立的动画，在影片剪辑元件中用户可以为其添加声音、创建补间动画，也可以为其创建的实例添加脚本动作。

　　下面对按钮元件的编辑进行简单介绍。按钮元件是一种特殊的元件，具有一定的交互性，是一个具有4帧的影片剪辑。按钮在时间轴上的每帧都有一个固定的名称。打开"创建新元件"对话框，在"类型"下拉列表框中选择"按钮"选项，单击"确定"按钮即可进入按钮元件的编辑模式，其时间轴如下右图所示。该元件所对应时间轴上各帧的含义如下。

　　（1）弹起：表示鼠标指针没有滑过按钮或者单击按钮后又立刻释放时的状态。

　　（2）指针经过：表示鼠标指针经过按钮时的外观。

　　（3）按下：表示鼠标单击按钮时的外观。

　　（4）点击：表示用来定义可以响应鼠标事件的最大区域。如果这一帧没有图形，鼠标的响应区域则由指针经过和弹出两帧的图形来定义。

　　需要说明的是，影片剪辑元件就像是Flash中嵌套的小型影片一样，使用它可以创建重用的动画片断，它具有和主时间轴相对独立的时间轴属性。影片剪辑元件的创建方法与图形元件的创建方法相同。

EXAMPLE 110 书页导航栏

● 实例名称的修改　　　　　◎ 实例文件\Chapter 06\书页导航栏\

制作提示 //////////////////////

❶ 按钮的制作
❷ 控制脚本的添加

难度系数： ★★

案例描述 //////////////////////

本实例设计的是书页导航栏，在画面左边有4个按钮，将鼠标指针指向按钮就像书页一样一页翘起。

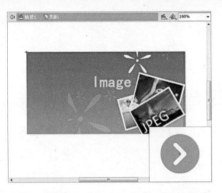

01 新建一个Flash文件，将所有素材文件导入到库中。新建"箭头"图形元件，在编辑区域绘制一个箭头。新建影片剪辑元件"页面1"并导入素材元件pic1.jpg。

02 新建影片剪辑元件"页面2~4"，并分别导入素材图片"pic 2.jpg~pic 4.jpg"。新建"总页面"影片剪辑，然后将元件"页面1~4"紧密地排成一行。

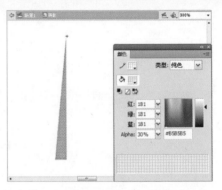

03 新建影片剪辑元件"阴影"，绘制灰色半透明三角形。新建影片剪辑元件"阴影活动"，拖入"阴影"影片剪辑元件，将其旋转至水平状态，选择第1帧，设置其透明度为0。

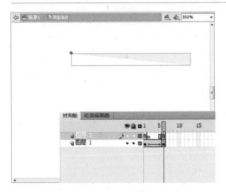

04 在第6帧处插入关键帧，设置其透明度为100%，在第1~6帧间创建补间动画。新建"图层2"，在第1、2和6帧处分别插入空白关键帧，在第1、6帧的"动作"面板中添加相应的脚本Stop();。

05 新建"按钮1"影片剪辑元件，绘制灰色方框，新建"图层2"，添加箭头和文本。新建"图层3"，在方框上方和下方放置"阴影活动"元件，并设置实例名称分别为shadowL和shadowR。同样地创建按钮2~4。

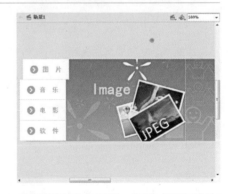

06 返回主场景，新建"页面"和"按钮"图层，将"总页面"和4个按钮元件拖至舞台，并设置其实例名称为slide和menu 1~4。新建"动作"图层，添加相应代码以实现对书页导航栏的控制。至此，完成本例制作。

EXAMPLE
111 个人网站导航

● 背景图案的制作 　　　　◎ 实例文件\Chapter 06\个人网站导航\

制作提示 //////////////////////////////

❶ 背景图案的制作
❷ 按钮效果的添加

难度系数：★ ★

案例描述 /////////////////////////////

本实例设计的是个人网站的导航栏，其中按钮的设置与布局都显示了网站的个性与艺术性。移动鼠标时鼠标指针显示为金鱼的形状，为网站添加了活力。

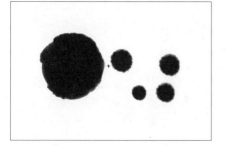

01 新建一个Flash文档，将素材图片image 1~2导入到库中。新建图形元件shape 1，将图片image 1拖入舞台并打散，以便于编辑。

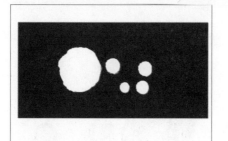

02 新建图形元件shape 2，在编辑区域绘制矩形，然后拖入元件shape 1，并将其打散。按下Delete键，将打散的图片删除。

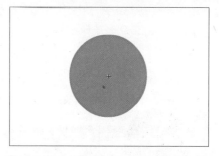

03 新建按钮元件button，在第4帧处插入关键帧，然后使用工具箱中的椭圆工具在编辑区域绘制一个蓝色的圆形。

04 制作导航栏中的"主页"按钮。新建影片剪辑元件sprite 1，在编辑区域输入文本"主页"，将其转换为图形元件text 1，在"属性"面板中设置Alpha值为20%。

05 分别在第15、30帧处插入关键帧。选择15帧，打开"属性"面板，设置其色彩效果样式为"高级"，然后在第1~15、15~30帧之间创建传统补间动画。

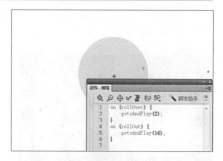

06 新建"图层2"，然后将按钮元件button拖动到适当位置。在第30帧处插入普通帧。选择按钮元件button，打开其"动作"面板，在该面板中输入相应的脚本。

特效技法7 | 图形对象的预览

　　在 Flash CS4 中，预览动画图形对象共有 5 种预览模式，通过选择"视图 > 预览模式"子菜单中的"轮廓"、"高速显示"、"消除锯齿"、"消除文字锯齿"和"整个"命令，即可完成图形对象的预览。其中，消除文字锯齿模式可以平滑所有文本的边缘，该模式最常用的工作模式，可以完全呈现舞台中的所有内容，若预览动画中包含较大的文字效果且文本数量多，则速度会减慢，但其视图效果是最好的。

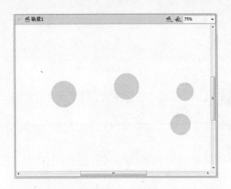

07 新建"图层3",在第15、30帧处插入关键帧。选择第1、15、30帧,依次在其"动作"面板中输入脚本stop();。同样地制作元件sprite 2~4。

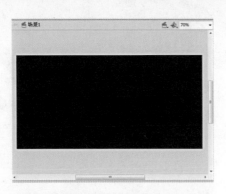

08 新建影片剪辑元件fish 1~3和AS。返回主场景,在舞台中绘制一个黑色矩形,然后在第3帧处插入普通帧。

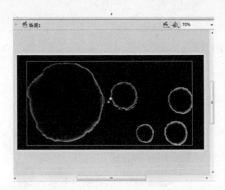

09 新建"图层2",将元件AS拖至编辑区域,在第3帧处插入普通帧。新建"图层3",将元件shape 1拖至适当位置。

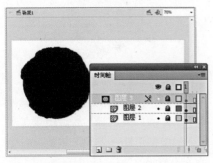

10 将"图层3"设置为"图层1~2"的遮罩层。

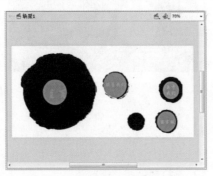

11 新建"图层4",将元件shape 1~4拖入,在第3帧插入普通帧。

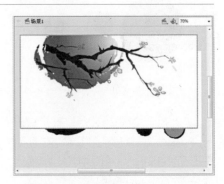

12 新建"图层5",将图片image 2拖至合适位置。

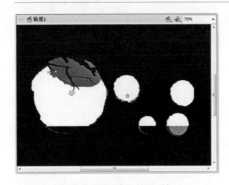

13 新建"图层6",将元件shape 2拖至合适位置,使其与"图层3"的元件shape 1相对应。

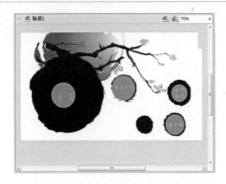

14 选择"图层6"并右击,执行"遮罩层"命令,将"图层6"设置为"图层5"的遮罩层。

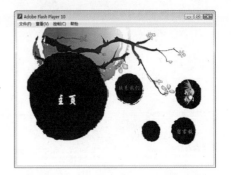

15 按下快捷键Ctrl+S保存文件,并对该动画进行测试。至此,完成个人网站导航制作。

特效技法8 | 鼠标在动画中的应用

在Flash动画中添加精彩的鼠标动画,能凸显个性,美化动画界面,同时也是制作Flash动画的一种基本表现手法。在Flash中,可以设置通过鼠标事件来触发一系列其他事件,这样就增加了Flash动画的交互性,也可以根据场景的需要改变鼠标指针的形状或制作鼠标控制对象、复制对象、碰触以及拖动等效果。

EXAMPLE **112 个性浮动导航栏**

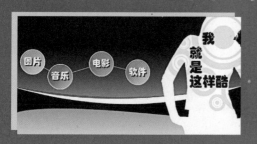

● 漂浮按钮的制作　　　　　◎ 实例文件\Chapter 06\个性浮动导航栏\

制作提示　　　　　　　　　**案例描述**

❶ 按钮漂浮摇动效果的实现　　本实例设计的是个性浮动导航栏，在画面上
❷ 阴影效果的设置　　　　　　漂浮着4个按钮，将鼠标指针移动到按钮上
即可发生变化。

难度系数：★★

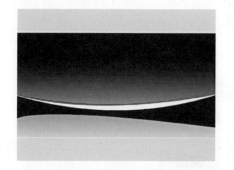

01 新建一个Flash文档，将所有素材文件导入到库中，新建"背景"图层，从"库"面板中将"背景"图形元件拖至舞台中央。

02 新建图形元件"人物"，拖动素材图片people至舞台中合适位置。新建影片剪辑元件"图标1"，拖动素材图片btn4至舞台中合适位置。

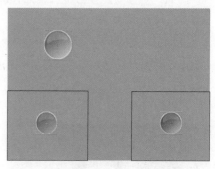

03 新建影片剪辑元件"图标2～4"，分别拖动素材图片btn1、btn3、btn2至舞台中合适位置。

04 新建影片剪辑元件"中文1"。使用文本工具输入"图片"文字，并填充为白色。新建"图层2"，输入同样字体和大小的黑色文字，并分别左移和下移3个单位。

05 参照影片剪辑元件"中文1"的创建方法，分别创建元件"中文2～4"，即"音乐"、"电影"和"软件"，以及元件"英文1～4"，即image、Music、Movie和Software。

06 新建影片剪辑元件"按钮1"，将"图标1"拖入舞台合适的位置，在第8帧插入普通帧。新建"图层2"，将影片剪辑元件"中文1"拖至圆形图标的中央位置。

特效技法9 | 复制对象

　　复制图形对象的操作方法有很多种，其中最常用的有三种。第一，使用选择工具选中要复制的图形，按住Alt或Ctrl键的同时按住并拖曳鼠标，当鼠标指针的右下侧出现"＋"号时，将图形拖动到下一个位置即可。第二，使用任意变形工具选中要复制的图形，按住Alt键的同时按住并拖曳鼠标，当鼠标指针的右下侧出现"＋"号时，将图形拖动要复制到的位置即可。第三，使用快捷键Ctrl＋C和Ctrl＋V。

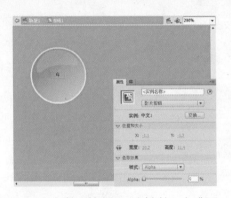

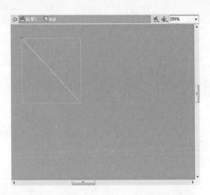

07 在第7帧插入关键帧,在"属性"面板中设置影片剪辑元件"中文1"的透明度为0,并将其缩小,最后创建补间动画。

08 新建"图层3",在第2帧插入关键帧并拖入元件"英文1",然后调整其大小,再设置其透明度为0。在第8帧处插入关键帧,将其大小恢复正常,设置透明度为100%,最后创建补间动画。用同样的方法创建按钮2~4。新建"线条"影片剪辑元件,绘制一条白色斜线。

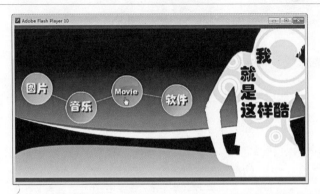

09 返回主场景,新建多个图层,然后分别放入人物、按钮和线条等元件,并为各元件设置实例名。

10 新建"动作"图层,添加相应代码实现浮动导航栏的控制,详细代码见源文件。按下快捷键Ctrl+S保存本例,并按下快捷键Ctrl+Enter对其进行预览。至此,完成个性浮动导航栏的制作。

特效技法10 │ 制作本实例的注意事项

　　在设计本实例的过程中,需要注意以下几个方面的问题。第一,由于动画风格较为活泼,因此在选择字体时不要选择过于呆板的字体,这里推荐使用"汉仪琥珀简体"。第二,在制作导航栏动画时,不要忘记为导航栏的按钮设置实例名称。第三,通过输入相同大小和字体的黑色文字,并对其进行移动,形成文字的阴影效果。在这个过程中可以通过将黑色文字放置在原文字的上方、下方、左方和右方的不同距离形成光线从不同角度和高度照射下的阴影。

制作音/视频特效

Chapter
07

Flash是一种交互式动画设计工具，用它可以将音乐、声效、动画以及富有新意的界面融合在一起，以制作出高品质的动态网页元素。在这里将对简单动画效果的制作进行介绍，其主要应用的知识包括遮罩动画、引导动画、简单动作脚本的添加等。

EXAMPLE

113 电视播放特效

● 调用并播放外部视频 　　　　◎ 实例文件\Chapter 07\电视播放特效\

制作提示

❶ 界面的布置

❷ 按钮元件的制作

❸ 通过添加代码控制外部视频
　的播放、暂停、停止

难度系数： ★ ★ ★

案例描述

本实例设计的是电视播放效果，在电视机上有播放、暂停和停止3个按钮。制作按钮元件，然后将其拖动到舞台相应位置，通过添加代码控制视频的播放、暂停和停止。

01 新建文档，将素材导入到库中。新建图形元件"背景"，拖入bg.jpg。返回主场景，新建"背景"图层并将"背景"元件放至舞台中央。

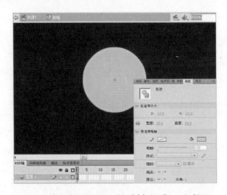

02 新建图形元件"按钮"，选择工具箱中的椭圆工具，按住Shift键绘制一个直径为25、无边框、填充色为蓝色的圆形。

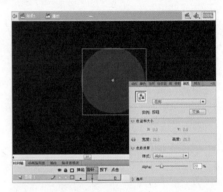

03 新建按钮元件"播放"，拖入舞台，并设置其透明度为0。在第2帧插入关键帧并选中按钮元件，设置其Alpha值为20%。

04 使用同样的方法创建按钮元件"暂停"和"停止"，在主场景中新建"按钮"图层，拖入3个按钮。

05 将3按钮元件放置在电视机的按钮上，设置播放、暂停和停止按钮的实例名称为play_btn、pause_btn和stop_btn。

06 新建影片剪辑元件"视频播放"，将其放入主场景合适位置并设置实例名称为video_mc。

07 新建"动作"图层,在第1帧添加相应代码,通过对3个按钮的监听实现视频的加载、播放、暂停和停止。

08 打开"发布设置"对话框,设置"脚本"为ActionScript3.0,单击"设置"按钮,取消勾选"严谨模式"和"自动声明舞台实例"。

09 按下快捷键Ctrl+S保存该动画,然后按下快捷键Ctrl+Enter对该动画进行测试。至此,完成电视播放特效的制作。

特效技法1 | 将动画转换为EXE可执行文件

众所周知,我们制作出来的Flash作品是swf格式,一般在网上传播,如果想在本机观赏的话就必须安装有Flash player播放器,但是如果将你的作品带到一台没有安装Flash player播放器的电脑上就无法打开了,所以我们在将作品发布成swf格式文件之后可以再转化为EXE可执行文件格式,可以在任何电脑上播放。尽管现在网络上有许多可以转化格式的软件,但是其实我们利用Flash自带的Flash player播放器就可以实现转化过程,不需要下载别的软件,并且转化的过程非常简单,转化的速度也很快。

下面就一步一步的教你怎么将swf格式的动画转化为可播放的EXE格式。

第一步:打开Flash CS4的安装文件夹,在Adobe Flash CS4\Players文件夹下找到名为FlashPlayer.exe的播放器,执行"文件>打开"命令,打开欲转化的作品。

第二步:执行"文件>创建播放器"命令。

第三步:打开"另存为"对话框,从中选择保存路径和文件名,然后单击"保存"按钮就会自动生成.exe的可执行文件。

实际上整个转化过程就是为swf文件加入Flash影片播放器,所以文件会稍微大一些,当双击该可执行文件时,操作系统会打开Flash影片播放器并在其中播放动画。

114 汽车发动

● 键盘控制声音　　　　　　◎ 实例文件\Chapter 07\汽车发动\

制作提示

❶ 声音文件的导入
❷ 声音在影片剪辑中的应用
❸ 通过添加代码监控键盘按键动作，根据动作发出声音

案例描述

本实例设计的是汽车发动动画效果，通过按键盘上的W、C和T键（不区分大小写）可以实现鸣笛、发动汽车和熄火。

难度系数：★ ★ ★

01 新建Flash文档，将素材导入到库中。新建图形元件"背景"，将bg.jpg拖入舞台。返回到主场景中，新建"背景"图层，并将"背景"元件放至舞台中央。

02 新建影片剪辑元件"汽车鸣笛"，将导入的声音素材sound1.mp3重命名为"鸣笛"，新建两个关键帧，第1帧添加stop，第2帧应用该声音素材。

03 新建影片剪辑元件"发动汽车"，在"库"面板中将导入的声音素材sound2.mp3和sound3.mp3，分别重命名为"点火"和"持续发动"。

04 在第、2、24帧分别插入空白关键帧，在第2帧应用声音"点火"，在第24帧应用声音"持续发动"，在第1帧和第24帧分别添加代码。

05 返回主场景，新建"声音"图层，将"汽车鸣笛"和"发动汽车"影片剪辑元件拖曳至舞台中，新建"文本"图层，添加说明文字。

06 新建"动作"图层，添加代码实现按键发出声音的动画。保存文件，并对该动画进行测试。至此，完成本例制作。

EXAMPLE

115 放音机

● 混音效果

◎ 实例文件\Chapter 07\ 放音机\

制作提示 //////////////////

❶ 声音文件的导入
❷ 声音在影片剪辑中的应用
❸ 通过添加代码控制不同唱片
  音乐的播放

难度系数：★ ★ ★

案例描述 ///////////////////

本实例设计的是放音机，动画开始是3首歌曲混音播放，通过单击3张唱片下方的按钮控制混音歌曲的播放。

01 新建Flash文档，将素材导入到库中。新建图形元件"背景"，将bg.jpg拖入舞台。返回主场景，新建"背景"图层，并将"背景"元件放在舞台中央。

02 新建"音乐1"影片剪辑元件，在第1帧和第3帧导入音乐music1，新建"图层2"在第1帧和第3帧添加标签，在第2帧添加代码，同样地创建影片剪辑"音乐2~3"。

03 新建按钮元件"开始"，在"图层1"中绘制黑色圆形，新建"图层2"绘制白色向右三角形，新建"图层3"输入文本内容，使用同样的方法创建"停止"按钮元件。

04 新建"唱片"图形元件，拖入ch.png。新建"唱片剪辑"影片剪辑元件，拖入"唱片"图形元件；新建"图层2"添加实例名为music_name的动态文本；新建"图层3"插入两个关键帧，第1帧为"停止"按钮，实例名为stop_btn，第2帧为"开始"按钮，实例名为play_btn；新建"图层4"添加代码实现音乐控制。

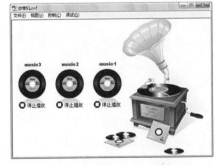

05 新建"动作"图层，添加代码实现按键发出声音的动画。按下快捷键Ctrl+S保存文件，并对该动画进行测试。至此，完成放音机的绘制。

116 播放器界面功能设计

音乐播放器

歌曲列表

● **整体功能的规划**　　◎ 实例文件\Chapter 07\MP3播放器\

制作提示 /////////////////

❶ 播放器界面的设计

❷ 创建外部XML文档

❸ 字段的定义

难度系数：★ ★ ★

案例描述 /////////////////

本实例设计的是播放器的整个功能界面。导入背景素材，并创建"背景"图形元件制作背景效果。创建外部XML文档，导入必要的类并实现变量的初始化。为创建MP3播放器的各个功能做好准备。

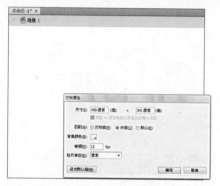

01 新建一个Flash文档，将素材导入到库中。新建图形元件"背景"，并将素材bg.jpg拖至舞台。

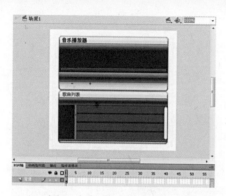

02 返回主场景，新建"背景"图层，并将"背景"图形元件放置到舞台中央。

03 打开记事本，输入相应的代码，以表明该编码为UTF-8，其中<url>表示歌曲路径。

04 保存记事本中的内容，设置"文件名"为"MP3播放器.xml"，"编码"为UTF-8。

05 返回Flash程序，新建"动作"图层，添加相应代码，导入必要的类并实现变量的初始化。

06 至此，完成播放器界面功能的绘制。按下快捷键Ctrl+S保存文件，并对该动画进行测试预览。

EXAMPLE 117 播放器控制按钮设计

● 按钮的制作　　　　　　　◎ 实例文件\Chapter 07\MP3播放器\

制作提示 ///////////////

❶ 加载外部的XML文件
❷ 添加声道按钮改变声道

难度系数：★★★

案例描述 ///////////////

本实例设计的是播放器中的控制按钮，其中包括音乐的播放、暂停、停止、上一首、下一首，以及左、右声道功能按钮。

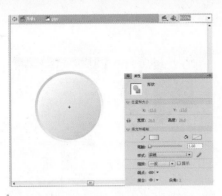

01 执行"文件>打开"命令，打开新建的MP3播放器.fla文件，新建按钮元件play，使用绘图工具绘制一个圆形，并为其填充灰白色至白色的渐变色。

02 新建"图层2"，在舞台上输入数字4，在"属性"面板中设置字体为Webdings，得到实心三角形。使用同样的方法新建按钮元件stop、pause、prev和next。

03 返回主场景，新建"按钮"图层，依次拖入5个按钮元件，并分别设置其实例名称。新建"动作"图层，添加相应代码以实现对这些播放按钮的控制。

04 新建按钮元件"左声道"。绘制一个宽为52、高为18、笔触为2，填充色为灰白色的矩形。新建文本图层，利用文本工具在矩形中心位置输入文字"<<左声道"，并设置字体为12号黑体。

05 新建图形元件"矩形"，在编辑区域绘制一个白色无框矩形。将其拖动到"左声道"按钮元件中，并设置其宽为57、高为23。在第1、2帧处分别将该图形的透明度设置为0和15%。创建按钮元件"右声道"。

06 返回主场景，新建"声道"图层，依次将左、右声道按钮元件拖至合适位置，并设置其实例名分别为leftsound和rightsound。选择"动作"图层，打开其"动作"面板，添加控制代码。至此，完成本例制作。

118 音量调节与时间显示功能

● 进度条的制作　　　　　◎ 实例文件\Chapter 07\MP3播放器\

制作提示 /////////////////

❶ 开启和关闭音量按钮的设计
❷ 进度条的设计与制作

难度系数：★ ★ ★

案例描述 /////////////////

本实例设计的是播放器中的音量开关、声音大小的控制，及歌曲播放时间的实时显示，单击音量开关按钮可以开启或关闭音乐播放器。

01 执行"文件>打开"命令，打开MP3播放器.fla文件，新建"音乐开"影片剪辑元件。

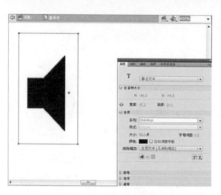

02 利用文本工具在舞台中央输入大写字母X，设置其大小为80，颜色为黑色，字体为Webdings。

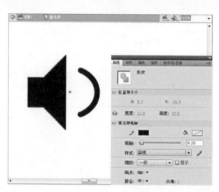

03 新建"图层2"，绘制一个无填充色的圆形，然后删除其中一部分，只保留一小段圆弧。

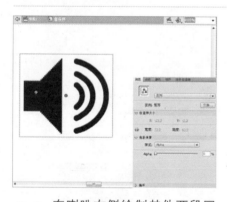

04 在喇叭右侧绘制其他两段圆弧，最终形成喇叭发出声音的形状。新建"图层3"，将矩形元件拖入舞台，并设置其宽为73，高为63，透明度为0，覆盖于喇叭上。

05 新建影片剪辑元件"音量关"，绘制黑色喇叭。新建"图层2"，绘制灰色的叉号图形。再次拖入矩形元件，以覆盖喇叭为准。新建影片剪辑元件"音量开关"，然后分别将"音量开"与"音量关"拖入第1帧和第2帧处，并分别设置其实例名为stop_vol、play_vol。最后在"动作"图层中添加相应的控制脚本，以实现音量的开关和图案的切换。

特效技法2 | Sound对象

在时间轴中直接嵌入声音是制作Flash MV的一种通用手法，但是这种方法除了从头至尾的播放声音外，并不能对声音进行很好的控制。ActionScript内置的Sound对象为我们提供了管理和控制声音的一种好方法。new Sound()，即创建Sound对象的实例。

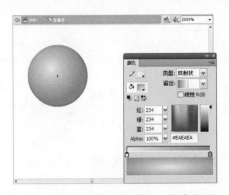

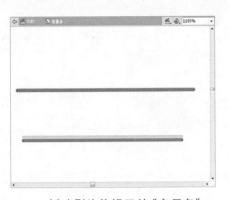

06 新建的影片剪辑元件"音量球",然后绘制一个直径为10的无框圆形,并设置填充色为放射性渐变色。

07 新建影片剪辑元件"音量条",绘制一条宽为50,高为1的直线,笔触颜色为深灰色。在该直线上方绘制一条笔触色为浅灰色的直线。

08 新建"图层2",将"音量球"影片剪辑元件拖动到滑动条右端,在"属性"面板中设置其实例名为slider_mc。

09 返回主场景,新建"音量开关"和"音量大小"图层,分别将"音量开关"与"音量条"元件拖至合适位置并调整其大小。将"音量条"的实例名设置为volume_mc。

10 新建"时间条"图层,将"时间条剪辑"影片剪辑元件拖至播放器时间槽上。新建"显示文本"图层,在"时间条剪辑"元件的上方创建4个动态文本和一个字符为"/"的静态文本。分别设置时间条和4个动态文本框的实例名为volume_mc、music_name、artist_name、currenttime和totaltime。最后选择"动作"图层,添加相应的代码。至此,完成音量调节与时间显示功能的绘制。

特效技法3 | 外部文件的导入

　　我们知道在以前版本的Flash中仅仅支持导入后缀名为JPG、GIF、PNG和BMP等格式的图片。所以为了制作精美的Flash素材,我们往往需要使用诸如Photoshop或Illustrator等非常专业的图像处理软件并且在制作好素材之后需要将其发布成Flash支持格式的图片,如果在以后的Flash调整中需要修改素材又必须打开那些专业图像制作软件进行修改再发布成其支持的格式,整个过程是非常的麻烦。

　　在新版本的Flash CS系列中已经完美地支持直接导入Photoshop格式的PSD文件以及Illustrator格式的AI文件,并且在导入之后,原有文件的分层结构同样保存在Flash文档中,可以直接在Flash文档中很方便的修改。

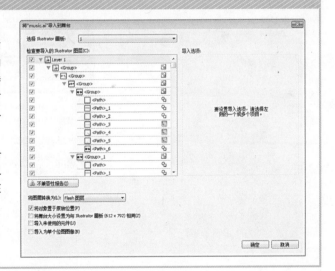

119 播放列表的设计及歌曲播放

● 外部歌曲的播放　　　◎ 实例文件\Chapter 07\MP3播放器\

制作提示

❶ 整体界面的布局
❷ 通过监听按钮读取加载的XML
文档中的歌曲

难度系数：★ ★ ★

案例描述

本实例设计的是播放器中播放列表，通过单击播放列表中的歌曲名称来播放歌曲。使用该播放器可以播放本机自带的歌曲，也可以连接互联网选择网络歌曲进行播放。

01 打开MP3播放器.fla文件，新建按钮元件"歌曲1"。输入歌曲的名称和播放时间，并利用空格让歌曲名称与播放时间之间保持一定的距离。

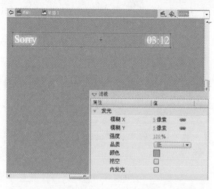

02 选中该文字，在"属性"面板中的 "滤镜"卷展栏中添加"发光"滤镜，并设置模糊值为5，强度为100%，品质为低，颜色值为#999999，在第4帧插入普通帧。

03 在"图层1"的下方新建"图层2"，在第2帧处插入关键帧。"库"面板中的"矩形"图形元件拖入，并设置其宽为275、高为22、透明度为20%。

04 在歌曲列表中新建按钮元件"歌曲2"、"歌曲3"和"歌曲4"，设置播放时间分别为3分5秒、3分54秒和3分7秒。

05 返回主场景，新建"播放列表"图层，将所有歌曲按钮拖入舞台播放器歌曲列表中，设置实例名称为song1、song2、song3和song4。

06 新建按钮元件gomusic，输入文本GO。新建"图层2"，拖入矩形元件，并设置其宽为34、高为24，透明度为0。

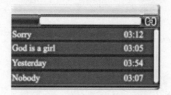

07 返回主场景，新建"地址栏"图层，拖入按钮元件gomusic并将其置于舞台合适位置。

08 利用文本工具，在按钮元件go-music的左侧绘制一个宽为190、高为15.2的动态文本框。

09 利用文本工具，在动态文本框左侧创建一个静态文本，输入内容为"请输入歌曲地址"。

10 分别为按钮元件gomusic和动态文本框设置实例名称为go-music和inputmusic。

11 在主场景中选择"动作"图层，添加相应代码，实现单击不同的歌曲列表按钮切换到对应的歌曲。

12 选择"动作"图层，添加相应的控制代码，实现单击按钮GO播放指定的歌曲。至此，完成本例制作。

特效技法4 | 向Flash CS4文档中导入视频文件

　　在Flash CS4中，可以将现有的视频文件导入到当前文档中，通过指导用户完成选择现有视频文件的过程，并导入该文件以供在三个不同的视频回放方案之一中使用，视频导入向导简化了将视频导入到 Flash 文档中的操作。

　　视频导入向导为所选的导入和回放方法提供了基本级别的配置，之后用户可以进行修改以满足特定的要求。"视频导入"对话框如图所示，其中提供了3个视频导入选项，各选项的含义介绍如下。

　　（1）使用回放组件加载外部视频：导入视频并创建 FLVPlay-back 组件的实例以控制视频回放。可以将 Flash 文档作为 SWF 发布并将其上载到 Web 服务器时，还必须将视频文件上载到 Web 服务器或 Flash Media Server，并按照已上载视频文件的位置配置 FLVPlayback 组件。

　　（2）在 SWF 中嵌入 FLV 或 F4V 并在时间轴中播放：将 FLV 或 F4V 嵌入到 Flash 文档中。这样导入视频时，该视频放置于时间轴中可以看到时间轴帧所表示的各个视频帧的位置。嵌入的FLV 或 F4V 视频文件成为 Flash 文档的一部分。

　　（3）作为捆绑在 SWF 中的移动设备视频导入：与在 Flash 文档中嵌入视频类似，将视频绑定到 Flash Lite 文档中以部署到移动设备。

EXAMPLE
120 音乐随我动

● 音量的调节　　　　◎ 实例文件\Chapter 07\音量的调节\

制作提示 //////////////

❶ 通过代码加载外部的音乐
❷ 监听按钮动作实现控制音量大小的目的

难度系数：★★★

案例描述 //////////////

本实例设计的是动画中音乐的音量调节，动画开始之后会播放背景音乐，通过鼠标单击"提高音量"或"降低音量"按钮实时控制音量的大小。

01 新建一个Flash文档，将所有素材文件导入到库中。新建"背景"图层，然后将图形元件"背景"拖入，放置在舞台中央。

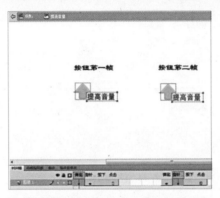

02 新建按钮元件"提高音量"，拖入up.png，输入文本"提高音量"。在第2帧处插入关键帧，并改变字体颜色，第4帧处插入普通帧。

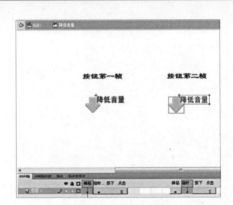

03 使用同样的方法新建按钮元件"降低音量"。返回到主场景中，新建"音量控制"图层，将两个按钮拖入舞台合适的位置。

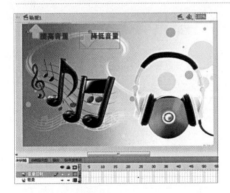

04 将"提高音量"和"降低音量"按钮元件置于左上角，分别设置其实例名为btn_up和btn_down。

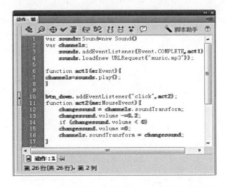

05 新建"动作"图层，在第1帧处添加相应的代码，以实现音量大小的控制，详细代码见源文件。

06 按下快捷键Ctrl+S保存文件，并对该动画进行测试。至此，完成本例制作。

特效技法5 | Flash的声音库

　　Flash CS4自带了一个"声音"库，执行"窗口>公用库>声音"命令，即可打开"声音"库。若要将"声音"库中的某种声音导入Flash文档，可将此声音从"声音"库中拖曳至该文档的"库"面板，也可以拖曳至其他共享库。

EXAMPLE

121 悠扬的旋律

● 按键音的控制　　　　◎ 实例文件\Chapter 07\悠扬的旋律\

制作提示 //////////////////

❶ 导入外部音频文件
❷ 将音频文件添加到元件中
❸ 综合效果的设置
❹ 控制脚本的添加
❺ 为文本添加滤镜效果

难度系数：★ ★ ★

案例描述 //////////////////

本实例通过创建按钮元件添加声音，将按钮元件放置于画面下方的琴键上，单击任意一个琴键即发出声音。

01 新建Flash文档将素材导入到库中。新建图形元件"背景"，并拖入bg.jpg。新建"背景"图层并将"背景"图形元件拖至舞台中央。

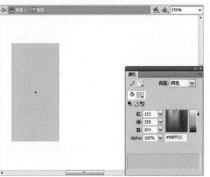

02 新建"矩形"图形元件，绘制一个颜色为#99FFCC的矩形。新建"按键音1"按钮元件，在第1帧拖入"矩形"图形元件，设置其宽与高分别为100和85，透明度为0。在第2帧插入关键帧，设置其透明度为35%，在第4帧处插入普通帧。

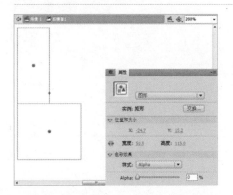

03 新建"图层2"，拖入"矩形"元件设置宽为50、高为115、透明度为0。在第2帧插入关键帧，设置透明度为35%，在第4帧处插入普通帧。

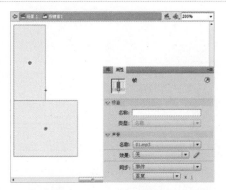

04 新建"图层3"，在第3帧处插入关键帧。打开"属性"面板，在"声音"卷展栏中的"名称"下拉列表中选择01.mp3。

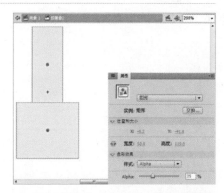

05 使用同样的方法，按照背景中琴键的形状创建按钮元件"按键音2~16"，添加声音02.mp3~16.mp3。

06 返回主场景，新建"琴键"图层，将16个按钮置于舞台中琴键位置排好，并调整覆盖每个琴键。

07 新建"文字"图层，输入静态文本"琴声中荡漾着悠扬的旋律"，并添加文本滤镜。

08 按下快捷键Ctrl+S保存文件，并对该动画进行预览并发布。至此，完成本例制作。

特效技法6 | RadioButton组件与CheckBox组件

　　单选按钮（RadioButton）组件强制用户只能选择一组选项中的一项。该组件必须用于至少有两个RadioButton实例的组。在任何给定的时刻，都只有一个组成员被选中。选择组中的一个单选按钮将取消选择组内当前选定的单选按钮。单选按钮是Web上许多表单应用程序的基础部分。若需要让用户从一组选项中做出一个选择，则可以使用单选按钮。例如，在表单上询问客户的性别时，就可以使用单选按钮。

　　复选框（CheckBox）组件是一个可以进行多项选择的方框。在一系列选项中，利用复选框可以同时选取多个项目。当它被选中后，框中会出现一个复选标记。同时，可以为CheckBox添加一个文本标签，并能够将其放置在 CheckBox 的左侧、右侧、上方或下方。在Flash CS4中，可以使用 CheckBox收集一组不相互排斥的 true 或 false 值。例如，若应用程序需要收集有关用户的个人爱好时，则可以使用 CheckBox 来供用户选择。

制作贺卡类动画

Chapter
08

本章利用Flash在矢量绘图方面的强大功能，结合脚本的添加和补间动画的应用等功能，创作出丰富的、具有交互性的贺卡动画。包括端午节贺卡、教师节贺卡、母亲节贺卡、情人节贺卡、生日贺卡、新婚贺卡等，主要应用的知识点包括闪动光晕效果的制作、植物生长动画的创建、涟漪效果的实现、流畅的画面过渡效果的制作等。

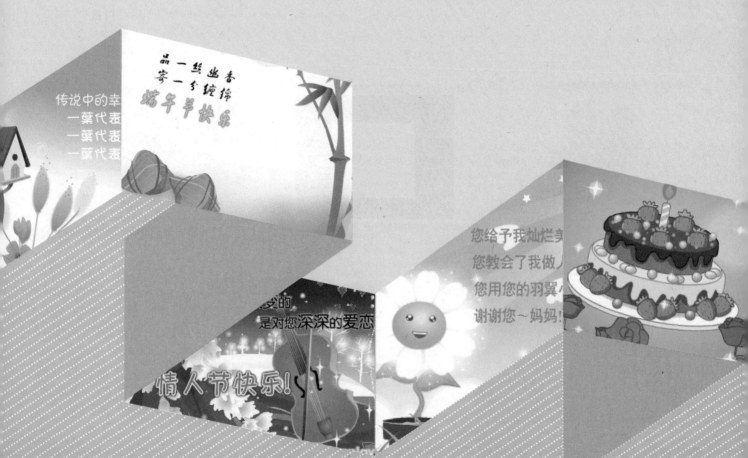

EXAMPLE **122 友情贺卡(上)**

● 运动引导动画　　　◎ 实例文件\Chapter 08\友情贺卡\

制作提示

❶ 文本内容的输入
❷ 按钮元件的创建

难度系数：★ ★ ★ ★

案例描述

本实例设计的是一个友情电子贺卡中的第一个画面，整个贺卡画面轻快明亮，画面中的人物造型活泼、可爱，动画通过幸运草来传递祝福。音乐的添加更轻松地表现出贺卡的意境，并烘托了气氛。

01 打开"友情贺卡素材.fla"文件，新建图层，由上至下依次重命名为"脚本"、"按钮"、"图框"、"过渡层"和"气泡"。

02 新建"按钮"按钮元件，并进入元件编辑区。选择"库"面板中的"幸运草"元件，将其拖至舞台并调整其位置。

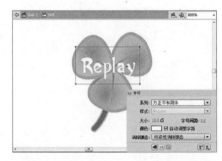

03 新建"图层2"，在幸运草上输入文本Replay。设置字符"系列"、"大小"和"文本填充颜色"分别为"方正平和简体"、10和"白色"。

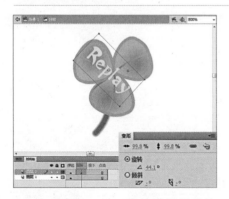

04 选择Replay，将其进行适当旋转。在"图层1~2"的"点击"帧处插入普通帧。在"图层2"的"指针"帧处插入关键帧，并修改其文本颜色为"黄色"。

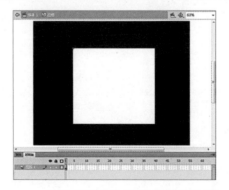

05 新建"图框"图形元件，绘制一个较大的矩形。在"对象绘制"模式下再绘制一个大小适当的白色框，然后将其分离并删除白色框内的黑色图形和白色框。

06 新建"矩形块"图形元件，在舞台的正中央绘制一个"宽度"和"高度"分别为450和400的白色矩形块，设置"填充颜色"和"笔触颜色"分别为"白色"和无。

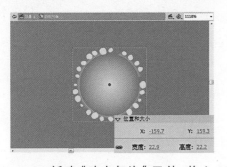

07 新建"动态气泡"元件，拖入
"气泡1"元件并调整其位置。
在第144、145帧处插入关键帧，在第
1~144帧间创建传统补间动画。

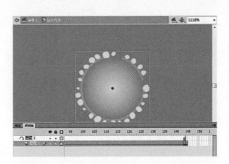

08 新建"图层2"，在第144帧处插
入普通帧。设置"图层2"为"图
层1"的引导层并转换为运动引导层，
将常规层链接到新的运动引导层。

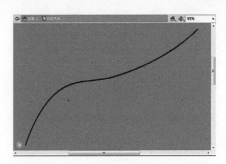

09 选择"图层2"，选择钢笔工
具，设置"笔触颜色"和"笔触
高度"分别为"黑色"和1，绘制一条曲
线作为运动路径。

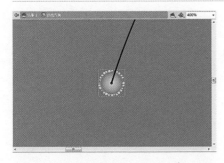

10 选择"图层1"中第1帧所对应
的实例，将实例的变形中心点
与曲线的下端点对齐。

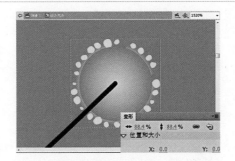

11 选择"图层1"中第144帧所对
应的实例，将其变形中心点与
曲线的上端点对齐，并调整其大小。
删除"图层2"的第144帧。

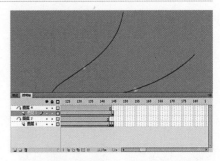

12 调整"图层1"第145帧实例的
位置。参照"图层1"和"图层
2"中气泡引导运画的创建方法，创建
"图层3"和"图层4"中的气泡动画。

特效技法1 | 电子贺卡的制作流程

　　制作电子贺卡不需要很复杂的技术，只需掌握一些基本的应用技术，就可以很容易地制作出漂亮的电子贺卡。通过以下6个步
骤即可制作出一个完整的电子贺卡，具体操作方法如下。

1. 定义贺卡主题并准备素材
确定贺卡的主题和内容。制作或收集整理相关素材并导入图片将导入的图片和素材制作为元件，然后设置场景。

2. 制作贺词效果
贺词效果的形式很多，要制作动态的贺词效果，需新建一个图层，输入并编辑贺词文字，根据贺词内容和版面，确定文字的排
版方式（横排或竖排）。

3. 组合动画
在主场景中依次排列好各个元件，在某一图层添加背景音乐，可以在"属性"面板中设置音乐的播放方式，在所选帧处把音乐
设定为"停止"，这样就完成了基本设计过程。

4. 添加其他效果
为了使贺卡更吸引人，可以为画面添加闪烁的星星、飘落的雪花、升起的炊烟等。设计者可以根据贺卡的内容添加更为精彩
的其他动画效果。

5. 预览测试
测试并修改贺卡，以达到最佳的观赏效果，最后预览并发布作品，完成电子贺卡的制作。

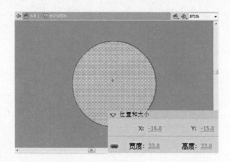

13 新建"渐变透明圆"图形元件,使用工具箱中的椭圆工具在编辑区域绘制一个"宽度"和"高度"均为33的正圆。

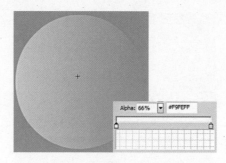

14 选择正圆图形,设置其"笔触颜色"为无,"填充颜色"为"白色"(Alpha值为66%)至"白色"(Alpha值为0)的线性渐变。

15 新建"发光星星"图形元件,使用工具箱中的椭圆工具在编辑区域绘制一个"宽度"和"高度"均为48的正圆。

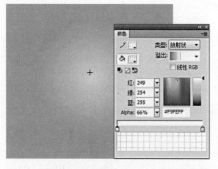

16 选择刚刚绘制好的正圆,打开"颜色"面板,在该面板中设置其"填充颜色"为"白色"(Alpha值为66%)至"白色"(Alpha值为0)的放射状渐变。

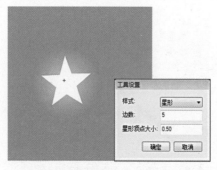

17 新建"图层2",选择多角星形工具,打开"工具设置"对话框,在该对话框中设置"样式"为"星形",在白色的发光圆上绘制"填充颜色"为"白色"的五角星。

18 新建"动态星星"影片剪辑元件,拖入"渐变透明圆"元件。在第6、7、8、14和15帧处插入关键帧,并设置第1、14和15帧所对应实例的"宽度"和"高度"均为48。

19 依次选择并分离"图层1"中第1、6、8和14帧所对应的实例,并在第1帧至第6帧、第8帧至第14帧之间创建补间形状动画。

20 新建"图层2",将"发光星星"元件拖至舞台正中央,在第7、15帧处插入关键帧,并在各关键帧间创建传统补间动画。

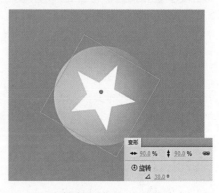

21 选择第1帧所对应的实例,在"变形"面板中设置其"缩放宽度"和"缩放高度"值均为90%、"旋转"值为30。

特效技法2 | 运动引导动画的特点

引导动画主要通过引导层（它是一种特殊图层，在这个图层中有一条线，可以让某个对象沿着这条线运动，从而制作出沿曲线运动的动画）创建，一般引导层上的所有内容只作为对象运动的参考线，不会在最终效果中呈现出来。

在Flash CS4中，选择图层，然后单击鼠标右键，在弹出的快捷菜单中执行"引导层"命令，即可将选择的图层转换为引导层。在创建运动引导层时，应注意以下几点。

（1）若要控制传统补间动画中对象的移动，可创建运动引导层。

（2）无法将补间动画图层，或反向运动姿势图层拖动到引导层上。

（3）将常规层拖动到引导层上，会将引导层转换为运动引导层，并将常规层链接到新的运动引导层。

（4）为了防止意外转换引导层，可以将所有的引导层放在图层顺序的底部。

（5）一个引导层可以与多个图层链接。如果要取消与引导层的链接，将该图层拖动到引导层上方即可。

取消引导层最常用的方法如下。

在引导层上单击鼠标右键，在弹出的快捷菜单中执行"引导层"命令，即可取消对该命令的选中状态。

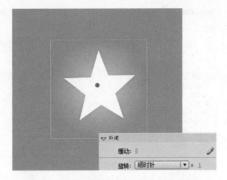

22 选择第15帧所对应的实例，设置其"缩放宽度"和"缩放高度"值均为90%。选择第7~15帧间的任意一帧，在"属性"面板中的"补间"卷展栏中设置"旋转"为"顺时针"。

23 新建"动态半透明圆"影片剪辑元件，绘制一个正圆。设置其"笔触颜色"为无，"填充颜色"为"白色"（Alpha值为0%）至"白色"（Alpha值为34%）的线性渐变。

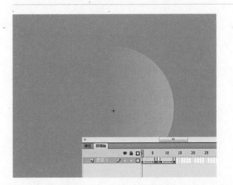
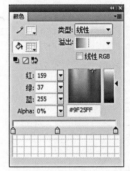

24 在第6、7、8和13帧处插入关键帧，删除第7帧所对应的图形对象，并在各关键帧间创建补间形状动画。再选择第6、8帧所对应的图形，修改其填充颜色的Alpha值均为0。

25 参照"图层1"中透明圆形状补间动画的创建方法，创建"图层2"中的透明圆形状补间动画。

26 新建"矩形条1"图形元件，绘制一个"宽度"和"高度"分别为195和28、"填充颜色"为"浅黄色"（#FFFFCD）的矩形块。

27 新建"祝福语1_A"图形元件, 输入文本"传说中的幸运草"。

28 使用同样的方法, 依次创建其他祝福语图形元件。在"库"面板中新建"祝福语"文件夹, 将所有的祝福语图形元件拖至此文件夹中。

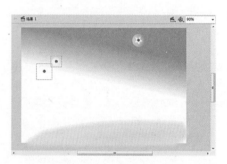

29 返回主场景, 新建图层文件夹, 并将其重命名为"画面 1", 在该图层文件夹下依次创建相应的图层。

30 选择"背景"图层, 将"背景1"元件拖至舞台, 然后设置其X和Y值。选择该图层文件夹中所有图层的第126帧并插入帧。

31 选择"动态星星"图层, 将"动态星星"元件拖曳至舞台中, 将实例复制两次, 然后对其位置进行调整。

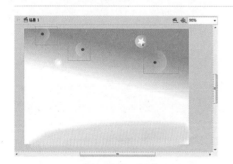

32 选择"半透明渐变圆"图层, 将"动态半透明圆"元件拖至舞台, 将实例复制两次并调整其位置。

33 选择"摇摆的花"图层, 将"摇摆的花"元件拖至舞台, 并设置其X和Y值分别为23.3和90.7。

34 选择"植物组合"图层, 将"植物组合1"元件拖至舞台, 设置其X和Y值分别为14.1和135.6。

35 选择"祝福语1_A"图层，在第8帧插入空白关键帧，将"祝福语1_A"元件拖至舞台，并在"属性"面板中设置其X和Y值。

36 选择"矩形条1"图层，在第8帧处插入空白关键帧，将"矩形条1"元件拖至文本正上方。在第27、28帧插入关键帧。

37 在第8~27帧间创建传统补间动画。选择"矩形条1"图层的第8帧所对应的实例，将其水平向左移动，放置在文本的左侧。

38 选择"矩形条1"图层的第27帧所对应的实例，将其水平向左移动一小段距离。

39 选择"矩形条1"图层并单击鼠标右键，在弹出的快捷菜单中执行"遮罩层"命令，创建遮罩动画。参照"祝福语"和"矩形条"遮罩动画的创建方法，依次创建其他的遮罩动画。

40 选择"曲线"图层，使用直线工具，沿着四句祝福语绘制Z字型直线。使用选择工具适当调整所绘直线，作为爱心对象的运动路径。右击"曲线"图层，在弹出的快捷菜单中执行"引导层"命令，并将"爱心"图层拖曳至"曲线"图层下方，创建运动引导动画。

41 选择"爱心"图层，从"库"面板中将"爱心"元件拖至舞台，然后将实例的变形中心点与曲线的上端点对齐。

特效技法3 | 导入到FLASH文档中的声音文件的格式

在Flash中可以导入影片的声音格式有WAV、MP3和ATFF（仅限苹果机）。如果系统上安装了QuickTime 4或更高版本，则可以导入一些附加声音文件，如AIFF和Sun AU等。

在制作贺卡、MTV或游戏时，调用声音文件需要占用一定数量的磁盘空间和随机存取储存器空间，建议读者使用比WAV或AIFF格式压缩率高的MP3格式声音文件，这样可以减小作品体积，提高作品下载的传输速率。

42 在"爱心"图层的第5、6帧处插入关键帧,在各关键帧间创建传统补间动画。选择第1帧所对应的实例,设置其Alpha值为0%。

43 选择第6帧所对应的实例,沿着曲线向右移动一小段距离。在第28、29、30帧处插入关键帧,并在各关键帧间创建传统补间动画。

44 选择"爱心"图层第28帧所对应的实例,将其沿着曲线向右移至曲线的右侧。

45 选择"爱心"图层第29帧所对应的实例,将其沿着曲线向左移动一段距离。

46 选择"爱心"图层第30帧所对应的实例,将其沿着曲线向右移动一小段距离。

47 创建"爱心"实例沿Z字型曲线运动的动画。至此,完成友情动画界面一的制作。

特效技法4 | 声音的两种类型

在Flash中包括事件声音和流声音两种类型,下面分别为用户介绍这两种声音的特点及应用。

1. 事件声音

事件声音在播放之前必须下载完,它可以持续播放直到被明确命令停止,也可以播放一个音符作为单击按钮的声音。在Flash中,关于事件声音需注意以下3点。

(1)事件声音在播放之前必须完整下载。有些动画下载时间很长,可能是由于其声音文件过大而导致的。如果要重复播放声音,不必再次下载。

(2)不管动画是否发生变化,事件声音都会独立将声音播放完毕,与动画的运行无关,即使播放到另一声音,它也不会因此停止播放,所以有时会干扰动画的播放质量,不能实现与动画同步播放。

(3)事件声音不论长短,都能只插入到一个帧中去。

2. 流声音

流声音在下载若干帧后,只要数据足够,就可以开始播放,它还可以做到和网络上播放的时间轴同步。在Flash中,关于流声音需要注意以下两点。

(1)流声音可以边下载边播放,不必担心出现因声音文件过大而导致下载过长的现象。因此,可以把流声音与动画中的可视元素同步播放。

(2)流声音只能在它所在的帧中播放。

EXAMPLE **123 友情贺卡(下)**

● 遮罩动画　　　　　　　◎ 实例文件\Chapter 08\友情贺卡\

制作提示 //////////

❶ 使用图层文件夹功能
❷ 引导动画的创建
❸ 综合效果的实现

难度系数：★ ★ ★ ★

案例描述 //////////

本实例设计的是友情电子贺卡的第二和第三个画面，与第一个画面相同的动画继续通过幸运草来传递祝福，整个贺卡画面轻快明亮。音乐的添加更轻松地表现出贺卡的意境，并烘托了气氛。

01 继续上一个实例的操作，将"画面1"图层文件夹折叠，新建图层文件2并重命名为"画面2"，在该图层文件夹下依次创建相应的图层。

02 选择"背景"图层，在第127帧插入空白关键帧，然后拖入"背景2"图形元件并设置其X和Y值。选择所有图层的第256帧并插入帧。

03 选择"植物组合2"图层，在第127帧插入空白关键帧，将"植物组合2"影片剪辑元件拖至舞台，并设置其X和Y值分别为14和336.9。

04 选择"植物"图层，在第127帧插入空白关键帧，将"植物"元件拖至舞台，调整其大小、位置以及旋转角度。

05 选择"女孩1"图层，在第127帧插入空白关键帧，将"小女孩1"元件拖至舞台，设置其X和Y值分别为226和171。

06 选择"祝福语2_A"图层，在第141帧插入空白关键帧，然后拖入"祝福语2_A"元件并设置其X和Y值分别为271.35和59.9。

特效技法5 | 调整组件以适合标签

　　在Flash CS4中，组件不会自动调整大小以适合其标签。如果添加到文档中的组件实例不够大，而无法显示其标签，就会将标签文本剪切掉。这种情况下，用户必须调整组件大小以适合其标签。如果使用任意变形工具或动作脚本中的"width"和"height"属性来调整组件实例的宽度和高度，可以调整该组件的大小，但是组件内容的布局依然保持不变，这将导致组件在影片回放时发生扭曲。此时，可以通过使用从任意组件实例中调用setSize()函数的方法来调整其大小。

07 选择"矩形条1"图层,在第141帧插入空白关键帧,拖入"矩形条2"元件,并调整其大小。

08 在"矩形条1"图层的第169、170帧插入关键帧,并在第141~169帧之间创建传统补间动画。

09 选择第141帧所对应的实例,将其水平向左移动,放置在文本的左侧。

10 选择"矩形条1"图层的第169帧所对应的实例,将其水平向左移动一小段距离。

11 右击"矩形条1"图层,在弹出的快捷菜单中执行"遮罩层"命令,创建遮罩动画。用同样的方法创建其他遮罩动画。

特效技法6 | 遮罩动画的创建

创建遮罩动画方法介绍如下。

(1) 在要设置为遮罩层的图层上右击,在弹出的快捷菜单中执行"遮罩层"命令即可。

(2) 在要设置为遮罩层的图层上单击鼠标右键,在弹出的快捷菜单中执行"属性"命令,打开"图层属性"对话框,在"类型"选项组中选中"遮罩层"单选按钮,最后单击"确定"按钮即可。

12 在"爱心"图层的第138帧插入空白关键帧,将"爱心"元件拖至舞台,根据祝福语的出场顺序,在该图层创建相应的传统补间动画,制作出由"爱心"引出文字的动画效果。

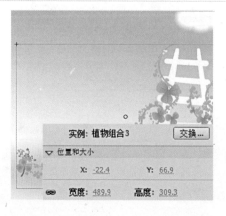

13 新建图层文件夹3,并将其重命名为"画面3",然后在该图层文件夹下依次创建相应的图层。选择"背景"图层,在第257帧插入空白关键帧,拖入"背景3"元件并调整其大小与位置。选择所有图层的第363帧并插入帧。选择"植物组合3"图层,在第257帧插入空白关键帧,拖入"植物组合3"元件并设置其X和Y值分别为-22.4和66.9。

14 选择"小女孩2"图层,在第257帧插入空白关键帧,拖入"小女孩2"元件并设置其X和Y值分别为18和162.2。

15 选择"半透明圆"图层,在第257帧插入空白关键帧,拖入"动态半透明圆"元件,复制一次实例,并分别调整其大小与位置。

16 选择"祝福语3_A"图层,在第266帧插入空白关键帧,拖入"祝福语3_A"元件并设置其X和Y值分别为173.05和40.9。

17 选择"矩形条1"图层,在第266帧插入空白关键帧,将"矩形条2"元件拖至文本的正上方。在第304、305帧插入关键帧。

18 在第266~304帧间创建传统补间动画。将第266、304帧所对应的实例分别水平向左、向右移动适当距离。

19 右击"矩形条1"图层,在弹出的快捷菜单中执行"遮罩层"命令,创建遮罩动画。用同样的方法依次创建其他的遮罩动画。

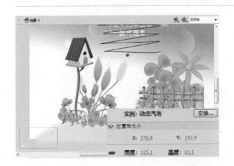

20 在"气泡"图层的第43帧插入空白关键帧,将"库"面板中的"动态气泡"元件拖至舞台,并调整该元件的位置。

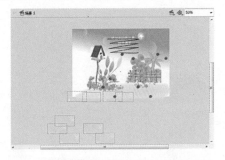

21 保持"动态气泡"实例为选择状态,并多次对其进行复制,然后分别调整复制的"动态气泡"实例在舞台中的位置。

22 在"气泡"和"图框"图层的第363帧插入普通帧。选择"图框"图层,拖入"图框"元件,并调整该元件的位置。

特效技法7 | 认识引导动画

在制作运动引导动画时,必须要创建引导层,引导层是Flash中的一种特殊图层,在影片中起辅助作用。引导层不会导出,因此不会显示在发布的SWF文件中。任何图层都可以作为引导层,图层名称左侧的辅助线图标表明该层是引导层。

23 在"过渡层"图层的第118帧处插入空白关键帧,然后将"矩形块"元件拖至舞台正中央。

24 在第127、136帧插入关键帧,在各关键帧间创建传统补间动画。分别设置第118、136帧所对应实例的Alpha值为0%。在第137、247帧插入空白关键帧。复制第118~136帧补间帧,然后将其粘贴至第247帧。

25 在"按钮"图层的第356帧插入空白关键帧,将"按钮"元件拖至舞台,并调整其大小、位置以及旋转值。

26 在第357、363帧插入关键帧,在各关键帧间创建传统补间动画。分别将第356、357帧所对应实例向下、向上进行适当移动。

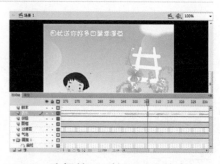

27 选择第363帧所对应的实例,打开其"动作"面板,添加相应的脚本。新建"音乐"图层,为其添加music音乐。

28 按下快捷键Ctrl+S保存该文档,并按下快捷键Ctrl+Enter对该动画进行测试,预览制作好的友情贺卡动画。至此,完成友情贺卡动画的制作。

特效技法8 | MP3音频格式

　　MP3是使用最为广泛的一种数字音频格式,体积小、取样与编码技术优异。对于追求体积小、音质好的Flash MTV来说,MP3格式是最理想的一种声音格式。虽然MP3经过了破坏性的压缩,但是其音质仍然接近CD的水平。

EXAMPLE 124 端午节贺卡

● 传统补间动画　　◎ 实例文件\Chapter 08\端午节贺卡\

制作提示 ///////////////////

① 应用形状补间功能制作画面过渡效果

② 传统补间动画的创建

难度系数：★★★★

案例描述 ///////////////////

本实例设计的是端午节贺卡，画面以绿色为主，将翠竹、粽叶和粽子等端午节特有的元素应用到动画中。整个动画轻悠、流畅，配上好听的音乐，给人一种美的享受。

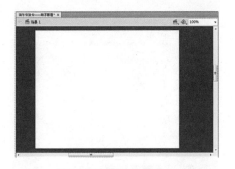

01 打开"端午节贺卡素材.fla"文件，将"图层1"重命名为"图框"，将"图框"元件拖至舞台中央。

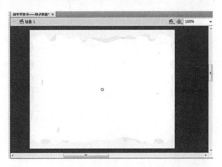

02 在图层底部新建"边框"图层，拖入"边框"元件，在"边框"图层的第660帧插入普通帧。

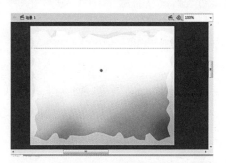

03 新建"背景"图层，在第1~101帧间插入关键帧并创建传统补间动画，制作背景由浅变深的动画。

04 新建"翠竹"图层，拖入"翠竹"元件并为其添加高级效果，在第1~101帧间插入相应的关键帧并创建传统补间动画，以制作出翠竹由大变小、由外向里的动画效果。

05 在"背景"图层上创建"星星和圆"图层，拖入"星星和圆"元件并为其添加高级效果。在第60~101帧插入关键帧并创建传统补间动画，制作实例由大变小的动画。

06 依次新建"粽叶"、"粽子1"和"热气"图层，制作出粽叶和其上的粽子一起由右下角向舞台中运动，并伴随着热气的动画。

特效技法9 | 设置补间动画的对象属性

　　补间是通过为一个帧中的对象属性指定一个值，并为另一个帧中该对象的相同属性指定另一个值创建的动画。这两个帧之间该属性的值则由Flash计算。例如，可以在时间轴第1帧的舞台左侧放置一个影片剪辑元件，然后将该影片剪辑元件移到第32帧的舞台右侧。在创建补间时，Flash将计算用户指定的右侧和左侧这两个位置之间的舞台上影片剪辑的所有位置。最后会得到相应的动画，即影片剪辑从第1帧到第32帧，从舞台左侧移到右侧。在中间的每个帧中，Flash将影片剪辑在舞台上移动1/32的距离。其中，可补间的对象类型包括影片剪辑元件、图形元件、按钮元件，以及文本字段。

07 依次新建"文本1"、"文本2"和"文本3"图层,创建传统补间动画,制作出3组文本依次由无到清晰出现的文本动画。

08 在"图框"图层下新建"过渡"图层,在第1~49帧之间创建形状补间动画,制作出整个画面由白色逐渐清晰的动画。

09 选择"过渡"图层,在第265~313帧之间创建形状补间动画,制作出画面由清晰变白色再变清晰的动画。

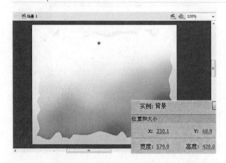

10 选择"背景"图层,在第291~351帧之间创建传统补间动画,以制作出背景画面由右向舞台左侧运动的动画。

11 新建"涟漪"图层,在该图层的第291帧插入空白关键帧,将"涟漪"元件拖至舞台的右下角,并对其属性进行设置。

12 在"热气"图层的上方新建"粽叶动"图层,在第291~462帧间添加"粽叶动"元件,放置在舞台的顶部,并对其属性进行设置。

13 新建"粽子2"图层,在第291~462帧添加"粽子2"元件,并在第291~371帧之间创建传统补间动画,制作粽子向上运动的动画。

14 在"文本3"图层的上方依次新建"文本4"、"文本5"和"文本6"图层,制作出3组文本依次由无到清晰出现的文本动画。

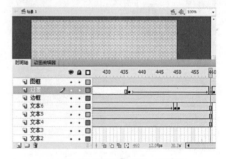

15 选择"过渡"图层,在第437~486帧之间创建形状补间动画,制作出画面由清晰变白色再变清晰的动画。

特效技法10 | 传统补间与补间动画

　　Flash支持两种不同类型的补间以创建动画。其中,传统补间(包括在早期版本的Flash中创建的所有补间)的创建过程较为复杂。补间动画是在Flash CS4中最新引入的概念,其功能强大且易于创建。通过补间动画可对补间的动画进行最大程度的控制。补间动画提供了更多的补间控制,而传统补间提供了一些用户可能希望使用的某些特定功能。

16 在"翠竹"图层的第291、463帧插入关键帧,删除第291帧所对应的"翠竹"实例,将第463帧所对应的"翠竹"实例水平翻转,并放置在舞台的右侧。

17 新建"粽子3"和"粽子4"图层,在第463~543帧间创建传统补间动画,制作出两个粽子从舞台底部向上运动的动画效果。

18 依次新建"文本7"和"文本8"图层,制作出两组文本依次由无到清晰出现的文本动画。新建"文本动"图层,在第580帧插入空白关键帧,将"文本动"元件拖至舞台。

19 新建"播放按钮"图层,为动画添加重新播放按钮。在第625~650帧间创建传统补间动画,设置实例的Alpha值和坐标值,制作按钮从无变清晰并慢慢运动的动画。

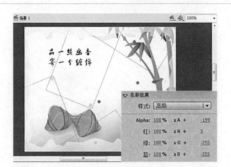

20 新建"星星"图层,在第463帧插入空白关键帧,拖入"变色星星"元件并为其添加高级颜色样式。多次复制该实例,然后调整其旋转角度和坐标值后将其分布在舞台。

21 在图层最顶层新建"脚本"图层,在第660帧插入空白关键帧,并为该帧添加脚本stop();新建"音乐"图层,为贺卡添加背景音乐。至此,完成贺卡的制作。

特效技法11 | 设计电子贺卡动画的要求

Flash贺卡不但可以表现文字和图像内容,还可以添加声音和动画使贺卡变得生动形象,更能表达人们的心意,并且其体积很小,便于网络传输,因此在互联网上极为流行。在设计电子贺卡动画时,有以下4点设计要求。

(1) 创意:一个成功的Flash贺卡最重要的是创意而不是技术。要做到标新立异、和谐统一、震撼心灵,同时应注意国家、民族和宗教等禁忌。

(2) 技法:制作贺卡有很多技巧,可以使用通用的元素表达主题简化动画;也可以使用极端的对比法、变异法和取代替换法,以及富于创造性的设计和构思,进行逆向思维,大胆突破传统的束缚。

(3) 色彩:贺卡画面的色彩要符合节日的气氛,对于以祝福为主题的贺卡,应使用温暖干净的配色,红色加黄色、白色加蓝色等;对于追求简洁明快的风格,应使用大块的纯色做背景,做到特征鲜明,令人过目不忘。

(4) 动画:在制作动画时,不必采用过于复杂的动画类型,简单的文本动画即可突出主题。动画中的造型尽量卡通化,要活泼、可爱。

要在很有限的时间内表达出主题,并把气氛烘托起来。建议读者多看看成功的作品,多从创作者的角度思考问题,才能快速提高设计制作水平。

125 教师节贺卡

● 制作闪动光晕　　　◎ 实例文件\Chapter 08\教师节贺卡\

制作提示 //////////////////////

❶ 模糊滤镜功能的应用
❷ 传统补间动画的创建
❸ 遮罩功能的应用

难度系数：★ ★ ★ ★

案例描述 //////////////////////

本实例设计的是教师节贺卡，动画以欣欣向荣的向日葵作为主体元素，配上祝福词、太阳光束、轻悠的背景音乐，将温暖的问候传递出来。

01 打开"教师节贺卡素材.fla"文件，将"图层1"重命名为"画面1"，拖入"画面1"元件，并在第1~30帧之间创建传统补间动画，以制作出画面由无变清晰的动画。

02 新建"文本1"图层，将"文本1"元件放置在第33帧处，然后在第41、62和63帧处插入关键帧，并创建传统补间动画。选择第33帧所对应的实例，为其添加"模糊"滤镜，设置X值为91，Alpha值为0，将其水平向左移至舞台外。为第41、62帧所对应实例添加"模糊"滤镜，设置X值为61.9和2.8，并分别将其水平向左移动。

03 参照"文本1"图层的创建方法，新建"文本2"图层，并制作"文本2"实例由舞台左侧向右运动、由模糊逐渐变清晰的动画。

04 新建"闪耀光晕"图层，拖入元件"闪耀光晕"并调整其位置。新建"太阳光晕1"图层，在第1~140帧间创建传统补间动画。

05 参照贺卡画面1中背景和文本动画的制作方法，创建"画面2"、"文本3"和"文本4"图层，并制作相应的背景和文本动画。

特效技法12 | "关键帧"和"属性关键帧"的区别

　　"关键帧"是指时间轴中元件实例首次出现在舞台上的帧。"属性关键帧"是指在补间动画的特定时间或帧中定义的属性值，这是Flash CS4 中新增的单独术语。用户定义的每个属性都有它自己的属性关键帧。若在单个帧中设置了多个属性，则其中每个属性的属性关键帧会驻留在该帧中。通常，可以在动画编辑器中查看补间范围的每个属性及其属性关键帧。还可以从补间范围上下文菜单中选择可在时间轴中显示属性关键帧的类型。

06 新建"太阳光晕2"图层,拖入"闪耀光晕"元件,在第116、139、140、326和351帧处插入关键帧并创建传统补间动画,以制作实例由无变清晰再消失的动画。

07 参照贺卡画面1中背景和文本动画的制作方法,创建"画面3"、"文本5"和"文本6"图层,并制作相应的背景和文本动画。

08 用同样的方法创建"画面4"和"文本7"图层动画效果,并在"太阳光晕1"图层中的第326~351帧间创建传统补间动画,以制作实例由无变清晰的动画。

09 在图层的最上方新建"矩形块"图层,将"矩形块"元件拖至舞台正中央。选择"矩形块"图层并右击,执行"遮罩层"命令,将"矩形块"图层转换为遮罩层,其下所有图层转换为被遮罩层,创建遮罩动画。

10 新建"按钮"图层,在第434帧插入空白关键帧,将"按钮"元件拖至舞台右下角,并添加脚本。

11 选择"按钮"图层的第434帧,添加"stop();"脚本,在此终止动画的播放。

12 新建"音乐"图层,为其添加"背景音乐",并在"属性"面板中设置声音属性。

13 至此,完成该贺卡的制作。按下快捷键Ctrl+S保存文档,按下快捷键Ctrl+Enter对其进行测试。

EXAMPLE
126 母亲节贺卡

● 制作植物生长动画　　　◎ 实例文件\Chapter 08\母亲节贺卡\

制作提示 //////////////////

❶ 背景的布置
❷ 逐帧动画、传统补间动画的制作
❸ 动作脚本的添加

难度系数： ★ ★ ★

案例描述 //////////////////

本实例设计的是母亲节贺卡，整个动画轻快流畅，通过播种、浇水、种子发芽到开花等一系列动画，表达了母亲养育孩子的过程，从而将对母亲深深的谢意表达出来。

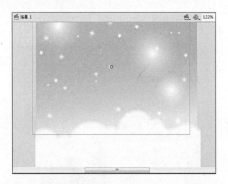

01 打开"母亲节贺卡素材.fla"文件，将"图层1"重命名为"背景"拖入"背景"元件。新建"光晕"图层，拖入"光晕组合"元件。

02 新建"花盆"和"绿草"图层，从"库"面板中将"花盆"和"绿草"元件拖曳至舞台，并对实例的位置进行调整。

03 新建"水壶"图层，在第1~38帧创建传统补间动画，制作从右向左运动的动画。新建"水"图层，将"水"元件拖至水壶左侧。

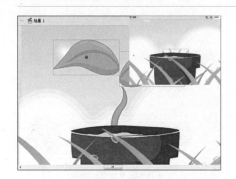

04 新建"嫩芽"图层，插入相应的关键帧，将嫩芽对象放置在花盆的正上方，制作嫩芽生长动画。

05 新建"嫩叶"图层，在第49、50帧插入关键帧，并添加"嫩叶"元件，制作出嫩叶生长的动画。

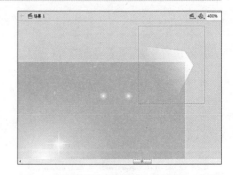

06 新建"太阳光束1"图层，在第74~105帧添加"太阳光束1"元件，将其放置在舞台的右上角。

特效技法13 | 关于属性关键帧

　　属性关键帧是在补间范围内为补间目标对象显式定义一个或多个属性值的帧。如果补间对象在补间过程中更改其舞台位置，则补间范围具有与之关联的运动路径。此运动路径显示补间对象在舞台上移动时所经过的路径，可以使用部分选取、转换锚点、删除锚点和任意变形等工具编辑舞台上的运动路径。如果不是对位置进行补间，则舞台上不显示运动路径。

07 新建"笑脸_变化"图层,在第106~119帧添加"笑脸_变化"元件,将其放置在花盆的正上方。

08 新建"笑脸_旋转"图层,在第120帧插入空白关键帧,将"笑脸_旋转"元件放置在花盆的正上方。

09 新建"太阳光束2"图层,在第106帧插入空白关键帧,将"太阳光束2"元件放置在舞台的右上角。

10 在"绿草"图层上新建"白云"图层,添加"白云"元件,在第144~169帧间创建传统补间动画,制作出白云由无变清晰的动画。

11 依次新建"文本1~4"图层,在各个图层中输入相应的文本,制作出4段文本依次从上向下从无变清晰出现的文本动画。

12 新建"按钮"图层,在第144~169帧间添加具有重播功能的"播放按钮"实例,并制作按钮由半透明变清晰并旋转的动画。

13 新建"矩形"图层,将"矩形"元件拖至舞台正中央。将"矩形"图层转换为遮罩层,其下所有图层转换为被遮罩层,创建遮罩动画。

14 新建"音频1"图层,在第1~51帧添加"音频",并设置声音属性。第169帧处插入关键帧,并添加脚本stop();。

15 新建"音频2"图层,为该图层添加"背景音乐",并在"属性"面板中设置声音属性。至此,完成母亲节贺卡的制作。

EXAMPLE 127 情人节贺卡

● 制作流畅的画面过渡　　◎ 实例文件\Chapter 08\情人节贺卡\

制作提示

❶ 使用导入到库功能
❷ 传统补间动画的创建
❸ 通过"颜色"面板设置颜色属性

难度系数： ★★★★

案例描述

本实例设计的是情人节贺卡，整个画面由红心、鲜花、礼物、飘动的雪花和闪烁的星星构成，将恋人之间的甜蜜和爱恋在寒冷的季节进行传递，给人温暖的感觉。

01 新建一个Flash文档，将"情人节贺卡素材.fla"文件作为外部库打开，并调用其中的元件素材。

02 将"图层1"重命名为"画面1"，在第127帧插入帧，将"位图1"素材拖至舞台正中央。

03 新建"星星闪烁"图层，在第397帧插入帧，将"星星闪烁"元件拖曳至舞台，并调整其位置。

04 新建"雪花"图层，从"库"面板中将"雪花总"影片剪辑元件拖至舞台，并调整其位置。

05 新建"图框"图层，将"图框"元件拖至舞台。在"雪花"图层上新建"文本动画1"图层，将"文本1"元件放置在第31帧处。

06 在第31~127帧间相应位置插入关键并创建传统补间动画，制作出文本由无到清晰并随动画一起摇晃的动画。

特效技法14 | 关于补间动画

补间动画是一种在最大程度地减小文件大小的同时，创建随时间移动和变化的动画的有效方法。在补间动画中，只有用户指定的属性关键帧的值存储在Flash文件和发布的SWF文件中。补间动画只能具有一个与之关联的对象实例，并使用属性关键帧而不是关键帧。而传统补间使用关键帧，关键帧是其中显示对象的新实例的帧。

07 用同样的方法创建"文本动画2"图层,在第12~56帧创建传统补间动画,并制作相应的"文本2"实例动画。

08 调整图层的位置,新建"过渡层"图层,将"矩形2"元件拖至舞台正中心,在第27、28帧处插入关键帧。

09 将第1、27帧的实例打散,在第1~27帧间创建形状补间动画。修改第27帧图形的填充色,填充放射状渐变。

10 在"过渡层"图层中的第107~155帧间创建相应的形状补间动画,制作出画面由清晰变白色、由白色放射状变清晰的动画。

11 在"画面1"图层上新建"画面2"图层,在第128~247帧间添加"位图2"对象。

12 在"文本动画1"和"文本动画2"图层上创建"文本4"和"文本3"实例依次由无变清晰并逐渐摇晃的动画。

13 在"过渡层"图层中第227帧和第275帧创建相应的形状补间动画,制作出画面由清晰变白色、由白色放射状变清晰的动画。

14 在"画面2"图层上新建"画面3"图层,在第248~第397帧间添加"位图3"对象。

15 在"文本动画2"图层的第298帧插入空白关键帧,添加"文本5"实例,并设置其X和Y值均为18。

16 在"画面3"图层上新建"吉他"图层，添加"吉他"实例，在第278~306帧创建传统补间动画，制作吉他由无变清晰的动画。

17 新建"文本动画3"图层，添加"文本6_动"实例，在第358~380帧创建传统补间动画，制作文本由无变清晰的动画。

18 在"过渡层"图层的第386帧插入空白关键帧，然后添加"重播按钮"元件，并为按钮添加具有重播功能的脚本。

19 为重播按钮添加黑色的"投影"滤镜，在第386~397帧创建传统补间动画。并对第386帧所对应实例进行属性设置，以制作出实例由无变清晰、由小变大的动画。新建"音乐"图层，在第2帧插入空白关键帧，为其添加"背景音乐"，并设置声音属性。

20 新建"脚本"图层，在第397帧插入关键帧，并为该帧添加stop();脚本。选择第1帧，为其添加脚本。至此，完成情人节贺卡的制作。

特效技法15 | 电子贺卡的类型

电子贺卡就是利用网络电子邮件进行传递的贺卡。它传递贺卡的网页链接，收卡人单击链接地址即可打开贺卡画面。电子贺卡画面不仅是动画形式，而且带有美妙的音乐。温馨和祝福是Flash电子贺卡的总特点，对于不同类型的贺卡，其特点也不尽相同。Flash电子贺卡分为5种类型，分别介绍如下。

（1）节日贺卡：一般用于各种节日，画面一般较为炫目，色彩较为鲜明，突出节日的气氛。如春节贺卡、中秋节贺卡、圣诞贺卡等。

（2）生日贺卡：一般用于祝贺生日，其中包括针对个人的生日贺卡和针对企业的生日贺卡，制作时要突出生日的主题，也可以制作的较为个性。

（3）爱情贺卡：该类贺卡为特用贺卡，只有在需要表达爱情时才会使用，所以制作时要突出爱情的元素。

（4）温馨贺卡：该类贺卡并没有特定使用时间，一般是为了表达个人的各种情感，制作上要求尽量简洁，不要有特别重的节日气氛。

（5）祝贺贺卡：一般是为了祝贺所使用的贺卡，在制作上要突出喜庆的特点，在色彩和动画类型上都可以相对丰富。

EXAMPLE **128 生日贺卡**

● 制作具有拖曳功能的火柴　◎ 实例文件\Chapter 08\生日贺卡\

制作提示 ///////////////////

❶ 外部库、形状补间功能的应用
❷ "属性"面板和 "变形"面板的使用
❸ 发光滤镜的应用
❹ 形状补间动画的创建方法

难度系数：★ ★ ★ ★

案例描述 ///////////////////

本实例设计的是生日贺卡，动画一开始显示逐渐放大的转场效果和从空中掉下来的生日蛋糕、燃烧的火柴，然后点上蜡烛、紧接着是音乐、鲜花、闪烁的星星、心形气球和祝福语，非常完美。

01 执行"文件>新建"命令，新建一个Flash文档，将"生日贺卡素材.fla"文件作为外部库打开，并调用其中的元件素材。

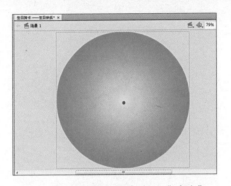

02 将"图层1"重命名为"过渡"，将"放射圆"元件拖至舞台，放置在舞台的正中央，并在第12帧和第13帧插入关键帧。

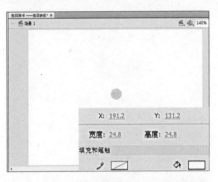

03 将"过渡"图层第1、12帧的实例打散，修改第1帧图形的填充色为"白色"、"宽度"和"高度"均为24.8，并创建形状补间动画。

04 新建"背景"图层，在第14帧插入关键帧，在第171帧插入普通帧，将"背景"元件拖至舞台，并调整其大小和位置。

05 新建"心形气球"图层，在第14帧插入关键帧，从"库"面板中将"心形气球"影片剪辑元件拖至舞台，并调整其位置。

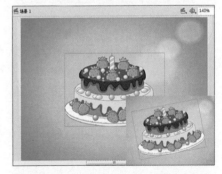

06 新建"蛋糕"图层，并将"蛋糕"元件放置在第17帧处，在第17~171帧创建传统补间动画，制作蛋糕掉下来并左右晃动的动画。

07 新建"火焰"图层,在第36帧插入关键帧,将"火焰"元件拖至蛋糕正上方的蜡烛上。

08 新建"鲜花动1"图层,在第40帧插入关键帧,将"鲜花动1"元件拖至舞台的下方。

09 新建"鲜花动2"图层,在第36帧插入关键帧,将"鲜花动2"元件拖至舞台的下方。

10 新建"星星动"图层,将"星星动"元件拖至第43帧处,在43~171帧创建传统补间动画。设置第43、52帧所对应实例的Alpha值分别为0%、90%,以制作实例由无变清晰的动画。新建"文本1"图层,在第130帧插入空白关键帧,拖入"文本1"元件并为其添加白色的发光滤镜。

11 新建"圆角矩形"图层,拖入"圆角矩形"元件。将该图层转换为遮罩层,其下所有图层转换为被遮罩层,创建遮罩动画。

12 新建"音乐"图层,在第36帧插入关键帧,将"背景音乐"添加至该图层,并设置声音属性。新建"文本2"图层。

13 将"文本2"元件拖至第25帧,在第25~44帧间创建传统补间动画,以制作文本从下向上逐渐运动、由无变清晰再消失的动画。

14 新建"按钮1"图层,在第25~35帧添加"按钮1"元件,将实例放置在蜡烛正上方,并为其添加相应的脚本。

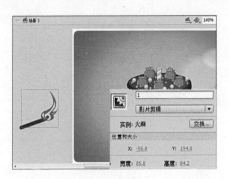

15 新建"火柴"图层,在第25~35帧间添加"火柴"影片剪辑元件,将实例放置在舞台的左侧,并在"属性"面板中设置该实例的名称为1,以便后面编脚本调用该实例。

16 新建"脚本"图层,在第1帧处添加脚本stopAllSounds();,然后在第35、171帧处添加脚本stop();。在第25帧处添加脚本startDrag ("1", true);。

17 新建"按钮2"图层,在第164帧插入关键帧,添加"按钮2"元件,并对其进行相应的调整,添加具有重播功能的脚本on (release) {gotoAndPlay(1);}。

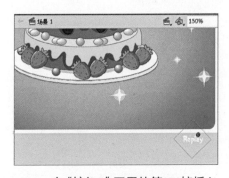

18 在"按钮2"图层的第171帧插入关键帧,创建传统补间动画,选择第164帧的实例,移出舞台。

19 按下快捷键Ctrl+S保存文档,按下快捷键Ctrl+Enter对其进行测试。至此,完成该贺卡的制作。火柴将跟随鼠标移动,当在蜡烛上单击鼠标后,蜡烛将被点亮,同时音乐响起,鲜花涌动。

特效技法16 | 在影片剪辑环境下测试影片

通常情况下,在制作好Flash动画后,可以测试Flash作品,并且可以使用播放器预览影片效果。如果测试没有问题,则可以按要求发布影片,或者将影片导出为可供其他应用程序处理的数据。

在影片剪辑环境下,按下Enter键可以对影片进行简单的测试,但影片中的影片剪辑元件、按钮元件以及脚本语言也就是影片的交互式效果均不能得到测试。在影片剪辑模式下测试影片得到的动画速度比输出或优化后的影片要慢,所以影片编辑环境不是用户首选的测试环境。

在编辑环境下通过设置,可以对按钮元件以及简单的帧动作(play、stop、gotoplay和gotoandstop)进行测试。

如果在影片编辑环境下测试按钮元件,执行"控制>启用简单按钮"命令,按下Enter键测试影片时,按钮将做出与最终动画一样的响应,包括按钮所附加的脚本语言。

如果在影片编辑环境下测试简单的帧动作(play、stop、gotoplay和gotoandstop),执行"控制>启用简单帧动作"命令即可。

EXAMPLE **129 新婚贺卡**

两个人一辈子最美丽的结合！！

● 高级颜色样式的应用　　◎ 实例文件\Chapter 08\新婚贺卡\

制作提示 //////////////////////

❶ 传统补间动画的创建
❷ 各种素材元件的设置
❸ 综合效果的实现

难度系数： ★ ★ ★ ★

案例描述 //////////////////////

本实例设计的是新婚贺卡，整个画面以粉红色为主色调。新郎、新娘、婚纱、鲜花、心形、祝福语，配上和谐的音乐，整个动画显得非常完美。

01 打开"新婚贺卡素材.fla"文件，新建影片剪辑元件"主动画"，将"图层1"重命名为"背景"，拖入"背景"元件，并在第447帧插入帧。

02 新建"新郎"图层，在第1~137帧中为其添加"新郎"元件，并调整实例的大小和位置。新建"白色形状"图层，添加"白色形状"元件，在第1~229帧创建传统补间动画，并对实例作出调整，以制作实例由舞台左上角向右下角、从右下角向左上角再向左下角、从左下角向右上角运动的动画。

03 新建"鲜花动"图层，在第1~229帧中为其添加"鲜花动"元件，调整实例的大小和位置，放置在舞台的左上角。

04 新建"花框"图层，从"库"面板中将"花框"影片剪辑元件拖曳至舞台，放置在舞台的正中央，并调整其大小。

05 在"新郎"图层的上方新建"婚纱"图层，在第138帧插入关键帧，将"婚纱"元件拖曳至舞台合适位置。

特效技法17 | 补间动画与传统补间动画的区别之一

（1）利用传统补间可以在两种不同的色彩效果（如色调和 Alpha 透明度）之间创建动画。而补间动画可以对每个补间应用一种色彩效果。

（2）在Flash CS4中，只可以使用补间动画来为3D对象创建动画效果，无法使用传统补间为3D对象创建动画效果。

（3）在FlashCS4中，只有补间动画才能保存为动画预设。

（4）补间动画无法交换元件或设置属性关键帧中显示的图形元件的帧数。应用了这些技术的动画要求使用传统补间。

06 新建"新娘"图层,在第138~229帧添加"新娘"元件,调整其大小和位置,放置在婚纱上。

07 新建"手捧花"图层,在第138帧插入关键帧,将"手捧花"元件拖曳至舞台,放置在舞台的下方。

08 新建"婚纱罩"图层,在第138帧插入关键帧,将"婚纱罩"元件拖曳至舞台,放置在新娘的头上。

09 新建"新郎新娘"图层,在第230帧插入空白关键帧,拖入"新郎新娘"元件后将其水平翻转。

10 在"新郎新娘"图层的第280、316和317帧处插入关键帧,并创建相应的传统补间动画,选择第230帧所对应的实例,修改其Y值,将其垂直向下移动。选择第317帧所对应的实例,将其缩放值设置为120%,并调整其位置。

11 在"新郎"图层的上方新建"雪花"图层,在第242帧插入空白关键帧,拖入"雪花"元件。在第254、255帧插入关键帧,并创建传统补间动画,修改第242、254帧所对应实例的Alpha值分别为0%和92%。新建"心形组合1"图层,在第230帧插入关键帧,将"心形组合1"元件拖曳至舞台,并调整其位置。用同样的方法新建"心形组合2"图层。

12 新建"心形"图层,在第333帧插入空白关键帧,添加"心形"实例,在第346、347帧插入关键帧创建传统补间动画,并修改实例的Alpha值。调整第333帧处实例的位置,以制作实例从舞台中心向左上角逐渐清晰的动画。

13 新建"花"图层,在第317帧插入关键帧,将"花"元件拖曳至舞台的左下角。

14 在"白色形状"图层的上方新建"过渡"图层,添加"白色矩形"实例,在第230~252帧间创建传统补间动画,并分别修改其Alpha值为96%和0%。

15 新建"文本1"图层,在第354帧插入空白关键帧,为其添加"文本1"实例。在第372、373帧插入关键帧并创建传统补间动画。以制作实例向右运动并逐渐清晰的动画。

16 在"过渡"图层的上方新建"文本2_A"图层,在第373帧插入空白关键帧,添加"文本2"实例。在第391、392帧插入关键帧,以制作实例向左运动并逐渐清晰的动画。

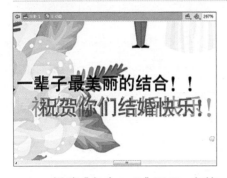

17 新建"文本2_B"图层,在第392帧插入空白关键帧,添加"文本2"实例。在第423、424帧插入关键帧,修改这两个关键帧所对应实例的缩放值和Alpha值。

18 新建"按钮"图层,在第438帧插入空白关键帧,添加"重播"实例,调整其大小和位置,放置在舞台的右上角,并为其添加具有重播功能的脚本。

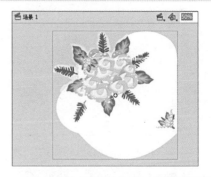

19 新建"音乐"图层,在该图层添加"背景音乐"并设置其属性。新建"脚本"图层,在第441帧添加脚本stop();。返回主场景,将"主动画"元件拖曳至舞台。完成本例制作。

EXAMPLE **130 重阳节贺卡**

● 制作茶香飘动效果　　◎ 实例文件\Chapter 08\重阳节贺卡\

制作提示 ///////////////

❶ 模糊滤镜的使用

❷ 传统补间动画、形状补间动画的创建

❸ 综合效果的实现

难度系数：★ ★ ★ ★

案例描述 ///////////////

本实例设计的是重阳节贺卡，画面清晰、淡雅、具有古典美。整个动画轻悠、流畅，将重阳节特有的风味展示出来。

01 打开"重阳节贺卡素材.fla"文件，将"图层1"重命名为"背景"，将"背景"元件拖曳至舞台，并在第118帧插入帧。

02 新建"山1"图层，将"山1"元件拖曳至舞台，然后调整实例的大小和位置，并为其添加模糊值为7的"模糊"滤镜。

03 新建"烟雾"图层，从"库"面板中将"烟雾"图形元件拖曳至舞台中合适的位置，然后调整实例的大小和位置。

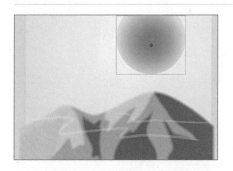

04 新建"太阳1"图层，将"太阳1"元件拖曳至舞台，在第1~118帧间创建传统补间动画，以制作出实例向左缓慢移动的动画。

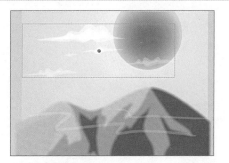

05 新建"云"图层，将"云"元件拖曳至舞台，在第1~118帧间创建传统补间动画，以制作出实例向右缓慢移动的动画。

06 新建"亭角1"图层，将"亭角1"元件拖曳至舞台，在第1~118帧间创建传统补间动画，以制作出实例向下缓慢移动的动画。

特效技法18 | 补间动画与传统补间动画的区别之二

（1）补间动画会将文本视为可补间的类型，而不会将文本对象转换为影片剪辑。而传统补间会将文本对象转换为图形元件。

（2）在补间动画范围内不允许帧脚本。传统补间允许帧脚本。

（3）补间目标上的任何对象脚本都无法在补间动画范围的过程中更改。

07 新建"草动"图层,从"库"面板中将"草动"影片剪辑元件拖曳至舞台中合适的位置,放置在山脚。

08 新建"文本1"图层,在第16~127帧间添加"文本1"实例,并创建传统补间动画,制作出实例由无变清晰并缓缓向右下角运动,然后逐渐向右下角缓慢消失的动画。参照"文本1"图层中动画的创建方法,创建"文本2"图层,并在第40~127帧间创建同样的动画效果。

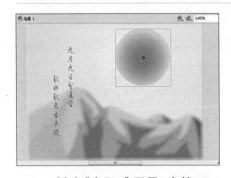

09 新建"过渡层"图层,添加矩形实例,在第18、19帧处插入关键帧。将第1、18帧处所对应的实例打散并创建形状补间动画。以制作出画面由白色逐渐清晰的动画。

10 在"草动"图层的上方新建"背景2"图层,在第87~248帧添加"背景2"实例,并创建相应的传统补间动画,以制作出实例由无变清晰再逐渐消失的动画。

11 新建"山2"图层,在第87~248帧添加模糊值为10的"山2"实例,并创建相应的传统补间动画,以制作出实例由无变清晰、再逐渐消失的动画效果。

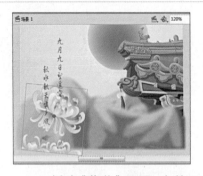

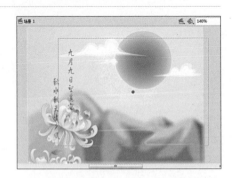

12 新建"太阳2"图层,在第87~248帧添加"太阳2"实例,并创建相应的传统补间动画,以制作出实例缓慢向右运动、由无变清晰再逐渐消失的动画。

13 新建"菊花"图层,在第87~248帧添加"菊花"实例,并创建相应的传统补间动画,以制作出实例在舞台左下角左右缓慢旋转、由无变清晰再逐渐消失的动画。

14 新建"白云3"图层,在第87~248帧添加"白云3"实例,并创建相应的传统补间动画,制作出实例缓慢向右运动、由无变清晰再逐渐消失的动画。

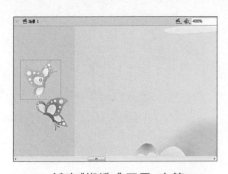

15 新建"蝴蝶1"图层，在第106～248帧间添加"蝴蝶1"实例。新建"蝴蝶2"图层，在第129～248帧间添加"蝴蝶2"实例，调整其位置。

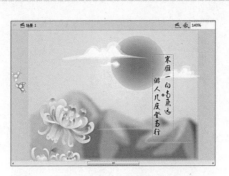

16 新建"文本3"图层，在第130～224帧间添加"文本3"实例并创建传统补间动画，制作实例由无变清晰、再缓慢消失的动画效果。

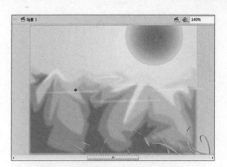

17 在"草动"图层的上方新建"画面3"图层，在第230～405帧间添加"画面3"实例，并调整实例的大小和位置。

18 新建"茶杯"图层，在第230～405帧间添加"茶杯"实例并创建传统补间动画，制作出茶杯从左下角缓慢向上运动的动画。

19 新建"热气1"图层，在第230～405帧间添加"热气1"实例，并创建形状补间动画，以制作出热气从茶杯缓缓冒出的动画。

20 参照"热气1"图层中动画的创建方法，创建"热气2"图层，并制作出"热气2"实例在第237～405帧从茶杯缓缓冒出的动画。

21 新建"白云1"图层，在第230～405帧间添加"白云1"实例并创建传统补间动画，制作实例向右缓慢运动、由清晰逐渐消失的动画。

22 新建"白云2"图层，在第230～405帧间添加"白云2"实例并创建传统补间动画，制作实例向右缓慢运动、由清晰逐渐消失的动画。

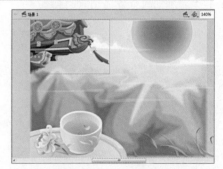

23 新建"亭角2"图层，在第230～405帧间添加"亭角2"实例并创建传统补间动画，制作出实例从舞台左上角缓慢向下出现的动画。

24 新建"文本4"图层，在第269~405帧间添加"文本4"实例并创建传统补间动画，制作出实例由无变清晰并缓缓向右下角运动，且逐渐消失的动画。

25 使用同样的方法创建"文本5"图层。制作出"文本5"实例在第292~405帧间由无变清晰，并缓缓向右下角运动，然后逐渐向右下角消失的动画效果。

26 在图层最上方新建"圆角矩形"图层，将"圆角矩形"元件拖至舞台正中央。将该图层转换为遮罩层，其下所有图层转换为被遮罩层，创建遮罩动画。

27 新建"按钮脚本"图层，在第405帧添加"重播按钮"实例，并为其添加具有重播功能的脚本。

28 选择第405帧，打开其"动作"面板，添加脚本stop();。新建"音乐"图层，添加背景音乐。

29 按下快捷键Ctrl+S保存文件，并测试该动画。至此，完成重阳节贺卡的制作。

特效技法19 | **优化影片的方法**

　　动画制作完成后，可以将动画作为文件导出，供其他的应用程序使用，或将动画作为作品发布出来。Flash影片可以通过网络进行发布，在输出动画时为了缩短影片下载时间，应尽量减少影片所占用的空间。用户可以通过以下8种方式优化影片，现介绍如下。

　　（1）如果某个对象在影片中被多次使用，用户可以将其制作为元件，然后在影片中调用该元件的实例，从而使文档的体积减少。

　　（2）尽量使用补间来制作动画，因为补间动画所需要的关键帧比逐帧动画少得多，其体积也会相应变小。

　　（3）用户可以限制使用特殊的线条类型，如虚线、点线等可以使用实线来代替。使用铅笔工具绘制的对象比使用刷子工具绘制的对象占用的空间少。

　　（4）在动画播放的过程中使用图层将发生变化的对象与没有发生变化的对象分开。

　　（5）执行"修改>形状>优化"命令，可以将对象在不失真的情况下，最大限度地减少用于描述图形轮廓的线条。

　　（6）如果有音频文件，则应尽量使用压缩效果最好的MP3文件格式。

　　（7）应尽量少使用位图图像来制作动画，一般可以将其作为背景图像或是静态对象来使用。

　　（8）用户可以将对象变成组合对象，以减少文档的空间。

EXAMPLE **131 祝福贺卡**

● 制作涟漪特效　　　◎ 实例文件\Chapter 08\祝福贺卡\

制作提示

❶ 复制功能、"库"面板的使用
❷ 补间动画的创建
❸ 动作脚本的添加
❹ 综合效果的实现

难度系数：★ ★ ★ ★

案例描述

本实例设计的是祝福贺卡，画面以绿色为主，每个画面转场和谐。小雨、涟漪、绿草、莲花以及荷叶，将夏日的祝福通过音乐传递出来。

01 打开"祝福贺卡素材.fla"文件，并将其另存。将"图层1"重命名为"背景画面"图层并拖入元件"画面1"。在第112帧插入关键帧，创建传统补间动画，制作实例缓缓向上运动的动画。新建"文本1"图层，将"文本段1"元件拖曳至舞台，调整实例的位置，放置在舞台的右上角。

02 新建"光晕团"图层，从"库"面板中将"光晕团"元件拖曳至舞台，调整实例的大小和位置，并对其进行多次复制。

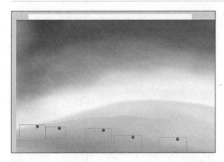

03 在第26帧插入关键帧，粘贴"光晕团"实例并调整其位置，在该图层的第466帧插入帧。

04 新建"图框"图层，从"库"面板中将"图框"元件拖曳至舞台，并调整实例的位置。

05 新建"小雨"图层，将"小雨"元件拖曳至舞台，调整实例位置，并为实例添加高级颜色样式。

特效技法20 | 补间动画与传统补间动画的区别之三

（1）补间动画在整个补间范围内由一个目标对象组成。

（2）在补间动画范围选择单个帧，必须按住Ctrl键单击帧。

（3）补间动画和传统补间都只允许对特定类型的对象进行补间。若应用补间动画，则在创建补间时会将所有不允许的对象类型转换为影片剪辑。而应用传统补间会将这些对象类型转换为图形元件。

06 新建"矩形条"图层,从"库"面板中将"矩形条"元件拖曳至舞台,并调整其位置。

07 在"背景画面"图层的第113~349帧间添加"背景和莲花"实例,并在相应关键帧间创建传统补间动画,制作出实例先缓缓运动、然后向上运动,最后消失的动画。

08 在"背景画面"图层的第350~466帧间添加"背景和莲花"实例,并在相应关键帧间创建传统补间动画,制作出实例由无逐渐清晰并向下运动的动画。

09 参照"背景画面"图层中第113~466帧动画的创建方法,创建"绿草"图层,并制作出绿草随画面运动而变化的动画。

10 参照"背景画面"图层中第113~164帧动画的创建方法,创建"画面2"图层,并制作出画面2缓缓运动的动画。

11 新建"文本段2"图层,在第129~349帧添加"文本段2"实例,将其放置在舞台的右上角,并调整实例的大小的位置。

12 新建"涟漪1"图层,在第113~349帧间添加"涟漪1"实例,并设置其Alpha值均为25%,复制实例并调整其大小和位置。

13 新建"过渡"图层,在第99~129帧添加"过渡画面1"实例,并创建相应的传统补间动画,制作出实例由无变清晰再消失的动画。

14 选择"过渡"图层,在第323~365帧添加"过渡画面2"实例,并创建相应的传统补间动画,制作出实例由无变清晰再消失的动画。

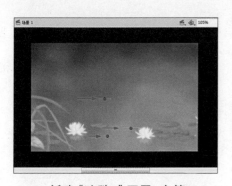

15 新建"涟漪2"图层,在第131~466帧间添加"涟漪2"实例,设置其Alpha值均为25%,复制实例并调整其大小和位置。

16 在"绿草"图层的下方新建"水草"图层,在第269~466帧间添加"水草"实例并创建传统补间动画,制作水草缓慢向上运动的动画。

17 在"水草"图层的下方新建"大树"图层,在第350~466帧间添加"大树"实例,制作出大树从无逐渐清晰,然后缓慢向下运动的动画。

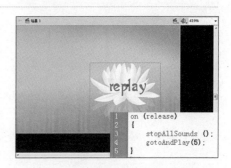

18 在"文本段2"图层的上方新建"文本3_A"图层,在第366~466帧之间添加相应的实例并创建补间动画,以制作出实例从无逐渐清晰并向下运动的动画。

19 新建"文本3_B"图层,在第382~466帧间添加"文本3_B"实例,创建相应的传统补间动画,制作出实例从左向右、由无逐渐清晰的动画。

20 在图层最上方新建"按钮"图层,在第454~466帧间添加"重播按钮"实例,打开其"动作"面板,为该实例添加具有重播功能的脚本。

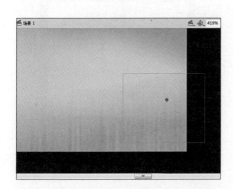

21 将"按钮"图层的第466帧转换为关键帧,并创建传统补间动画。修改第454帧实例的位置和Alpha值,以制作出实例从舞台右下角向上运动并由无变清晰的动画。为"按钮"图层的第466帧添加脚本stop();。新建"音乐"图层,添加背景音乐。最后保存并测试该动画。至此,完成祝福贺卡的制作。

132 爱情贺卡

● 发光滤镜的创建　　　◎ 实例文件\Chapter 08\爱情贺卡\

制作提示 /////////////////////

❶ "库"和"属性"面板的使用
❷ 使用发光滤镜功能
❸ 使用复制帧和粘贴帧功能
❹ 补间动画的创建

难度系数： ★ ★ ★ ★

案例描述 /////////////////////

本案例设计的是情人节的贺卡，案例中的三个画面均以鲜花出现，透明的轻纱、闪烁的小星星，以及深情的爱情表白，营造出浪漫的氛围。

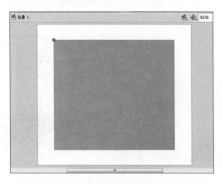

01 打开"爱情贺卡.fla"文件并将其另存。将"图层1"重命名为"白色框"，拖入"白色框"元件，并在第299帧插入帧。

02 新建"黑色框"图层，将"黑色框"元件拖至舞台，调整实例的位置，放置在舞台的正中央，并在"属性"面板中调整其大小。

03 新建"背景"图层，在第1~80帧间添加"背景1"元件，并在第1~50帧间创建传统补间动画。将第1帧的实例向左上角适当移动。

04 创建图层"花枝"和"花"，分别制作出实例从舞台左上角向右下角缓慢运动的动画。

05 新建"透明圆"图层，在第1~80帧间添加"透明圆_动"实例，多次复制并调整各实例的位置。

06 新建"透明框"图层，第1~299帧间添加"透明框"实例，放置在舞台正中央。

07 新建"文本层1"图层，将"文本1"元件拖至舞台中的合适位置，并为其添加"发光"滤镜。在第15帧插入关键帧，创建传统补间动画。在第81帧插入空白关键帧。在"属性"面板中修改第1帧实例的Alpha值和Y值，制作出实例由无变清晰并逐渐向上运动的动画。

08 创建"文本层 2"图层，在第25帧插入空白关键帧，将"文本2"元件拖至舞台，并添加"发光"滤镜。在第39帧处插入关键帧。

09 在第25~39帧间创建传统补间动画，在第81帧插入空白关键帧，修改第1帧中实例的Alpha值为0%，制作实例由无变清晰的动画。

10 新建"透明轻纱"图层，在第1~80帧间添加"透明轻纱"实例，复制实例并设置其缩放值为60%，调整各实例的位置。

11 在"背景"图层的第81帧插入空白关键帧，将"背景2"元件拖曳至舞台正中央，并在第299帧插入普通帧。

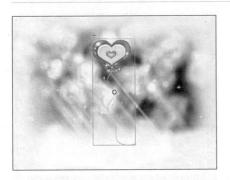

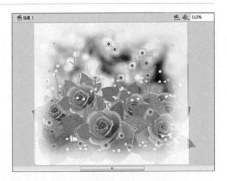

12 在"花枝"图层的上方新建"爱心"图层，在第95~175帧添加"爱心"实例，并在第95~104帧间创建传统补间动画，制作实例由无变清晰并逐渐向上运动的动画。在"花"图层的第81帧插入空白关键帧，将"花团"实例添加至第81~175帧，调整实例的位置。

13 在"透明圆"图层的第81帧插入关键帧，在第299帧插入帧，将"透明圆_动"实例多次复制，并分别调整实例的大小和位置。

14 参照"文本层1"和"文本层2"中文本动画的创建,将"文本3~4"元件分别放置在这两个图层中,并在相应的帧间创建传统补间动画。

15 在"透明轻纱"图层的第81帧插入关键帧,在第299帧插入帧,调整实例的大小和位置。新建"过渡"图层,在第65帧插入关键帧并拖入"白色块"元件。在第80、95帧插入关键帧并创建传统补间动画。设置第65、95帧实例的Alpha值分别为0%和7%,以制作出实例由无变清晰再消失的动画。

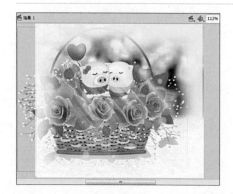

16 在"花"图层的第126~299帧间添加"花篮"实例,并调整其大小和位置。参照"文本层1~2"文本动画的创建方法,将"文本5~6"元件分别放置在这两个图层中,并在相应的帧间创建运动补间动画。

17 新建"文本层3"图层,在第260帧插入空白关键帧,将"文本段3"元件拖曳至舞台,并调整其位置。

18 选择"过渡"图层,复制第65~96帧,设置的属性粘贴至第161帧处。

19 在图层最上方新建"按钮"图层,在第299帧添加"重播"实例,并为其添加相应的脚本。

20 在第299帧添加stop();脚本,新建"音乐"图层,添加背景音乐。至此,完成爱情贺卡的制作。

制作MV短片

随着Flash技术的不断成熟，使用Flash制作的MV短片在网上随处可见，加之它没有时间和空间的限制，因此受到众多闪客的追捧，亲手制作MV成为很多人的梦想。本章通过校园歌曲、儿歌动画短片、生肖歌、老鼠爱大米、愚公移山、携手游人间等6个MV短片介绍了如何使用Flash制作自己想要的MV的方法。

EXAMPLE

133 校园歌曲

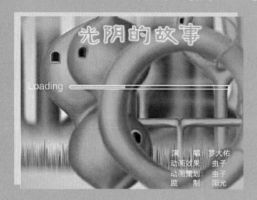

● 歌词的添加　　　　　　　◎ 实例文件\Chapter 09\校园歌曲\

制作提示 ///////////////

❶ 帧标签功能的应用
❷ 确定音频长度
❸ 制作转场动画
❹ 添加画面效果
❺ 综合效果的实现

难度系数：★ ★ ★ ★

案例描述 ///////////////

本案例设计的是一个校园歌曲MV动画，根据歌词所表达的意境，该动画中包含多个画面，能够给浏览者一种回归校园的浪漫情怀。

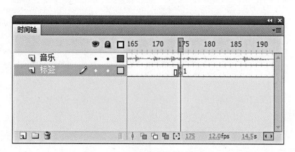

01 打开"校园歌曲素材.fla"文件，将"图层1"重命名为"音乐"，并添加"光阴的故事-罗大佑"音乐，在第2404帧插入帧（音频时间乘以帧频）。新建"标签"图层，在时间轴上按下Enter键，播放音乐，当听到第一句歌词时，再次按下Enter键，停止播放，此时确定第一句歌词的开始位置，在第175帧插入空白关键帧，设置"名称"为1。

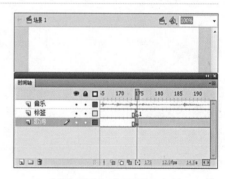

02 将第260帧确定为第一句歌词结束的位置、第二句歌词开始的位置，在"属性"面板中设置"名称"为2，做好标记。

03 参照同样的方法，在"标签"图层中确定每一句歌词的开始位置。若两句歌词相差不远，则不必设置歌词的结束位置。

04 新建"歌词"图层，在第175帧处插入空白关键帧，将"歌词1"元件拖曳至舞台，并设置其X、Y值分别为62.5、340。

特效技法1 | 关于帧标签

　　所谓帧标签就是帧的名字，当动画播放结束之后，想返回到某一特定位置再继续播放，那就在此位置添加一个帧标签，然后在动画的最后用 gotoAndPlay(" 标签 ");语句跳转过去。跳转到帧标签要比跳转到帧好，因为在动画的制作过程中会不断插入帧，帧数就会随时发生变化，这样在进行跳转时，就需要反复对帧数进行确认。

05 选择"歌词"图层,在第177、257、259帧处插入关键帧,在第175~177帧、第257~259帧间创建传统补间动画。

06 设置第175、259帧实例的Alpha值为0%。根据"标签"图层中制作好的标记,依次将"库"面板"歌词"文件夹中的各歌词元件拖曳至舞台,参照第一句歌词的动画制作方法,在"歌词"图层上创建其他歌词动画。

07 返回主场景,新建Loading图层并添加loading实例,在第170~174帧间创建传统补间动画,设置第170帧对应实例的Alpha值为0%。

08 新建"画面1"图层,在第170~259帧添加"画面 1"实例,在第175帧和第254帧插入关键帧,并创建传统补间动画。

09 依次设置"画面 1"图层第170帧和第259帧所对应实例的Alpha值为0%,制作出画面1从无变清晰的出场,然后消失隐退的动画。

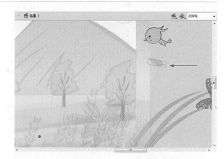

10 使用同样的方法创建"画面2-1"图层,在第254~338帧添加"画面2"实例,制作画面2从无变清晰,最后消失的动画。

11 新建"图面2-2"图层,然后在第257~335帧间添加"小鸟飞"实例,并在"属性"面板中设置实例的大小和位置。

12 将"树叶动"元件添加至"图面2-2"图层的第257~335帧,将实例旋转12.6°,并调整其大小和位置。

特效技法2 | 在Flash中编辑声音

　　Flash 提供了编辑声音的功能,可以对导入的声音进行编辑、剪切和改变音量等操作,还可以使用 Flash 预置的多种声效对声音进行设置。对于导入的音频文件,可以通过"声音属性"对话框、"属性"面板和"编辑封套"对话框处理声音效果。
　　打开"声音属性"对话框的方法为:在"库"面板中选择音频文件,在"喇叭"图标上双击鼠标左键,或单击鼠标右键,在弹出的快捷菜单中选择"属性"命令,或单击面板底部的"属性"按钮。

13 将"树叶动"实例复制两次,然后分别调整复制的实例在舞台中的位置。

14 创建"画面3-1"图层,在第333~422帧添加"渐变背景"实例,制作从无变清晰后消失的动画。

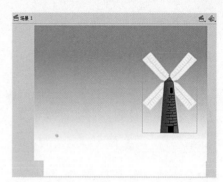

15 新建"画面3-2"图层,在第338~419帧添加"风车"实例,放置在舞台的右侧。

16 将"草皮"实例添加至"图面3-2"图层的第338~419帧,放置在舞台的底部。

17 将"蜻蜓1"实例添加至"图面3-2"图层的第338~419帧,并调整实例的大小和位置。

18 将"蜻蜓2"实例添加至"图面3-2"图层的第338~419帧,并调整实例的大小和位置。

19 参照"画面1"图层中动画的制作,创建"画面4-1"图层,在第418~502帧添加"画面4"实例,并制作出画面4从无变清晰的出场,然后消失隐退的动画。

20 新建"画面4-2"图层,在第423~502帧添加"蝴蝶_花"实例,放置在舞台的右侧,并在第498帧插入关键帧,创建传统补间动画,修改第502帧实例的Alpha值为0%。

21 参照"画面4-2"图层中动画的制作,创建"画面4-3"图层,在第423~502帧添加"蝴蝶_黄"实例,并制作出实例逐渐隐退的动画。

22 创建"画面5"图层，在第498～834帧添加"画面5"实例，并制作出画面5从无变清晰的出场，然后消失隐退的动画。在第1160～1492帧间也创建同样的动画效果。

23 参照"画面1"图层中动画的制作，创建"画面6"图层，在第830～999帧添加"画面6"实例，并制作出画面6从无变清晰的出场，然后消失隐退的动画。

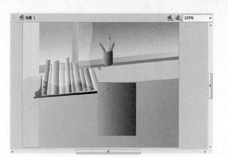

24 参照"画面1"图层中动画的制作，创建"画面7"图层，在第995～1164帧添加"画面7"实例，并制作出画面7从无变清晰的出场，然后消失隐退的动画。

25 参照"画面1"图层中动画的制作，创建"画面8"图层，在第1488～1825帧添加"画面8"实例，并制作出画面8从无变清晰的出场，然后消失隐退的动画。

26 在第1821～2404帧间制作出画面5从无变清晰的出场的动画效果。新建"脚本和按钮"图层，在第2365帧插入关键帧，并在舞台的右下角创建replay实例。

27 在舞台中选择replay并右击，在弹出的快捷菜单中执行"动作"命令，打开"动作"面板，在该面板中为其添加具有重播功能的脚本，即在该图层的第2365帧添加相应脚本。

28 按下快捷键Ctrl+S保存该动画，按下快捷键Ctrl+Enter对该动画进行测试预览。至此，校园歌曲MV动画的制作就完成了。

EXAMPLE

134 儿歌动画短片

● 歌词动画效果的设置　　　◎ 实例文件\Chapter 09\儿歌动画短片\

制作提示 //////////////////////

❶ 遮罩动画和逐帧动画的创建

❷ "库"和"属性"面板的使用

❸ 综合效果的实现

难度系数：★ ★ ★ ★

案例描述 //////////////////////

本案例设计的是少儿歌曲MV动画，《小小眼睛》是一首深受孩子们喜爱的歌曲，这首欢快、活泼的歌曲不但容易学，而且容易记，非常适合学龄前儿童。

01 打开"儿歌动画短片素材.fla"文件，将"图层1"重命名为"画面1"，然后拖入"画面1"元件。

02 新建"歌名"图层，将"歌名"元件拖曳至舞台，调整实例的大小和位置。

03 新建"花蔟"图层，将"花蔟"元件拖曳至舞台，调整实例的大小和位置，放置在舞台的底部。

04 新建"按钮"图层，将"播放"元件拖曳至舞台，将其放置在歌名的下方，在"属性"面板中为其添加"投影"滤镜，并设置相应的参数。选择"播放"实例，为其添加具有播放功能的脚本。

05 新建"画面2"图层，在第2～845帧添加"画面2"实例。在第835～845帧间创建传统补间动画，设置第845帧实例的Alpha值为50%。

特效技法3 | 滤镜的应用之一

　　在 Flash CS4 中，用户可以使用滤镜为文本、按钮和影片剪辑的实例添加特殊的视觉效果。如投影、模糊、发光、斜角、渐变发光、渐变斜角和调整颜色效果等。其方法是：选择要添加滤镜的对象，在"属性"面板中展开"滤镜"卷展栏，在面板底部单击"添加滤镜"按钮 ，在弹出的菜单中选择一种滤镜，然后设置其相应的参数即可。其中，投影滤镜用于模拟对象投影到一个表面的效果。发光滤镜用于使对象的边缘产生光线投射效果，其中包括内发光和外发光两种。

06 新建"音乐"图层，选择第1～845帧间的任意一帧，在"属性"面板中设置声音属性。

07 新建"矩形1"图层，在第117～845帧添加"矩形1"实例。在"属性"面板中设置矩形的属性，依次设置该实例的大小为595.8和30.3，位置为-21.1和348.4，Alpha值为50%。

08 新建"歌词_橘红"图层，在第117帧插入空白关键帧，添加"歌词1_橘红"实例，设置其X和Y值分别为114.9和363.4。在第231、345、576、692帧插入关键帧，在第845帧插入帧。删除第231帧和第576帧处所对应的实例。选择第231帧，拖入"歌词2_橘红"元件并设置其X和Y值。复制该图层中第231帧所对应的实例，将其按当前位置粘贴至第576帧。

09 使用同样的方法在"歌词_橘红"图层的上方新建"歌词_嫩绿"图层，在该图层中插入对应的关键帧，并为各关键帧添加对应的"歌词1_嫩绿"和"歌词2_嫩绿"实例。

10 新建"矩形2"图层，在第117帧插入空白关键帧，添加"矩形1"实例，在"属性"面板中设置实例的大小、位置和Alpha值。

11 在"矩形2"图层的第168、169、175、226、227和231帧处插入关键帧并创建传统补间动画。选择第168帧所对应的实例，设置其X值。分别设置第169、175帧所对应的实例的X值为282.9，再依次设置第226、227和231帧所对应的实例的X值分别为459.4、462.9和462.9。根据第1句音乐的播放时间，制作"矩形2"图层中第117～231帧间的动画。同样再制作出第232～845帧间的动画。

12 选择"矩形2"图层并右击，在弹出的快捷菜单中执行"遮罩层"命令，创建遮罩动画。通过"矩形1"、"歌词_橘红"、"歌词_嫩绿"和"矩形2"图层中的动画，制作显示与播放歌词的动态效果。

13 在"库"面板中选择"小女孩动"元件并双击其元件图标，进入该元件的编辑区，选择"图层1"中的所有帧并单击鼠标右键，在弹出的快捷菜单中执行"复制帧"命令。

14 返回主场景。新建"小女孩"图层，在第51帧插入空白关键帧，选择该帧并右击，执行"粘贴帧"命令，将"小女孩动"元件中的所有关键帧粘贴至"小女孩"图层中。

15 新建"蝴蝶1"图层，在第2~845帧间添加"蝴蝶1_动"实例，并调整实例的位置。新建"蝴蝶2"图层，在第2~460帧添加"蝴蝶2_动"实例，并调整实例的位置。

16 新建"蝴蝶3"图层，在第2~146帧间添加"蝴蝶3_动"实例，然后在"属性"面板中调整实例的大小和位置。

17 新建"蝴蝶4"图层，在第345帧插入空白关键帧，添加"蝴蝶4_动"实例，然后在"属性"面板中调整实例的大小和位置。

18 选择"蝴蝶4"图层，在第374、462、486和685帧插入关键帧，在第710帧插入帧。最后删除第374、486帧所对应的实例。

特效技法4 | 复制帧和移动帧

在Flash CS4中，复制帧时除了可以使用右键快捷菜单外，还可以使用键盘+鼠标的方法，即选中要复制的帧，然后在按住Alt键的同时将其拖动到要复制的位置即可。无论复制的是普通帧或关键帧，复制后的目标帧都为关键帧。

移动帧的方法有两种：其一选中要移动的帧，然后按住鼠标左键将其拖动到要移动到的位置即可。其二选择要移动的帧，右击，在弹出的快捷菜单中执行"剪切帧"命令，在目标位置再次单击鼠标右键，在弹出的快捷菜单中执行"粘贴帧"命令即可。

19 新建"香气动1"图层,在第173~226帧添加"香气动1"实例,并调整实例的位置。

20 新建"香气动2"图层,在第404~461帧添加"香气动2"实例,并调整实例的位置。

21 新建"香气动3"图层,在第516~567帧添加"香气动3"实例,并调整实例的位置。

22 新建"香气动4"图层,在第743~845帧添加"香气动4"实例,然后在"属性"面板中调整实例的大小和位置。

23 新建"太阳"图层,在第2~845帧添加"太阳动"实例,然后在"属性"面板中设置实例的大小和位置。

24 新建"小鸟1"图层,在第226帧插入空白关键帧,拖入"小鸟动作"文件夹中的"小鸟1"元件,并设置其大小、位置和旋转角度。

25 在"小鸟1"图层上每隔一帧插入空白关键帧,依次将"小鸟2~5"元件拖至舞台,放置在相应的关键帧,在第226~235帧间制作出小鸟飞向小女孩的动画。

26 新建"小鸟2"图层,在第236帧插入空白关键帧,将"小鸟动作"文件夹中的"小鸟6"元件拖至舞台,并在"属性"面板中设置实例的大小、位置和旋转角度。

27 在"小鸟2"图层上每隔一帧插入空白关键帧,依次将"小鸟7~22"元件拖至舞台,放置在相应的关键帧,在第236~269帧间制作出小鸟在小女孩面前飞舞的动画。

特效技法5 | 空白关键帧的使用

关键帧包含两种类型,一种是包含内容的关键帧,在时间轴中以一个实心的小黑点来表示;另一种是空白关键帧,在时间轴中以一个空心圆表示,该关键帧中没有任何内容,其前面最近一个关键帧中的图像只延续到该空白关键帧前面的一个普通帧。

28 新建"音符"图层，并插入相应的关键帧，前3个关键帧所对应的实例分别为"音符1~3"，后面的关键帧在3个音符实例之间循环，制作出小鸟在歌唱的动画。

29 选择"小鸟1"图层，在该图层的第270帧插入空白关键帧，然后在该关键帧添加"小鸟23"实例，并在"属性"面板中设置实例的大小、位置和旋转角度。

30 在"小鸟1"图层上每隔一帧插入空白关键帧，依次将"小鸟24~30"元件拖至舞台，放置在相应的关键帧，在第270~285帧之间制作小鸟从小女孩面前飞舞的动画。

31 参照前面小鸟飞向小女孩歌唱并飞离的动画，在后面出现的"小小耳朵听听音乐"所对应的音频段中，制作出相同的动画。

32 在"按钮"图层的第831~845帧添加"重播"实例，放置在舞台的右下角，为实例添加"投影"滤镜，并添加具有重播功能的脚本。

33 新建"图框"图层，从"库"面板中将"图框"图形元件拖曳至舞台，放置在舞台的正中央。

34 新建Action图层，在第1帧和第845帧插添加动作脚本stop();。

35 按下快捷键Ctrl+S保存该动画，按下快捷键Ctrl+Enter对该动画进行预览。至此，完成儿歌动画短片的制作。

特效技法6 | 滤镜的应用之二

　　模糊滤镜用于柔化对象的边缘和细节，从而可以使对象看起来好像位于其他对象的后面，或是运动的状态。

　　斜角滤镜用于为对象添加加亮效果，使其看起来凸出于背景表面，从而产生一种浮雕效果。

　　渐变发光滤镜可以在发光表面产生带渐变颜色的发光效果。但渐变发光要求渐变开始处颜色的 Alpha 值为 0。

　　渐变斜角滤镜效果与斜角滤镜效果相似，只是斜角滤镜效果只能够更改其阴影色和加亮色两种颜色，而渐变斜角滤镜效果可以添加多种颜色。

　　调整颜色滤镜可以改变对象的各颜色属性，包括亮度、对比度、饱和度和色相属性，使使用户更方便地为对象着色。

EXAMPLE **135** 生肖歌

● 遮罩动画的创建　　◎ 实例文件\Chapter 09\生肖歌\

制作提示 //////////////
❶ 图片效果的添加
❷ 文本内容的设置
❸ 遮罩动画的制作
❹ 日期效果的实现
❺ 综合效果的实现

难度系数：★ ★ ★

案例描述 //////////////
此例特点鲜明，与用户实现了良好的交互，可以根据用户输入的不同生日判断出属相。充分利用了遮罩动画和动作脚本的编写。剪纸图片是此动画的又一个亮点，它很好地把中国传统艺术融入其中。

01 打开"生肖歌素材.fla"文件，新建"背景"、"开头"和"动物"3个图层文件夹。在"背景"图层文件夹中新建bj图层等，并拖入相应的背景图片及素材元件，以完成该动画最基本的设置操作。

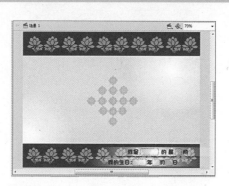

02 新建 button 图层，将按钮元件 button 拖入舞台右下角的位置，在第 600 帧处插入帧。

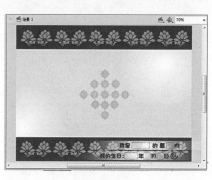

03 在图层"输入框"的第1帧创建关键帧并绘制相应的图形，在第600帧处插入帧。

04 选择"开头"图层文件夹，新建6个图层，在"图层1"的第60帧插入声音。在"图层2"的第54、58~61帧处插入关键帧，在第54~58帧间创建"肖"字的补间动画，利用逐帧动画调整"肖"字的插入动作。

特效技法7 | 对帧频的认识

　　帧频就是动画播放的速度，以每秒播放的帧数（fps）为度量单位。帧频太慢会使动画看起来有停顿的现象，帧频太快会使动画的细节变得模糊。24fps 的帧速率是新 Flash 文档的默认设置，通常在 Web 上提供最佳效果。动画的复杂程度和播放动画的计算机的速度会影响回放的流畅程度。若要确定最佳帧速率，可以在各种不同的计算机上测试动画。标准的动画速率为 24 fps。由于只需给整个 Flash 文档指定一个帧频，因此，在开始创建动画之前就应将其先设置好。

05 在"图层3~4"中设置"歌"和"生"字的动画效果。在"图层5~6"中设置运动的亮条。

06 在"动物"图层文件夹下创建图层。创建遮罩图层,在第90帧处插入关键帧,创建被遮罩层cao。

07 新建被遮罩层"鼠",在第89~142帧间创建补间动画,以实现鼠的入场、离场及其他动画效果。

08 新建被遮罩层"牛",在第117~159帧间创建补间动画,以实现牛的淡入、淡出动画效果。新建一个图层,导入牛的声音效果。

09 新建被遮罩层"虎",然后在第150~190帧间创建补间动画,以实现老虎的入场、离场以及其他的动画效果。

10 新建图层,在第165~171帧间创建虎由小变大的补间动画。新建图层,在第165帧处插入关键帧并导入老虎的吼声。

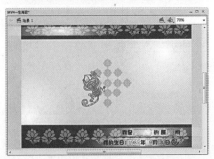

11 使用同样的方法,新建其他属相的图层,且都作为被遮罩层。

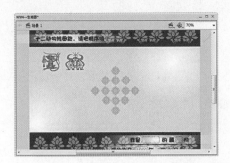

12 将十二属相按先后顺序排列在同一界面。新建图层Shu 2，在第409~452帧间创建老鼠进场并就坐的动画效果。然后在"牛"图层的第472帧处插入关键帧，并将"牛"元件放置在舞台的合适位置。

13 使用同样的方法，在各属相图层中创建关键帧，在各关键帧处添加相应的实例使相应的动物显示到界面中。新建声音图层和歌词图层，根据歌曲的快慢节奏在舞台的左上角中显示相应的歌词内容。

14 新建图层actions。在第1帧处插入空白关键帧，在其"动作"面板中添加合适的脚本。按下快捷键Ctrl+S保存该动画短片，按下快捷键Ctrl+Enter预览该动画的效果。至此，完成生肖歌动画的制作。

特效技法8 | 分析actions图层中所添加的代码

此代码用于对输入日期进行判断，以便正确计算并显示出属相和所属星座。输入的代码如下。

```
stop();
start_btn.onRelease=function(){
    play(); }
button.onRelease=function(){
    x=year.text%12;
    if(x==0)shuxiang.text=" 猴 ";
    else if(x==1)shuxiang.text=" 鸡 ";
    else if(x==2)shuxiang.text=" 狗 ";
    else if(x==3)shuxiang.text=" 猪 ";
    else if(x==4)shuxiang.text=" 鼠 ";
    else if(x==5)shuxiang.text=' 牛 ';
    else if(x==6)shuxiang.text=" 虎 ";
    else if(x==7)shuxiang.text=" 兔 ";
    else if(x==8)shuxiang.text=" 龙 ";
    else if(x==9)shuxiang.text=" 蛇 ";
    else if(x==10)shuxiang.text=" 马 ";
    else if(x==11)shuxiang.text=" 羊 ";
    else shuxiang.text="";
    if(month.text<1||month.text>12||day.text<1||day.text>31)xingzuo.text="";
    else if(month.text==1&&day.text>=21||month.text==2&&day.text<=18)xingzuo.text=" 水瓶座 ";
    else if(month.text==2&&day.text>=19||month.text==3&&day.text<=20)xingzuo.text=" 双鱼座 ";
    else if(month.text==3&&day.text>=21||month.text==4&&day.text<=20)xingzuo.text=" 牡羊座 ";
    else if(month.text==4&&day.text>=21||month.text==5&&day.text<=21)xingzuo.text=" 金牛座 ";
    else if(month.text==5&&day.text>=22||month.text==6&&day.text<=21)xingzuo.text=" 双子座 ";
    else if(month.text==6&&day.text>=22||month.text==7&&day.text<=22)xingzuo.text=" 巨蟹座 ";
    else if(month.text==7&&day.text>=23||month.text==8&&day.text<=23)xingzuo.text=" 狮子座 ";
    else if(month.text==8&&day.text>=24||month.text==9&&day.text<=22)xingzuo.text=" 处女座 ";
    else if(month.text==9&&day.text>=23||month.text==10&&day.text<=23)xingzuo.text=" 天秤座 ";
    else if(month.text==10&&day.text>=24||month.text==11&&day.text<=22)xingzuo.text=" 天蝎座 ";
    else if(month.text==11&&day.text>=23||month.text==12&&day.text<=21)xingzuo.text=" 射手座 ";
    else if(month.text==12&&day.text>=22||month.text==1&&day.text<=20)xingzuo.text=" 摩羯座 ";
```

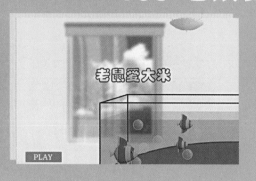

136 老鼠爱大米

● 补间动画的创建　　　◎ 实例文件\Chapter 09\老鼠爱大米\

制作提示 ////////////////

❶ MV中可视区域的控制

❷ 歌词和声音的同步技术

难度系数：★★★★★

案例描述 ////////////////

本实例制作的MV，场景切换自然流畅、歌词与内容互通互融，较好地体现了原歌曲的意义和内涵。其中场景的绘制、人物的设计、文字的呈现形式，以及分镜头的设计都相得益彰。

01 在制作MV之前，首先需要准备各种人物角色。新建一个Flash文件，自己动手绘制人物及其他角色。可参照本书第1章介绍的可爱卡通人物的制作方法与技巧进行绘制。本例使用之前绘制好的"老鼠爱大米素材.fla"文件。

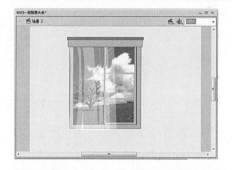
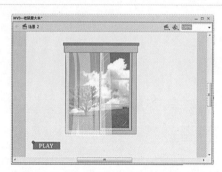
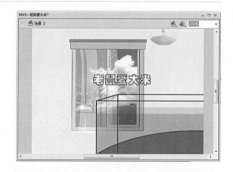

02 在 Flash 文档中新建"图层 11"，拖入相应的背景图形元件。再新建"图层 12"，制作一个遮挡框，以显示舞台中的内容为主。在"图层 11"的上方新建"图层 13"，在第 1 ~ 90 帧间创建补间动画，以制作窗户由模糊逐渐变清晰的动画效果。新建"图层 10"，在第 2 帧处插入关键帧，拖入按钮元件 Play，并在该帧的"动作"面板中输入相应的脚本。

03 新建"图层14"，将"歌名"元件拖入舞台中央，并在第24~113帧间创建补间动画，以实现标题的淡出效果。新建"图层15"，将"鱼缸"图形元件拖至舞台合适位置。

特效技法9｜反向运动

反向运动 IK 是一种使用骨骼的有关节结构对一个对象或彼此相关的一组对象进行动画处理的方法。使用骨骼，元件实例和形状对象可以按复杂而自然的方式移动，只需做很少的设计工作。通过反向运动可以更加轻松地创建人物动画，如胳膊、腿和面部表情。在 Flash CS4 中可以向单独的元件实例或单个形状的内部添加骨骼。在一个骨骼移动时，与启动运动的骨骼相关的其他连接骨骼也会移动。使用反向运动进行动画处理时，只需指定对象的开始位置和结束位置即可。

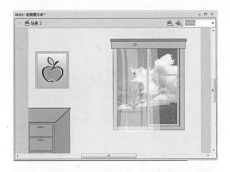

04 选择"图层11",在该图层的第109、168、420帧处插入关键帧,并创建补间动画,以实现镜头的转换。

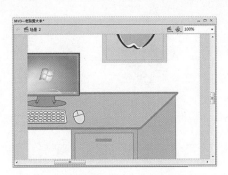

05 新建"图层19",拖入"办公桌"图形元件,然后在第421、453、820帧间创建补间动画,以制作此镜头进入并逐渐放大,且将视线转移到桌子左端收音机的动画效果。新建"图层17",在第421~429帧间创建补间动画,以实现该镜头淡入的效果。

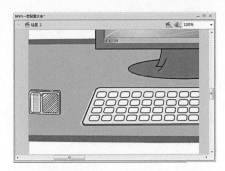

06 在"图层19"上方新建"图层18",在第820~938帧间创建补间动画,制作用手打开收音机开关的动画效果。在第1007~1029帧间创建补间动画,以制作该镜头淡出的效果。

07 切换至广播镜头。新建"图层20",在第1030、1041、1055、1150帧处插入关键帧,并创建补间动画,以制作出广播镜头首先淡入、然后视线转移、定格,以及最后广播镜头淡出的动画效果。

08 新建"图层21",在第1151~1155帧间创建补间动画,实现播音台淡入效果。在第1212~1299帧间创建补间动画,以实现播音台由远变近的动画效果。在第1155~1212帧间定格显示播音台。

09 制作显示屏的动画效果。新建"图层22~26",先制作显示屏从上到下的完全显示,然后通过各层的补间动画来实现显示屏中文字的逐行显示。各图层的补间动画起到了遮挡作用,它可以使元件中已有的文字逐一显示。

10 新建"图层30~32",在各图层第1793~1917帧间显示墙壁的瓷砖效果。在这3层之上新建"图层28",在1793~1917帧间显示化妆镜效果图。新建"图层29",在第1793~1917帧间制作补间动画,以实现走入的动画效果。

11 新建"图层36~37",分别在第1918~2295帧间创建并显示网格和女孩脸部图。新建"图层33",拖入"铅笔"元件,在第1918~2295帧间利用补间动画实现用笔化妆的动画效果。在"图层34"中,通过设置关键帧,配合化妆后显示出的黑痣。

12 新建"图层40",拖入此镜头所需要的背景元件33,将其在第2286~2916帧间进行显示。

13 在"图层40"上方新建"图层38~39",在"图层38"的第2286~2574帧间创建男孩出现的补间动画。在"图层39"的第2574~2916帧间创建女孩迎面走来的补间动画。

14 制作两人见面后惊讶的表情,动画效果在第2917~3208帧间完成。新建"图层42~43","图层42"用来显示人物,"图层43"用来显示背景。在两图层的第2917帧处插入关键帧并拖入相应的元件。

15 在两图层的第2942帧处插入关键帧,并拖入相应的元件,制作出女孩的脸部特效。在第2956帧再显示男孩的面部表情,与第一次男孩的面部特效不同的是,男孩嘴部的变化。

16 用同样的方法,多次创建男孩和女孩面部表情的特写,并使其交替出现,且交替的频率越来越快。在"图层43"中创建关键帧,并创建新的镜头画面,然后将其缩小再利用关键帧进行显示。

17 新建"图层46",在第3209~3348帧间显示背景。新建"图层45",在3209帧处插入关键帧并拖入女孩元件。新建"图层44",在3209帧处插入关键帧并拖入元件,在3209~3326帧间创建补间动画。

18 制作女孩离场的动画和日落时变化万千的景象效果。新建音乐图层,在第2帧处插入空白关键帧,导入The mouse loves the rice.mp3文件,设置"同步"类型为"数据流"。在第3995帧插入普通帧。

19 对开始镜头中的鱼缸进行修饰,新建图层,制作金鱼游动,以及气泡产生等动画效果。按下快捷键Ctrl+S保存该动画,然后再按下快捷键Ctrl+Enter对该动画进行预览。至此,完成本例的制作。

EXAMPLE
137 愚公移山

播放

● 人物形象的设计　　　　　◎ 实例文件\Chapter 09\愚公移山\

制作提示 //////////////////////

❶ 图片效果的添加

❷ 文本内容的设置

❸ 音乐和对话的使用

❹ 综合效果的实现

难度系数： ★ ★ ★

案例描述 //////////////////////

本实例在制作过程凸显出了声音与场景的结合，用一个幽默的卡通故事告诉人们"水滴石穿"的道理。

01 执行"文件>打开"命令，打开附书光盘\实例文件\Chapter 09\愚公移山\愚公移山素材.fla文件，新建图层"背景1"，并拖入相应的背景图片。

02 新建图层"开始字幕"，在第1～30帧间创建淡入补间动画，在第85～100帧间创建淡出补间动画。新建"背景音乐"图层插入声效。

03 在"背景1"图层的第110～130帧间创建逐渐放大动画，在第131～146帧间创建淡出动画，在第147帧插入空白关键帧。

04 新建图形元件"愚公"，绘制愚公图像，然后将其右手、左手、眼睛等放置在不同的图层，并利用逐帧动画形成愚公说话的形象。

05 新建图形元件"愚公（在窗前）"，先绘制山，然后拖入愚公图像，最后添加房子和窗户图层。图层位置不同所表现的效果也不同。

06 返回主场景，新建图层"愚公"，然后将元件"愚公（在窗前）"放置在第130～224帧、第310～429帧间。以用于对话时的场景。

特效技法10 | 在使用IK骨架

　　对 IK 骨架进行动画处理的方式与 Flash 中的其他对象不同。对于骨架，只需向姿势图层添加帧并在舞台上重新定位骨架即可创建关键帧。姿势图层中的关键帧称为姿势。由于 IK 骨架通常用于动画目的，因此每个姿势图层都自动充当补间图层。此外，还可以使用 ActionScript 3.0 对骨架进行动画处理。若使用 ActionScript 对骨架进行动画处理，则无法在时间轴中对其进行动画处理。

07 新建"愚公儿子"图层，拖入"愚公儿子说话"元件，将其放置在第225～309帧间。

08 新建"人物配音"图层，在第170～235、236～396、397～598帧间依次插入愚公与他儿子对话的声音片段。 新建"字幕"图层，在相应的位置依次插入愚公与他儿子之间对话的内容。

09 新建"愚公思考"图层，拖入元件"思考"，然后在第310～317、410～415帧间创建元件"思考"淡入、淡出的效果。在第416帧插入空白关键帧。

10 新建"移山倡议"图层，将元件"移山倡议"放置在该图层的第430～499帧间。在"背景音乐"图层的第430～499间插入音乐1101583.MP3，同步选择数据流。

11 新建"移山敢死队"图层，在第500～599帧间放入元件"移山敢死队"。在第510～540帧间创建画面逐渐缩小的补间动画。并在背景音乐图层的相应位置插入音乐。

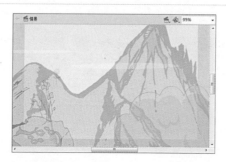

12 新建"移山镜头"图层，拖入元件92，将其放置在第600～730帧间，并在第700～730帧间创建淡出动画效果。在"背景音乐"图层的第600～745帧插入音乐1101575.MP3，在"人物配音"图层的第600～625、626～672和673～746帧间也插入相应的声音效果。

13 参照图形元件"愚公"的制作方法，创建"河曲智叟"元件、"玉帝"元件与"操蛇之神"元件，用于制作后面的动画效果。

14 新建元件"愚公与智叟"。创建背景图层,然后再新建一个图层,制作智叟由远到近的动画。将图形元件"愚公"放于顶层,并将第40帧转换为关键帧。

15 返回主场景,新建"愚公与智叟"图层,拖入元件"愚公与智叟对话",将其放置在第700~1034帧间。选择"字幕"图层,在第747~787、788~796、797~821、822~858、856~895、896~931、932~948、949~970、971~998和999~1022帧间分别插入愚公和智叟对话的内容。在"人物配音"图层的第746~857、858~1100帧间分别插入相应的声音文件。

16 新建"字幕(若干年后)"图层,在第1028~1085帧间插入图形元件"字幕(若干年后)",并分别在第1025~1035、1070~1085帧间制作淡入和淡出的动画效果。

17 新建元件"操蛇之神与玉帝",创建背景图层,再创建"操蛇"与"玉帝"图层制作对话效果。

18 返回主场景,新建"操蛇与玉帝"图层,在第1075~1360帧间插入元件"操蛇之神与玉帝对话",同时将第1085帧转换为关键帧。随后在"字幕"图层的第1101~1114、1115~1151、1152~1197、1198~1280、1281~1343帧间插入操蛇与玉帝对话的内容。在"人物配音"图层的第1100~1194、1195~1359帧间插入相应的声音,在第1360帧的"动作"面板中添加脚本stop();。

19 新建"结尾字幕"图层,在第1352~1360帧之间插入元件195,并制作淡出动画。在第1360帧处制作重播按钮。最后保存该动画文件。至此,愚公移山动画制作完成。

EXAMPLE **138 携手游人间**

● 场景转换效果的制作　　◎ 实例文件\Chapter 09\携手游人间\

制作提示

❶ MV可视区域的控制
❷ 歌词和声音的同步技术
❸ 利用控制器控制MV播放和对音量大小的实时调整

难度系数：★ ★ ★ ★ ★

案例描述

本实例场景切换自然流畅、歌词与内容互通互融，较好地体现了原歌曲的意义和内涵。其中场景的绘制、人物的设计、文字的呈现形式，及分镜头的设计都相得益彰。

01 执行"文件>打开"命令，打开"携手游人间素材.fla"文件，新建图层"动画本体"，拖入相应的元件并进行适当的摆放。

02 在图层"边框"中设置蓝色边框，在图层"动作"的第1帧制作loading条并设置flash不允许缩放，在第2、3帧添加脚本stop();。

03 新建"动画本体"影片剪辑元件，新建"背景"图层，绘制一个渐变矩形，右击矩形，执行"分离"命令将其打散。

04 在第7帧处插入关键帧，拖入元件"风景01"。在第7~556帧间制作补间动画，以制作进场、放大、定格等动画效果。

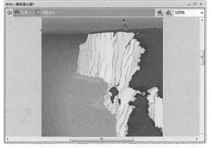

05 使用同样的方法创建其他风景动画效果。在第998~1368帧间创建补间动画，以制作"风景02"的动画特效。在第1970~2164帧间创建补间动画，以制作"风景03"的动画特效。需要注意的是，要在两个风景之间保留一些帧作为过渡，从而使画面间的切换更柔和。

特效技法11 | 使用IK骨架二

在 Flash CS4 中，可以向影片剪辑、图形和按钮实例添加 IK 骨骼。若使用文本，则需要将其转换为元件。向元件实例添加骨骼时，会创建一个链接实例链，这不同于对形状使用骨骼，形状将成为骨骼的容器。根据用户的需要，元件实例的链接链可以是一个简单的线性链或分支结构。蛇的特征仅需要线性链，而人体图形将需要包含四肢分支的结构。

06 动画中各个镜头的风景动画效果主要包括进入、展示、放大，以及定格等。在本实例中可以综合应用补间动画与逐帧动画功能来实现想要的动画效果。用户可尝试不同的设置方法和效果，从而更加熟悉各项功能的应用。

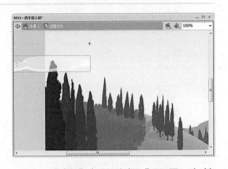

07 制作飞舞的蝴蝶。新建"动画对象1"图层，在第214帧处插入关键帧并拖入"蝴蝶"影片剪辑元件。在第214～432帧间创建补间动画，以实现蝴蝶自由飞舞的动画。

08 新建"动画对象2"图层，在第301帧处插入关键帧，再次拖入元件"飞行的蝴蝶"并对其进行设置。在第301～432帧间创建补间动画，实现蝴蝶飞舞动画。

09 选择"动画对象1"图层，在第442帧处插入关键帧，拖入元件"云"，在第562帧处插入关键帧，并创建补间动画，以实现云从左到右的流动效果。

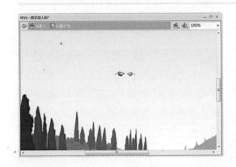
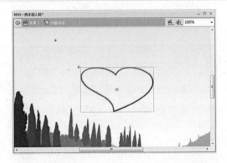

10 制作心形图案的效果。在"动画对象1～2"图层的第563帧处插入关键帧，并将两只蝴蝶拖入合适位置。在第563帧处插入关键帧，将两只蝴蝶重合。

11 新建一个图层，在第575帧处插入关键帧，并拖入图形元件"心形轮廓"，在第639帧处插入帧。在两蝴蝶图层创建补间动画，以实现蝴蝶飞舞的路径为心形。

12 综合应用引导动画和遮罩动画的制作方法，在此实现心形描边并填充颜色的动画效果。红心的逐渐显示效果是由补间动画控制并实现的。

13 制作歌名的进场动画效果。在被引导层的第780帧处插入关键帧，拖入"标题"元件，在第812帧处插入关键帧并创建补间动画。通过补间动画实现歌名由大变小的动画效果。

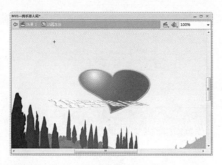

14 在"动画对象2"图层的第818～997间创建补间动画，以实现歌名从左往右运动的效果。

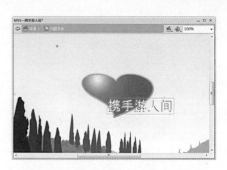

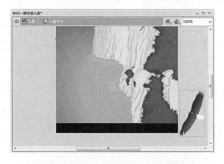

15 进入风景02画面，在被引导图层的第1016帧处插入关键帧，拖入"海雕"元件，通过补间动画实现一只海雕飞翔的动画。

16 进入另一场景画面，注意各图层先后顺序的排列。其他镜头的制作方法与此类似，读者可以尝试制作出自己想要的效果。

17 制作播放MV时所需的控制按钮。新建"进度滑块"元件，绘制一个滑块，添加相应的脚本，以实现滑块在一定范围内移动的效果。

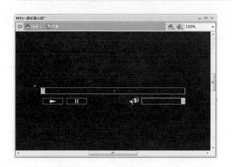

18 使用同样的方法，制作其他控制按钮，如用于显示动画播放的进度条，播放、暂停按钮，以及音量大小控制按钮等。

19 向"动画本体"元件中添加声音、歌词、控制元件等。并在相应的图层中添加动作脚本，以控制动画的播放效果。

20 按下快捷键Ctrl+S保存该动画，按下快捷键Ctrl+Enter对该动画进行预览，以测试其播放效果。至此，本例制作完成。

特效技法12 | 向形状添加骨骼

对于形状，可以向单个形状的内部添加多个骨骼，还可以向在"对象绘制"模式下创建的形状添加骨骼。这与元件实例是不同的，因为每个实例只能具有一个骨骼。向单个形状或一组形状添加骨骼时，在任意情况下添加第一个骨骼之前必须选择所有形状，在将骨骼添加到所选内容后，Flash 将所有的形状和骨骼转换为 IK 形状对象，并将该对象移动到新的姿势图层。

制作商业广告

随着互联网的发展和普及，上网已经成为人们日常生活中必不可少的重要组成部分。人们通过网络了解各种信息、浏览各种咨询、甚至在网上购物，在这种情况下网络广告应运而生。目前网络广告已经成为商品宣传的一种重要手段，本章通过18个案例介绍了手机广告动画、音乐会广告动画、游戏宣传广告动画、公益广告动画等广告动画的制作方法，帮助读者了解商业广告动画的制作流程与技巧。

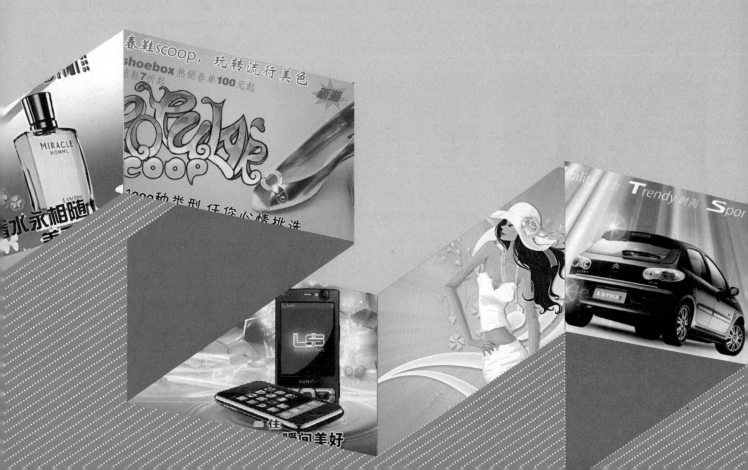

EXAMPLE **139 手机广告动画**

● 投影滤镜功能的应用 ◎ 实例文件\Chapter 10\手机广告动画\

制作提示
❶ 发光和投影滤镜功能
❷ 模糊滤镜功能、传统补间动画

难度系数：★★★★

案例描述
本实例设计的是手机广告动画，画面以具有科幻的背景衬托时尚、新颖的手机产品，以汽泡形式将画面引出，配上动感的广告语将手机的功能以及型号展示出来。

01 打开"手机广告动画素材.fla"文件，新建"画面1"图形元件，将"背景"元件拖曳至舞台，设置其X和Y值均为0。

02 新建"图层2"，然后在背景画面中绘制大小不一的白色正圆。选择"图层2"并右击，执行"遮罩层"命令，创建遮罩动画。

03 参照"画面1"图形元件的创建方法，创建遮罩形状同样为圆，但大小和数量不一样的"画面2~4"图形元件。

04 参照"画面1"图形元件的创建方法，创建遮罩形状同样为圆的"画面5"图形元件。

05 新建"型号"影片剪辑元件，使用文本工具，在舞台上创建"LS-9520"，并为文本添加发光和投影滤镜。

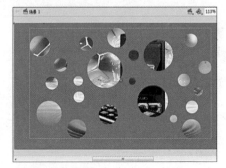

06 将"图层1"重命名为"画面1"，添加"画面1"实例至舞台，在第14~20帧插入关键帧并创建传统补间动画，在第130帧插入帧。

特效技法1｜Flash CS4中的文本一

　　在Flash CS4中包含了4种文本对象，分别是静态文本、动态文本、输入文本和滚动文本。其中，静态文本是文本工具的最基本功能，是在动画制作阶段创建、在动画播放阶段不能改变的文本，其主要应用于文字的输入与编排，起到解释说明的作用，是大量信息的传播载体。输入文本主要用于交互式操作的实现，目的是让浏览者填写一些信息以达到某种信息交换或收集目的。

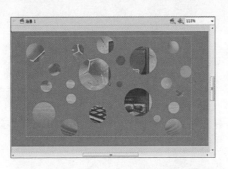

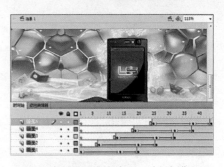

07 选择"画面1"图层中第1帧所对应的实例,然后在"属性"面板中设置该实例的Alpha值为0%,并修改Y值,将其垂直向下移动。

08 选择"画面1"图层中第14帧所对应的实例,然后在"属性"面板中设置该实例的Alpha值为50%,调整实例的不透明度。

09 使用同样的方法,创建"画面2~5"图层,制作出"画面2~5"实例依次从舞台下方向上运动并逐渐清晰的动画。

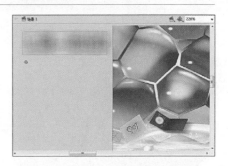

10 新建"广告语"图层,在第45帧插入空白关键帧,添加"广告语"实例,放置在舞台的左侧,并为其添加"发光"和"投影"滤镜。

11 新建"型号"图层,在第51帧插入空白关键帧,添加实例并设置实例名称为"型号",放置在舞台的左上角。

12 在"型号"图层的第56帧插入关键帧,并创建传统补间动画,将第51帧所对应的实例移至舞台的左侧,并为其添加"模糊"滤镜。

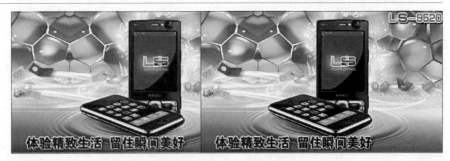

13 在图层最底部创建"背景"图层,并在第45~50帧之间制作出"背景"实例由无变清晰的动画。

14 至此,该手机广告制作完成,按下快捷键Ctrl+S保存该动画,按下快捷键Ctrl+Enter对该动画进行预览。

特效技法2 | Flash CS4中的文本二

　　动态文本可以显示外部文件中的文本内容,主要用于数据的更新。在Flas中创建动态文本区域后,创建一个外部文件,通过添加脚本使外部文件链接到动态文本框中。在 Flash CS4中,通过使用菜单命令或文本字段控制柄可以使动态或输入文本字段滚动起来。此操作不会将滚动条添加到文本字段,而是允许用户使用方向键或鼠标滚轮滚动文本。用户需首先单击文本字段来使其获得焦点。

EXAMPLE

140 音乐会广告动画

● 为人物着色 ◎ 实例文件\Chapter 10\音乐会广告动画\

制作提示

① 色调颜色样式和传统补间功能的应用

② 逐帧动画的创建

③ "库" 面板和 "属性" 面板的使用方法

难度系数：★ ★ ★ ★

案例描述

本实例设计的是音乐会广告动画，画面以橘红色为背景颜色，在富有动感的由黄到红的放射状圆上两个手持乐器的人在快速运动，整个画面动感十足。

01 打开 "音乐会广告动画素材.fla" 文件，新建 "人物_动" 影片剪辑元件，新建 "图层2"，将 "人物1" 和 "人物2" 实例分别放置在这两个图层中。

02 在 "图层1~2" 上插入相应的关键帧，并创建传统补间动画。同时修改各图层第1帧所对应 "人物1" 和 "人物2" 的位置，将其分布在舞台的左右两侧。

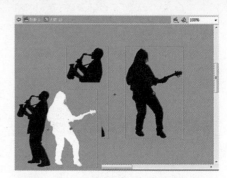

03 修改各图层第4帧所对应 "人物1" 的位置。为 "图层2" 中第8帧所对应的 "人物2" 实例和 "图层1" 中第9帧所对应的 "人物1" 实例添加着色为 "白色" 的色调颜色样式。

04 为 "图层2" 中第14帧所对应的 "人物2" 和 "图层1" 中第15帧所对应的 "人物1" 添加着色为 "白色" 的色调颜色样式。

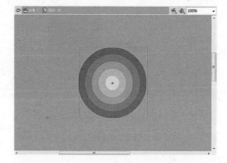

05 新建 "圆环_动" 影片剪辑元件，添加 "放射圆环" 实例，在第1、6、10帧间创建传统补间动画，修改第6帧对应实例的缩放值为90.8%。

06 新建 "文本_动" 影片剪辑元件，将 "文本1" 和 "文本2" 实例分别添加至 "图层1" 的第1帧和第2帧，制作逐帧动画。

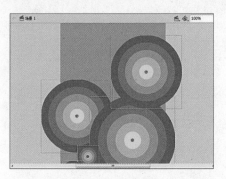

07 返回主场景,将"图层1"重命名为"圆环",将"圆环_动"实例添加至舞台,复制实例并分别调整实例的大小和位置。

08 新建"文本_动"图层,将"文本_动"元件拖曳至舞台左上角。新建"音乐条"图层,将"音乐条_动"元件拖曳至舞台右下角。

09 在"音乐条"图层的上方新建"人物"图层,从"库"面板中将"人物_动"影片剪辑元件拖曳至舞台,放置在舞台的中间位置。

10 新建"文本3"图层,将"文本3"元件拖至舞台,放置在人物中间的位置。至此,完成音乐会广告动画的制作。按下快捷键Ctrl+S保存该动画,按下快捷键Ctrl+Enter对该动画进行预览。

特效技法3 | 色调的调整

色调是指用相同的色相为实例着色。要设置色调百分比(从透明(0%)到完全饱和(100%)),可使用"属性"面板中的色调滑块。要调整色调,可单击此三角形并拖动滑块,或者在数值框中输入一个值。如果要选择颜色,可在各自的数值框中输入红、绿和蓝色的值;或者单击"颜色"控件,在"颜色"面板中选择一种颜色。如为文本实例设置"色调"的"着色"为"红色",效果如下图所示。

原图

调整色调效果

141 笔记本广告动画

● 滤镜功能的应用　　　　◎ 实例文件\Chapter 10\笔记本广告动画\

制作提示 ///////////////////////

❶ 利用滤镜制作描边的广告语

❷ 高级颜色样式的应用

❸ 遮罩动画的创建

难度系数：★★★★

案例描述 ///////////////////////

本案制作的笔记本广告具有浓浓的节日气息，清新且精美的背景图片、透明气泡，再加上跳动的广告语，品质与温暖带给购机者物超所值的惊喜。

01 打开"笔记本广告动画素材.fla"文件，将"图层1"重命名为"背景"，将"背景"元件拖曳至舞台正中央，在第254帧插入帧。

02 新建"文本1"图层，将"文本1"元件添加至"文本1"图层的第9~35帧。在第15、30帧插入关键帧，并创建传统补间动画，制作出实例由无变清晰、从左向舞台中心运动，然后消失的动画。制作"文本2"图层，以在第35~55帧之间实现实例由无变清晰、从下向舞台中心运动，然后消失的动画。

03 创建"文本3"图层，在第55帧插入空白关键帧，将"文本3"元件拖至舞台合适位置，然后为其添加"发光"滤镜。

04 在"背景"图层上新建"笔记本"图层，从"库"面板中将"笔记本"图形元件拖曳至舞台，将其放置在舞台的左侧。

05 新建"水晶球"图层，将"气泡_1"元件拖曳至笔记本的上方，在第20、37、38帧处插入关键帧，并创建传统补间动画。

特效技法4 | 将动态文本转换为可滚动文本

在Flash CS4中，将动态文本转换为可滚动文本的方法有以下几种。

（1）使用选择工具选择动态文本字段，单击鼠标右键，在弹出的快捷菜单中执行"可滚动"命令。

（2）使用选择工具选择动态文本字段，然后执行"文本 > 可滚动"命令。

（3）按住 Shift 键并双击动态文本字段右下角的控制柄，控制柄将由空心方形（不可滚动）变为实心方形（可滚动）。

06 选择"水晶球"图层第1帧所对应的实例,为其添加高级样式,将实例变成透明。

07 选择"水晶球"图层第20帧所对应的实例,为其添加高级样式,将实例变成白色。

08 选择"水晶球"图层第37帧所对应的实例,为其添加高级样式,将实例变成绿色。

09 新建"线条组合"图层,添加"线条组合"实例,调整其大小和位置,放置在笔记本的下方,并将该图层转换为遮罩层,"水晶球"和"笔记本"转换为被遮罩层。新建"汽泡组合"图层,从"库"面板中将"汽泡动态"影片剪辑元件拖曳至舞台,放置在笔记本的下面。

10 新建"礼物"图层,在第156帧插入空白关键帧,将"礼物"实例添加至舞台合适位置,并为其添加"发光"和"调整颜色"滤镜。

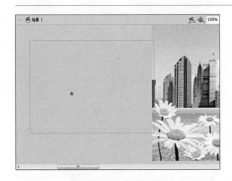

11 在"礼物"图层的第161、162、163帧处插入关键帧,并创建传统补间动画,选择第156帧所对应的实例,设置其Alpha值为0%、X值为-182.3,放置在舞台的左侧外。

12 选择"礼物"图层第162帧所对应的实例,并为其添加"着色"为"白色"的色调颜色样式。新建"花朵"图层,将"花朵"元件拖至舞台,放置在舞台的底部。

13 至此,完成笔记本广告动画的制作。按下快捷键Ctrl+S保存该动画,按下快捷键Ctrl+Enter对该动画进行预览。用户可对动画效果进行修改,尝试不同的制作方法。

142 化妆品广告动画

● 传统补间动画的制作

◎ 实例文件\Chapter 10\化妆品广告动画\

制作提示

❶ 传统补间动画、形状补间动画的创建

❷ 动作脚本的添加

难度系数：★★★★

案例描述

本案制作的蓝琦化妆品广告以高贵的深红色背景和性感的明星作为主体，然后配上闪亮的化妆品及跳动的广告语，将消费者的购买欲望完全带动起来。

01 打开"化妆品广告动画素材.fla"文件，新建"人物_闪光"影片剪辑元件，拖入"美女"元件。在第20帧插入关键帧，并创建传统补间动画，调整第1帧所对应的实例的Alpha值为0%。

02 新建"图层2"，拖入"闪光组合"元件，将实例复制两次，并在"属性"面板中调整其位置、旋转角度和Alpha值。新建"图层3"，在第20帧插入空白关键帧，并为该帧添加脚本stop();。

03 新建"化妆品3_组合"影片剪辑元件，将"化妆品3"元件拖至舞台并调整其位置。新建"图层2"，将"闪光动态"元件拖至舞台，将实例复制两次，然后分别调整其大小、位置和旋转角度。

04 新建"图层3"，将"倒影"元件拖至舞台，放置在化妆品图形的正下方。

05 参照"化妆品3_组合"影片剪辑元件的创建方法，创建"化妆品_4组合"影片剪辑元件。

06 新建"化妆品总组合"影片剪辑元件，进入元件编辑区后新建"图层2~12"。

特效技法5 | Flash中的库对象

在Flash 文档的"库"面板中除了包含导入的位图、声音、视频和元件外，还包含已添加到文档的所有组件。组件在"库"面板中显示为编译剪辑。在编辑Flash文档时，可以打开任意Flash文档的库，并将该文件的库项目用于当前文档。用户可以在 Flash 应用程序中创建永久的库，只要启动Flash就可以使用这些库。此外，还可以将库资源作为SWF文件导出到一个 URL，从而创建运行时共享库。

07 在"图层1~5"上创建传统补间和形状补间，制作出第一组化妆品从右向左、由无变清晰，然后消失的动画效果。

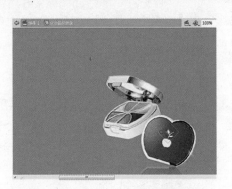

08 在"图层6~10"上创建传统补间，制作出第二组化妆品从下向上、由无变清晰，然后向下运动并消失的动画效果。

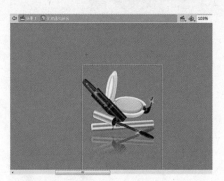

09 在"图层11"上创建传统补间，制作出第三组化妆品由无变清晰，然后向右上角运动，并逐渐消失的动画效果。

10 在"图层12"上创建传统补间，制作出第四组化妆品由无变清晰，并向右上角运动，然后逐渐消失的动画效果。

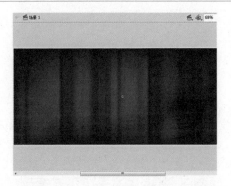

11 至此，完成化妆品元件的制作。返回主场景，将"图层1"重命名为"背景"，将"背景"元件拖至舞台合适位置。

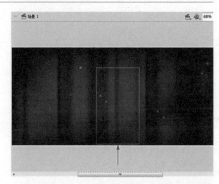

12 新建"人物"图层，将"人物_闪光"元件拖至舞台右侧。新建"化妆品组合"图层，将"化妆品总组合"元件拖至舞台中央。

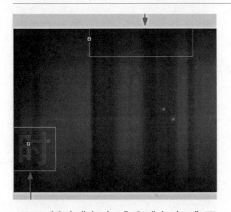

13 新建"文本1"和"文本2"图层，将"蓝琦_组合"和"动感文字"元件分别拖至舞台，放置在相应的图层，并调整其位置。

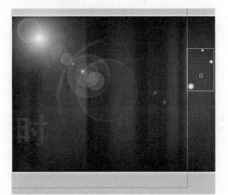

14 新建"发光球"和"放射光束"图层，将"发光球组"和"放射光束"元件分别拖至舞台，放置在相应的图层，并调整其位置。

15 至此，完成化妆品广告动画的制作。按下快捷键Ctrl+S保存该动画，按下快捷键Ctrl+Enter对该动画进行预览。

143 鞋子广告动画

● 遮罩动画的制作　　　　◎ 实例文件\Chapter 10\鞋子广告动画\

制作提示 ///////////////

① 使用导入到库功能

② 制作传统补间动画,应用色调颜色样式

③ 创建遮罩动画

难度系数:★★★★

案例描述 ///////////////

本实例设计的鞋子广告动画,背景颜色以放射状的黄色至金色呈现,与金色的新鞋相对应。文本动画轻快流畅,非常吸引眼球。

01 打开"鞋子广告动画素材.fla"文件,新建"文本动画1"影片剪辑元件,拖入"文本1"元件。在第1~5帧创建传统补间动画,以制作由从左向右运动出场的动画。

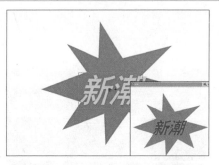

02 依次修改第8、10和12帧所对应实例的Y值,制作出文本实例上下快速跳动的动画。参照"文本动画1"影片剪辑元件的创建方法,创建"文本动画2~3"影片剪辑元件,制作出"文本2~3"实例由左向右出场,然后上下快速跳动的动画。新建"总文本"影片剪辑元件,将制作好的"文本动画1~3"元件依次放置在该图层的第1、31和61帧处。

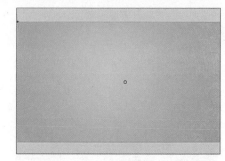

03 新建"新潮"影片剪辑元件,将"不规则图形"元件拖至舞台,并在第10帧插入帧。

04 新建"图层2",拖入"文本4"元件放置在不规则图形的中间,在第5帧插入关键帧,并为其添加着色为"红色"的色调颜色样式。

05 返回主场景,将"图层1"更名为"背景",在第145帧插入帧,将"背景"元件拖至舞台,放置在舞台的正中央。

特效技法6 | 运行时的共享资源

　　源文档的资源是以外部文件的形式链接到目标文档中的,运行时资源在文档回放期间(即在运行时)加载到目标文档中。在创作目标文档时,包含共享资源的源文档并不需要在本地网络上。为了让共享资源在运行时可供目标文档使用,源文档必须发布到URL上。

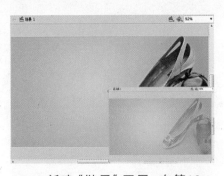

06 新建"鞋子"图层,在第18～145帧添加"鞋子"实例,创建传统补间,以制作实例由无变清晰的动画效果。

07 新建"图案"图层,在第36～145帧添加"图案"实例,创建传统补间,制作实例从上往下再向上运动的动画。

08 新建"文本组合1"图层,在第55～80帧添加"文本组合"实例,并创建传统补间,制作实例从舞台左侧外向中间运动的动画。

09 新建"矩形条"图层,在第55～80帧添加"矩形条"实例,放置在舞台左上角,将组合文本最上面一行的文字遮盖住。

10 复制"文本组合1"图层中第64帧所对应的实例,新建"文本组合2"图层,在第80～145帧粘贴文本组合实例。

11 选择"矩形条"图层,单击鼠标右键,在弹出的快捷菜单中执行"遮罩层"命令,创建遮罩动画。

12 在图层最上方新建"总文本"图层,在第36～145帧添加"总文本"实例,并为实例添加"发光"滤镜,并设置滤镜参数。

13 新建"新潮"图层,在第36～145帧添加"新潮"实例,放置在鞋子图像的上面。新建"脚本"图层,在第145帧处添加脚本stop();。

14 至此,完成鞋子广告动画的制作。按下快捷键Ctrl+S保存该动画,按下快捷键Ctrl+Enter对该动画进行预览。

EXAMPLE 144 食品网站广告动画

● 全屏播放脚本的添加　　　◎ 实例文件\Chapter 10\食品网站广告动画\

制作提示

① 使用导入到库功能
② 创建传统补间动画、色调颜色样式的应用
③ 投影滤镜功能的应用

难度系数：★★★★

案例描述

本实例设计的食品网站广告动画，以黑色至咖啡色作为背景颜色，与巧克力的颜色相协调，展示了食物的香甜，给人一种柔和、细滑的感觉。

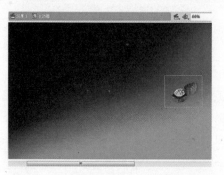

01 打开"食品网站广告动画素材.fla"文件，新建"主动画"影片剪辑元件，将"图层1"重命名为"背景"并添加"背景"实例，在第205帧插入帧。新建"巧克力"图层，在第100帧插入空白关键帧，添加"巧克力"实例。新建"波浪"图层，拖入"波浪"元件并置于背景的底部。

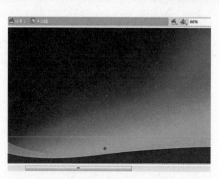

02 新建"标识"图层，添加"标识"实例，在第3~17帧创建传统补间动画，制作标识由无变清晰，从舞台正上方向下运动的动画。

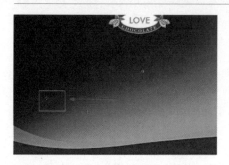

03 新建"广告语"图层，在第115帧插入空白关键帧，添加"广告语"实例，设置实例的缩放值为246.6%，并为其添加"投影"滤镜。

04 新建"I love you"图层，在第18帧插入空白关键帧，添加"I love you"实例，并在"属性"面板中调整实例的大小和位置。

05 新建"花枝"图层，在第48~57帧间添加"花枝"实例。新建"花朵"图层，在第57~67帧间添加"花枝"实例。

特效技法7 | 创作期间的共享资源

可以用本地网络上任何其他可用元件来更新或替换正在创作的文档中的任何元件。在创作文档时更新目标文档中的元件，目标文档中的元件将保留原始名称和属性，但其内容会被更新或替换为所选元件的内容。

06 制作出花枝和花朵由无变清晰
并沿着花板的方向向上缓慢运
动的出场动画。新建"枝叶"图层，在
第67帧插入空白关键帧，将"枝叶"元
件拖至舞台，放置在花枝上。

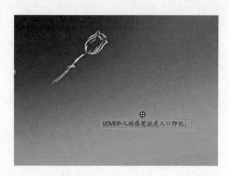

07 新建"文本1"图层，在舞台右
下角添加"文本1"实例，在第
80~87帧创建传统补间动画，以制作
出"文本1"从无变清晰、从窄变完整
的出场动画。

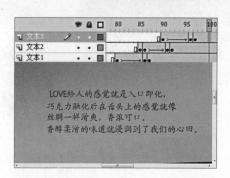

08 依次新建"文本2~3"图层，添
加"文本2~3"实例，插入相应
的关键帧，创建传统补间动画，制作出
"文本2~3"依次从文本上方飘出来
的动画效果。

09 新建"倒影文本"图层，添加"倒影文本"实例，在第135~145帧间
创建传统补间动画，分别设置这两个关键帧的Alpha值为0%、色调颜
色样式为黄色，制作出实例由无变成黄色，并向下缓慢运动的出场动画。参
照"倒影文本"图层中动画的创建方法，创建"文本4"图层，创建传统补
间动画，制作出实例由无变成黄色，并向下缓慢运动的出场动画。

10 新建"链接按钮"图层，在
第145帧插入空白关键帧，将
"链接按钮"元件拖至舞台，放置
在"文本4"的上方，并为其添加具
有链接功能的脚本。

11 新建"脚本"图层，在第1帧的
"动作"面板中添加相应的脚
本。在第2帧和第205帧插入空白关
键帧，并为这两帧分别添加gotoAnd-
Play(1);和stop();脚本语言。

12 返回主场景，拖入"主动画"元
件并调整其缩放值为54.1%。
新建"图层2"，将"关闭按钮"元件拖
至舞台右上角，并为其添加着色为"黄
色"的色调颜色样式。

13 为"关闭按钮"实例添加具有关
闭动画的功能脚本。在"图层
2"第1帧处添加使动画在开始播放时
具有全屏播放功能的脚本。至此，完
成食品网站广告动画的制作。

EXAMPLE

145 服装广告动画

● 发光滤镜功能的应用　　◎ 实例文件\Chapter 10\服装广告动画\

制作提示 //////////////////////////

① 传统补间动画的创建

② 颜色样式、发光滤镜功能的
　应用

难度系数：★★★★

案例描述 //////////////////////////

本实例设计的是服装广告动画，画面以渐变的灰色来衬托模特、金色描边广告语和精致的标识，突出了服装的品质，达到了宣传的目的。

01 打开"服装广告动画素材.fla"文件，新建"模特总"影片剪辑元件，将"模特1"实例添加在第1～30帧间，创建传统补间动画，以制作出实例由左向右、从无变清晰的出场动画。

02 在第90～120帧间创建传统补间动画，制作出"模特1"实例向右逐渐消失的隐退动画。用同样的方法创建"图层2"，在第95～214帧间制作出"模特2"实例的出场和隐退动画。新建"图层3"，在第190～309帧之间制作出"模特3"实例的出场和隐退动画。复制"图层1"中第1～30帧的传统补间，新建"图层4"，将复制的帧在第285帧处进行粘贴，并清除第313帧所对应的关键帧。

03 新建"主动画"影片剪辑元件，将"图层1"重命名为"蝴蝶"，将"蝴蝶1～2"实例分别放置在舞台的右侧和左侧。在第45帧插入帧，新建"标识"图层，添加"标识"实例，在第1～15帧之间创建传统补间动画，制作出实例由无变清晰的出场动画。

04 新建"广告语"图层，在第21～45帧添加"广告语"实例，并为实例添加"阴影颜色"为"黄色"的"发光"滤镜特效。

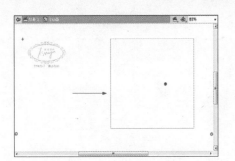  

05 新建"模特"图层,在第5~45帧添加"模特总"实例,并在"属性"面板中调整该实例的位置和大小。

06 新建"链接按钮"图层,添加"链接按钮"实例,添加链接主页的脚本。新建"脚本"图层,在第45帧添加脚本stop();。

07 返回到主场景中,从"库"面板中将"背景"图形元件和"主动画"影片剪辑元件分别拖曳至舞台,并调整其位置和大小。

08 至此,完成服装广告动画的制作。按下快捷键Ctrl+S保存该动画,按下快捷键Ctrl+Enter对该动画进行预览。

特效技法8 | 认识横幅式网络广告

　　横幅式广告也称"旗帜广告",网络媒体在自己网站的页面中分割出一个一定大小的画面进行广告发布,看起来就像一面旗帜,因此称为旗帜广告。旗帜广告允许客户用极简炼的语言、图片介绍企业的产品或宣传企业形象。它通常有4种形式:全幅尺寸为468×60(或80)像素;全幅加直式导航条尺寸为392×72像素;直幅尺寸为120×240像素;半幅尺寸为234×60像素。为了吸引更多的浏览者,旗帜广告在制作上经历了由静态向动态的演变。动态旗帜广告利用多种多样的艺术形式进行处理,往往做成动画形式,具有跳动效果或霓虹灯的闪烁效果,非常具有吸引力。此种广告重在树立企业形象,扩大企业的知名度。下图即为一则旗帜广告。

EXAMPLE

146 汽车广告动画

● 高级颜色样式功能的应用　　◎ 实例文件\Chapter 10\汽车广告动画\

制作提示

❶ 高级颜色样式功能的应用
❷ 传统补间的制作
❸ 逐帧动画的创建
❹ 综合效果的实现

难度系数：★★★★

案例描述

本案例制作的汽车产品广告动画颜色鲜明、节奏紧凑、画面闪亮，再加上动感的汽车、图片及文本，将汽车的质量与功能展现地淋漓尽致。

01 执行"文件>打开"命令，打开"汽车广告动画素材.fla"文件，将"图层1"重命名为"背景"，在第2～121帧间添加"背景_动"实例，在第3～24帧间创建传统补间动画。

02 选择第2帧所对应的实例，为其添加高级颜色样式，将实例变为白色。依次修改其他关键帧所对应实例的高级颜色样式值，制作出背景由白色变为原色的动画效果。

03 新建"云状1"图层，在第13～121帧间添加"云状1_动"实例，在第15～19帧间插入相应的关键帧并创建传统补间动画。依次修改实例的大小和Alpha值。

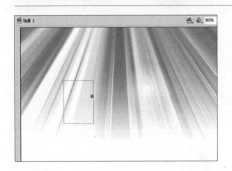

04 参照"云状1"图层中动画的创建，将"库"面板中的"云状2_动"元件拖至舞台，在"云状2"图层中插入相应的关键帧，并创建动画。

05 新建"汽车"图层，在第4～7帧添加"汽车1"实例，插入连续的关键帧，修改各帧所对应实例的大小和颜色样式，制作出汽车由小变大、由浅颜色变为原色的动画效果。

06 在第8～61帧添加"汽车2_动"实例，插入相应的关键帧并创建传统补间动画，依次修改第8～13帧所对应实例的属性，制作实例由浅黄色变为原色、由小变大的动画。

07 在"汽车"图层中修改第28~34帧所对应实例的高级颜色样式值，制作出实例由原色突然变亮，再变为原色的动画效果。在第62帧添加"模糊"实例，并调整实例的位置。在第63~121帧间添加"汽车3_动"实例，插入相应的关键帧并创建传统补间动画，制作出实例由原色突然变亮，再变为原色的动画效果。

08 新建"点光源1"图层，在第68~73帧间添加"点光源_动画"实例，并在第70、72帧插入关键帧。分别修改该图层中第70、72帧所对应实例的位置。

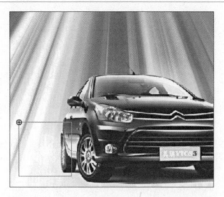

09 新建"点光源2"图层，在第8~15帧间添加"车轮_动"实例，并插入相应的关键帧，制作出实例由小变大，并根据相同帧出现的汽车变化的动画效果。在第32~121帧间添加"点光源_动画"实例，调整实例的大小和位置，放置在汽车后车轮的左侧。

10 新建"点光源3~4"图层，将"点光源_动画"实例分别添加至新建的图层中，并调整实例的大小和位置。

11 新建"图片1"图层，在第36~121帧间添加"图片1"实例，在第39~41帧插入关键帧并创建传统补间动画。调整第36、39帧所对应的实例的坐标值。

12 选择"图片1"图层第40帧对应的实例，为其添加高级颜色样式，将图片变为浅黄色。制作"图片1"从舞台左侧向右运动，并突然变为黄色出场的动画效果。

13 使用同样的方法，创建"图层2~6"中图片的动画效果。其中"图片3"和"图片6"是从舞台右侧向左运动，并突然变为黄色出场的动画效果。

14 新建"活力"图层,在第40~47帧添加"活力_动"实例,插入相应的关键帧,并创建传统补间动画,制作出实例由无变清晰、由小变大,然后突然消失的动画。

15 新建"时尚"图层,在第47~54帧添加"时尚_动"实例,插入相应的关键帧,并创建传统补间动画,制作出实例由无变清晰、由小变大,然后突然消失的动画。

16 新建"运动"图层,在第54~61帧添加"运动_动"实例,插入相应的关键帧,并创建传统补间动画,制作出实例由小变大,然后突然消失的动画。

17 新建"组合"图层,在第62~90帧添加"组合_动"实例,插入相应的关键帧,并创建传统补间动画,制作出实例由小变大,然后消失的动画效果。

18 新建"美瑞"图层,在第90~121帧添加"美瑞_动"实例,插入相应的关键帧,并创建传统补间动画,制作出实例由小变大,然后变浅再变为原色的动画。

19 新建"劲飚上市"图层,在第97帧添加"闪光条"实例,在第98~99帧插入关键帧,制作出闪光条由大变小然后消失,接着"劲飚上市"4个字出现,且由小变大的动画效果。

20 选择"劲飚上市"图层第97、98帧所对应的实例,分别将其分离并修改其大小和位置,放置在"美瑞"文本的正下方。

21 在第100~121帧添加"劲飚上市_动"实例,放置在"美瑞"下方。在第101帧插入关键帧,修改第100帧对应实例的"缩放高度"值为50%。

22 至此,完成汽车广告动画的制作。按下快捷键Ctrl+S保存该动画,按下快捷键Ctrl+Enter对该动画进行预览。

特效技法9 | 添加帧标签

在Flash CS4中,添加帧标签的方法是,选中关键帧,在"属性"面板中输入名称,帧标签名称可以是任意字符。添加帧标签后,在相应的关键帧上会出现一面"小红旗"样的标志,同时该标志后面会显示帧标签名称。

EXAMPLE

147 电视广告动画

● 链接网站脚本的添加　　◎ 实例文件\Chapter 10\电视广告动画\

制作提示

❶ 使用"库"和"属性"面板
❷ 使用"动作"面板和脚本

难度系数：★★★★

案例描述

本案例设计的是海盛电视广告动画，画面以黑色至深红的渐变作为背景颜色，配上高品质的电视、动感十足的广告语和标识，将企业文化和产品完美和谐地展示出来。

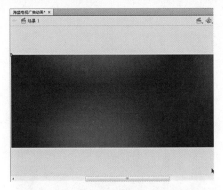

01 打开"电视广告动画素材.fla"文件，将"图层1"重命名为"背景"，在第211帧插入帧，拖入"背景"元件，并调整其大小和位置。

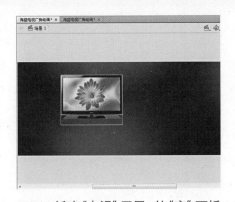

02 新建"电视"图层，从"库"面板中将"电视组合"影片剪辑元件拖曳至舞台，并在"属性"面板中调整其大小和位置。

03 在第4、5帧处插入关键帧，并创建传统补间动画，依次修改第1~4帧所对应实例的大小和位置，制作由大变小，向左运动的出场动画。

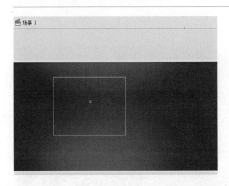

04 在"电视"图层的第100帧和第104帧插入关键帧，并创建传统补间动画，修改第104帧所对应实例的Alpha值为0%。在第105帧和第142帧插入关键帧，删除第105帧所对应的实例，并在第146、147帧处插入关键帧，修改实例的Alpha值，制作出电视由无变清晰的动画。

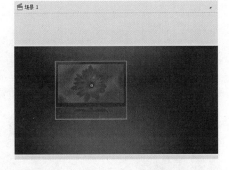

05 新建"文本1A"图层，在第5~55帧添加"文本1"实例，插入相应的关键帧，并创建传统补间动画，制作出文本由大变小的出场动画和逐渐消失的隐退动画。

06 在"文本1A"图层下方新建"文本1B"图层,在第10~19帧添加"文本1"实例,并创建传统补间动画,修改第19帧所对应实例的Alpha值为40%、缩放值为250%。

07 在图层最上方新建"文本2"图层,在第10~55帧添加"文本2"实例,插入相应的关键帧,并创建传统补间动画,制作出实例由无变清晰并向右运动,然后逐渐消失的动画。

08 新建"文本3"图层,在第55~101帧添加"文本3"实例,插入相应的关键帧,并创建传统补间动画,制作出实例由无变清晰并向右运动,然后逐渐消失的隐退动画。

09 新建"标识"图层,将从"库"面板中LOGO元件拖至舞台右上角。新建"链接按钮"图层,将"链接按钮"元件拖至舞台正中央,并为实例添加链接具有网站主页的脚本。

10 参照前面文本动画效果的制作方法创建"文本4~8",读者可以灵活设置其出场效果。

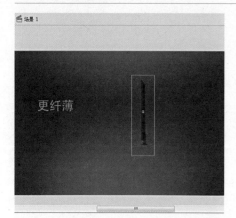

11 新建"侧面"图层,在第101~141帧间添加"侧面"实例,然后调整其大小和位置。在第104~105帧插入关键帧,在第101~104帧间创建传统补间动画,分别调整第101、104帧所对应实例的Alpha值分别为0%、80%。至此,完成电视广告动画的制作。按下快捷键Ctrl+S保存该动画,按下快捷键Ctrl+Enter对该动画进行预览。

EXAMPLE **148 钻戒广告动画**

● 饰品展示功能的实现　　◎ 实例文件\Chapter 10\钻戒广告动画\

制作提示

❶ "库"和"属性"面板的使用
❷ 传统补间动画的创建，投影滤镜功能的应用
❸ 实例名称的设置与脚本的添加方法

难度系数：★★★★

案例描述

本案例设计的是钻戒广告动画，以深红色作为背景颜色，高品质的首饰在闪光的伴随下依次展示。

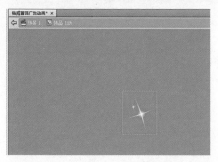
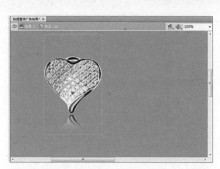
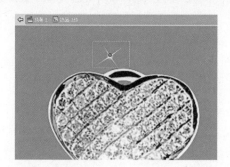

01 打开"钻戒广告动画素材.fla"文件，新建影片剪辑元件"饰品1动"，在第15~50帧添加"闪光动2"实例。新建"图层2"，在第1~60帧添加"饰品1"实例，插入相应的关键帧，并创建传统补间动画。依次调整第1、13帧所对应实例的Alpha值和X值，以及第60帧所对应实例的Alpha值，制作出实例从左向右、由无变清晰的出场动画，然后隐退。

02 新建"图层3"，在第14~50帧添加"闪光动1"实例，插入相应的关键帧，并创建传统补间动画，制作实例由无变清晰的动画。

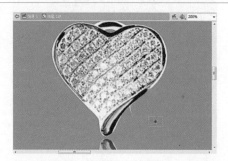
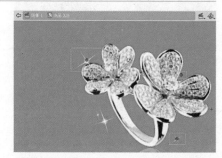

03 新建"图层 4"，在第16~50帧添加"闪光动1"实例，插入相应的关键帧，并创建传统补间动画，制作实例由无变清晰的动画。

04 新建"图层 5"，在第17~50帧添加"闪光动1"实例，多次复制实例，并分别调整实例的大小和位置，将其分布在饰品上。

05 参照"饰品1动"影片剪辑元件的创建方法，创建"饰品2动"影片剪辑元件，并制作相应的饰品和闪光动画。

特效技法10 | 导入与制作逐帧动画

　　在Flash CS4中，导入逐帧动画与制作逐帧动画的区别在于：导入逐帧动画的工作主要是要准备导入的图像序列，这项工作是在制作动画之前准备的。而制作逐帧动画主要是在制作动画中创建逐帧动画中每一帧的内容，这项工作是在Flash内部完成的。

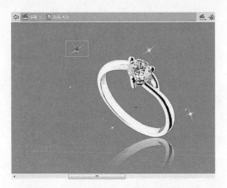

06 用同样的方法,创建影片剪辑元件"饰品3~4动",并制作相应的饰品和闪光动画。新建"广告语"影片剪辑元件,第1~50帧添加"合成倒影"实例。在"图层1"下方新建"图层2",在第8~23帧添加"合成倒影"实例并创建传统补间动画,修改第23帧所对应实例的缩放值和Alpha值。

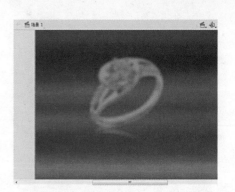

07 返回主场景,将"图层1"重命名为"背景",在第240帧插入帧并添加位图image 1,并在"属性"面板中调整其位置和大小。

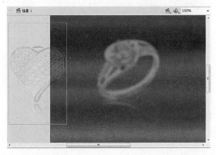

08 新建"饰品1"图层,将"饰品1动"实例添加至该图层的第1~60帧,并调整实例的位置。

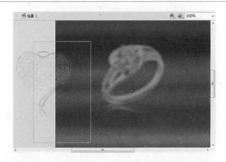

09 新建图层"饰品2~4",在各图层第60~120、120~180、180~240帧间添加其他饰品实例。

10 新建"广告语"图层,添加"广告语"实例,然后将其放置在舞台的右下角。

11 新建"标识"图层,添加"标识"实例,添加"阴影颜色"为"黑色"的"投影"滤镜。

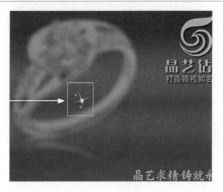

12 新建"闪光"图层,添加"闪光总"实例,在"属性"面板中设置实例名称为sou 1。

13 新建"动作"图层,在第1帧添加"startDrag ("sou1", true);"脚本。至此,完成本例制作。

特效技法11 | 在Flash CS4中导入视频的注意事项

　　将视频内容直接嵌入到SWF文件中会明显增加发布文件的大小,因此仅适合导入小的视频文件。此外,在使用 Flash 文档中嵌入的较长视频剪辑时,音频到视频的同步(音频/视频同步)会变得不同步。

EXAMPLE 149 珠宝广告动画

● 模糊滤镜功能的应用　　◎ 实例文件\Chapter 10\珠宝广告动画\

制作提示

❶ 模糊和投影滤镜功能的应用
❷ 复制、排列和对齐功能的应用，补间动画的创建
❸ 高级颜色样式的应用
❹ 综合效果的实现

难度系数：★★★★

案例描述

本案例设计的是一个珠宝广告动画，动画通过丰富的转场特效展示了精美的红宝石和蓝宝石产品，动感的广告语和闪光特效，为广告动画增添了动感和闪亮效果。

01 打开"珠宝广告动画素材.fla"文件，新建"文本组合"影片剪辑元件，将"文本1"元件拖至舞台，并调整其大小和位置。

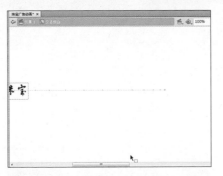

02 在第16帧插入关键帧，并创建补间动画，选择第15帧所对应的实例，并使用选择工具水平向左拖动舞台上的实例。

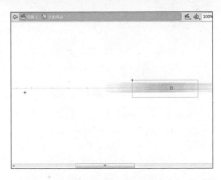

03 选择第1帧所对应的实例，为其添加"模糊"滤镜，在"属性"面板中设置X值为200，并在该图层的第60帧插入普通帧。

04 新建"图层 2"，在第16~60帧添加"文本2"实例，放置在"文本1"的右下角。在第20帧插入关键帧，创建传统补间动画，调整第16帧实例的Alpha值为0%，水平右移。

05 参照"图层2"中"文本2"实例的制作方法，依次创建"图层3~4"，并制作出"文本3~4"实例从右向左、由无变清晰的出场动画。

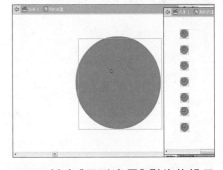

06 新建"圆形遮罩"影片剪辑元件，将"动态圆形"元件拖至舞台，并调整其大小和位置。使用选择工具选择"动态圆形"实例，将其复制6次，并排列好复制的实例。

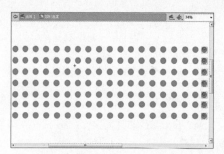

07 选择所有的"动态圆形"实例并复制,在"图层1"的第90帧插入帧。新建"图层2~20",在"图层2"的第4帧插入空白关键帧,粘贴实例并修改其X值。在"图层3~19"每间隔两帧插入空白关键帧并粘贴实例,在"图层20"的第90帧添加脚本。

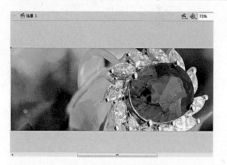
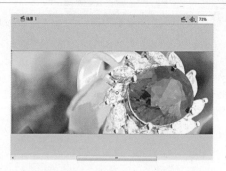
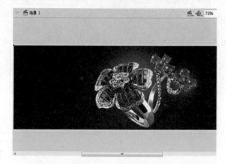

08 将"图层1"更名为"图1",添加"图1"实例至舞台,在第14、15帧插入关键帧,并创建传统补间动画,在第150帧插入帧。选择第1帧所对应的实例,为其添加高级颜色样式,将实例变为透明。选择第14帧所对应的实例,为其添加高级颜色样式,调整实例的颜色。

09 新建"图2"图层,在第76~225帧间添加"图2"实例,放置在舞台的正中央。

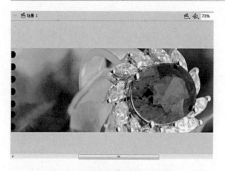

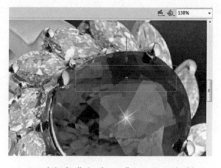

10 新建"圆形遮罩"图层,在第76~225帧之间添加"圆形遮罩"实例,然后将其放置在舞台的左侧。选择"圆形遮罩"图层,创建遮罩动画。

11 新建"闪光"图层,将"闪光"元件拖至舞台,放置在蓝宝石的上面。在"闪光"图层的第76帧插入关键帧,复制"闪光"实例,并调整其位置。

12 新建"广告语"图层,在第15帧插入空白关键帧,添加"文本组合"实例,并调整实例的位置。为"广告语"图层中的"文本组合"实例添加"发光"和"投影"滤镜。

13 在"广告语"图层的第76帧和第165帧插入关键帧,并删除第76帧所对应的实例。至此,完成珠宝广告动画的制作。

EXAMPLE **150 网站背投广告动画**

● 传统补间动画的制作　　◎ 实例文件\Chapter 10\网站背投广告动画\

制作提示

❶ 遮罩动画的创建
❷ 形状补间动画的制作
❸ "库"和"属性"面板的使用

难度系数：★★★★

案例描述

本实例设计的是网站背投广告动画，在洋溢着太阳般热情的红色给人留下深刻印象的同时，使用白色并带有波浪状的文字，更能抓住人们的视线。

01 打开"网站背投广告动画素材.fla"文件，新建"主动画"影片剪辑元件，将"图层1"更名为"背景"，将"背景"实例添加至该图层，并调整实例的位置。

02 在"背景"图层的第150帧插入普通帧。新建"光晕1"图层，将"光晕"实例放置在背景的右下方，设置实例的"缩放宽度"值为115%、Alpha值为30%。

03 依次新建"光晕2~4"图层，将"光晕"实例添加到各个图层中，并在"属性"面板中调整实例的大小、位置和Alpha值，制作出光晕由大变小逐渐叠加的动画效果。

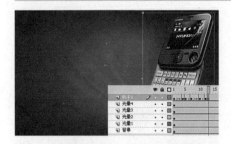

04 新建"机子"图层，添加"手机"实例，放置在舞台的右侧，在第1~13帧间插入相应的关键帧并创建传统补间动画，制作出实例从右向左运动、由无变清晰的动画。

05 新建"发光球"图层，将"发光球"影片剪辑元件拖曳至舞台，设置实例名称为"发光球"，在"属性"面板中调整实例的大小，将其放置在机子图形的右上角。

06 新建"机子2"图层，添加"手机2"实例，放置在舞台的左侧，在第21~31帧间插入相应的关键帧并创建传统补间动画，以制作出实例由无变清晰的出场动画。

特效技法12 | 导入前编辑视频文件

　　在Flash CS4中，除了可以导入矢量图形和位图外，还可以导入视频文件。将视频导入为嵌入文件时，可以在导入之前编辑视频，也可以应用自定义压缩设置，包括带宽或品质设置，以及颜色纠正、裁切或其他选项的高级设置。在"视频导入"向导中可以选择编辑和编码选项。导入视频剪辑后将无法对其进行编辑。

07 新建"机子3"实例,添加"手机3"实例,放置在舞台的中间,在第32~42帧间插入相应的关键帧并创建传统补间动画,以制作出实例由无变清晰的动画。

08 新建"光团"图层,在第13~24帧间创建传统补间动画,制作光团由小变大、由无变清晰、再逐渐消失的动画,在光团消失之后显现出"机子2"实例。

09 在"光团"图层的第25~37帧间创建传统补间动画,制作光团由小变大、由无变清晰、再逐渐消失的动画,在光团消失之后显现出"机子3"实例。

10 新建"180度"图层,添加"180度"实例,放置在"机子2"的右侧,在第35~45帧间创建传统补间动画,以制作出实例由无变清晰、从右向左缓慢移动的动画。

11 新建"文本1"图层,添加"文本1"实例,放置在"机子2"的右侧,在第39~49帧间创建传统补间动画,以制作出实例由无变清晰、从右向左缓慢移动的动画。

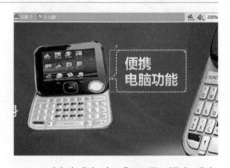

12 新建"文本2"图层,添加"文本2"实例,放置在"机子3"的右侧,在第42~53帧间创建传统补间动画,以制作出实例由无变清晰、从右向左缓慢移动的动画。

13 新建"文本3"图层,添加"文本3"实例,放置在"机子2"的下方,在第48~57帧间创建传统补间动画,以制作出实例由无变清晰、从左向右快速移动的动画。

14 新建"立即抢购"图层,添加"图标动画"实例,放置在"文本3"的右侧,在第50~60帧间创建传统补间动画,以制作实例由无变清晰、从左向右快速移动的动画。

15 新建"文本4"图层,添加"文本4"实例,放置在舞台的左上角,在第1~12帧间创建传统补间动画,以制作出实例由无变清晰、从左向右快速移动的动画。

16 新建"文本5"图层,添加"文本5_动"实例,放置在"文本4"实例的空缺处,在第8~26帧间创建传统补间动画,制作实例由无变清晰、由大变小,一大一小交替变化的出场动画。

17 新建"波浪1"图层,在第26帧插入空白关键帧,添加"波浪_动"实例,将"文本4"的下方遮盖住,调整实例的大小,并为其添加高级颜色样式,将实例变为黄色,并添加"红色"的发光滤镜。

18 新建"波浪2"图层,在第26帧插入空白关键帧,从"库"面板中将"波浪_动"影片剪辑元件拖曳至舞台,设置实例名称为"波浪_动",将"文本4"的上方遮盖住,调整实例的大小。

19 复制"文本4"图层第12帧的实例,新建"遮罩"图层,在第26帧插入空白关键帧,粘贴复制的实例,将其转换为遮罩层,"波浪1~2"转换为被遮罩层,创建遮罩动画。

20 新建"文本6"图层,添加"文本6"实例,放置在"文本4"的下方,在第16~33帧间创建传统补间动画,制作出实例由无变清晰、从左向右快速移动的出场动画。

21 新建"链接按钮"图层,添加"链接按钮"实例,放置在舞台的正中央,并为实例添加相应的链接脚本。至此,完成"主动画"影片剪辑元件的制作。

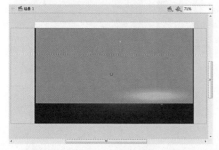

22 返回主场景,将"主动画"元件拖至舞台,并调整其位置。

23 新建"图层2",将"窗口"元件拖至舞台,并调整其位置。

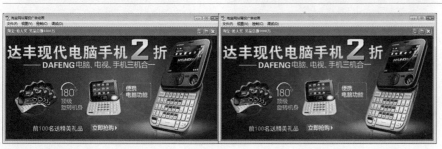

24 保存并测试动画,至此完成网站背投广告动画的制作。

EXAMPLE

151 游戏宣传广告动画

● 控制脚本的添加　　　　　　◎ 实例文件\Chapter 10\游戏宣传广告动画\

制作提示

① 使用投影滤镜功能
② 控制脚本的添加
③ 传统补间动画的创建

难度系数：★★★★

案例描述

本案例设计的是游戏网站横幅广告，广告以深蓝色为主色调，紧扣主题，流畅的黄色和银白色文本，非常吸引浏览者的眼球，将广告的内容完全展示出来。

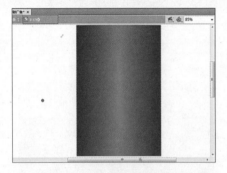

01 打开"游戏宣传广告动画素材.fla"文件，新建元件"主动画"，将"图层1"更名为"背景"，在第242帧插入帧，拖入"背景"元件。

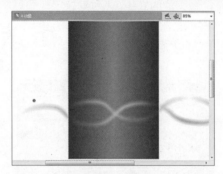

02 新建"链条"图层，将"链条"元件拖至舞台，并调整实例的大小和位置。新建"渐变矩形"图层，将"渐变矩形"元件拖至舞台正中央。

03 新建"文本"，在第1~44帧添加"文本1"实例，调整实例的大小，将其放置在背景的正中央，并为实例添加"投影"滤镜。

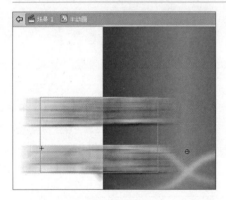

04 在"文本"图层的第2~44帧插入关键帧，创建传统补间动画，修改各关键帧的X值和模糊滤镜值。

05 在"文本"图层的第59~119帧添加"文本2"实例，在第126~186帧添加"文本3"实例，在第193~242帧添加"文本4"实例，依次调整各实例的大小和位置，并添加"投影"滤镜。

06 新建"标题"图层,将"文本组合"元件拖曳至舞台,放置在背景的上方。

07 新建"立即加入"图层,将"立即加入"元件拖曳至舞台,调整其大小,放置在背景的下方。

08 返回主场景,将"图层1"更名为"主动画",将"主动画"元件拖至舞台,并调整其大小和位置。

09 新建"链接按钮"图层,将"链接按钮"元件拖至舞台,调整其大小后放置在舞台的正中央。

10 选择"链接按钮"实例,为其添加具有链接网站主页的脚本语言。至此,完成游戏宣传对联广告动画的制作。按下快捷键Ctrl+S保存文件,按下快捷键Ctrl+Enter对该动画进行测试预览。

特效技法13│影片测试知多少?

　　下面主要介绍在编辑环境下对影片的测试。在Flash CS4中,在编辑环境下可以测试的内容包括以下几点。

　　(1)主时间轴上的帧动作:任何附在帧或按钮上的goto、Play和Stop动作都将在主时间轴上起作用。

　　(2)按钮状态:可以测试按钮在弹起、按下、触模和单击状态下的外观。

　　(3)主时间轴上的声音:播放时间轴时,可以试听放置在主时间轴上的声音。

　　(4)主时间轴的动画:主时间轴上的动画(包括形状和动画过渡)起作用。这里说的是主时间轴,不包括影片剪辑元件或按钮元件所对应的时间轴。

　　在编辑环境下不可测试的内容包括以下几点。

　　(1)下载性能:无法在编辑环境下测试动画在Web上的流动或下载性能。

　　(2)动作:goto、Play和Stop动作是惟一可以在编辑环境下操作的动作。也就是说,用户无法测试交互作用、鼠标事件或依赖其他动作的功能。

　　(3)影片剪辑:影片剪辑中的声音、动画和动作将不可见或不起作用。只有影片剪辑的第1帧才会出现在编辑环境下。

　　(4)动画速度:Flash编辑环境下的重播速度比最终优化和导出的动画慢。

EXAMPLE **152 啤酒广告动画**

● 补间动画的创建　　　◎ 实例文件\Chapter 10\啤酒广告动画\

制作提示

❶ 使用色调颜色样式
❷ 使用补间动画功能
❸ 使用发光滤镜功能
❹ 使用"属性"和"库"面板

难度系数：★ ★ ★ ★

案例描述

本案例设计的是一个啤酒广告，海洋沙滩背景和冰片体现出啤酒的纯净与清凉。冰片的上方依次为一个比较大的盛满啤酒的酒杯和一瓶啤酒，在很大程度上放大了啤酒的视觉效果，使其产生一种纯净的感觉。

01 打开"啤酒广告动画素材.fla"文件，新建"广告语"影片剪辑元件，将"图层1"更名为"嘉禾啤酒"，在第1~55帧添加"嘉禾啤酒"实例。

02 在"嘉禾啤酒"图层的第1~10帧创建补间动画，选择第9帧所对应的实例，修改X值，将其水平向左移动。

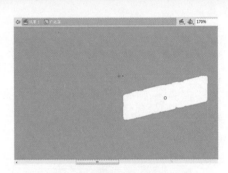

03 在"嘉禾啤酒"图层的第11、12帧处插入关键帧，并为第11帧所对应的实例添加"着色"为"白色"的色调颜色样式。

04 参照"嘉禾啤酒"图层中文本动画的创建方法，新建"清爽到底"图层，并创建文本动画。

05 新建"形状"图层，在第12帧插入关键帧，将"闪"元件拖至舞台，并调整其位置。

06 返回主场景，将"图层1"更名为"背景"，添加"背景"实例至舞台，并在第130帧插入帧。

特效技法14 | 导入视频操作

　　若要将视频导入到Flash中，必须使用以FLV或H.264格式编码的视频。执行"文件>导入>导入视频"命令，打开视频导入向导窗口，检查用户要导入的视频文件，若视频不是Flash可以播放的格式，则会提醒用户。若视频不是FLV或F4V格式，则可以使用Adobe Media Encoder以适当的格式对视频进行编码。

07 新建"啤酒"图层,在第14~130帧添加"啤酒"实例,插入相应的关键帧,并创建传统补间动画。选择第14帧所对应的实例,将其垂直向上移至舞台外。选择第20帧所对应的实例,为其添加"着色"为"白色"的色调颜色样式。

08 采用"啤酒"图层中动画的创建方法,创建"杯"图层,在第10~130帧创建杯实例从舞台上方旋转两次落下,由白色变为原色的动画。

09 新建"标识"和"英文"图层,在各图层第21~130帧添加相应实例,并在第29帧插入关键帧,创建传统补间动画。

10 同时选择"标识"和"英文"图层第21帧所对应的实例,修改其Alpha值为0%,制作出实例由无变清晰的出场动画。

11 新建"广告语"图层,在第21~130帧间添加"广告语"实例,并在"属性"面板中调整实例的位置和大小。

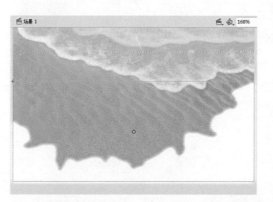

12 新建"冰"图层,将"冰"元件拖曳至舞台,并在第10~12帧插入关键帧,在第1~10帧之间创建传统补间动画。

13 选择第1帧所对应的实例,修改其Y值,将实例垂直向上移至舞台外。选择第11帧所对应的实例,为其添加白色的色调颜色样式,并添加"发光"滤镜。至此,完成啤酒广告动画的制作。按下快捷键Ctrl+S保存该动画,按下快捷键Ctrl+Enter对该对画进行预览。

EXAMPLE 153 奶粉广告动画

● 特殊文本的制作 　　　　◎ 实例文件\Chapter 10\奶粉广告动画\

制作提示 ////////////////////

❶ 特殊文本的制作
❷ 遮罩功能的应用

难度系数：★★★★

案例描述 ////////////////////

本案例设计的是奶粉广告动画，广告将围绕金装奶粉的功能、品质，以及与众不同的特性进行宣传，配合可爱的小孩，非常吸引浏览者的眼球。

01 打开"奶粉广告动画素材.fla"文件，将"图层1"更名为"小孩"，在第315帧插入帧，拖入"小孩"元件，然后调整其大小和位置。

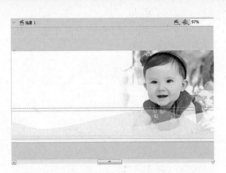

02 新建"波浪1~2"图层，分别将"波浪1"和"波浪2"实例添加至相应图层的第207~315帧，并创建传统补间动画。

03 同时选择"波浪1~2"图层第207帧所对应的实例，设置其Alpha值为0%。相应地，修改第315帧所对应实例的Alpha值为0%。

04 新建"光团"图层，拖入"光团"元件，并将其复制多次，然后分别调整各实例的位置。新建"闪光1"图层，拖入"闪光"元件，调整实例的大小和位置，放置在左下角。

05 新建"闪光2"图层，在第226~279帧添加"闪光"实例，放置在舞台的左下方。新建"奶粉"图层，在第36~315帧添加"奶粉"实例，插入关键帧，创建传统补间动画。

06 选择"奶粉"图层，在"属性"面板中修改各关键帧所对应实例的Alpha值和Y值，制作出奶粉由无变清晰，从舞台下方逐渐向上运动的出场动画。

特效技法15 | 使用外部库

在Flash CS4中，为了利用更多已有的素材，可以打开其他文档的"库"面板，从而调用该文档"库"中的元件。其操作为：执行"文件>导入>打开外部库"命令，打开外部"库"面板，选择外部库中的元件，将其直接拖至当前文档所对应的"库"面板或舞台中，释放鼠标即可将外部库中的元件添加到当前文档中。

07 新建"文本1"图层，在第121～207帧添加"文本1"实例，插入相应的关键帧，并创建传统补间动画。以制作实例由无变清晰向左缓慢运动，并隐退的动画。

08 参照"文本1"图层中文本动画的制作方法，创建"文本2A"图层，在该图层中添加"文本2"实例，插入相应的关键帧，并创建传统补间动画，制作出相应的文本动画。

09 新建"文本2B"图层，在第135～143帧添加"文本2"实例，并创建传统补间动画，修改第143帧所对应实例的Alpha值为0%、缩放值为216.3%。

10 新建"文本2C"图层，在第138～144帧间添加"文本2"实例，并创建传统补间动画。设置第138、144帧所对应实例的Alpha值分别为30%、0%，缩放值分别为173.7%、173.7%。

11 参照"文本1"图层中文本动画的制作方法，在"文本3"图层的第123～207帧添加"文本3"实例，并制作出文本实例向右运动并变清晰，然后向右逐渐隐退的动画。在"文本4"图层的第226～315帧添加"文本4"实例，并制作出文本实例向右运动并变清晰，然后向左逐渐隐退的动画。"文本5"图层的第228～315帧添加"文本5"实例，并制作出文本实例向左运动并变清晰，然后向右逐渐隐退的动画。

12 新建"弧形条"图层，在第116～207帧添加"弧形条"实例，创建传统补间动画。在第116～130帧间制作出实例从无变清晰并向右运动的动画。

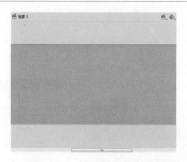

13 新建"标识"图层，将"标识"元件拖至舞台左上角。新建"圆角矩形"图层，拖入"圆角矩形"元件以盖住舞台为准。将该图层变为遮罩层，其下的所有图层变为被遮罩层。至此，完成奶粉广告动画的制作。按下快捷键Ctrl+S保存该动画，按下快捷键Ctrl+Enter对该动画进行预览。

EXAMPLE 154 公益广告动画

齐心协力
重建家园

● 形状补间动画的制作　　◎ 实例文件\Chapter 10\公益广告动画\

制作提示

❶ 椭圆工具和矩形工具的使用

❷ 任意变形工具、形状补间功能的使用

❸ 传统补间功能的应用

难度系数：★ ★ ★

案例描述

本案例设计的是一个公益广告动画，蓝天白云、绿草和树木，以及具有现代气息的建筑，配上文本和音乐，鼓舞人们齐心协力，重建家园。

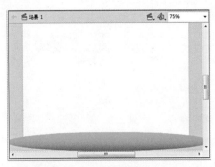

01 打开"公益广告动画素材.fla"文件，将"图层1"更名为"土地"，在第220帧插入帧，使用椭圆工具在舞台底部绘制一个绿色的小椭圆。在第20帧插入关键帧，创建形状补间动画，使用任意变形工具将该关键帧所对应的椭圆放大，并为其填充绿色至深绿色的线性渐变颜色。

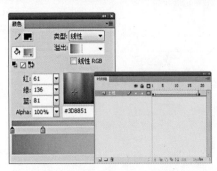

02 新建"房子1"图层，在第19帧插入空白关键帧，绘制一个矩形。在第47帧插入关键帧，创建形状补间动画，将对应的矩形放大。

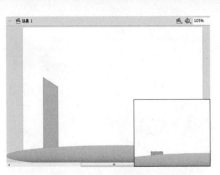

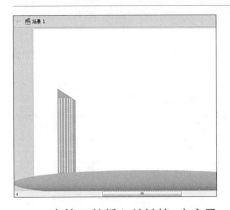
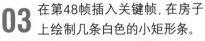

03 在第48帧插入关键帧，在房子上绘制几条白色的小矩形条。

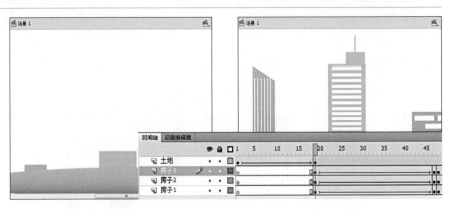

04 参照房子1的绘制及动画的制作，创建"房子2"、"房子3"图层，绘制"房子2~3"，并制作相应的形状补间动画。

特效技法16 | 解决库冲突

　　在Flash CS4中，如果将一个库资源导入或复制到包含同名的不同资源的文档中，就需要选择是否用新项目替换现有项目。如果在将库资源导入或复制到文档中时出现"解决库冲突"对话框，其中包括"不替换现有选项"和"替换现有选项"两个单选按钮可供选择。通常，可采用重命名的方法解决冲突。

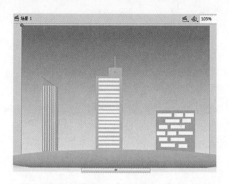

05 新建"天空"图层,将其放置在"时间轴"面板的最底层,将"天空"实例添加至该图层的第48~220帧。

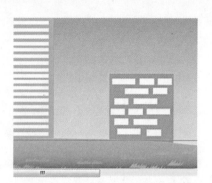

06 在图层最上方新建"草"图层,将"草"实例添加至该图层的第100~220帧,放置在土地上。新建"树木"图层,在第68~220帧间添加"树"实例,并放置在土地上。在第100帧插入关键帧并创建传统补间动画,修改该帧所对应实例的缩放值为113%。

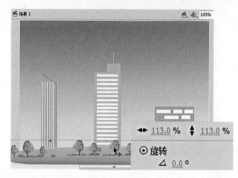

07 新建"文本1"图层,将"文本1"实例添加至该图层的第100~220帧,在舞台中调整实例的位置放置在天空的左上角。

08 在"文本1"图层的第128帧插入关键帧,并创建传统补间动画,修改该帧所对应实例的X值,水平向左移至舞台外。

09 用同样的方法创建"文本2"图层,在第128~220帧添加"文本2"实例,制作出文本从舞台右侧水平向左运动的出场动画。

10 参照"文本1"图层动画的制作,创建"云朵"图层,在第68~220帧添加"云"实例,制作出实例从舞台右侧水平向左运动的出场动画。

11 新建"音乐"图层,在第74~170帧添加音乐,并在"属性"面板中的"声音"卷展栏中设置声音的各项属性。

12 至此,完成重建家园公益广告动画的制作。按下快捷键Ctrl+S保存该动画,按下快捷键Ctrl+Enter对该动画进行预览。

EXAMPLE **155 香水广告动画**

● 彩色条运动文字的制作　　◎ 实例文件\Chapter 10\香水广告动画\

制作提示

❶ 使用导入到库功能
❷ 传统补间动画、遮罩动画和形状补间动画的创建
❸ 投影和发光滤镜功能的应用

难度系数：★★★★

案例描述

本实例设计的香水广告动画，背景颜色呈现为白色至桃红色的渐变色，金色的弧形和香水相对应，文本动画轻快流畅，非常吸引眼球。

01 打开"香水广告动画素材.fla"文件，新建"名称"影片剪辑元件，使用文本工具在舞台上创建"PERFUME"，并设置文本属性。

02 在"图层1"的第35帧插入帧。新建"图层2"，将其放置在最底层，添加"彩色条"实例，将其与文本的左侧对齐，在第35帧插入关键帧，并创建传统补间动画，修改该帧所对应实例与文本的右侧对齐，并创建遮罩动画，制作彩色条运动文字。

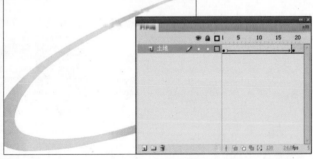

03 在主场景上，使用钢笔工具在舞台上绘制一个弧形的闭合图形，并为其填充黄色至橘黄的线性渐变。使用选择工具选择绘制的图形，按下F8键，将其转换为"渐变条"影片剪辑元件，并进入该元件的编辑区。

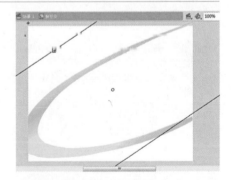

04 在"图层1"的第60帧插入关键帧，选择该帧所对应的图形，创建形状补间动画。

特效技法17 | 删除库项目

在Flash CS4中，可以将"库"面板中多余的项目删除，其操作是：通过单击"库"面板右上角的扩展按钮，在打开的扩展菜单中执行"选择未用项目"命令，然后在所选项目上单击鼠标右键，从弹出的快捷菜单中执行"删除"命令，或单击"库"面板底部的删除按钮即可。此外，删除的元件可以通过执行"编辑>撤销"命令，或在"历史"面板中进行撤销。

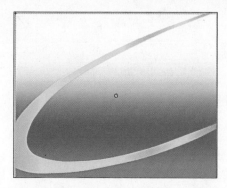

05 返回主场景，将"图层1"更名
为"渐变条"，新建"渐变背
景"图层，拖入"渐变背景"元件。

06 新建"蝴蝶"图层，将"蝴蝶"
元件拖至舞台，将其放置在舞
台的底部。

07 新建"香水"图层，将"香水"元
件拖至舞台，设置其缩放值为
65%，将其放置在弧形条的内部。

08 新建"幸运草"图层，将"幸运
草"元件拖至舞台，将其放置在
香水左侧。

09 新建"吊坠"图层，依次将"库"
面板中的"吊坠1~3"元件拖至
舞台，并调整各实例的位置。

10 新建"名称"图层，将"标识"元
件拖至舞台，设置其缩放值为
50%，放置在背景的正上方。

11 将"名称"元件拖至舞台，放
置在标识实例的正下方，并为
实例添加"黑色"的"投影"和"白色"
的"发光"滤镜。

12 新建"广告语"图层，将"广告
语"元件拖曳至舞台，调整实例
的位置和大小，并为其添加"白色"的
"发光"滤镜。

13 至此，完成香水广告动画的制
作，按下快捷键Ctrl+S保存该
动画，按下快捷键Ctrl+Enter对该动
画进行预览。

EXAMPLE

156 网页片头广告动画

● 形状补间动画的制作　　◎ 实例文件\Chapter 10\网页片头广告动画\

制作提示

❶ 传统补间动画的创建
❷ 形状补间动画的创建
❸ 动作脚本的添加

难度系数：★★★★

案例描述

本案制作的网页片头广告动画以绿色为背景颜色，给人的第一印象是青春、温暖、有活力。时尚漂亮的美女、可爱的文字配上动态的图案动画，十分吸引人的眼球。

01 打开"网页片头广告动画素材.fla"文件，新建"主题文本"影片剪辑元件，输入相应的文本。

02 复制创建的所有文本，新建"图层2"，在原位置粘贴文本。锁定"图层2"，修改"图层1"中文本的颜色为白色，为其添加"发光"和"投影"滤镜，并在"属性"面板中设置滤镜参数。

03 新建"图层3"，在舞台上绘制椭圆，并设置其填充色为"桃红"至"粉红"的放射状渐变。复制椭圆，调整椭圆的形状和位置。

04 返回主场景，将"图层1"重命名为"背景"，在第2~188帧添加"背景"实例，将其放置在舞台的正中央。

05 在"背景"图层的第19、23帧插入关键帧，并创建传统补间动画。修改第2、19帧实例的Alpha值，制作出背景由无变清晰的出场动画。

特效技法18 | getURL命令

　　该命令的主要功能是为事件添加超级链接，包括电子邮件链接等。其一般形式为：GetURL（URL，[Window，[method]]）；。若要给一个按钮实例添加超级链接，使读者在单击时直接打开相应的主页，则可以在这个按钮上附加以下动作脚本：

```
on(release) {
getURL("http://www.lxbook.net/");
}
```

06 新建"图案1"图层，添加"图案1"实例，放置在背景的中间位置，在第47~83帧之间创建传统补间动画，制作出实例由无变清晰的出场动画效果。

07 新建"形状1"图层，添加"形状1"实例，遮盖住"图案1"的下半部分，在第47~83帧间创建形状补间动画，以制作出实例由小逐渐变大的出场动画效果。

08 选择"形状1"图层，单击鼠标右键，在弹出的快捷菜单中执行"遮罩层"命令，创建遮罩动画，以制作出"图案1"下部由无逐渐显示的动画效果。

09 创建图案2的动画效果。新建"花藤1~2"和"形状3"图层，制作出花藤从中间同时向左右两侧逐渐显示完整的动画效果。

10 新建"花藤3"和"形状4"图层，制作出花藤从无变清晰，并同时从右下角逐渐向左上角显示完整的动画效果。

11 新建"花藤4"和"形状5"图层，制作出花藤从无变清晰，并同时从左下角逐渐向中上角显示完整的动画效果。

12 新建"美女"图层，添加"美女"实例，放置在背景的中间位置，在第28~44帧之间创建传统补间动画，制作出实例由无变清晰的出场动画效果。

13 新建"主题文本1"图层，添加"主题文本"实例，放置在美女的下方，在第21~35帧之间创建传统补间动画，制作出实例由大变小、由白色变清晰的出场动画。

14 新建"主题文本2"图层，添加"文本"实例，放置在主题文本的下方，在第37~48帧间创建传统补间动画，制作出实例由无变清晰同时由小变大，然后变小的出场动画。

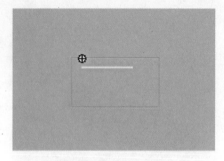

15 新建"闪光条"图层,在第76帧插入空白关键帧,将"闪光条"元件拖至舞台,并在"属性"面板中调整实例的位置和大小,将其放置在文本实例的左侧上方。

16 新建"加载条"图层,添加"加载条"实例,放置在背景的中间位置,在第1~21帧间创建传统补间动画,制作出实例由清晰逐渐消失并向下缓慢移动的动画。

17 新建"光晕组合"图层,在第21帧插入空白关键帧,添加"光晕组合"实例,并调整实例的位置。按下快捷键Ctrl+D,复制"光晕组合"实例,并调整实例的位置。

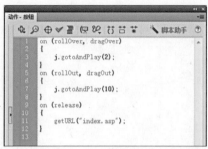

18 新建"链接按钮"图层,在第21帧插入空白关键帧,添加"链接按钮"实例,放置在主题文本的上方。

19 保持"链接按钮"实例为选择状态,为其添加脚本语言。新建"脚本"图层,在第188帧处添加脚本stop();,再在第1帧处添加相应的脚本语言。至此,完成网页片头广告动画的制作。按下快捷键Ctrl+S保存该动画,按下快捷键Ctrl+Enter对该动画进行测试预览。

特效技法19 | 网络广告制作要领

　　商业广告的目的是推广企业产品,因此动画的设计风格以宣传和实用性为主,在配色上要少而精,清晰而整洁,以突出企业或产品的特点,如右图所示为一个手机广告。

　　了解商业广告的特点,掌握该类动画的特色和风格,设计者就可以在此基础上,制作出更加有特色的网络广告。在设计和应用网络广告时,应遵循以下基本原则。

　　(1)色彩的设计以清晰、明快为佳。

　　(2)页面和路径设计要容易、方便、快捷。

　　(3)广告条和内容要清晰简明且具号召力。

　　(4)将不同的卖点集于不同的路径。

　　(5)要讲究时效性、趣味性等。

　　(6)建立反馈平台,跟踪信息反馈。

　　(7)运用人类共同的符号语言、色彩语言,避免不同文化范围忌讳的图形符号。

　　除此之外,为了使设计出的广告更具吸引力,其表现形式应遵循对比与统一、节奏和韵律、联想与意境等法则。

制作交互式动画

所谓交互式动画是指在动画作品播放过程中支持事件响应和交互功能的一种动画，换句话说，就是在动画播放时可以接受某种控制，如使用鼠标或键盘对动画的播放进行控制。这种控制可以是在动画制作时预先准备的操作，也可以是动画播放者的某种操作，该功能的添加与实现使观众由被动接受变为主动选择。本章通过22个案例介绍了各种交互式动画的制作方法与操作技巧，帮助用户体验该功能给我们带来的便捷与惊喜。

EXAMPLE

157 奇特的时间卷轴

● 时间日期计算 　　　　◎ 实例文件\Chapter 11\奇特的时间卷轴\

制作提示 //////////

❶ 使用代码计算日期
❷ 文本的输入
❸ 动态文本框的添加
❹ 综合效果的实现

难度系数：★★

案例描述 //////////

本实例设计的是时间卷轴，动画上呈现出的是一幅神秘的卷轴，填入任意的年、月、日，都能查到是星期几。

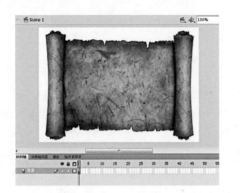

01 新建一个Flash文档，将素材导入到库中。新建"背景"图层，然后将图形元件"背景"拖曳至舞台中央。新建按钮元件"查询按钮"，拖入素材btn.png并转换为图形元件。在第2帧处插入关键帧，调整其透明度为64%，在第4帧处插入帧。新建图层，在图案两侧添加文字"查询"。

02 返回主场景，新建"布局"图层，添加相应的描述性文字、输入文本框及动态文本框，并将"查询按钮"元件放置在合适的位置。

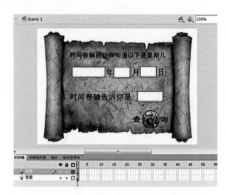

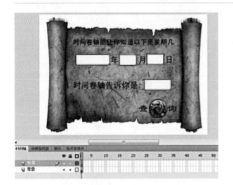

03 代表年、月、日、星期几的文本框，及按钮的实例名称分别为year_input、month_input、date_input、day_output和btn。

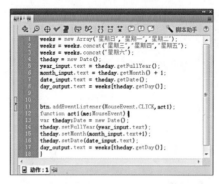

04 新建"动作"图层，在第1帧处添加相应代码，以实现通过输入年、月、日计算星期几的动画过程，详细代码见源文件。

05 至此，完成时间卷轴的制作。按下快捷键Ctrl+S保存本实例，然后按下快捷键Ctrl+Enter对该动画效果进行测试。

EXAMPLE **158 浮式相册**

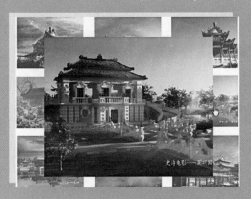

● 图片浮现效果　　◎ 实例文件\Chapter 11\浮式相册\

制作提示

❶ 图片的导入与编辑
❷ 动作脚本的添加
❸ 鼠标停留在元件上触发动作
　 的实现
❹ 综合效果的实现

难度系数：★★★★

案例描述

本实例设计的是浮式相册，动画展示的是一个九宫格相册，每一格都是一张图片的缩略图，鼠标指针指向图片会显示出大图。

01 新建一个Flash文件，将素材导入到库中。新建按钮元件"图片按钮1"，将001.jpg拖入舞台，并调整其"宽度"为120，"高度"为90。

02 使用同样的方法新建其他8张图片按钮，并在"属性"面板中将图片的"宽度"和"高度"都设置为120和90。

03 新建影片剪辑元件"相片浮出"，在第1帧处输入Stop();脚本。在第2帧插入关键帧，并将001.jpg拖入舞台。

04 在第3~10帧处插入关键帧，然后从"库"面板中依次将素材图片002~009拖至各帧处。

05 返回主场景，新建"背景"图层，将图片按钮1~9依次拖入舞台，并修改其实例名称为btn_1~9，透明度均为70%。

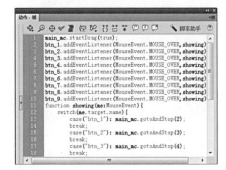

06 新建"动作"图层，在第1帧处添加相应代码以实现鼠标移动到九宫图片显示大图的动画效果。至此，完成浮式相册的制作。

EXAMPLE

159 神奇的孙悟空

● 元件属性控制 ◎ 实例文件\Chapter 11\神奇的孙悟空\

制作提示 ////////////////////

❶ 界面的布局
❷ 文字效果的添加
❸ 添加发光滤镜
❹ 综合效果的实现

难度系数： ★ ★ ★

案例描述 ////////////////////

本实例设计的是神奇的孙悟空，通过控制画面的两个拖曳按钮可以控制孙悟空的远近距离、隐身和现行。

01 新建一个Flash文件，将所有素材文件导入到库中。新建"背景"图层并将"背景"图形元件拖曳至舞台中央。

02 新建影片剪辑元件"孙悟空"，并导入素材sun.png到舞台中。执行"窗口>组件>User Interface"命令，将其中的Slider拖入舞台再删除。

03 返回到主场景中，新建"变化"图层，将"孙悟空"元件置于舞台右上方天空处，并设置实例名称为wukong。

04 将"库"面板中的Slider组件拖曳至舞台左上方天空处并设置其实例名称为yuanjin。再次拖曳一个组件Slider到舞台中，放置于前面Slider组件的下方并设置其实例名称为xianyin。

05 新建"文字"图层，在孙悟空旁添加文本并分别在两个滑杆两端输下"远"、"近"、"隐"和"现"。在"属性"面板中为文本添加发光效果的滤镜，设置其模糊值为35，强度为500。

06 返回主场景，新建"动作"图层，添加相应代码实现控制孙悟空的过程，详细代码见源文件。至此，本例制作完成。按下快捷键Ctrl+S保存本例，再按下快捷键Ctrl+Enter进行预览并发布。

EXAMPLE
160 擦镜子

● 元件翻转动画   ◎ 实例文件\Chapter 11\擦镜子\

制作提示 ///////////////////

❶ 擦块元件的制作

❷ 跳转动画的练习

❸ 通过对鼠标的监听来控制主场景中元件的动作

难度系数： ★

案例描述 ///////////////////

本实例设计的是擦镜子动画效果。鼠标模拟擦镜子时所用的布，所到之处图像都变得清晰，就好像被雾气覆盖的镜子被逐渐擦干净。

01 新建一个Flash文档，将素材导入到库中。新建图形元件"背景"，并将素材bg.jpg导入舞台。返回主场景，新建"背景"图层并将"背景"元件拖至舞台。

02 新建图形元件"擦块"，绘制一个灰色的正方形。新建按钮元件"按钮擦"，然后将"擦块"元件拖曳至舞台，并在"属性"面板中设置其透明度为40%。

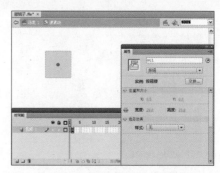

03 新建影片剪辑元件"遮罩块"，放入"按钮擦"元件，设置实例名称为mc1。在第1、2帧处加入相应的脚本，将第2帧中元件的透明度设置为0。

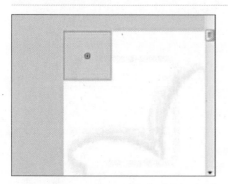

04 返回主场景，在"遮罩"图层中放入"遮罩块"影片剪辑元件，并与背景左上角对齐。

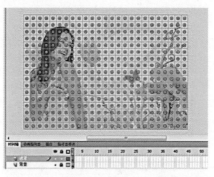

05 在"遮罩"图层反复复制"遮罩块"影片剪辑元件并排列，直至覆盖整个背景。

06 至此，完成擦镜子动画的制作。按下快捷键Ctrl+S保存该文件，并对其进行测试。

161 摇骰子

● 随机函数的使用　　　◎ 实例文件\Chapter 11\摇骰子\

制作提示

❶ 骰子的绘制
❷ 代码的编写
❸ 利用随机函数让3个骰子摇出随机的点数
❹ 综合效果的实现

难度系数：★★★

案例描述

本实例设计的是摇骰子得点数动画效果。骰子不停的变换，当按下"停"按钮时就得到点数，且每一次得到的点数都不同。

01 新建Flash文档，将素材导入到库中。新建图形元件"背景"，将素材bg.jpg拖曳至舞台，且水平和垂直居中对齐。返回主场景，将"背景"元件拖曳至舞台中央。

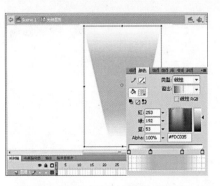

02 新建图形元件"光线图形"，使用工具箱中的矩形工具在编辑区域绘制一个渐变矩形，并利用任意变形工具调整矩形的形状，将其转变为放射状。

03 重复步骤2，调整渐变矩形的大小和位置，形成一个由中心向外辐射的光线形状。新建影片剪辑元件"光线剪辑"，并将"光线图形"元件拖入。

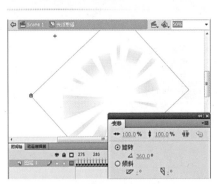

04 在第311帧处插入关键帧，并设置其旋转值为360。创建传统补间动画，设置旋转动作为"顺时针"。将补间过程转换为逐帧动画。

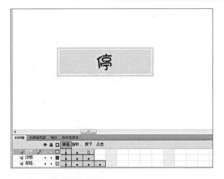

05 新建按钮元件"停"，设置其背景和边框为黄色，文字在指针移过时由黑变灰。用同样的方法创建按钮元件"继续摇"。

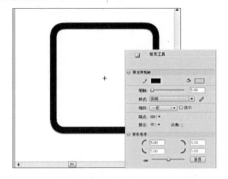

06 新建元件"骰子"，在"图层1"中绘制正方形，设置"笔触大小"为5，"圆角"为5，"边框"为黑色，"填充颜色"为白色。在第6帧插入帧。

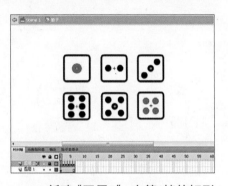

07 新建"图层2"，在第1帧的矩形中央绘制一个红色圆形，第2帧中绘制两个黑色圆形，用同样的方法依次绘制出骰子各面的点数。

08 返回主场景，在不同图层放入按钮和光线元件。新建"骰子"图层，向舞台中拖入3个"骰子"，设置实例名为tou1、tou2、tou3。

09 新建"文字"图层，输入相应的文本，并添加实例名为score的动态文本。新建"动作"图层，在第1帧处添加相应的代码。完成本例制作。

特效技法1 | 随机函数Random()

　　Random()函数是Flash中的随机函数，是一个非常实用且经常用到的函数，利用Random()函数可以生成基本的随机数字或使元件产生随机的移动或生成随机颜色等。下面对Random()函数进行简单介绍。

　　Math.random();函数可以产生出0~1之间的任意小数，例如0.589544 或0.125894。该函数可以用于生成随机数字的抽奖动画。Math.round();函数获取四舍五入方式后最接近的整数，该函数可以用于生成随机数组。Math.ceil();函数则是向上取得一个最接近的整数，该函数同样可以用于生成随机数组。Math.floor();函数与Math.ceil();函数相反，是向下取得一个最接近的整数，该函数也可以用于生成随机数组。表达式Math.round(Math.random());表示生成了0.0~1.0之间的一个数并四舍五入取整，最后便生成了数字0或者1。该函数可以应用于各有一半可能性的动画中，例如抛硬币动画。Math.round(Math.random()*10);表达式中的*10 是指将所生成的小数乘以10，然后四舍五入取整。Math.ceil(Math.random() × 10);表达式中的Math.ceil为向上取整数值，所以不会产生数字0。该函数可以用于创建一个1~10之间的随机数。以此类推如果要创建一个10~55的随机数，则可以这样表示Math.round(Math.random() × 50)+5;。我们可以以此推出一个公式，如果要创建一个从x到y的随机数，就可以写做Math.round(Math.random() × (y-x))+x;，其中x和y可以为任意数值，无论数字为正数还是负数都是一样的。有时我们需要显示几个不重复的随机数。例如在1~100之间产生10个不重复随机数。代码如下。

```
onEnterFrame = function () {
a _ array = new Array();
b _ array = new Array();          // 声明数组，分别为首次生成的数组和打乱顺序的数组
var a;
for (n=0; n<100; n++) {  a _ array[n] = n+1;  }   // 取 0~100 间的数字
for (k=0; k<10; k++) {            // 重复执行 10 次从而显示 10 个数字
a = Math.floor(Math.random()*a _ array.length);   // 随机抽出 a _ array 数组位置
b _ array[k] = a _ array[a];      // 将该位置的元素值传递至数组 b _ array 中
a _ array.splice(a, 1);           // 删除 a _ array 数组中该元素，防止重复
}
delete a _ array;
delete a;                         // 产生新数组后，删除 a 和 a _ array
t1 = b _ array;                   // 显示新数组
};
```

162 打靶子

● 元件移除动画　　　　◎ 实例文件\Chapter 11\打靶子\

制作提示 //////////////////////////

❶ 瞄准器的制作
❷ 动态文本的添加
❸ 控制脚本的添加
❹ 用代码复制元件，控制其产生随机大小及位置
❺ 综合效果的实现

难度系数：★ ★ ★

案例描述 //////////////////////////

本实例设计的是打靶子动画，动画展示的是每次会出现12只猎物，且坐标和大小都是随机的，单击鼠标射击猎物。

01 新建Flash文档，将素材导入到库中。新建图形元件"背景"，并将素材bg.jpg导入舞台。返回主场景，新建"背景"图层，并将"背景"图形元件拖入舞台。

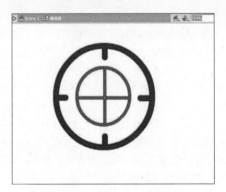

02 新建图形元件"瞄准器"，绘制一个同心圆。新建"图层2"，以同心圆的圆心为中心绘制十字准心，内圈十字用红色，外圈十字用暗红色。

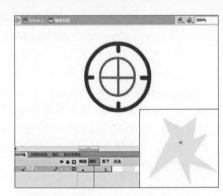

03 新建按钮元件"瞄准按钮"，然后拖入"瞄准器"图形元件。在"图层1"下方新建"图层2"，在第2帧插入关键帧，使用钢笔工具绘制黄色星形。

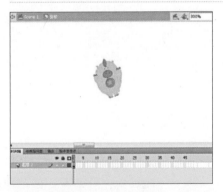

04 新建图形元件"目标"，并导入素材aims.png到舞台，水平和垂直居中对齐。

05 在"库"面板中选中"目标"影片剪辑元件，打开其"元件属性"对话框，在该对话框中进行相应的设置。

06 返回主场景，新建"文字"图层，添加静态文本"你总共打到了 只猎物"。

07 在静态文本"了"和"只"之间添加动态文本框，并设置实例名为count，值均为0。

08 新建"瞄准器"图层，将"瞄准按钮"元件拖入舞台并设置其实例名称为shoot。

09 新建"动作"图层，并添加相应的代码，以实现随机目标并射击的过程。至此，打靶子动画就制作完成了。按下快捷键Ctrl+S保存文件，按下快捷键Ctrl+Enter对该动画进行测试。

特效技法2 | 动作图层代码的添加

在动作图层中添加的代码主要用于实现随机目标并射击的过程。具体代码如下。

```
Mouse.hide();
function act1(){
    var numcount = Math.random()*12;
    return Math.floor(numcount)/12;
}
this.parent.addEventListener(MouseEvent.CLICK,act2);
function act2(me:MouseEvent){
    if(totalnum<this.getChildIndex(me.target)){
    this.removeChild(me.target);
    score=score+1;
    count.text=score;
    }
}

for(i=0 ; i<12; i++)
{
    var mc1:aim = new aim();
    var numcount = act1();
    mc1.x=Math.random()*500;
    mc1.y=Math.random()*300;
    mc1.scaleX *= numcount;
    mc1.scaleY *= numcount;
    this.addChild(mc1);
}
var totalnum=this.numChildren-13;
shoot.startDrag(true);
var score=0;
```

163 放大镜效果

● 遮罩动画制作　　　　　　　　　　◎ 实例文件\Chapter 11\放大镜效果\

制作提示 //////////////////////////////　　**案例描述** //////////////////////////////////////

❶ 背景的布置　　　　　　　　　本实例设计的是放大镜动画，画面中有许多
❷ 放大镜的制作　　　　　　　　水果，通过跟随鼠标移动的放大镜，可以看
❸ 通过监听鼠标动作来控制动　　清每一个细节。
　　画的运行

难度系数：★ ★

01 新建文档，将素材添加到库中。新建元件"原背景"、"大背景"和"原背景剪辑"，拖入"原背景"元件。

02 新建影片剪辑元件"大背景剪辑"，然后将"大背景"图形元件拖入舞台并居中。

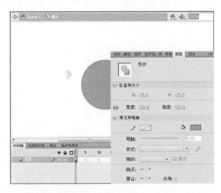

03 新建影片剪辑元件"镜片"，使用椭圆工具绘制一个直径150、无边框的圆形。

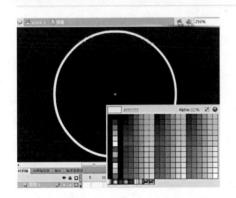

04 新建影片剪辑元件"镜框"，绘制一个直径150、无填充、透明度为60%、笔触为6.25的灰色圆形边框。

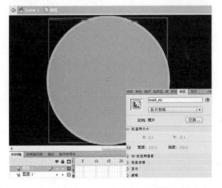

05 新建"图层2"，将"库"面板中的"镜片"元件拖入舞台，并与"图层1"的"镜框"元件对齐。最后设置其实例名称为mask_mc。

06 返回主场景，新建图层"小背景"，然后将影片剪辑元件"原背景剪辑"拖至舞台，并调整其宽和高分别为500和375。

07 新建图层"大背景",然后将影片剪辑元件"大背景剪辑"拖全舞台,并设置其宽和高分别为600和450,实例名称为bg_large。

08 新建图层"放大镜",然后将"镜框"元件放入舞台,并设置其实例名称为zoom_mc,同时在该帧添加相应代码。

09 至此,完成放大镜效果的制作。按下快捷键Ctrl+S保存该动画,按下快捷键Ctrl+Enter对该动画进行预览。

特效技法3 | 学好ActionScript 3.0必备知识

　　ActionScript 3.0简称为AS3。ActionScript动作脚本是遵循ECMAscript第四版的Adobe Flash Player运行环境的编程语言。它在Flash内容和应用程序中实现交互性、数据处理,以及其他功能。ActionScript是Flash的脚本语言,与JavaScript相似,ActionScript是一种面向对象编程语言。

　　ActionScript 3个版本的基本情况如下。

　　ActionScript 1.0(Flash 1.0-6.0)对应的虚拟机为AVM1,基于ECMA-262 V2(相当于JavaScript 1.3)

　　ActionScript 2.0(Flash 7.0-8.0)对应的虚拟机为AVM1,基于ECMA-262 V3(相当于JavaScript 1.5)

　　ActionScript 3.0(Flash 9.0-)对应的虚拟机为AVM2,基于ECMA-262 V4(相当于JavaScript 2.0)

　　ActionScript 3.0的脚本编写功能超越了ActionScript的早期版本。旨在方便创建拥有大型数据集和面向对象的可重用代码库的高度复杂应用程序。虽然ActionScript 3.0对于在Adobe Flash Player 9中运行的内容并不是必需的,但它使用新型的虚拟机AVM2实现了性能的改善。ActionScript 3.0代码的执行速度比旧版本的ActionScript代码快10倍。

　　旧版本的ActionScript虚拟机AVM1执行ActionScript 1.0和ActionScript 2.0代码。为了向后兼容现有内容和旧内容,Flash Player 9支持AVM1。

　　虽然ActionScript 3.0包含ActionScript编程人员所熟悉的许多类和功能,但ActionScript 3.0在架构和概念上是区别于早期的 ActionScript版本的。ActionScript 3.0中的改进部分包括新增的核心语言功能,以及能够更好地控制低级对象的改进 Flash Player API。

　　ActionScript 3.0还提供了更为可靠的编程模型,具备面向对象编程的基本知识的开发人员对此模型会感到似曾相识。ActionScript 3.0中的一些主要功能介绍如下。

　　(1)一个新增的 ActionScript 虚拟机,称为 AVM2,它使用全新的字节码指令集,可使性能显著提高。

　　(2)一个更为先进的编译器代码库,它更为严格地遵循 ECMAScript (ECMA 262) 标准,并且相对于早期的编译器版本,可执行更深入的优化。

　　(3)一个扩展并改进的应用程序编程接口 (API),拥有对对象的低级控制和真正意义上的面向对象的模型。

　　(4)一种基于即将发布的 ECMAScript (ECMA-262) 第 4 版草案语言规范的核心语言。

　　(5)一个基于 ECMAScript for XML (E4X) 规范(ECMA-357 第 2 版)的 XML API。E4X 是 ECMAScript 的一种语言扩展,它将 XML 添加为语言的本机数据类型。

　　(6)一个基于文档对象模型 (DOM) 第 3 级事件规范的事件模型。

164 便笺式电子书

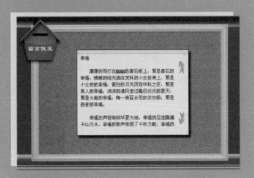

● 外部文本加载　　　　　　◎ 实例文件\Chapter 11\便签式电子书\

制作提示 ////////////////////

❶ 按钮的绘制

❷ 外部TXT文档的加载

❸ 通过按钮来控制文本内容的
　展示

难度系数： ★ ★ ★

案例描述 ////////////////////

本实例设计的是留言便笺，动画展现的是一
个黑板上有一个便笺，可以通过上、下按钮
翻阅便笺的内容。

01 新建Flash文档，将素材导入到
库中。新建图形元件"背景"，
将bg.jpg拖入舞台。在主场景中新建
"背景"图层，拖入"背景"元件。

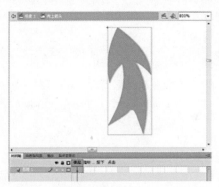

02 新建按钮元件"向上按钮"，并
绘制一个"宽度"和"高度"分
别为17和41的蓝色向上按钮图形。用
同样的方法新建"向下按钮"元件。

03 返回主场景，新建"按钮"图
层，并将两个按钮放置于该图
层中，将两个按钮放置在黄色便笺右
侧上、下位置。

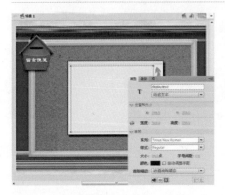

04 新建"文本框"图层，在黄色便
笺处拖动出一个动态文本，置
于按钮左侧。分别为上、下按钮，及动
态文本设置实例名。

05 新建"动作"图层，选择第1帧
并右击，在弹出的快捷菜单中
执行"动作"命令，打开"动作"面板，
在第1帧处添加相应代码，以实现文本
阅读控制。

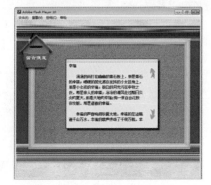

06 至此，便笺电子书就制作完成
了。按下快捷键Ctrl+S保存该
文档，按下快捷键Ctrl+Enter对该动
画进行测试。

EXAMPLE **165 计算器**

● 实例名称的修改　　　◎ 实例文件\Chapter 11\计算器\

制作提示 /////////////

❶ 练习按钮动作的使用
❷ 练习如何使用代码实现简单的加、减、乘、除运算
❸ 综合效果的实现

难度系数：★ ★ ★

案例描述 /////////////

本实例设计的是计算器动画，动画展示的是在一个放满办公用品的桌面上，有一个计算器可以计算简单的加、减、乘、除运算。从而显示出办公的便捷性。

01 新建文档，将素材导入到库中。新建图形元件"背景"，将bg.jpg导入舞台。返回主场景，新建"背景"图层，拖入"背景"元件。

02 执行"窗口>组件"命令，打开"组件"面板，将"组件"面板中User Interface下的Button和TextInput组件拖至舞台。

03 此时在"库"面板中会发现多了Button、TextInput元件和Component Assets文件夹，删除刚刚拖曳至舞台上的按钮和文本。

04 新建"按钮"图层，从"库"面板中拖曳Button组件到舞台17次，并设置其透明度为30%。最后调整大小和位置，以覆盖计算器每个按键为准。

05 将按键0命名为btn_0，以此类推。将加、减、乘、除分别命名btn_add、btn_sub、btn_multi和btn_div。分别设置小数点按键、等号按键、归零按键的实例名称为btn_point、btn_equal和btn_c。新建"显示屏"图层，在计算器的显示屏处放置一个动态文本框，并设置其实例名为fresults。新建"动作"图层，在第1帧处添加相应的控制脚本代码。至此，计算器动画就制作完成了。

EXAMPLE **166 黑夜手电筒**

● 遮罩动画制作　　　　◎ 实例文件\Chapter 11\黑夜手电筒\

制作提示 //////////////////

❶ 遮罩动画的练习

❷ 制作手电筒在黑暗中的光晕

❸ 使用拖曳函数控制手电筒的
　跟随移动

难度系数：★ ★

案例描述 //////////////////

本实例设计的是黑夜中的手电筒，通过鼠标
的移动可以看到黑暗中的物体。

01 新建Flash文档，将素材导入到
库中。新建图形元件"背景"。
新建"背景"图层，拖入"背景"元件。

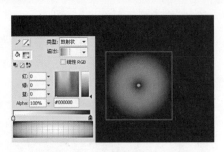

02 新建影片剪辑元件"光晕"，绘
制一个圆形，设置其填充色为
透明到黑色的放射性渐变填充。

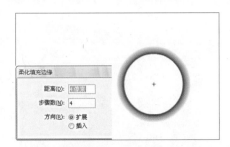

03 选中圆形，执行"修改>形状>
柔化边缘填充"命令，然后删除
中心部分，形成手电筒光晕的效果。

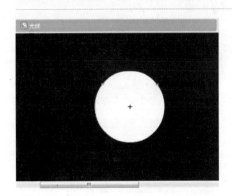

04 新建名为"光线"的影片剪
辑元件，使用工具箱中的椭圆
工具在编辑区域绘制一个大小适中
的圆形。

05 返回主场景，新建图层"光晕"、
"光线"，并将元件拖至相应图
层上。设置"光线"和"光晕"的实
例名称分别为 mc1 和 mc2。

06 新建"动作"图层，在第1帧添
加相应的代码以实现动画效
果。至此，黑夜手电筒动画就制作完
成了。最后保存并测试该动画。

特效技法4 | 元件的创建

　　将"库"面板中的元件拖动至到场景或其他元件中时，实例便已成功创建。换句话说，在场景中或元件中的元件被称为
实例。一个元件可以创建多个实例，并且对某个实例进行修改不会影响元件，也不会影响到其他实例。用户可以复制实例、
设置实例的颜色样式、改变实例的类型、交换实例等。实例名称的设置也很简单，其操作方法为：在舞台上选择该实例，然
后执行"窗口>属性"命令，在"实例名称"文本框中输入一个名称即可。

EXAMPLE 167 节日绽放的礼花

● 元件复制动画　　　◎ 实例文件\Chapter 11\节日绽放的礼花\

制作提示 ///////////

❶ 烟花效果的设计

❷ 通过添加代码生成空中爆炸的礼花

❸ 礼花元件的绘制

难度系数： ★ ★ ★

案例描述 ///////////

本实例设计的是节日礼花动画效果，动画展示的是庆祝中华人民共和国成立60周年普天同庆，每单击一次鼠标就燃放一次礼花。

01 新建Flash文档，将素材导入到库中。新建"背景"影片剪辑元件。返回主场景，新建"背景"图层，并将"背景"元件拖至舞台，同时设置其实例名称为bg。

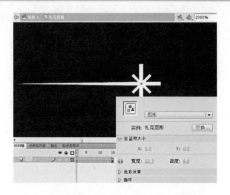

02 新建图形元件"礼花图形"，绘制带有尾巴的星型图形。新建影片剪辑元件"礼花剪辑"，并拖入"礼花图形"元件，在第15帧处插入关键帧。

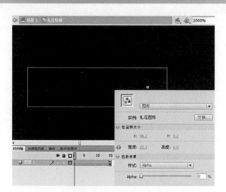

03 在第15帧处将"礼花图形"元件向右移动一段距离，并在"属性"面板中设置透明度为0，在第1~15帧间创建补间动画，在第15帧处添加脚本stop();。

04 在"库"面板中选中"礼花剪辑"影片剪辑元件，打开其"元件属性"对话框，在该对话框中进行相应的设置。

05 新建影片剪辑元件"礼花开放"，在第1帧处打开"动作"面板，在该帧处加入相应的代码，以实现礼花绽放的效果。

06 返回主场景，新建"礼花"图层，将"礼花开放"元件拖至舞台，并重复放置多个，使其颜色各不一样。至此，完成本例制作。

168 聚焦的瞄准镜

● 遮罩动画制作　　　　　　◎ 实例文件\Chapter 11\聚焦的瞄准镜\

制作提示 //////////////////

❶ 瞄准器的绘制

❷ 遮罩动画的创建

❸ 相应代码的添加

❹ 通过监听鼠标动作来控制遮罩的移动

难度系数： ★ ★ ★

案例描述 //////////////////

本实例设计的是聚焦的瞄准镜，整个画面是模糊的，鼠标指针变成了一个瞄准镜，鼠标指针所到之处会变得非常清晰。

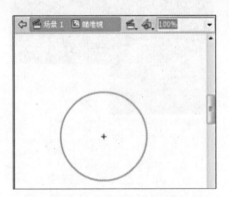

01 新建 Flash 文档，将素材导入到库中。新建图形元件"清晰背景"与"模糊背景"。新建元件"瞄准镜"，绘制一个直径为 150 的圆形。

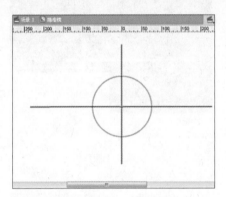

02 新建"图层2"，执行"视图>标尺"命令，显示标尺，以舞台中心为交点绘制一个"宽度"为1，"颜色"为黑色的十字线。

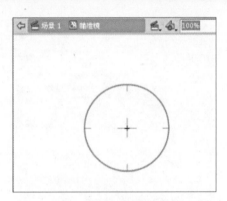

03 选中十字线将其打散，保留十字线位于圆心和圆内靠近边缘的部分，其他部分都删除，形成瞄准器形状。

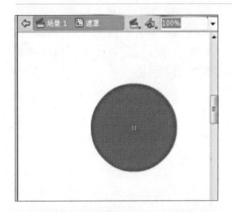

04 新建影片剪辑元件"遮罩"，绘制一个直径150，无边框的圆形，并居于舞台中央。

05 返回主场景，将"图层1"重命名为"模糊背景"，拖入"模糊背景"元件，在第2帧处插入帧。

06 新建"清晰背景"图层，将图形元件"清晰背景"拖至舞台上，并水平和垂直居中。

07 新建"遮罩"图层,选中第1帧,然后将"遮罩"元件拖入舞台,并设置其实例名称为masking。右键单击"遮罩"层,执行"遮罩层"命令,然后在该层第1帧处添加相应代码,以实现鼠标的隐藏和实例的拖动。返回主场景,新建"瞄准镜"图层,选中第1帧,然后将"瞄准镜"元件拖入舞台合适的位置,并设置其实例名称为focus。

08 在第2帧处插入关键帧,在其"动作"面板中添加相应的代码,以实现跟随效果。至此,聚焦的瞄准镜就制作完成了。最后保存并测试该动画。

特效技法5 | AS 3.0与AS 2.0的主要区别

AS 3.0一推出,便引发了许多争议,因为ActionScript语言由1.0升级到2.0时没有发生太大改变,只是在1.0的基础上增加了许多函数或将原有的一些函数进行了更改,但是当由2.0升级到3.0时,大部分人发现语言发生了巨大的改变,更加面向对象化了,甚至非常靠拢Java的语法,这使得许多人非常的不习惯,更使很多没有学习过面向对象语言的人无从下手,那么AS 3.0与AS 2.0到底有哪些主要的变化呢?现将升级之后主要的变化介绍如下。

(1) 没有 _global 范围了,但是却可以预先在 public, private 和 internal 中使用 namespace 创建自已的命名。

(2) 增加了新的数据类型 int/uint,可以描述非浮点数,使 Flash 与其他程序语言同步并解决一些使用 Java 和 AMF/Flash Remoting 中令人头痛的难题。

(3) 时间线上已经不能添加 Play() 或 Stop() 命令了,并且 MovieClip 也不是在 global 的范围内了,如果你想利用代码改变其属性就必须通过 flash.display.MovieClip 来使用其属性。

(4) 增加了正规标准表达式可以快速搜索操作字符串。

(5) 新的委派 (delegate) 更加的简单和方便了。

(6) 出现了一个新的但却不被熟知的生成和操作事件信息的方法即 DOM3 事件模型。

(7) 图像已经根据新的或更多的逻辑,例如基于类别如 Sprites 精灵和 Shapes 形体被细分了,从而显示 API 列表。

(8) 对象也不需要为其指定 depth 深度值了,Depth 管理类现在会自动控制(基于 API 列表)并内建于 Flash Player 中,新的方法提供了对对象 z-order 也就是 Z 轴的操作。

(9) 增加了用于防止你的类或函数被覆写的关键词 Final/protected。

(10) 新的简单的 XML 元素及属性使用 E4X。

(11) 增加了可以避免函数调用了不相符合的参数时所产生的错误的 ArgumentError 类。

(12) 拥有了可以用于 Flash 的大型项目建设中 Package 包。

(13) ByteArray 是用于数据输入输出接口中的,在 AS 3.0 中提供了方法和属性来优化读写二进制数据。

那么到底是应该学AS 2.0还是AS 3.0呢?那就要看你的工作性质和自己的目标。如果你仅仅是从事Flash的界面设计,或者是动画设计,或者只是希望开发一些小游戏和小课件,或者是制作网页上的互动式界面的话,Flash的ActionScript 2.0已经完全可以胜任,并且简单易学,上手极快。如果你想要从事大型程序的开发,或者RIA应用的开发,或者更为复杂的Flash游戏设计等大型的项目。那么Flash的ActionScript 3.0将是开发语言的首选。因为ActionScript 3.0在代码的可重用性上要远远高于ActionScript 2.0,在大型开发中效率非常的高。并且ActionScript 3.0的语法对其他主流面向对象语言的开发者来说更为熟悉,学习起来要比初学者快很多,并且能更好地与其他语言设计者协同合作。

EXAMPLE 169 篮球运动

● 元件位置控制　　　　◎ 实例文件\Chapter 11\篮球运动\

制作提示 //////////////

❶ 篮球运动效果的创建
❷ 控制脚本的添加
❸ 通过对上、下、左、右4个按钮的动作监听，实时控制篮球的运动，并将其状态显示在面板上

难度系数： ★ ★ ★

案例描述 //////////////

本实例设计的是篮球运球动画，通过上、下、左、右4个按钮实现篮球在球场上的运动，并且在运动过程中会实时地显示篮球的大小及坐标。

01 新建文档，将素材导入到库中。新建元件"篮球旋转"，拖入元件"篮球"。在第40帧处插入关键帧，变形篮球，在第1~40帧间创建传统补间。

02 新建图形元件"背景"，然后从"库"面板中将素材bg.jpg导入舞台，最后将其拖曳至主场景的"背景"图层中。

03 新建图形元件"箭头"，拖入素材arrow.png。新建按钮元件right，并拖入箭头元件。通过调整箭头方向创建left、up和down按钮。

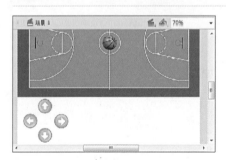

04 在"背景"图层上新建"控制"图层，拖入按钮元件。新建"篮球"图层，拖入"篮球旋转"元件。

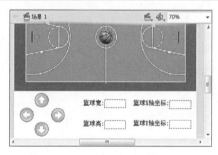

05 在"控制"图层的按钮旁创建4个静态文本和4个动态文本，并分别设置实例名称。

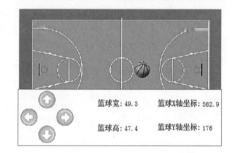

06 在"动作"图层的第1帧处添加相应的代码，以实现篮球的运动。至此，完成篮球运动动画的制作。

特效技法6 | Flash中的跟踪操作

在Flash中跟踪代码行的操作很容易，即在脚本中设置断点后单击调试器中的"继续"即可。例如，在下面的ActionScript 2.0 代码中，假定在 myFunction() 行上的一个按钮内设置了断点：on(press){ myFunction(); }。当单击按钮时，Flash Player 将到达断点并暂停。现在，无论myFunction() 函数定义在文档中的任何位置，都可以将调试器移到该函数的第一行。此外，还可以继续跟踪或退出函数。

EXAMPLE **170 趣味拼图**

● 元件匹配动画　　◎ 实例文件\Chapter 11\趣味拼图\

制作提示 //////////////////

❶ 背景图片的选择
❷ 按钮的制作
❸ 动作脚本的添加
❹ 综合效果的实现

难度系数：★ ★ ★

案例描述 //////////////////

本实例设计的是简单的拼图游戏，当单击画面中的"开始吧"按钮之后，画面中央的图片会分成6块，通过鼠标拖动将其放回正确的位置。

01 新建Flash文档，将素材导入到库中。新建图形元件"背景"，然后将素材bg.jpg拖入。返回主场景，新建"背景"图层，并将"背景"图形元件拖至舞台中央。

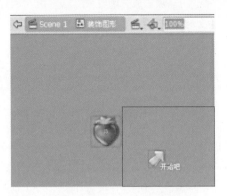

02 新建图形元件"装饰图形"，将素材"装饰.png"导入舞台。新建按钮元件"开始按钮"，将素材"按钮.png"拖入舞台，并添加文字"开始吧"。

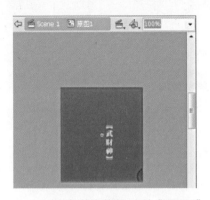

03 新建影片剪辑元件"原图1"，然后将素材"01.gif"拖曳至舞台，并设置水平和垂直居中对齐。用同样的方法创建影片剪辑元件"原图2~6"。

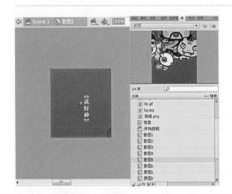

04 新建影片剪辑元件"散图1"，拖入"原图1"元件，设置水平和垂直居中对齐。用同样的方法创建影片剪辑元件"散图2~6"。

05 返回主场景，在"背景"图层下新建"按钮"图层，将"开始按钮"拖入舞台右下角。在"按钮"图层上新建"拼图"和"草莓"图层。

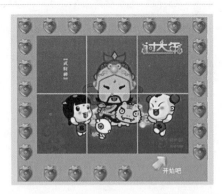

06 在"草莓"图层的第2帧处插入帧，将"装饰图形"元件拖入舞台，分别在"背景"、"拼图"和"按钮"图层的第2帧处插入关键帧。

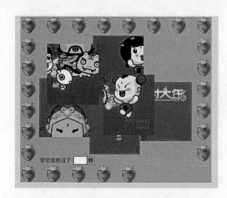

07 在"背景"图层第2帧处添加文字和实例名为timer的动态文本框。选择"拼图"图层第2帧,将"散图1~6"影片剪辑元件乱放于舞台中央,设置实例名称为stu1~6。

08 选择"按钮"图层第2帧,将"原图1~6"元件置于舞台中央并排列好,然后在"属性"面板中设置实例的透明度均为30%,实例名称分别为ytu1~6。

09 在"背景"图层的第1帧和第2帧处添加相应的代码,以实现整个动画的拼图过程,详细代码见源文件。至此,拼图游戏就制作完成了。最后保存并测试该动画。

特效技法7 | **Flash CS4使用技巧5则**

1. 灵活编辑矢量图和图形色彩

在使用Flash制作动画的过程中,我们可以借助Photoshop或者CorelDRAW设计色彩丰富的图形。不过Flash同样也为用户提供了丰富的图形变换工具,以及控制工具,利用这些工具我们同样可以自由、方便地编辑矢量图形。Flash还有功能强大的调色板工具,在工具箱中选择调色板,然后在打开的色彩编辑框中,我们可以方便、快捷地创建、修改和使用色彩,以及线性渐变和放射性渐变。

2. 自行定义界面组件

Flash的自定义界面组件功能可以让初学者、设计师和开发人员依照自己的工作特性或操作喜好添加相应的功能组件,例如如果我们要用Flash设计WEB网页,就可以把与WEB网页相关的功能按钮添加到程序界面中,Flash可以将丰富多彩的WEB内容都集成到应用程序中,完全可以按需定义。并且自定义的界面组件为用户提供了可自定义的滚动条、列表框等标准界面元素,保证了开发效率并让不同的应用程序具有相同的界面。

3. 获取准确变形效果

为了能完成一种平滑的动画过渡效果,我们常常需要对两个对象之间的外观进行变形。在控制对象变形时,可以先选择对象变形的第一帧,然后按下键盘上的快捷键Ctrl+H,添加一个变形关键帧,在变形的最后一帧也会同时出现相应的关键帧。此时,大家只要根据变形动画的具体情况合理地选择好关键帧的数量,调整好关键帧的位置,就能够获取想要的对象变形效果。

4. 巧妙减少图像尺寸

在制作Flash动画时会添加许多图片,如果不注意图片的大小,发布生成的动画文件就会变很大,不利于在网络上传输和下载。因此在制作动画过程中可以采取一些方法进行瘦身。主要方法有:第一应该保证最后输出的文件格式为JPG或GIF这两种网络盛行的图片压缩格式;第二注意在对象的某一帧处不能使用太多的电影剪辑,这也是导致动画莫名肥胖的原因;第三如果动画中包含音乐的话,在导入音乐文件时将音乐的压缩属性设置为MP3格式,"位比率"设置为16Kbps,音乐的播放品质属性设置为快速。

5. 禁止在快捷菜单中播放动画

如果在网页中欣赏Flash动画,用鼠标试着单击动画时,屏幕上可能会弹出一个右键菜单,让您来控制Flash动画的播放。假如你不想让其他人随意控制动画的播放,可以采用以下方法:在Flash中按住键盘上Ctrl+Shift+F12组合键,会打开"发布设置"对话框,在该对话框的"尺寸"下拉列表框中选择"百分比",同时取消"显示菜单"复选框的勾选即可。

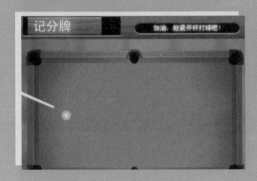

EXAMPLE **171 打台球**

● 台球进袋动画   ◎ 实例文件\Chapter 11\打台球\

制作提示

❶ 图形的设计
❷ 使用碰撞函数检测物体间的接触
❸ 综合效果的实现

难度系数：★ ★ ★

案例描述

本实例设计的是台球游戏，在画面上你可以控制球杆的角度将台球打出去，进洞或没进洞都会提示你。

01 执行"文件>新建"命令，新建一个Flash文件。执行"文件>导入>导入到库"命令，将所有的素材文件导入到库中。新建"背景"图层，并将"背景"图形元件拖曳至舞台中央。

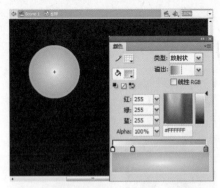

02 新建图形元件"台球"，并绘制一个直径为160的圆形。选中该圆形，在"颜色"面板中设置其"填充颜色"为"白色"到"浅白色"再到"灰色"的渐变色。

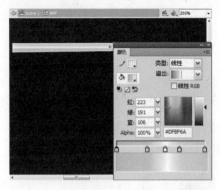

03 新建图形元件"球杆"，并绘制一个"宽度"为299，"高度"为14的矩形。选中该矩形，将其"填充颜色"设置为"黄色"到"白色"再到"黄色"的线性渐变色。

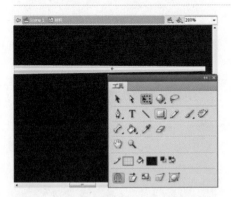

04 选择工具箱中的任意变形工具，按住键盘上的Ctrl键将矩形右边的两个角向下拉使矩形收缩一些。

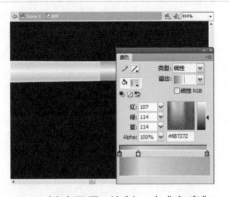

05 新建图层，绘制一个"宽度"为7，"高度"为7.5，"填充颜色"为"灰色"到"浅灰"到"白色"到"浅灰"再到"灰色"的矩形。

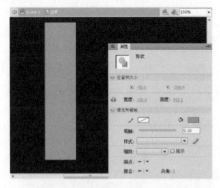

06 新建影片剪辑元件"边界"，使用工具箱中的矩形工具在编辑区域绘制一个"宽度"为100，"高度"为416的矩形。

07 新建影片剪辑元件"球洞"，并使用椭圆工具绘制一个"宽度"为154，"高度"为145的椭圆。新建影片剪辑元件"台球剪辑"，并拖入"台球"图形元件。

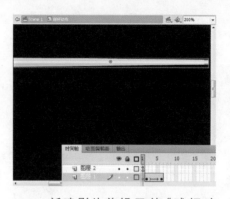

08 新建影片剪辑元件"球杆动作"，并拖入"球杆"图形。在第2、6帧处插入关键帧，将第2帧中的球杆右移368，然后在第2~6帧间创建补间动画。

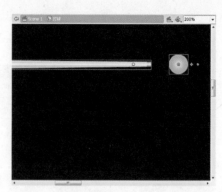

09 新建"图层2"，在第1帧处添加脚本Stop();。新建影片剪辑元件"打球"，新建"打球"图层，拖入"球杆动作"和"台球"元件并设置其间距为20，实例名分别为gan和ball。

10 新建"文字"图层，在右上方添加一个实例名为score的黑体20点动态文本。选中该动态文本框，添加发光滤镜，设置模糊值为10像素、强度为120、高品质。

11 新建"球洞"图层，在舞台上放置4个"球洞"元件，在"属性"面板中设置实例的透明度均为0，并设置实例名称分别为aim1、aim2、aim3和aim4。

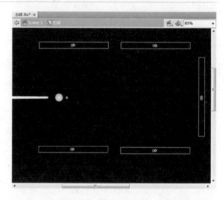

12 新建"边界"图层，在舞台上放置5个"边界"元件，设置透明度为0，实例名称分别为bian1~5。新建"动作"图层，添加相应代码，以实现台球动画的过程。

13 返回主场景，新建"击球"图层，将"打球"元件拖放至舞台中球桌的左边中间位置。

14 双击"打球"影片剪辑元件进入编辑界面，调节画面上的各个元件与背景相符合。

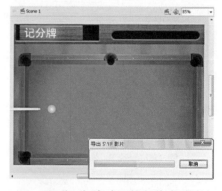

15 至此，台球动画就制作完成了。按下快捷键Ctrl+S保存本例，并对该动画进行测试预览。

172 圣诞节的雪

● 模拟下雪效果　　　◎ 实例文件\Chapter 11\圣诞节的雪\

制作提示 //////////////////

❶ 背景界面的布置

❷ 相关控制脚本的添加

❸ 通过代码随机生成大小不同的雪花，在舞台上徐徐落下

难度系数：★★

案例描述 //////////////////

本实例设计的是圣诞节的雪，动画展示的圣诞节的夜晚，圣诞老公公和麋鹿们在野外，鼠标单击按钮开始下雪。

01 新建Flash文档，将素材导入到库中。新建图形元件"背景"，并将素材bg.jpg拖入舞台。返回主场景，新建"背景"图层，拖入"背景"元件，在第3帧处插入帧。

02 新建图形元件"按钮遮罩"，绘制一个直径为93的蓝色圆形。新建按钮元件"下雪"，然后将"按钮遮罩"元件拖入并设置其透明度为0，在第2帧处设置其透明度为10%。

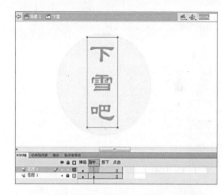

03 新建"图层2"，使用工具箱中的文本工具竖向输入蓝色隶书"下雪吧"，在"属性"面板中设置大小为20，并在第4帧处插入帧。

04 新建图形元件"雪花"，拖入snow，打开"转换位图为矢量图"对话框进行属性设置。

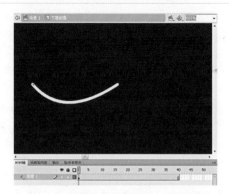

05 新建影片剪辑元件"下落的雪"，在"图层1"上用铅笔工具绘制一段圆弧，在第40帧处插入帧。

06 新建"图层2"，置于"图层1"的下方，将"雪花"元件拖入"图层2"，设置其中心位于弧线左端点。

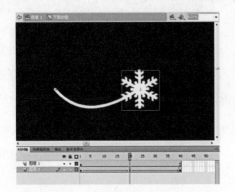

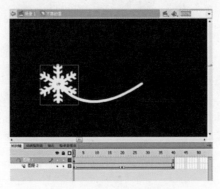

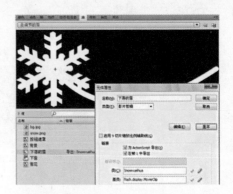

07 在"图层2"的第20帧处新建关键帧,移动雪花的位置,调整其中心位于弧线的右端点。

08 在"图层2"的第40帧处插入关键帧,设置雪花的中心位于弧线左端点。设置"图层2"为引导层。

09 返回主场景,在"库"面板中选中"下落的雪"影片剪辑元件,设置其"高级"属性。

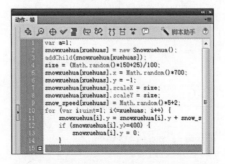

10 新建"按钮"图层,将"按钮"元件放置在合适的位置。新建"动作"图层,在第1帧添加代码定义雪花下落的数量、速度。

11 在第2帧处添加相应代码,以实现对鼠标的监听,以及下雪的实现。在第3帧处添加相应代码,以对下雪的过程进行控制。

12 至此,下雪动画就制作完成了。按下快捷键Ctrl+S保存该文档,按下快捷键Ctrl+Enter对该动画进行测试。

特效技法8 | 使用addChild()和removeChild()函数

　　addChild()函数用于对动画中的元件进行复制,而removeChild()函数的功能则是将复制的元件清除。在本例中就是利用循环语句加addChild()函数实现漫天大雪效果的,但是这两个函数在实际使用的过程中往往会遇到一些特殊的情况,让人无从解决,下面就举一个例子来说明。

　　一个元件,当被addChild后,你在舞台中就可以很直观的看得到。于是你不想要了,又添加了一段代码将其removeChild了,于是你认为这个元件就不存在了,但是事实则不然,这个元件依然存在。

　　假设在一个弹球撞砖块的游戏中,当球撞到一个砖块时,removeChild这个砖块,在画面上我们看到其消失了,并且得了一分,但是当小球下次移动到这个位置时,我们会惊讶的发现,总分又多了一分,这是为什么呢?其实尽管你removeChild了它,但是它依然还存在那个位置,而且x,y值还是依然不变的,只不过我们看不见它了而已。那么如果我们想要解决这个问题,该怎么办呢?

　　这里有两个办法可以解决这个问题。

　　其一,对于简单的游戏,可以设定一个全局逻辑值,在不需要碰撞检测时设定其值为false,每次碰撞检测时也检查这个值是true还是false。

　　其二,扩展该元件的容器类,通过监听其removedFromStage,removed事件和addedToStage,added等一系列事件,判断容器中的某值是true还是false。另外,还可以通过检查容器的contains的方法,检查当前容器中是否含有容器,如果removeChild,那么检查结果就是不存在的,这样也可以解决无法完全removeChild后引发的问题。

投影 模糊 斜角 渐变斜角 发光 渐变发光

EXAMPLE 173 图片特效

● 图片滤镜效果　　◎ 实例文件\Chapter 11\图片特效\

制作提示

❶ 图片效果的创建
❷ 控制脚本的添加
❸ 线性渐变的设置
❹ 综合效果的实现

难度系数：★★★

案例描述

本实例设计的是图片特效，动画展示的是一个图片展示板，展示板下方有6个按钮可以分别对图片产生6种特效。

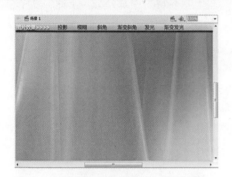

01 新建文档，将素材导入到库中。新建"背景"图层，拖入"背景"元件，并设置水平和垂直居中。

02 新建影片剪辑元件"图片"，并导入素材tu.png到舞台，设置水平和垂直居中对齐。

03 新建图形元件"按钮罩"，绘制一个"宽度"和"高度"分别为50和20的圆角矩形。

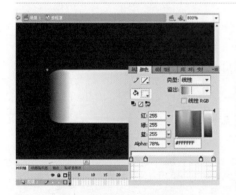

04 调整圆角矩形的填充色为"透明"到"白色"再到"透明"的线性渐变，并且调大中间白色区域。

05 新建按钮元件"投影"，然后将"按钮罩"图形元件拖入，并设置其透明度为0。

06 在第2帧处插入关键帧，将第2帧"按钮罩"元件的透明度设置为30%，在第4帧处插入帧。

特效技法9 | 填充样式的设置

　　使用"颜色"面板可以更改图形的笔触颜色、填充颜色、填充样式等。在"属性"面板中选择"类型"下拉列表中的选项可更改填充样式，包含"无"、"纯色"、"线性"、"放射状"和"位图"5个选项。其中，"位图"表示用可选的位图图像平铺所选的填充区域。

07 用同样的方法，依次新建按钮元件"发光"、"模糊"、"斜角"、"渐变发光"和"渐变斜角"，注意渐变的按钮长度为90。

08 返回主场景，新建图层"图片"和"按钮"，分别放入图片剪辑和按钮元件，并使"按钮"元件覆盖在舞台上方的菜单文字中。

09 新建"动作"图层并添加相应代码，以实现用户按不同的按钮产生不同的图片特效。至此，图片特效就制作完成了。

特效技法10 | 应用Flash CS4中的滤镜

在Flash中对位图应用滤镜可以生成特殊的显示效果，滤镜可以应用于任何显示的对象。在Flash IDE中可以通过滤镜面板或使用时间轴的ActionScript来添加滤镜。在Flash的ActionScript 3.0中包括以下几种滤镜。

Drop Shadow —— 投影滤镜

Blur —— 模糊滤镜

Glow —— 发光滤镜

Bevel —— 斜角滤镜

Gradient bevel —— 渐变斜角滤镜

Gradient glow —— 渐变发光滤镜

Color matrix —— 颜色矩阵滤镜

Convolution —— 卷积滤镜

Displacement map —— 转换图滤镜

那么如何在时间轴的ActionScript中使用滤镜呢？首先要在该帧的"动作"面板中使用new关键字来创建一个新的滤镜，然后调用任意一个或多个滤镜来为动画中显示的元件创建滤镜效果，最后还可以对该显示元件的滤镜效果进行复合设计以达到实现不同效果的目的。

Flash中所有的滤镜都包含在flahs.filters中，在默认情况下新建的Flash实例加载了该滤镜包，如果你在制作动画的过程中，调用了滤镜效果但发布的时候系统报错的话，可能是你在安装Flash的过程中系统环境出了一些问题，此时你只需要在ActionScript中手动加载该滤镜包即可，例如：

import flahs.filters;

那么如何改变显示对象所添加的滤镜效果呢？其实在Flash中任何一个显示对象都有一个名为filters的属性，该属性就是包括了以上所有滤镜的一个数组，若想为一个显示对象应用多个滤镜效果，那么只需要将之前添加的滤镜再次放到数组中即可。

下面是一个简单的例子：

```
var blur:BlurFilter=new BlurFilter(5,5,3);
var filters:Array=new Array();
filters.push(blur);
sprite.filters=filters;
```

EXAMPLE 174 比一比，看谁跳得高

● 元件属性控制　　　　　◎ 实例文件\Chapter 11\比一比，看谁跳得高\

制作提示

❶ 场景的设置
❷ 控制脚本的添加
❸ 使用代码监听鼠标动作，控制动画中人物的运动
❹ 人物跳起与落下的动作的动画实现方法

难度系数：★★★★

案例描述

本实例设计的是跳高动画，在画面中房间里有4个小朋友，用鼠标单击哪一个，哪一个就会往上跳。

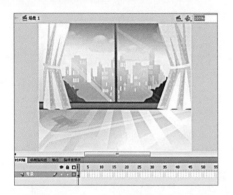

01 执行"文件>新建"命令，新建Flash文档，将素材导入到库中。新建"背景"图层，然后将图形元件"背景"拖曳至舞台中央。

02 新建影片剪辑元件"人物1"，导入素材1.png。新建影片剪辑元件"人物1跳动"，拖入"人物1"元件，并在第1帧处添加脚本stop();。

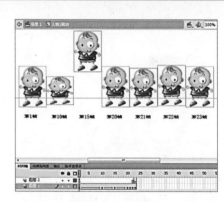

03 在"图层1"的第10、15、20、21、22和23帧处分别插入关键帧，改变人物的高度和Y轴坐标，依次来模拟人物跳起和落下状态。

04 用同样的方法创建其他人物元件，并拖入主场景的"人物"图层中，并设置实例名称分别为friend1、friend2、friend3和friend4。

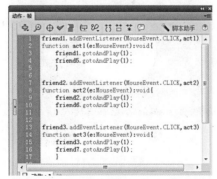

05 在主场景中添加文字并新建"动作"图层，在第1帧处添加相应的代码，以实现单击人物后产生跳动的动画效果。

06 至此，跳高动画就制作完成了。按下快捷键Ctrl+S保存文档，然后按下快捷键Ctrl+Enter对该动画进行预览。

EXAMPLE **175 雾中的七彩风车**

● 随机色彩动画　　　　◎ 实例文件\Chapter 11\雾中的七彩风车\

制作提示 //////////////////////////////

❶ 风车元件的制作
❷ 代码的编写
❸ 利用随机函数产生随机不重复的颜色数组

难度系数：★ ★ ★

案例描述 //////////////////////////////

本实例设计的是雾中的七彩风车，动画展示的是雾中一个小女孩依靠在树旁，风带着雾，一个通过鼠标单击可以改变颜色的风车在旋转。

01 新建Flash文档，将素材导入到库中。创建"背景"图层，然后将图形元件"背景"拖曳至舞台中央，并在第3帧处插入帧。

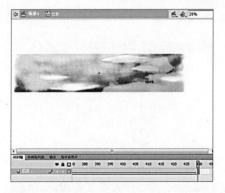

02 新建图形元件"云彩"，导入素材yun.jpg。新建影片剪辑元件"云彩运动"，将元件"云彩"拖入，再在第430帧处插入关键帧并创建补间动画。在第430帧处设置"云彩"图形元件的X坐标值为1300。最后在第430帧处输入脚本gotoAndPlay(1)。

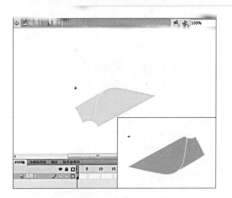

03 新建影片剪辑元件"叶子1"，绘制叶片。用同样的方法依次创建不同颜色的"叶子2~4"影片剪辑元件。

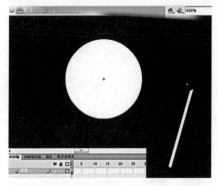

04 新建影片剪辑元件"中心"，绘制一个直径60的白色圆形。新建影片剪辑元件"风车杆"，利用矩形工具绘制白色倾斜的风车杆。

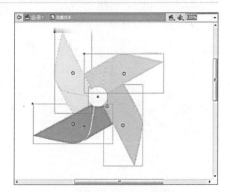

05 新建影片剪辑元件"完整风车"，将4片风车叶子和中心置于"图层1"中并拼成风车形状。

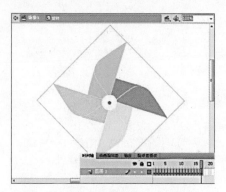

06 新建影片剪辑元件"旋转",在17个关键帧上制作风车旋转一圈的逐帧动画。

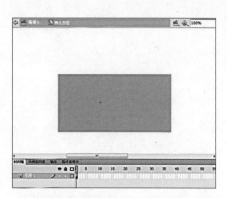

07 新建影片剪辑元件"舞台按钮",然后绘制一个与舞台大小相当的蓝色矩形。

08 返回主场景,创建图层并放置元件。设置"舞台按钮"和"风车"的实例名分别为 btn 和 rotating。

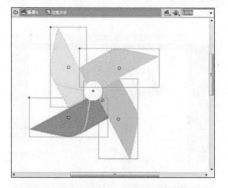

09 进入"旋转"元件编辑区,设置"完整风车"实例名为 fch。进入"完整风车"元件编辑区,设置叶片实例名为 ye1、ye2、ye3 和 ye4。

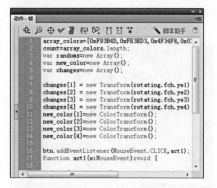

10 在动作图层的第1帧处添加相应的代码,以实现风车在旋转过程中随着鼠标的单击叶子会随机出现不同的颜色,详细代码见源文件。

11 至此,七彩风车动画就制作完成了。按下快捷键Ctrl+S保存当前文档,然后按下快捷键Ctrl+Enter对该动画进行预览。

特效技法11 | 将Flash CS4的帮助文件设置成本地浏览

　　在默认情况下,Flash CS4的帮助文件是需要联网浏览的。当我们单击"帮助"菜单或者直接按下F1键查询Flash CS4的帮助文件时,其默认的访问方式为打开Flash CS4的官方在线帮助文档。这种在Flash CS4中,通过设置帮助文档的打开方式,可以实现在本地查看帮助文档。下面就来介绍如何将Flash CS4的帮助文件设置成本地浏览。

　　其实在安装Flash CS4时,本机上就已经安装了一份帮助文档,但默认是关闭的,只要稍加设置即可改变默认打开方式,其方法为:执行"窗口>扩展>连接"命令,打开"连接"面板,单击面板右上角的扩展按钮,在打开的扩展菜单中执行"脱机选项"命令,在弹出的对话框中勾选"保持脱机状态"复选框,单击"确定"按钮即可。

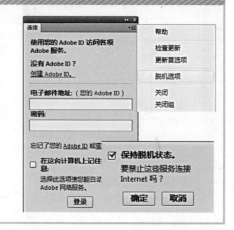

EXAMPLE **176 影幕式电子相册**

● 模拟电子相册　　　　◎ 实例文件\Chapter 11\影幕式电子相册\

制作提示

❶ 选择几张精心挑选的图片素材，本例为8张
❷ 制作图片的缩览图区以及图片展示区
❸ 为相册添加必要的代码完成相应的动作

难度系数： ★★★★

案例描述

本实例设计的是一个影幕式电子相册，上方是大图片展示区，下方是相册内的所有图片缩览图，可以通过单击左、右两侧的箭头进行图片切换。

01 新建文档，将素材导入到库中。新建元件"按钮1~8"，将图片002~008.jpg拖入各元件编辑区。

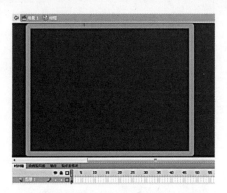

02 新建"相框"图形元件，绘制一个"宽度"和"高度"分别为514和390的银灰色空心矩形。

03 新建影片剪辑元件"相册展示"，新建"起始"图层，在第1帧中拖入库中"按钮1"元件。

04 新建"相框"图层，拖入"相框"元件，并调整其位置，在第320帧插入帧。新建"起始动作"图层，在第1帧处添加代码Stop();。

05 新建"图片1"图层，在第2帧处插入关键帧，并拖入"按钮1"元件，在第40帧插入帧，最后在第2~40帧间创建补间动画。

06 单击第2帧图案，设置其"样式"为"亮度"，值为-100，设置第40帧处"亮度"为0。新建"动作1"图层，在第40帧处添加代码Stop();。

07 新建"图片2"图层,在第41帧处插入关键帧,并拖入"按钮2"元件,设置图案亮度为-100,第80帧处插入帧,设置亮度为0。

08 新建"动作2"图层,在第80帧处添加代码Stop();。用同样的方法依次制作其余6张图片的动画效果。

09 每张图片在每一层的起始位置间隔40,即"图片1"至"图片8"的帧开始位置分别为2、41、81、121、161、201、241、281。

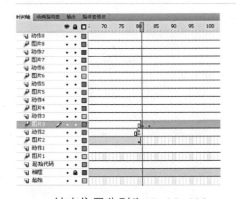

10 结束位置分别为40、80、120、160、200、240、280、320,每张图片动作长度都为39帧,每个图片层上方皆有一个动作层。

11 选择图层"动作1~8",在其对应图片层结束位置的帧处添加代码Stop();。新建"缩略图集合"影片剪辑元件,新建"图层1~8"。每个图层对应放入"按钮1~8",设置"宽度"和"高度"均为100和75,并垂直居中和等间隔水平分布,间隔值为20,实例名btn_1~8。

12 新建按钮元件"左箭头",绘制向左的箭头。同样新建按钮元件"右箭头"。新建图形元件"遮罩",绘制一个"宽度"为456、"高度"为90的蓝色矩形。

13 新建影片剪辑元件"图片菜单",将"缩略图集合"影片剪辑元件设置在"图层1"上,将"遮罩"图形元件放置在"图层2"上,将"左右箭头"按钮元件放置在"图层3"上。调整各元件的位置,使得"遮罩"图形元件恰好遮盖住"缩略图集合"影片剪辑元件的前4张缩略图,而"左右箭头"按钮元件也分别在"遮罩"图形元件的两端。

14 将"图层2"设置为"图层1"的遮罩层。设置"左右箭头"按钮元件实例名为larrow和rarrow，"缩略图集合"元件的实例名称pics。

15 返回主场景。新建"展示"和"菜单"图层，将"相册展示"和"图片菜单"元件拖入这两个图层，设置实例名为display和menu。

16 新建"动作"图层，添加代码，以实现整个动画过程，详细代码见源文件。至此，完成影幕式电子相册的制作。

特效技法12 | Flash CS4的新功能体验

1. 基于对象的动画

使用基于对象的动画对个别动画属性实现全面控制，它将补间直接应用于对象而不是关键帧。使用贝赛尔手柄轻松更改运动路径。

2. 3D 转换

借助令人兴奋的全新 3D 平移和旋转工具，通过 3D 空间为 2D 对象创作动画，您可以沿 x、y、z 轴创作动画。将本地或全局转换应用于任何对象。

3. 使用 Deco 工具和喷涂刷实现程序建模

将任何元件转变为即时设计工具。以各种方式应用元件：使用 Deco 工具快速创建类似于万花筒的效果并应用填充，或使用喷涂刷在定义区域随机喷涂元件。

4. 元数据（XMP）支持

使用全新的 XMP 面板向 SWF 文件添加元数据。快速指定标记以增强协作和移动体验。

5. 针对 Adobe AIR 进行创作

借助发布到 Adobe AIR 运行时的全新集成功能，可以实现交互式桌面体验，面向跨更多设备 - Web、移动和桌面的更多用户。

6. 全新 Adobe Creative Suite® 界面

借助直观的面板停靠和弹出式行为提高工作效率，它们简化了您在所有 Adobe Creative Suite 版本中与工具的交互。

7. 反向运动与骨骼工具

使用一系列链接对象创建类似于链的动画效果，或使用全新的骨骼工具扭曲单个形状。

8. 动画编辑器

使用全新的动画编辑器体验对关键帧参数的细致控制，这些参数包括旋转、大小、缩放、位置和滤镜等。使用图形显示以全面控制轻松实现调整。

9. 动画预设

借助可应用于任何对象的预建动画启动项目。从大量预设中进行选择，或创建并保存自己的动画。与他人共享预设以节省动画创作时间。

10. H.264 支持

借助 Adobe Media Encoder 编码为 Adobe Flash Player 运行时可以识别的任何格式，其他 Adobe 视频产品也提供这个工具，现在新增了 H.264 支持。

EXAMPLE

EXAMPLE 177 夜空星光

●模拟星光效果　　　　　　　◎ 实例文件\Chapter 11\夜空星光\

制作提示

❶ 星星元件的设计与制作
❷ 添加控制脚本监听鼠标单击动作
❸ 鼠标单击效果的实现
❹ 高级属性的应用

难度系数：★ ★ ★

案例描述

本实例设计的是夜空星光，在夜晚的星空中，当用鼠标单击夜空时将会显示出闪闪发亮的星星。

01 新建一个 Flash 文件，将素材文件导入到库中。新建"背景"图层，然后将"背景"图形元件拖入舞台。

02 新建图形元件"矩形"，绘制一个无边框矩形。新建按钮元件"夜空按钮"，拖入"矩形"元件，并在第4帧插入帧。

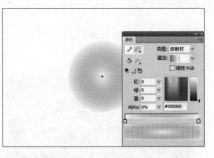

03 新建图形元件"星光"，绘制一个直径为100的圆形。设置其填充色为白色到浅灰色再到透明的放射性渐变色。

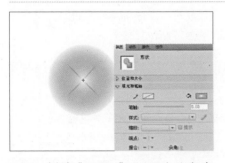

04 新建"图层2"，以圆心为交点绘制两条小于圆直径的交叉渐变色直线，其倾斜角度为45°。

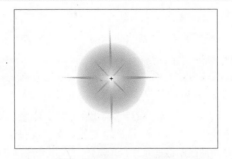

05 新建"图层3"，以圆心为交点绘制两条大于圆直径的交叉渐变色直线。

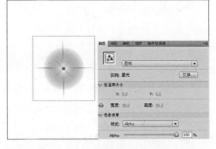

06 新建元件"星星"，拖入"星光"元件，在第1帧设置其"宽度"和"高度"均为90，透明度为100%。

特效技法13 | 对颜色面板的深入认识

在Flash中允许用户使用"颜色"面板修改Flash文档的调色板，并更改笔触和填充的颜色。颜色可使用"样本"面板导入、导出、删除和修改Flash文档的调色板；以十六进制模式选择颜色；创建多色渐变等。此外，Alpha选项可用于设置实心填充的不透明度，或设置渐变填充当前所选色标不透明度。若Alpha 值为 0%，则创建的填充不可见（即透明）；若Alpha 值为100%，则创建的填充不透明。

07 在第10、20帧处插入关键帧。设置第10帧处元件的高和宽均为45,透明度为50%;第20帧与第1帧的属性一致。

08 返回主场景,在"库"面板中,使用鼠标右键单击"星星"影片剪辑元件,从弹出的快捷菜单中选择"属性"选项,在打开的对话框中单击"高级"按钮。勾选"为ActionScript导出"和"在帧1中导出"复选框,并在"类"文本框中输入star,设置完成后单击"确定"按钮。

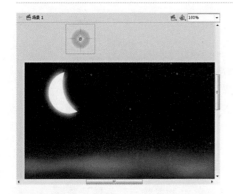

09 新建"星光"图层,然后将"库"中的"星星"影片剪辑元件拖至舞台外。

10 新建"按钮"图层,拖入"夜空按钮"元件,设置其宽为60、高为250、透明度为0,并设置实例名称为skynight。

11 新建"动作"图层,添加相应的代码,以监听鼠标单击动作,实现星星闪烁的动画。至此,夜空星光动画就制作完成了。

特效技法14 | 网页Flash中遇到的问题

现在越来越多的人将制作的Flash动画作品放在网上与大家一起分享,或者展示自己的一些创意和想法我们通过浏览器观看这些Flash动画时,在本机制作好的动画上传至网络上后经常会出现"水土不服"的情况,下面我们列举一些情况。

许多人在网页Flash中都会加载其他动画,但是你会惊奇地发现如果动画是通过Loader加载进入MovieClip中,即使不addChild它,它也是在播放的,并且有时候你控制他stop,也无法停止。那么这该怎么解决呢?

其实解决办法很简单,就是添加stop()脚本,并且在制作动画素材时,尽量将关键动画放在主场景帧上,方便在程序中控制动画。

在网页中嵌入的Flash动画经常会出现一些看似很容易解决但又很麻烦的问题,比如Flash打开新的窗口会被浏览器阻止,涉及键盘方向键的Flash游戏屏幕也会跟着方向键移动等问题。

其实解决的方法也很简单,那就是在将Flash嵌入网页的代码中有一个使Flash透明的参数,不要将该参数设置为透明,那么很多问题都可以解决,但是即使将flash设置为不透明有时候还是会被阻止,此时只要设置新页面的打开方式为当前窗口打开而不是新窗口打开即可。

另外,还有些WEB站点会有许多不常用的方法属性,可以阻止Flash的某些方法的使用,所以我们在嵌入Flash的时候也要多学习有关HTML语言的知识,只有这样才能够让Flash以理想的状态展示在网络上。

EXAMPLE

178 产品使用说明浏览

● 形状补间动画的创建　　◎ 实例文件\Chapter 11\产品使用说明浏览\

制作提示

❶ 步骤查看按钮的制作
❷ 文本内容的添加
❸ 传统补间动画的制作
❹ 场景的布局
❺ 综合效果的实现

难度系数：★ ★ ★ ★

案例描述

本实例设计的是化妆品使用方法说明。在整个介绍过程中除了包含文字说明，还配有动作介绍，及化妆后所能够达到的效果表现。

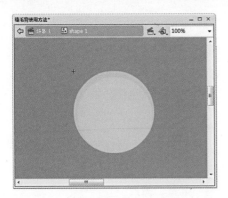

01 执行"文件>打开"命令，打开"产品使用说明浏览.fla"文件。新建图形元件shape 1，在编辑区域绘制一个圆形。

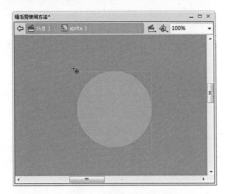

02 新建影片剪辑元件sprite 1，将图形元件shape 1拖曳至编辑区域，在第3帧处插入关键帧，并更改实例的色彩效果样式。

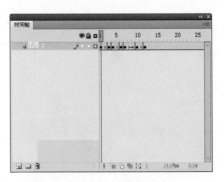

03 在第4、7、10、12帧处插入关键帧，同第3帧一样对属性进行编辑。在每帧间创建传统补间动画。在第73帧处插入普通帧。

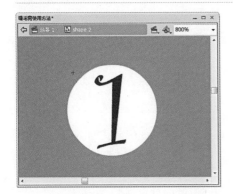

04 新建图形元件shape 2，在编辑区域绘制一个图形。用同样的方法创建图形元件shape 3~4。

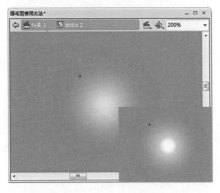

05 新建影片剪辑元件sprite 2，将图片image 1拖曳至编辑区域。新建"图层2"，绘制一个圆形。

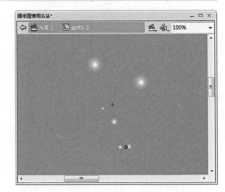

06 新建影片剪辑元件sprite 3，制作浮动效果。

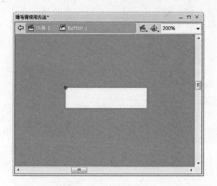

07 新建按钮元件button 1,在第4帧插入关键帧,在编辑区域中绘制一个图形,用同样的方法制作button 2~3。

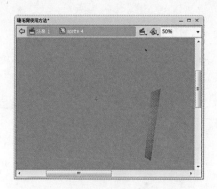

08 新建影片剪辑元件sprite 4,在编辑区域绘制一个图形。在第8帧插入关键帧,将所绘图形适当放大。在第1~8帧间创建形状补间。

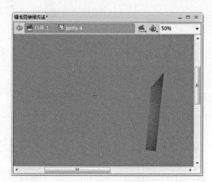

09 在第10~13帧处插入关键帧,分别绘制不同的图形。用逐帧动画来展现化妆展示平台的折叠效果。

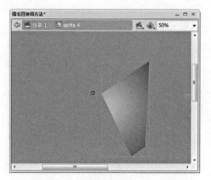

第11帧

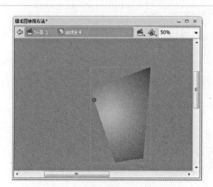

第12帧

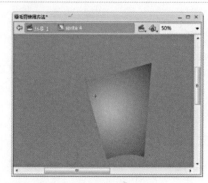

第13帧

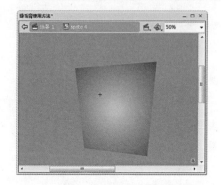

10 在第15帧处插入关键帧,并绘制一个图形,在第13~15帧间创建传统补间动画。在第408帧处插入普通帧。

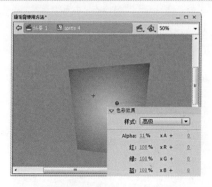

11 新建"图层2",在第38帧处插入关键帧,拖入元件sprite 1并设置其色彩效果。在第43帧处插入关键帧,设置色彩效果为"无"。

12 在第367、376帧处插入关键帧。将376帧处元件的Alpha值改为0%。在第38~43、367~376帧间创建传统补间动画。

特效技法15 | 形状补间动画的应用

补间形状动画适用于图形对象。在两个关键帧之间可以制作出图形变形效果,让一种形状可以随时变化成另一种形状,还可以使形状的位置、大小和颜色进行渐变。如果要对组、实例或位图图像应用形状补间,请分离这些元素;如果要对文本应用形状补间,请将文本分离两次,从而将文本转换为对象。

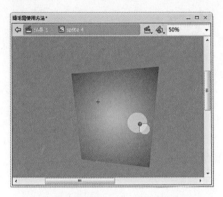

13 新建"图层3"，在第42帧处插入关键帧。将元件shape 1拖至舞台合适位置。其具体的设置方法可参照"图层2"进行。

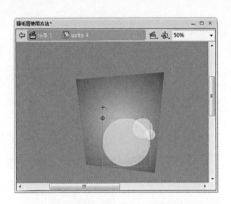

14 新建"图层4"，在第46帧处插入关键帧，拖入元件sprite 1。在第367、376帧处插入关键帧，将第376帧处元件的Alpha值更改为0%，在第367~376帧间创建传统补间。

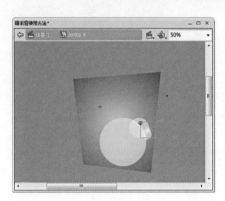

15 新建"图层5"，在第58帧处插入关键帧。将元件sprite 3拖至编辑区合适位置。在第408帧处插入普通帧。

16 新建"图层5~7"，在各图层第30帧处插入关键帧，分别将元件shape 2~4拖至各图层的合适位置。

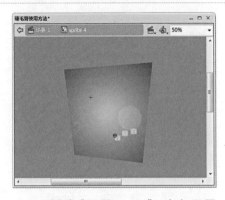

17 新建"图层9~11"，在各图层第39帧处插入关键帧，分别将元件button 1~3拖至各图层的合适位置。并为这3个按钮元件添加脚本。

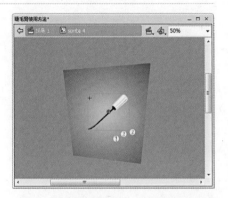

18 新建"图层12"，在第27帧处插入关键帧。将图片image 3拖至编辑区合适位置，并转换为图形元件shape 5。

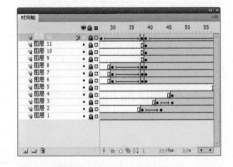

19 在第38帧处插入关键帧。选择27帧，设置其色彩效果。在第27~38帧间创建传统补间动画。在第39、83帧处插入关键帧，将83帧处的Alpha值更改为0%。在第39~83帧间创建传统补间动画。

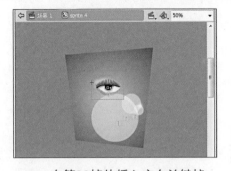

20 在第83帧处插入空白关键帧。在第85帧处插入关键帧，拖入image 5，转换为元件shape 6，并设置其Alpha值为0%。在第94帧处插入关键帧，在第85~94帧间创建传统补间动画。在第159帧处插入普通帧。

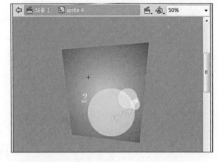

21 在第160帧插入空白关键帧。在164帧处插入关键帧，输入文本2，并转换为元件shape 7，然后设置其Alpha值为0%。在第181帧处插入关键帧。在第164~181间创建传统补间动画。在第282帧处插入普通帧。

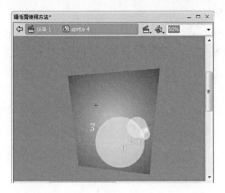

22 在第283帧处插入空白关键帧。在第308帧处插入关键帧，输入文本3，转换为元件shape 8。其具体设置方法与可参照shape 7。

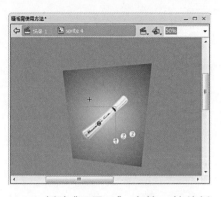

23 新建"图层13"，在第27帧处插入关键帧，拖入图片image 4并转换为元件shape 9。其具体的设置方法可参照shape 5的创建。

24 在第84帧处插入空白关键帧，在第92帧处插入关键帧，输入文本"将睫毛刷头放置在睫毛根部"。其具体的设置方法可参照shape 6。

25 在第160帧处插入空白关键帧。在第166帧处插入关键帧，输入相应的文本，并转换成元件text 2。其具体的设置方法可参照shape 6。

26 在第279帧处插入空白关键帧。在286帧处插入关键帧，输入相应的文本，并转换成元件text 3。其具体的设置方法可参照shape 6。

27 新建"图层14"，在第52帧处插入关键帧，拖入元件sprite 2。在第71帧处插入关键帧，放大sprite 2。在第52~71帧创建传统补间动画。

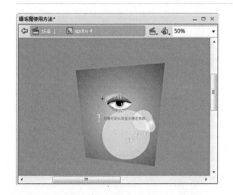

28 在第72帧处插入空白关键帧。在第90帧处插入关键帧，输入文本1并转换为元件shape 10，其具体设置方法可参照shape 7。

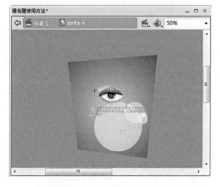

29 在第160帧处插入空白关键帧。将shape 6拖至合适位置，并创建与shape 7相同的效果。复制第160~278帧粘贴到第283帧处。

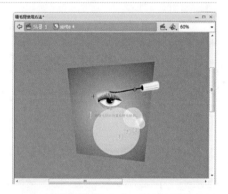

30 新建"图层15"，在第95帧处插入关键帧，将图片image 6拖至编辑区域合适位置，并转换为元件shape 11。

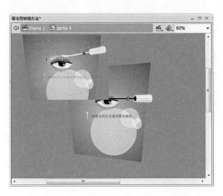

31 在第104帧处插入关键帧,将 shape 11移至适当位置。选择 第95帧,对其色彩效果进行调整。在 第95~104帧间创建传统补间动画。

32 在第160、189帧处插入空白关 键帧。在第189帧处绘制一个 图形,并转换成图形元件shape 12。 在第279帧处插入空白关键帧。

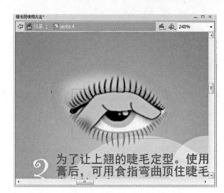

33 在第402帧处插入关键帧。将 图片image 7拖至编辑区,并 将其转换为图形元件shape 13。并 创建与元件shape 11相同的效果。

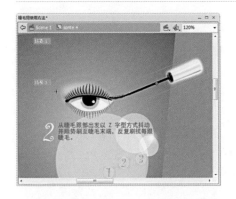

34 新建"图层16",在第186帧处 插入关键帧并拖入元件shape 11。在第198、205、211、217、223、 228、239帧处插入关键帧,并对应着 元件shape 12的形状进行调整。然后 在关键帧间创建传统补间动画。

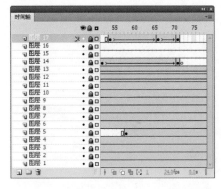

35 新建"图层17",在第54帧处插 入关键帧,将原件sprite 2拖至 编辑区域。分别在第66、71帧处插入 关键帧,分别改变元件sprite 2的大小 位置。在54~66、66~71之间创建传 统补间动画。

36 新建"图层18",在第389帧处 插入关键帧,拖入image 8并 将其转换为元件shape 14,设置其 Alpha值为0%。在第397帧处插入关 键帧,在第389~397帧间创建传统补 间动画。在第408帧处插入普通帧。

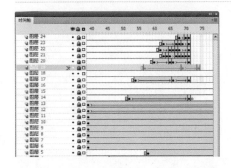

37 新建"图层19",复制"图层 17"的第54~72帧粘贴至"图 层19"的第57~74帧。新建"图层 20~24"。将元件sprite 2分别拖入 "图层20~24",并对其进行编辑。

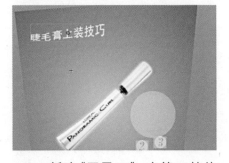

38 新建"图层25",在第33帧处 插入关键帧并拖入元件shape 14。在第41、366、375帧处插入关键 帧。将第33、375帧处元件的Alpha值 改为0%。在第33~41、366~375帧间 创建传统补间动画。

39 新建"图层26",分别在第84、 160、279、367帧处插入关键 帧。在"属性"面板中依次将这5个关 键帧(包括第1帧)的标签名称设置为 a、a1~4。

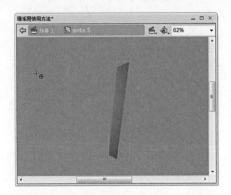

40 新建"图层27"，在366、408帧处插入关键帧，添加脚本stop();。新建影片剪辑元件sprite 5，拖入元件sprite 4，在第2帧处插入普通帧。

41 新建"图层2"，在第2帧处插入关键帧，打开该关键帧的"动作"面板，在该面板中输入相应的控制脚本stop();。

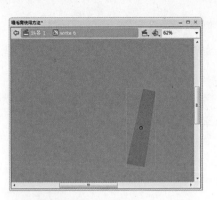

42 新建影片剪辑元件sprite 6。在第6帧处插入关键帧。在编辑区域绘制一个图形，并将其转换为图形元件shape 15。

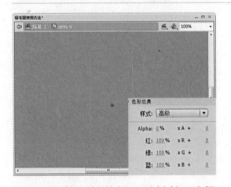

43 在第18帧处插入关键帧。选择第6帧，在"属性"面板中将其Alpha值更改为0%。在第6~18帧间创建传统补间动画。

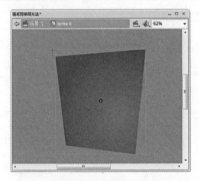

44 新建"图层2"，将元件shape 16拖曳至适当位置。在第11帧处插入关键帧。设置第1帧中元件的Alpha值为0%。

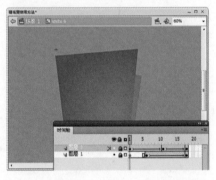

45 选择第18帧中的元件改变其位置，然后在第1~11、11~18帧间创建传统补间动画。

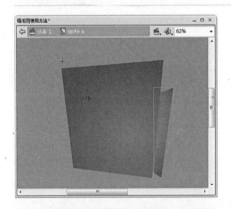

46 新建"图层3"，在第18帧处插入关键帧，并拖入元件sprite 5。新建"图层4"，在第18帧处插入关键帧，并在该帧处添加脚本stop();。

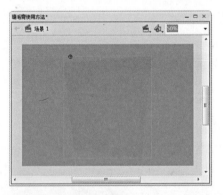

47 返回到主场景中，从"库"面板中将影片剪辑元件sprite 6拖曳至舞台。新建"图层2"，在第1帧添加声音文件sound.mp3。

48 新建"图层3"，选择第1帧，在其"动作"面板中添加脚本stop();。至此，产品使用说明就制作完成了。最后保存并测试该动画。

制作教学课件

　　除了制作各种动画效果外，Flash还有一项非常强大的功能——课件制作。使用Flash制作课件不仅能表现传统课件中表现的内容，还能添加音/视频特效，丰富课件的效果。本章通过8个案例介绍了教学课件的制作方法，包括英语课件、化学课件、数学课件、美术课件等，主要应用的知识点包括按钮元件的制作、声音文件的导入、控制脚本的添加、补间动画的创建等。

细胞大家庭

植物细胞的结构和

EXAMPLE **179 英语课件**

The Hare and the Tortoise

Once upon a time, there was a hare.

● 声音文件的导入　　　　◎ 实例文件\Chapter 12\英语课件\

制作提示
❶ 文本内容的添加
❷ 按钮的制作
❸ 控制脚本的添加
❹ 综合效果的实现

难度系数：★★

案例描述

本实例设计的是一个少儿英语课件，通过森林中小动物的活动为教学背景，完成课程的学习，其中每句话都可以重复朗读。

01 打开"英语课件素材.fla"文件，将图片image 1拖至编辑区，并将其转换为图形元件shape 1。在第135帧处插入普通帧。

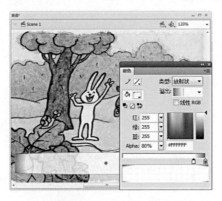

02 新建图层2，在第23帧处插入关键帧，在编辑区域绘制一个图形，并将其转换为图形元件shape 2。在第153帧处插入普通帧。

03 在第33帧处插入关键帧。选择第24帧，将图形元件shape 2的Alpha值设置为0%，在第24～33帧之间创建传统补间动画。

04 新建图层3，拖入元件shape 3。在第33帧处插入关键帧，将元件的Alpha值设置为0%。在第1～33帧间创建传统补间动画。

05 新建图层4，在编辑区域输入文本：The Hare and the Tortoise，并将其转换为图形元件text 1。在第23帧处插入普通帧。

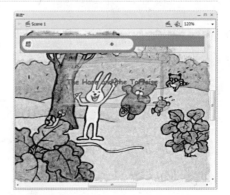

06 新建图层5，在第23帧插入关键帧，拖入元件shape 4，设置Alpha值为0%。在第33帧插入关键帧。在第23～33帧创建传统补间动画。

07 在第135帧处插入普通帧。新建图层6，在第33帧处插入关键帧，将图形元件text 1拖曳至舞台中合适的位置。在第135帧处插入普通帧。

08 新建图层7，在第33、76、115帧处插入关键帧，分别在各帧的编辑区域输入相应的文本，并依次将其转换为图形元件text 2~4。在第135帧处插入普通帧。

09 新建图层8，在第23帧处插入关键帧，拖入元件shape 5并设置其Alpha值为0%。在第33帧处插入关键帧。在23~33帧间创建传统补间动画。在135帧处插入普通帧。

特效技法1 | 播放按钮的添加

　　新建图层9~10，分别在各图层的第33、76、115帧处插入空白关键帧。将按钮元件button 1拖至图层9的第33、115帧；将按钮元件button 2拖至图层9的第76帧；将按钮元件button 3~5拖至图层10的各个关键帧处。在图层9~10的第135帧处插入普通帧。最后为这6个按钮元件添加不同的控制脚本。以实现通过按钮来控制动画的演示播放效果。

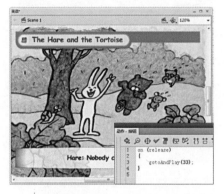

10 新建图层11，在第135帧处插入关键帧。将素材按钮元件button 6拖至编辑区，打开"动作"面板，添加相应的控制脚本。

11 新建图层12，在第76帧处插入关键帧，拖入素材按钮元件button 7，并为该按钮元件添加动作脚本。在第114帧处插入普通帧。

12 新建图层13，在第33、76、115帧处插入关键帧，分别将音效sound 1~3拖至各关键帧，设置标签名为1~3。在第135帧处插入普通帧。

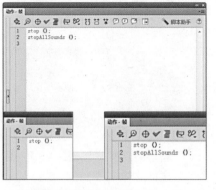

13 新建图层14，在第72、111、135帧处插入关键帧，分别选择各个关键帧，打开其"动作"面板，为其添加相应的控制脚本。

14 至此，英语课件就制作完成了。按下快捷键Ctrl+S保存文件。按下快捷键Ctrl+Enter对该动画进行测试预览。

180 化学课件

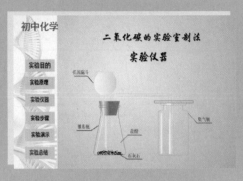

初中化学
二氧化碳的实验室制法
实验仪器

实验目的
实验原理
实验仪器
实验步骤
实验演示
实验总结

● 导航按钮的添加　　　◎ 实例文件\Chapter 12\化学课件\

制作提示 ///////////////

❶ 界面的整体设计
❷ 文本内容的添加
❸ 导航按钮的制作
❹ 综合效果的实现

难度系数： ★ ★ ★ ★

案例描述 ///////////////

本实例设计的是化学课件，以二氧化碳的实验为中心，展开了描述。其中包括了实验目的、实验原理、实验仪器、实验步骤的说明介绍。与PPT文档相比，其效果是无可挑剔的。

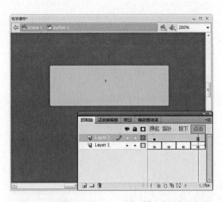

01 新建一个Flash文档，将素材文件导入到库中。新建按钮元件button 1，在第4帧处插入关键帧并拖入音效sound。新建图层2，绘制一个矩形；在第4帧处插入普通帧。

02 新建图层3，在编辑区域输入文本"实验目的"，设置颜色为黑色。在第2帧处插入关键帧，选择该帧，将其颜色设置为白色。在第4帧处插入普通帧。

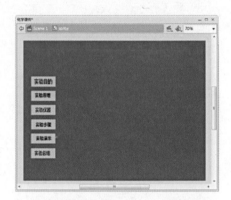

03 将按钮元件button 1复制5次得到button 2~6。新建影片剪辑元件sprite，新建图层2~6，依次将button 1~6拖至各图层。在各个图层第7帧处插入普通帧。

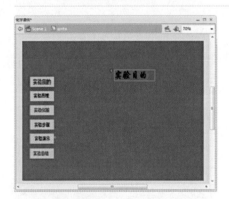

04 新建图层7，输入文本"实验原理"，将其转为图形元件text 1。在第2帧处插入普通帧。在第3~7帧处插入关键帧。在各帧处输入相应的文本并转换为图形元件text 2~6。

05 新建图层8，在编辑区中输入相应的文本内容，并将其转换为图形元件text 7。在第3帧处插入空白关键帧，也输入合适的文本内容，并将其转换为图形元件text 8。

06 分别在第4~5帧处插入空白关键帧。选择第5帧，使用工具箱中的文本工具在编辑区中输入相应的文本内容。并将其转换为图形元件text 9。

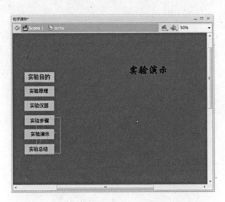

07 在第6帧处插入空白关键帧，将素材元件source 1拖至编辑区域合适的位置。

08 在第7帧处插入空白关键帧，在编辑区域输入相应的文本，并将其转换为图形元件text 10。

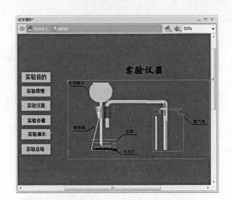

09 新建图层9，在第4帧处插入空白关键帧，将素材元件source 2拖至编辑区域。

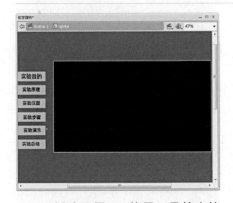

10 新建图层10，使用工具箱中的矩形工具在编辑区域绘制一个矩形，设置"填充颜色"为"黑色"。在第7帧处插入普通帧。

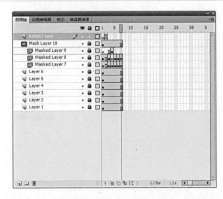

11 将图层10设置为图层7~9的遮罩层。新建图层11，在第2帧处插入空白关键帧，打开"动作"面板添加脚本stop();。

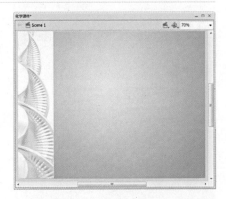

12 依次为编辑区域中的按钮元件button 1~6添加相应的控制脚本。返回主场景，将图片image拖至编辑区域。

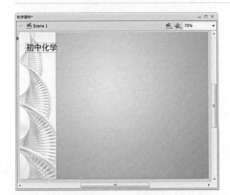

13 新建图层2，在编辑区域输入文本"初中化学"；并将其转换为图形元件text 11。

14 新建图层3，在编辑区域输入文本"二氧化碳的实验室制法"，并将其转换为图形元件text 12。

15 新建图层4，将元件sprite拖至编辑区合适位置。至此，化学课件就制作完成了。

181 汉语拼音课件

● 控制脚本的添加　　　　　◎ 实例文件\Chapter 12\汉语拼音课件\

制作提示 /////////////////

❶ 按钮的制作
❷ 声音文件的导入
❸ 动画效果的制作
❹ 综合效果的实现

难度系数：★★★★

案例描述 /////////////////

本实例设计的是一个汉语拼音的教学课件，其中全面具体的介绍了汉语拼音的发音方法，及书写格式。还可以交互式地做出相应的选择。

01 新建一个Flash文档，打开"文档属性"对话框，在该对话框中设置文档属性，然后将素材文件导入到库中。

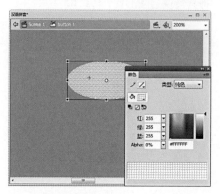

02 新建按钮元件button，绘制一个椭圆形，并将其Alpha值设置为0%。在第2帧处插入空白关键帧。为其添加音效sound 1。

03 在第3帧处插入空白关键帧，复制第1帧粘贴至第4帧。新建图层2，在编辑区域输入文本"练习"，在第4帧处插入普通帧。

04 新建按钮元件button 2，使用文本工具在编辑区域输入文本"听"。该按钮效果的实现方法与按钮元件button 1相同。

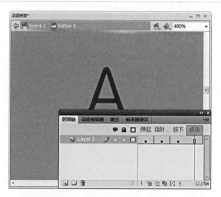

05 新建按钮元件button 3，输入黑色字母A。在第2、3帧处插入关键帧，分别将其颜色更改为红色与灰色。在第4帧处插入普通帧。

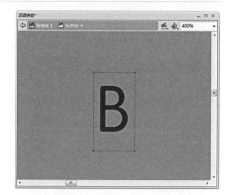

06 将按钮元件button 3复制3个，依次将其名称改为button 4～6，将文本内容依次更改为B、C、D，参照元件button 3制作动画效果。

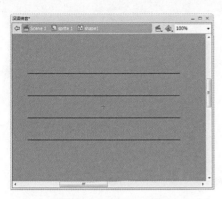

07 新建影片剪辑元件sprite 1，在编辑区域绘制4条线段，并将其转换为图形元件shape 1。在影片剪辑元件sprite 1的第311帧处插入普通帧。

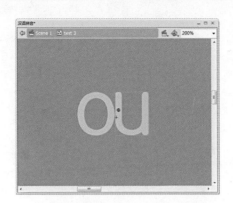

08 新建图形元件text 1，使用文本工具在编辑区域输入字母O。新建图形元件text 2，输入字母U，新建图形元件text 3，依次将元件text 1~2拖曳至编辑区域。

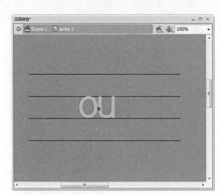

09 新建影片剪辑元件sprite 1，新建图层2，拖入元件text 3。在第17帧处插入关键帧。设置第1帧对应元件的Alpha值为0%。在第1~17帧间创建传统补间动画。

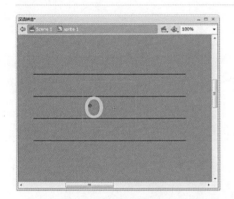

10 在第25帧处插入普通帧。在第26、28、30、102、104、106、108帧处插入关键帧，将第26、30帧中的元件text 3删除。在第32帧处插入空白关键帧并拖入元件text 1。将第102、106帧处的元件text 2删除。在第296帧处插入空白关键帧，复制该图层的第1帧粘贴至298帧，在第295、311帧处插入普通帧。

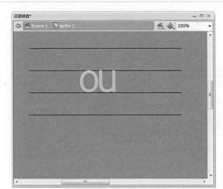

11 新建图层3，在第51帧处插入空白关键帧，在其编辑区输入相应的文本，并将其转换为图形元件text 4。在第311帧处插入普通帧。

12 新建图层4，在第311帧处插入空白关键帧，添加脚本stop();。新建图层5，在第21帧处插入空白关键帧，为其添加音效sound 1。

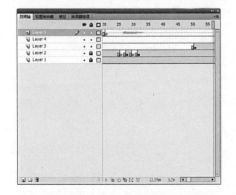

13 新建影片剪辑元件sprite 2。在编辑区域输入相应的文本并将其转换为图形元件text 5。在第341帧处插入普通帧。

14 使用工具箱中的文本工具在编辑区域再次输入文本，并将其转换为图形元件text 6。在第211帧处插入空白关键帧。

15 在第224帧处插入空白关键，在编辑区输入相应文本并将其转换为图形元件text 7。在第341帧处插入普通帧。

16 新建图层3，在第104帧处插入关键帧，拖入4次shape 1元件并将其转换为图形元件shape 2。在第211、224帧处插入关键帧，将第211帧处的元件shape 2删除。

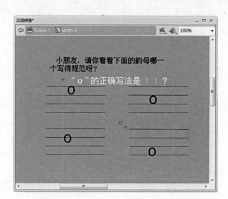

17 新建图层4，在第104帧处插入关键帧，在编辑区域依次输入4个字母O，并将其转换为图形元件text 8。

18 在第211、224帧处插入空白关键帧，在第224帧的编辑区输入4个字母U，并将其转换为图形元件text 9。在第341帧处插入普通帧。

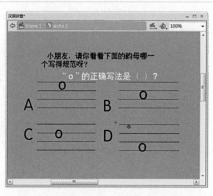

19 新建图层5~8。在各图层的第104帧插入空白关键帧，分别将按钮元件button 3~6拖至各图层编辑区域。在各图层的第211、224帧处插入关键帧。在第341帧处插入普通帧。将各图层第211帧处的元件删除，再依次为各图层第104、224帧中的按钮元件添加脚本。

20 新建影片剪辑元件sprite 3，在第2帧处插入空白关键帧，在此添加音效sound 2。新建图层2，在第10帧处插入空白关键帧，打开"动作"面板输入脚本stop();。

21 新建影片剪辑元件sprite 4，添加音效sound 3。新建图层2，在第15帧处插入空白关键帧。打开"动作"面板输入脚本stop();。返回影片剪辑元件sprite 2。

22 新建图层9，在第128帧处插入空白关键并拖入元件sprite 3。在第173、175帧处插入空白关键帧，选择第175帧并拖入元件sprite 4。新建图层10，复制图层9的第128~210帧粘贴至图层10的第259~341帧。

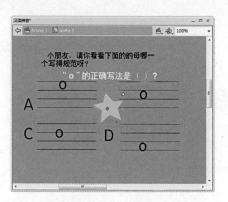

23 新建图层11，在第128帧处插入空白关键帧，拖入素材元件star。在第173、259帧处插入关键帧，将第173帧处的元件star删除。

24 新建图层12，在第96、127、174、224、257、304帧处插入关键帧，依次设置各帧的帧标签。新建图层13，在第123、173、211、253、303、341帧处插入空白关键帧并输入相应的脚本。新建图层14，在第96、220帧处插入空白关键帧，将声音元件sound 4~6分别拖至各关键帧。

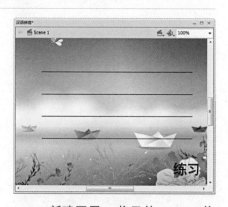

25 返回主场景，新建图层2，分别将图片iamge与素材元件hudie拖至图层1~2编辑区。在各图层的第9帧处插入普通帧。

26 新建图层3，然后将按钮元件button 1拖至编辑区。在第2帧处插入空白关键帧，拖入按钮元件button 2，在第9帧处插入普通帧。

27 新建图层4，将元件sprite 1拖至编辑区。在第2帧处插入空白关键帧，拖入元件sprite 2。在第9帧处插入普通帧。

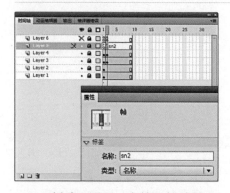

28 新建图层5，在第2帧处插入空白关键帧，设置标签名为n1和sn2。在第9帧处插入帧。

29 新建图层6，在第2帧处插入空白关键帧，在前两帧中添加脚本stop();。至此，汉语拼音课件就制作完成了。按下快捷键Ctrl+S保存文件。按下快捷键Ctrl+Enter对该动画进行测试。

EXAMPLE 182 数学课件

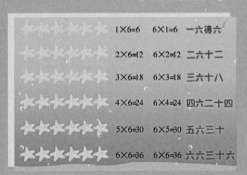

1×6=6	6×1=6	一六得六
2×6=12	6×2=12	二六十二
3×6=18	6×3=18	三六十八
4×6=24	6×4=24	四六二十四
5×6=30	6×5=30	五六三十
6×6=36	6×6=36	六六三十六

● 补间动画的创建　　　　◎ 实例文件\Chapter 12\数学课件\

制作提示 //////////////////

❶ 背景的设计与制作
❷ 控制脚本的添加
❸ 乘法算式的实现
❹ 综合效果的实现

难度系数：★ ★

案例描述 //////////////////

本实例设计的是数学课件，主要介绍的是乘法口诀的学习。采用声音、文字、图像等手段综合展现了6的乘法口诀。

01 新建一个Flash文档，并设置其属性，然后将所有素材文件导入到库中。

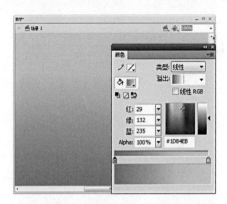

02 使用工具箱中的矩形工具在编辑区域绘制一个矩形，在第684帧处插入普通帧。

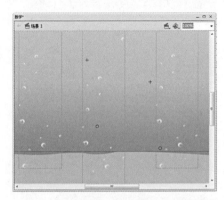

03 在第25、550帧处插入关键帧。选择第25帧，拖入3个素材元件"水泡"。

04 新建图层2，拖入元件题目。在第7帧处插入关键帧，选择第1帧，将元件题目缩小。在第1~7帧间创建传统补间动画。

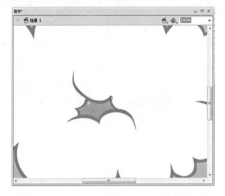

05 在第24帧处插入普通帧。新建图层3，在第25帧处插入空白关键帧，将素材元件"烟"拖入编辑区。在第34帧处插入普通帧。

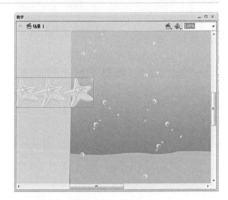

06 新建图层4，在第38帧处插入空白关键帧，然后从"库"面板中将素材元件"海星"拖曳至舞台左侧位置。

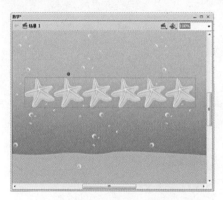

07 在第41帧处插入关键帧。将元件"海星"拖至舞台中央。在第38~41帧间创建传统补间动画。

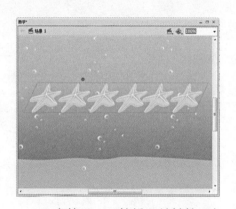

08 在第41~43帧插入关键帧。选择第42帧,将该帧元件"海星"变形,并在第41~42、42~43帧间创建传统补间动画。

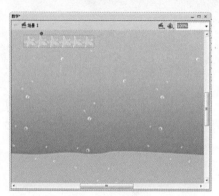

09 在第54、61帧处插入关键帧。改变第61帧处元件"海星"的位置与大小。在第54~61帧间创建传统补间动画。

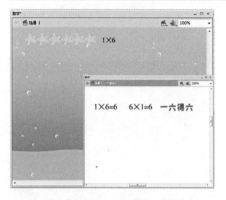

10 新建图层5,在第68帧处插入空白关键帧,拖入素材元件数字1。在第549帧处插入普通帧。

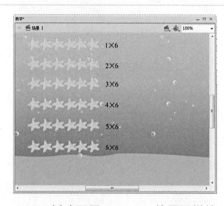

11 新建图层6~15,使用同样的方法将其余6的乘法算式拖曳至各图层中。

12 新建图层16,在第550帧处插入空白关键帧,拖入素材元件"数字"。在第684帧处插入普通帧。

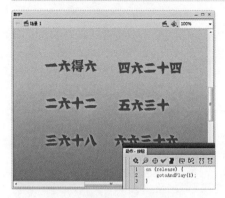

13 新建图层17,在第684帧处插入空白关键帧,拖入素材按钮元件button。打开该按钮元件的"动作"面板,输入相应的脚本。

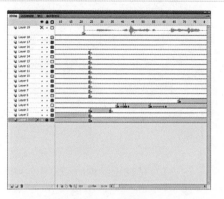

14 新建图层18,在第684帧处插入空白关键帧,在该帧"动作"面板中输入脚本stop();。新建图层19,在第22、550帧处插入空白关键帧,分别为其添加声效sound 1与sound 2。在第665帧处插入空白关键帧。至此,完成数学课件的制作。最后按下快捷键Ctrl+S保存该文件。

183 物理课件

● 文本内容的编辑　　　　　◎ 实例文件\Chapter 12\物理课件\

制作提示 ////////////////////

❶ 控制按钮的制作
❷ 文本内容的输入与编辑
❸ 综合效果的实现

难度系数： ★ ★ ★

案例描述 //////////////////////////////////

本实例设计的是一个物理课件，其中形象地介绍了电流的形成条件，并可以通过交互式的方法来体验这一过程。

01 新建一个Flash文档，并设置其属性，然后将所有素材文件导入到库中。新建按钮元件button 1，在编辑区绘制一个图形。

02 新建图层2，输入文本"一定"，在图层1~2的第2~3帧处插入关键帧，在第4帧处插入普通帧。选择各图层的第2帧，调整图像和字体。

03 将按钮元件 button 1 复制 4 次得到 button 2 ~ 5。将按钮元件 button 5 中的图像拉长并将文本更改为"要是小人不工作了怎么办？"。

04 返回主场景，将图片image拖至编辑区。在第193帧处插入普通帧。新建图层2~3，在各图层第97帧处插入空白关键帧。

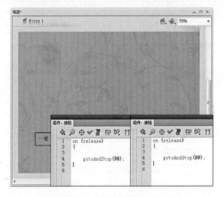

05 依次将按钮元件button 1~2拖至图层2~3的编辑区域。在各图层的第99帧处插入普通帧。最后为按钮元件button 1~2添加脚本。

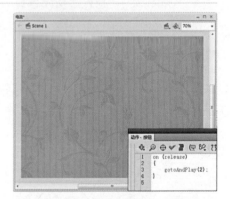

06 新建图层4，然后从"库"面板中将按钮元件button 4拖曳至第1帧，打开"动作"面板为该按钮输入相应的脚本。

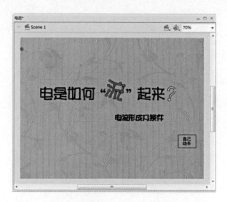

07 新建图层5，拖入元件SC1，在第2帧处插入空白关键帧。

08 在第97帧处插入空白关键帧，在编辑区域输入文本内容。

09 在第98帧处插入空白关键帧，在编辑区域输入文本内容。

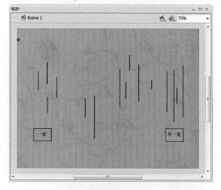

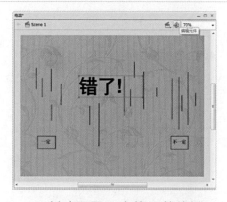

10 在第99帧处插入空白关键帧，在编辑区域绘制多条线段，并将其转换为图形元件shape 1。

11 新建图层6，在第99帧处插入空白关键帧，在编辑区域输入文本"错了"。

12 新建图层7，在第97帧处插入空白关键，在编辑区输入文本内容。

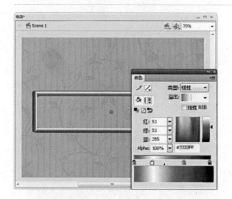

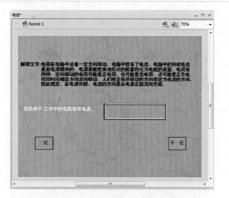

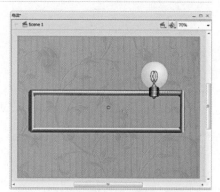

13 新建图层8，在第2帧处插入空白关键帧，绘制一个图形，并将其转换为图形元件shape 2。

14 在第97帧处插入关键帧，使用任意变形工具在编辑区域将图形元件shape缩小。

15 新建图层9，在第2帧处插入空白关键帧，在编辑区绘制一个灯泡。在第94帧处插入普通帧。

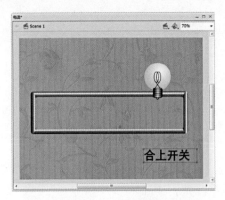

16 新建图层10，在第2帧处插入空白关键帧，在编辑区输入相应的文本。

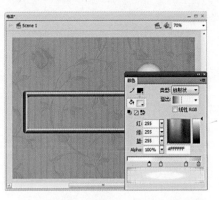

17 在第21、95帧处插入空白关键帧。选择95帧，在该帧的编辑区域绘制一个灯泡。

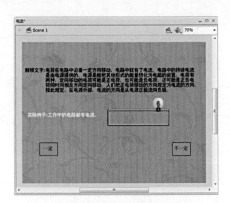

18 复制图层9的第2帧粘贴至图层10的第96帧。在第97帧插入关键帧，调整元件shape 3的大小。

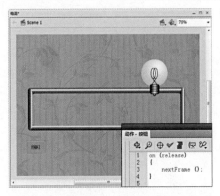

19 新建图层11，在第96帧处插入关键帧，拖入按钮元件button 4并为其添加相应脚本。

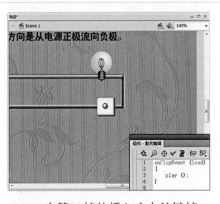

20 在第97帧处插入空白关键帧，将素材按钮元件SC2拖至编辑区，并为该按钮元件添加脚本。

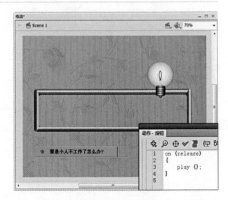

21 新建图层12，在第95帧处插入空白关键帧，拖入按钮元件button 5并为其添加脚本。

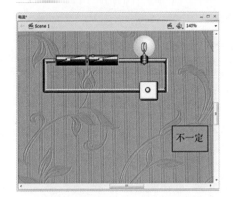

22 在第96~97帧处插入空白关键帧。选择97帧，将素材元件SC3拖至编辑区合适位置。

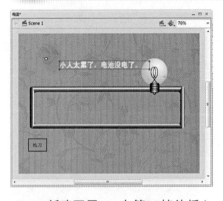

23 新建图层13，在第96帧处插入空白关键帧，在该帧编辑区域输入相应的文本内容。

24 新建图层14，在第97帧处插入空白关键，将元件sprite 4拖至编辑区合适位置。

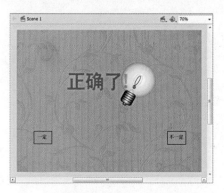

25 在第98帧处插入关键帧。选择影片剪辑元件sprite 4，将其放大旋转。

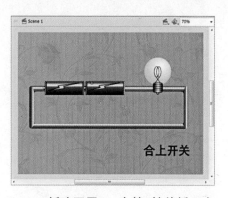

26 新建图层15，在第2帧处插入空白关键帧，将素材元件SC3拖至编辑区。在第98帧处插入普通帧。

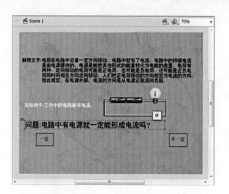

27 新建图层16，在第97帧处插入空白关键帧，在编辑区输入合适的文本内容。

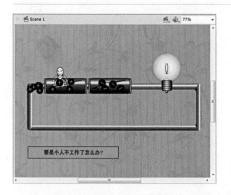

28 新建图层17~46。制作小人与电流运动效果。新建图层47，在第2帧处插入空白关键帧，拖入素材元件SC4。在第21帧处插入关键帧。在96帧处插入普通帧。选择第2帧处的元件SC4，打开其"动作"面板输入合适的脚本。

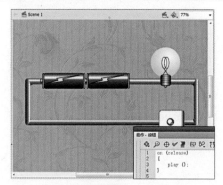

29 新建图层48，在第2、95、96、97、193帧处插入空白关键帧，依次为各关键帧添加脚本stop();。

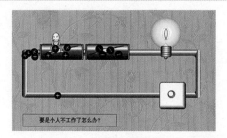

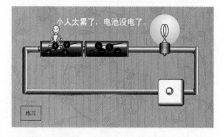

30 新建图层49，为课件添加背景音乐sound。至此，完成物理课件的制作。最后按下快捷键Ctrl+S保存该文件。按下快捷键Ctrl+Enter对该动画进行测试。

特效技法2 | 对动画实施优化

在动画制作过程中，为减小动画文件的大小，常对其进行如下优化。

（1）尽量多使用元件。将动画中相同的对象转换为元件后，可以实现只保存一次而使用多次。

（2）尽量使用补间动画。在动画制作过程中尽量使用外部补间动画，减少逐帧动画的使用，这是因为补间动画的数据量相对于逐帧动画是很小的。

（3）尽可能多用矢量图形，少用位图图像。这是因为矢量图比位图的体积要小很多。矢量图可以任意缩放而不影响Flash的画质，位图图像一般只能作为静态元素或背景图。

184 美术课件

● 按钮元件的制作　　　◎ 实例文件\Chapter 12\美术课件\

制作提示 //////////////////////

❶ 按钮的设计与制作
❷ 声音文件的添加
❸ 元件的转换
❹ 综合效果的实现

难度系数：★ ★

案例描述 //////////////////////

本实例设计的是一个美术课件,其中采用为图案填充颜色的方法,让用户体验画画带来的乐趣。

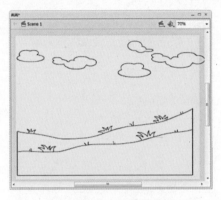

01 执行"文件>打开"命令,打开"美术课件素材.fla"文件。在编辑区绘制一个图形,并将其转换为图形元件shape 1。

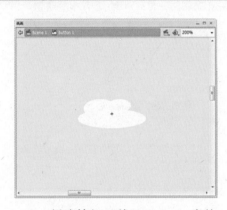

02 新建按钮元件button 1,在编辑区绘制一个图形并将其转换为图形元件shape 2。分别在第2~4帧处插入关键帧。

03 新建影片剪辑元件sprite 1,拖入按钮元件button 1并为该按钮添加相应的动作脚本(具体脚本请参考源文件)。

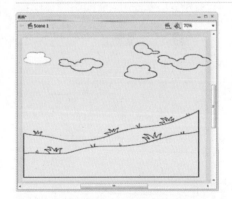

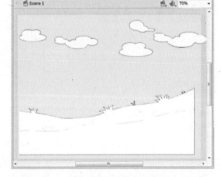

04 返回主场景。新建图层2,拖入元件sprite 1。用同样的方法创建按钮元件button 2~12,即其他的填充色块,创建影片剪辑元件sprite 2~12。返回主场景,新建图层3~13,依次将影片剪辑元件sprite 2~12拖至各图层编辑区。

05 新建图层14,在编辑区域绘制稻草人,并将其转换为图形元件shape 13。

06 新建图层14,绘制稻草人并将其转换为图形元件shape 13。接下来制作稻草人的填充色块。新建按钮元件button 13~37,然后创建影片剪辑元件sprite 13~37。返回主场景,新建图层15~39,将影片剪辑元件sprite 13~37依次拖至各图层的编辑区域。

07 新建图层40,将图形元件shape 1与图形元件shape 13拖曳至编辑区域合适位置。并将其转换为图形元件pic 1。

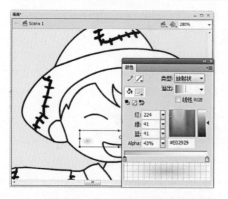

08 新建图层41,在编辑区域绘制一个图形,并将其转换为图形元件pic 2。

09 新建图层42,将素材元件SC1拖曳至编辑区域合适位置,并将其背景颜色更改为白色。

10 新建图层43,将素材元件SC2拖至编辑区域,并将其实例名称设置为creyong。

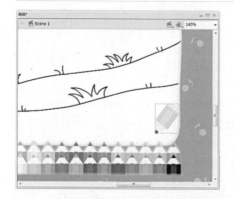

11 新建图层44,将素材元件SC3拖至编辑区域,选择该素材元件,将其实例名称设置为bird。

12 新建图层45,在第1帧添加声音元件sound。再在该帧"动作"面板中输入脚本stop();。

13 按下快捷键Ctrl+S保存该文件,并对该动画进行测试。至此,该美术课件制作完成。

185 生物课件

● 细胞图形的绘制　　　◎ 实例文件\Chapter 12\生物课件\

制作提示 ////////////////////////////

❶ 细胞图形的绘制
❷ 按钮元件的制作
❸ 传统补间动画的创建
❹ 综合效果的实现

难度系数：★ ★ ★

案例描述 ////////////////////////////

本实例设计的是一个生物课件，其中形象的说明了植物细胞的结构和功能。当把鼠标指针指向某组成部分时，将会弹出该部分的名称介绍。

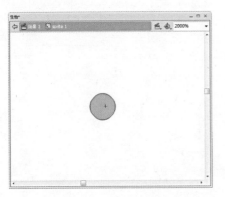

01 新建一个Flash文档，将素材文件导入到库中。新建影片剪辑元件sprite 1，绘制细胞壁。

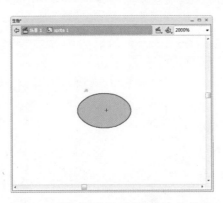

02 在第3帧处插入关键帧，将其变形，在第1~3帧之间创建传统补间动画。在第4帧处插入普通帧。

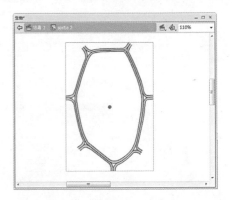

03 新建影片剪辑元件sprite 2，在编辑区域绘制一个图形，并将其转换为图形元件shape 1。

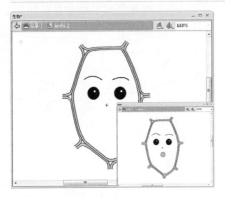

04 新建图层2，使用绘图工具在编辑区域绘制眼睛图形，然后将影片剪辑元件sprite 1拖曳至编辑区域合适的位置。

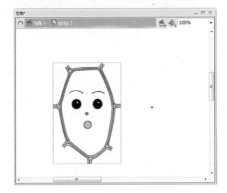

05 新建元件sprite 3，拖入元件sprite 1。在第4、57帧处插入关键帧。在第4帧将元件sprite 1向左移动，在第1~4帧创建传统补间。

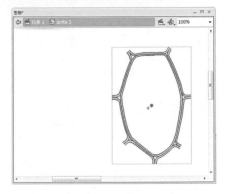

06 在第54帧处插入关键帧。在第54~57帧间创建传统补间动画。在第58帧处插入空白关键帧。将元件shape 1拖至编辑区域。

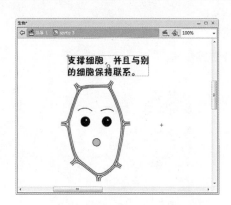

07 新建图层2，在第4帧处插入空白关键帧。在编辑区域输入文本"细胞壁"，转换为图形元件text 1。

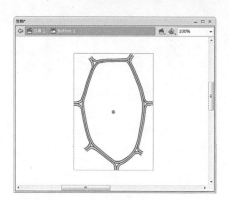

08 在第20帧处插入空白关键帧，输入文本，转换为图形元件text 2。在第53帧处插入普通帧。

新建按钮元件button 1，从"库"面板中将元件shape 1拖曳至编辑区域合适位置。

09

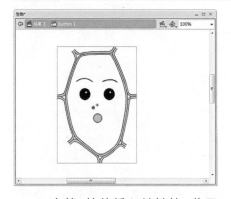

10 在第2帧处插入关键帧。将元件sprite 3拖至编辑区域，在第4帧处插入普通帧。细胞壁制作完成，用同样方法制作其他细胞组织。

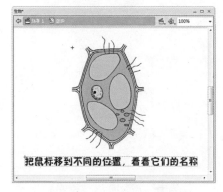

11 新建影片剪辑元件"细胞"，将各细胞元件拖至编辑区域适当位置。新建图层2，在编辑区输入文本内容，并将其转换为图形元件text 3。

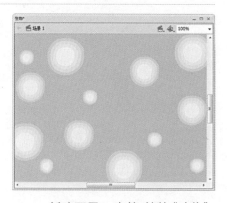

12 新建图层3，在第1帧的"动作"面板中添加脚本stop();。返回主场景中，将素材元件pic和sound拖至编辑区域合适位置。

13 新建图层2，输入文本，并将其转换为图形元件text 4。在第7帧处插入关键帧。选择第1帧，将元件text 1缩小。在第1~7帧间创建传统补间动画。在第20帧处插入普通帧。

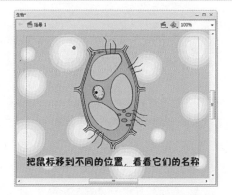

14 新建图层3，在第21帧处插入空白关键帧。将元件"细胞"拖至编辑区域。新建图层4，在第21帧处插入空白关键帧，在该帧的"动作"面板中添加脚本stop();。

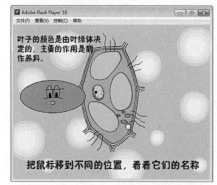

15 新建图层5，添加声效sound。在第21帧处插入普通帧。至此，完成生物课件的制作。最后按下快捷键Ctrl+S保存该文件，并对该动画进行测试。

EXAMPLE
186 语文课件

● **按钮元件的制作**　　◎ 实例文件\Chapter 12\语文课件\

制作提示 ////////////////////
❶ 按钮元件的制作
❷ 文本内容的输入
❸ 传统补间动画的创建
❹ 综合效果的实现

难度系数：★ ★ ★

案例描述 ////////////////////
本实例设计的是一个语文课件，其中采用逐行显示的方法展现了出塞古诗的各个句子，同时还加配了标准的普通话朗读。此外，单击语句中的红色文字，还可以列出该词语的解释。

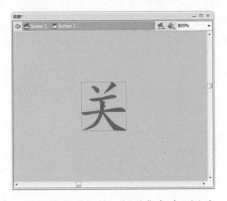

01 执行"文件>新建"命令，新建一个Flash文档，将素材文件导入到库中。新建按钮元件button，在编辑区域输入文本"关"。

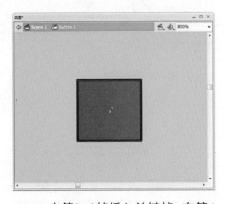

02 在第2、3帧插入关键帧。在第4帧处插入空白关键帧。在编辑区域绘制一个矩形，并转换为图形元件shape 1。

03 多次复制元件button 1得到按钮元件button 2~8，文本内容更改为"未还"、"但使"、"龙城"、"飞将"、"不教"、"胡马"、"阴山"。

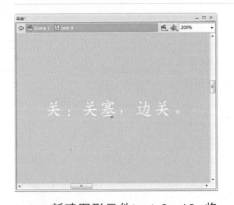

04 新建图形元件text 9~16，将"未还"、"但使"、"龙城"、"飞将"、"不教"、"胡马"、"阴山"依次输入图形元件text 9~16。

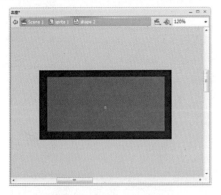

05 新建影片剪辑元件sprite 1，在编辑区域绘制一个图形，并将其转换为图形元件shape 2。在第100帧处插入普通帧。

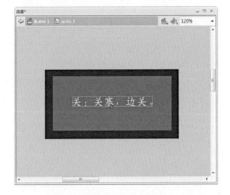

06 新建图层2，拖入图形元件text 9。在第68帧处插入普通帧。新建图层3，在第3帧处插入空白关键帧，在此添加声效sound 1。

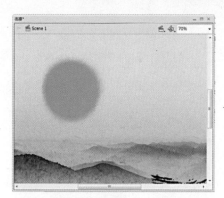

07 新建图层4,在第100帧处插入空白关键帧,设置该帧的帧标签为a。新建图层5,在第68、100帧处插入空白关键帧,并为其添加动作脚本stop();。多次复制元件sprite 1得到元件sprite 2~8。将各影片剪辑元件中图层2中的元件text 9与图层3中的声音元件sound 1依次更改为text 10~16与sound 2~8。

08 返回到主场景中,从"库"面板中将素材图片image拖曳至编辑区域合适位置。在第284帧处插入普通帧。

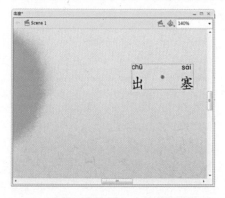
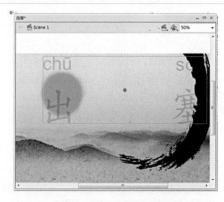

09 在第7帧处插入空白关键帧,使用工具箱中的文本工具在编辑区域输入文本"出塞",并将其转换为图形元件text 17。

10 在第17帧处插入关键帧。在第284帧处插入普通帧。将第7帧处的元件放大并改变其Alpha值。在第7~17帧间创建传统补间动画。

11 新建图层3,在第25帧处插入空白关键帧。在编辑区域输入文本"王昌龄",并将其转换为图形元件text 18。

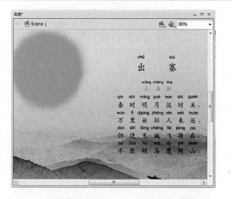

12 在第39帧处插入关键帧。将元件text 18移至适当位置,并在25~39帧间创建传统补间动画。在第238帧处插入普通帧。

13 新建图层4~7,使用工具箱中的文本工具依次在各图层中输入相应的文本,并分别转换为图形元件text 19~22。

14 依次新建图层4~7的遮罩层8~11。在各图层中绘制相应的图形,转换为图形元件shape 3~6。

15 新建图层12～19，在各图层的第276帧处插入关键帧，从"库"面板中将按钮元件button 1～8依次拖曳至各图层中相应位置。在各图层的第284帧处插入普通帧。

16 新建图层20～21，在各图层第277～284帧处插入关键帧。依次将元件sprite 1～8拖至图层20各帧编辑区。依次对图层21中各帧标签进行设置。

17 新建图层22，在第275～284帧插入关键帧，依次为各关键帧添加脚本stop();。新建图层23，在此添加声音sound 9。在284帧插入普通帧。至此，完成语文课件的制作。

特效技法3 | Flash Player API新功能

ActionScript 3.0 中的 Flash Player API 包含许多用于低级别控制对象的类。语言体系结构的设计比早期版本更为直观，其新功能介绍如下。

1. DOM3 事件模型

DOM3 事件模型即文档对象模型第 3 级事件模型（DOM3）提供了一种生成并处理事件消息的标准方法，以使应用程序中的对象可以进行交互和通信，同时保持自身的状态并响应更改。通过采用万维网联盟 DOM 第 3 级事件规范，该模型提供了一种比早期的 ActionScript 版本中所用的事件系统更清楚、更有效的机制。

2. 处理动态数据和内容

ActionScript 3.0 包含用于加载和处理应用程序中的资源和数据的机制，这些机制在 API 中是直观的并且是一致的。新增的 Loader 类提供了一种加载 SWF 文件和图像资源的单一机制，并提供了一种访问已加载内容的详细信息的方法。

URLLoader 类提供了一种单独的机制，用于在数据驱动的应用程序中加载文本和二进制数据。Socket 类提供了一种以任意格式从/向服务器套接字中读取/写入二进制数据的方式。

3. 处理文本

ActionScript 3.0 包含一个用于所有与文本相关的 API 的flash.text 包。TextLineMetrics 类为文本字段中的一行文本提供精确度量；该类取代了 ActionScript 2.0 中的 TextFormat.getTextExtent() 方法。

TextField 类包含许多有趣的新低级方法，这些方法可以提供有关文本字段中的一行文本或单个字符的特定信息。这些方法包括：getCharBoundaries()——用于返回一个表示字符边框的矩形；getCharIndexAtPoint()——用于返回指定点处字符的索引；getFirstCharInParagraph()——用于返回段落中第一个字符的索引。行级方法包括：getLineLength()——用于返回指定文本行中的字符数；getLineText()——用于返回指定行的文本。新增的 Font 类提供了一种管理 SWF 文件中的嵌入字体的方法。

4. 低级数据访问

各种 API 提供了对数据的低级访问，而这种访问以前在 ActionScript 中是不可能的。对于正在下载的数据而言，可使用 URLStream 类（由 URLLoader 实现）在下载数据的同时访问原始二进制数据。

使用 ByteArray 类可优化二进制数据的读取、写入，以及处理。使用新增的 Sound API，可以通过 SoundChannel 类和 SoundMixer 类对声音进行精细控制。新增的处理安全性的 API 可提供有关 SWF 文件或加载内容的安全权限的信息，从而使用户能够更好地处理安全错误。

5. 显示列表 API

用于访问 Flash Player 和 Adobe AIR 显示列表（包含应用程序中所有可视元素的树）的 API 由处理可视基元的类组成。新增的 Sprite 类是一个轻型构造块，它类似于 MovieClip 类，但更适合作为 UI 组件的基类。新增的 Shape 类表示原始的矢量形状。可以使用 new 运算符很自然地实例化这些类，并可以随时动态地重新指定其父类。现在，深度管理是自动执行的并且已内置于 Flash Player 和 Adobe AIR 中，因此不需要指定深度编号。提供了用于指定和管理对象的 z 顺序的新方法。

制作游戏类动画

对于大多数学习Flash的人来讲，游戏开发是一项很吸引人且十分有趣的技术。随着互联网的发展，网页游戏吸引了大量的玩家，使得越来越多的人从事网页游戏的设计与开发。本章通过7个典型案例介绍了游戏动画的制作方法和操作技巧。主要应用的知识点包括游戏界面的设计、预览功能的添加、帧标签的设置等。

187 过关游戏

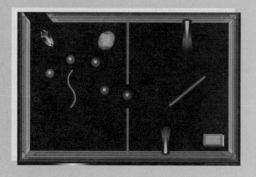

● 控制脚本的添加　　　◎ 实例文件\Chapyer 13\过关游戏\

制作提示 //////////////
❶ 鼠标跟随动画的创建
❷ 动作脚本的添加
❸ 传统补间动画的创建
❹ 综合效果的实现

难度系数：★ ★ ★ ★ ★

案例描述 //////////////
本实例设计的是一个小游戏，整个制作过程以鼠标为引导，形成一个可控制、富有情趣的局面，达到一个玩游戏的欢乐氛围。

01 打开"过关游戏素材.fla"文件，新建wall图层，在第2帧处插入空白关键帧，创建出墙体。每一面墙都由wall_in_perp和wall2元件组成。

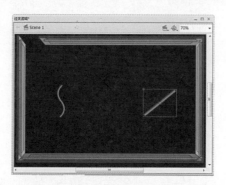

02 创建两个阻挡物。拖入元件bendy_wall和wall_rotate，并放置在合适位置。这两个影片剪辑元件均有顺时针旋转的动画效果。

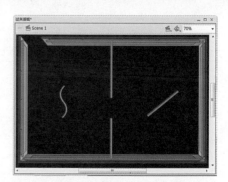

03 创建纵向的两个阻挡物。拖入影片剪辑元件wall，该元件具有触电的效果。当飞船碰撞后将会产生电流效果，致使飞船坠毁。

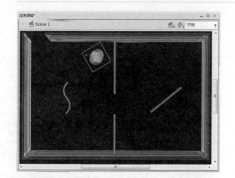

04 创建一个自由移动且旋转的asteroids 2影片剪辑元件，以阻挡飞船的行进。至此界面基本制作完成，随后为各元件添加相应的控制脚本，以保证动画效果的实现。

特效技法1 | 墙体效果的控制脚本

当飞船碰撞到上方的墙壁时将会发生一系列的事件反应。其程序脚本如下，4个墙体的控制脚本略有不同。

```
onClipEvent(enterFrame){
    while (this.hitTest(_root.ship.alt_hit)){
        _root.ship._y = _root.ship._y + 20;
        _root.ship.y_Amount_to_Move_Ship = 1;
        _root.ship.sparks.play();
        _root.wallcrash_sound.start();
        _root.shields.nextFrame();
    }
    if(this.hitTest(_root.boulder1.alt_hit)){
        _root.y_dir1 = _root.y_dir1 * _root.boulder_speedup;
    }
}
```

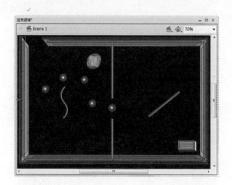

05 新建图层orbs，在第2帧处插入关键帧并拖入小球元件orb_whole和箱子元件platform1，为箱子元件添加脚本，用来控制飞船与箱子相遇所发生的情况。

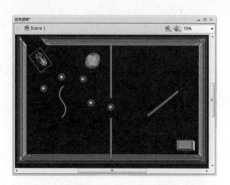

06 新建ship图层，在第2帧处插入关键帧并拖入飞船元件ship，其实例名称为ship。该影片剪辑元件包含有初始状态效果，以及与其他阻挡物发生碰撞的动画效果。

07 为飞船影片剪辑元件ship添加相应的控制脚本：

```
onClipEvent(mouseDown){
  _root.nextFrame();
}
```

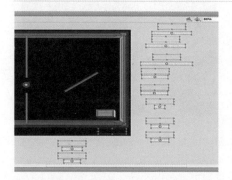

08 返回主场景中，新建图层Loading，并添加loading实例，在第170~174帧间创建传统补间动画，设置第170帧实例的Alpha值为0%。

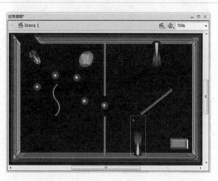

09 新建"画面1"图层，在第170~259帧添加"画面1"实例，在第175帧和第254帧插入关键帧，并创建传统补间动画。

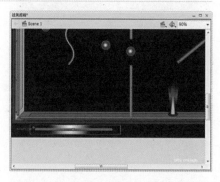

10 依次设置"画面1"图层第170帧和第259帧所对应实例的Alpha值为0%，制作出"画面1"从无变清晰的出场，然后消失的动画。

11 新建lifemeter图层，在第2帧处插入关键帧，创建影片剪辑元件life_meter。其效果为当飞船坠毁后，将逐一减少。在图层Layer 1的第4帧添加脚本_root.gotoAndStop("gameover");，在图层Layer 2中添加脚本stop();。

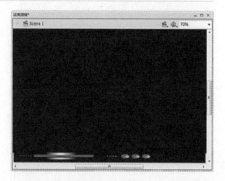

12 创建图层screen_wipe，在第2帧上创建屏幕遮罩的影片剪辑元件screen_wipe，使其具有在过关后瞬间过渡的遮罩动画效果。

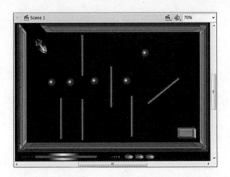

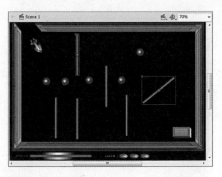

13 至此第一关的动画效果制作完成。用同样的方法，布局该游戏第二关的界面。需要说明的是，在第二关中wall图层、ship图层、orbs图层、shields图层、screen_wipe图层的设计与第一关相同，因此复制各自图层的第2、3帧的内容粘贴至第7、8帧处即可。其中第一个纵向阻挡物可以实现左右移动的动画效果。

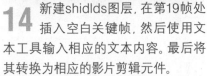

14 新建shidlds图层，在第19帧处插入空白关键帧，然后使用文本工具输入相应的文本内容。最后将其转换为相应的影片剪辑元件。

15 输入文本，转换为按钮元件。新建actions图层，在第1帧添加脚本。在第2、7帧中添加脚本stop();。在第4、9帧中添加脚本_root.gotoAndStop("level" + _root.level);。新建frame labels图层，在第2、7、12、19帧处分别插入帧标签level 1、level 2、level 3、gameover。至此，游戏制作完成。

特效技法2 | 脚本功能分析

以下脚本内容是 actions 图层第 1 帧中所添加的控制脚本，主要用于控制声音的加载、鼠标事件的侦听，及初始化变量等。

```
level = 1;
lives = 3;
//initial speed of ship
speed = 15;
///stuff to do with boulders
y_dir1 = -3;
x_dir1 = -3;
boulder_speedup = -1.00;
/////adding sound for wall crash
var wallcrash_sound:Sound = new Sound();
wallcrash_sound.attachSound("wallcrash");
/////adding sound for ship whoosh
var whoosh_sound:Sound = new Sound();
whoosh_sound.attachSound("whoosh");
////function for bouncing the ship back
////on the x axis when it hits a wall
function sidewall_bounceback(){
        _root.ship._x = _root.ship._x
+ -(_root.ship.x_Amount_to_Move_Ship
* 3);
```

```
        _root.ship.x_Amount_to_Move_
Ship = +5;
        _root.ship._y = _root.ship._y
+ -(_root.ship.y_Amount_to_Move_Ship
* 3);
        _root.ship.y_Amount_to_
Move_Ship = +5;
        _root.ship.sparks.play();
        _root.wallcrash_sound.start();
        _root.wallcrash_sound.setVolu-
me(50);
}
///create a mouse listener object
var mouseListener:Object = new Object();
mouseListener.onMouseMove = function(){
    crosshair._x = _xmouse;
    crosshair._y = _ymouse;
};
Mouse.hide();
Mouse.addListener(mouseListener);
```

188 捡球游戏

● 游戏界面的设计　　◎ 实例文件\Chapyer 13\捡球游戏\

制作提示 //////////////

❶ 鼠标跟随效果的创建
❷ 程序脚本的添加
❸ 传统补间动画的创建
❹ 综合效果的实现

难度系数：★ ★ ★ ★ ★

案例描述 //////////////

本实例设计的是一个捡球的游戏，小球处于障碍物中，飞船遇到障碍物将会损坏，导致闯关失败。因此，需要飞船巧妙地绕开障碍并拾取小球，方可完成游戏。

01 执行"文件>打开"命令，打开"捡球游戏素材.fla"文件，创建开始页中的画面。插入背景元件orb_pickupscreen，将其在第1~62帧间进行显示。在第63帧处插入关键帧，拖入素材Bitmap 2，作为游戏的背景画面。

02 新建wall图层，在第8~11帧间创建文字从右侧进入运动到中间的动画，在第31~34帧间创建文字从中间向左侧运动的动画。

03 在第35帧处插入关键帧。参照"文字1"补间动画的实现方法创建"文字2"的动画效果。

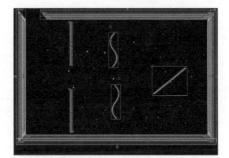

04 在第63帧处插入关键帧，创建游戏界面，其中包括墙体和阻挡物。在第65帧处插入空白关键帧。

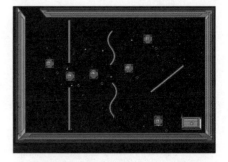

05 新建orbs图层，在第63帧处插入关键帧，然后拖入小球元件及箱子元件。在第65帧处插入空白关键帧，为箱子元件添加脚本。

特效技法3 | Flash中的字体

在 Flash CS4 中输入文本时，系统会将字体的相关信息存储到 SWF 文件中，这样就可以保证用户在浏览 Flash 影片的过程中字体能够正常显示出来。在该版本中创建文本既可以使用嵌入字体，也可以使用设备字体。由于设备字体不是嵌入的，因此使用这种字体时 SWF 文件较小。

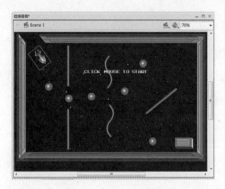

06 新建ship图层，在第63帧处插入关键帧，拖入ship元件和文本介绍元件。在第65帧处插入空白关键帧。最后为ship元件添加脚本。

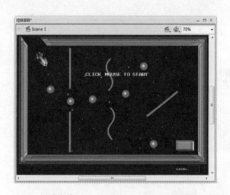

07 新建numerical values图层，在第63帧创建关键帧，创建level1影片剪辑元件，用于显示当前游戏所在关数。

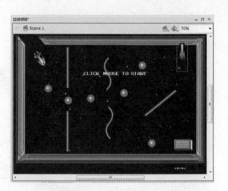

08 新建gravity图层，在第63帧创建关键帧，拖入影片剪辑元件gravity。以制作一种灯光效果。在第65帧处插入空白关键帧。

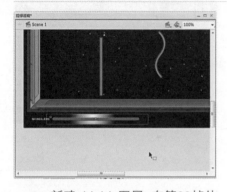

09 新建shields图层，在第63帧处插入关键帧，然后将shields元件拖至编辑区域左下角。在第65帧处插入空白关键帧。

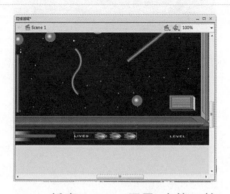

10 新建lifemeter图层，在第63帧插入关键帧，拖入影片剪辑元件life_meter，用于显示有效数量。在第65帧处插入空白关键帧。

11 新建screen wipe图层，在第62帧处插入关键帧，拖入影片剪辑元件screen wipe。在第64帧处插入关键帧。新建actions图层，在第1、63、65帧处添加脚本。

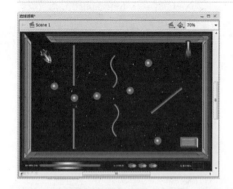

12 至此，游戏的第一关已经基本制作完成。这一关的设置比较简单，只是利用已经制作好的元件，将其布局在主场景中，同时障碍物的设置也比较容易。

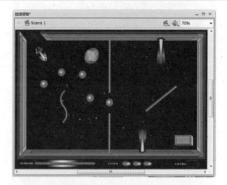

13 设置并制作第二关的动画效果，即从第68帧开始至第70帧结束。新建frame labels图层，在第63、68帧处分别插入帧标签level 1、level 2，以区分游戏的关数。

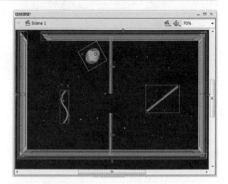

14 根据开发时的计划，第二关的过关难度要略高于第一关，因此在其制作上也有一定的难度。在wall图层的第68帧处插入关键帧，然后重新布局该游戏界面。

```
onClipEvent (enterFrame) {
    this._y = this._y + _root.y_dir1;
    this._x = this._x + _root.x_dir1;
    if (this.hitTest(_root.ship.alt_hit)){
        _root.sidewall_bounceback();
        _root.shields.nextFrame();
    }
}
```

15 选择"巨石"影片剪辑元件，打开其"动作"面板，输入相应的控制脚本，以实现它在游戏中的运动效果。

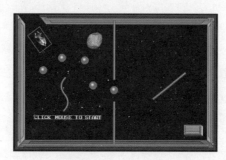

16 选择ship图层，在第68帧处插入关键帧，然后拖入ship元件和相应的文字说明元件。第68帧处插入关键帧并拖入ship元件。

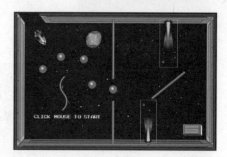

17 选择gravity图层，在第68帧创建关键帧，拖入两次影片剪辑元件gravity，并将其放置在合适的位置。在第70帧处插入关键帧。

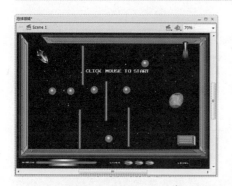

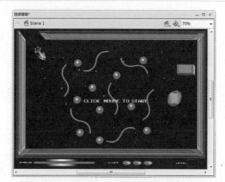

18 其他同层的设置方法与第一关中动画效果的设置相类似。用同样的方法创建该游戏的第三关、第四关、第五关。其中第三关、第四关、第五关动画效果的实现分别在第73~75帧、第78~80帧、第83~85帧间。关于各关游戏界面的设计，读者也可以作出变化，此设计仅作参考。

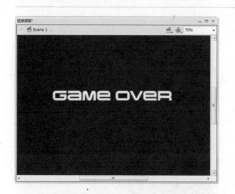

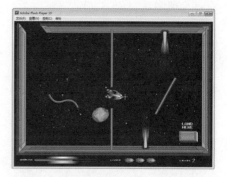

19 选择shields图层，在第91帧处插入关键帧，输入相应的文本内容，并将其转换为影片剪辑元件。以标识游戏已经结束。

20 在GAMEOVER的下方，输入文本restart，然后将其转换为按钮元件，并对其进行相应的设置。在所有图层的第97帧处插入普通帧。

21 返回主场景，选择该按钮元件，打开其"动作"面板，添加脚本on(release){gotoAndPlay(1);}。至此，捡球游戏就制作完成了。

特效技法4 | Flash影片的发布设置

创建 Flash 文档时，将询问用户使用何种 ActionScript 版本。如果使用不同版本的 ActionScript 编写脚本，可更改 ActionScript 发布设置。其操作为执行"文件 > 发布设置"命令，在弹出的对话框中切换至 Flash 选项卡，选择合适的 ActionScript 版本即可。

189 贪吃蛇

● 控制脚本的添加　　　　◎ 实例文件\Chapyer 13\贪吃蛇\

制作提示 ///////////////

❶ 侦听器事件的应用
❷ 键盘控制的应用
❸ 影片剪辑的复制
❹ 控制脚本的添加

难度系数：★★★★★

案例描述 ///////////////

本实例设计的是一个小游戏，在整个过程中由键盘上的导航键来控制虫子去吃红色的小球，红色的小球被吃后又会随机出现在别的地方，而虫子每吃一个小球，身体就会增加一个小球的长度。

01 执行"文件>打开"命令，打开"贪吃蛇素材.fla"文件。从"库"面板中将图片素材beginscreen.jpg拖至舞台合适位置，并使其在第1~17帧中进行显示。

02 新建border图层，选择第1帧，拖入影片剪辑元件border line，并将该帧延至第38帧，为该游戏设置一个白色的边框。要保证该图层始终在最上面。

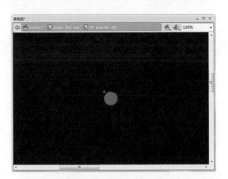

03 新建影片剪辑元件chase this orb，新建图层hit_area，在其编辑区域中绘制一个红色的圆球，并将其转换为影片剪辑元件，设置实例名为hit_area-for_orb。

04 选择hit_area-for_orb影片剪辑元件，为其添加相应的控制脚本。以实现当虫子吃了当前的小红球后，小红球又会在其他地方随机出现。

05 选择chase this orb影片剪辑元件，新建图层artwork，在第1帧中绘制一个渐变小球，然后将其转换为影片剪辑元件orb。通过"属性"面板对其色彩效果进行调整。

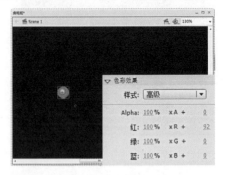

06 将hit_area图层与artwork图层中的图形重合放置，artwork图层在上。返回主场景，在Layer 1图层的第18帧处插入空白关键帧，拖入chase this orb影片剪辑元件。

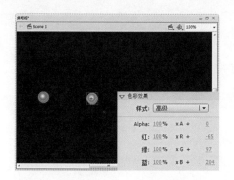

07 新建元件blue_orb，拖入元件 orb并调整其色彩效果。返回主场景，将元件blue orb拖至Layer 1图层的第18帧，调整色彩效果。

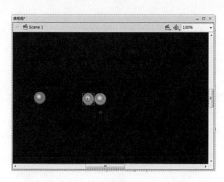

08 将影片剪辑元件blue orb复制一个，在"属性"面板中修改其实例名称分别为dummy和dummy 2。

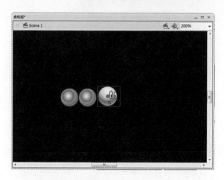

09 将影片剪辑元件balldude拖至编辑区域，并设置其实例名称为ball，添加脚本。用键盘控制它的运动方向，以及在舞台上的运动范围。

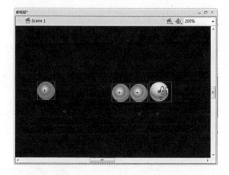

10 将创建好的4个小球按照一定的顺序排列好，并将该帧延至第26帧。

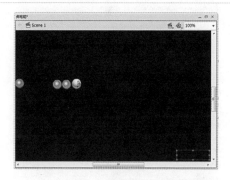

11 在Layer 1图层的上方新建图层 Layer 3。在第18帧处插入空白关键帧，然后在右下角的位置创建一个动态文本框，并设置其变量为orb_count。同时将该帧延至第26帧。

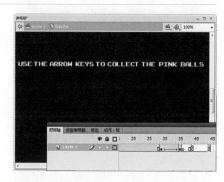

12 新建影片剪辑元件fadethis，输入文本，转换为影片剪辑元件use the。在第29、35帧处插入关键帧，将第35帧的Alpha值设置为0%，在第29～35帧间创建补间动画。

13 在第36、39帧插入空白关键帧，在第39帧添加脚本，并延至第44帧。返回主场景，新建图层，在第18帧插入空白关键帧并拖入元件 fadethis，将该帧延至第26帧处。

14 选择Layer 3图层，在第27帧处插入空白关键帧，输入文本 gameover，并将其转换为影片剪辑元件，将该帧延至第38帧。

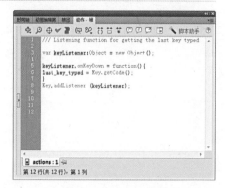

15 至此，该游戏所需要的素材已经基本创建完成，接下来为其添加控制脚本。新建actions图层，选择第1帧，打开其"动作"面板添加用来侦听键盘事件的程序脚本。

16 在actions图层的第18帧处插入空白关键帧,打开"动作"面板添加脚本,初始化变量。

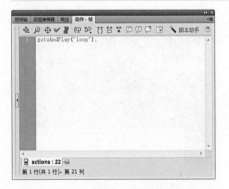

18 在actions图层的第22帧处插入空白关键帧,并在其"动作"面板中添加相应的脚本。该程序将控制循环到上一帧继续运行。

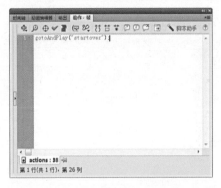

20 在actions图层的第38帧处插入空白关键帧,并在其"动作"面板中添加相应的脚本。控制程序跳转到游戏的开始,重新开始游戏。

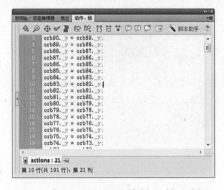

17 在actions图层的第21帧上插入空白关键帧,并在其"动作"面板中添加相应的脚本。

19 在actions图层的第27帧处插入空白关键帧,添加脚本。控制当一个红色小球被虫子吃了后,红色小球将被卸载从而消失。

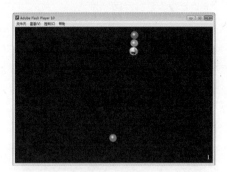

21 新建图层framelabel,在第18,21,27帧处插入关键帧,并依次设置其帧标签为startover, loop, gameover。至此,该游戏创建完成。

特效技法5 | 第21帧处脚本解析

该脚本为赋值语句,它能控制将虫子吃到的小球连接到虫子尾部并跟随其头部运动。代码如下。

```
orb90._y = orb89._y;
......

orb14._y = orb13._y;
orb13._y = orb12._y;
orb12._y = orb11._y;
orb11._y = orb10._y;
orb10._y = orb9._y;
orb9._y = orb8._y;
orb8._y = orb7._y;
orb7._y = orb6._y;
orb6._y = orb5._y;
orb5._y = orb4._y;
orb4._y = orb3._y;
orb3._y = orb2._y;
orb2._y = orb1._y;
orb1._y = dummy2._y;
dummy2._y = dummy._y;
dummy._y = ball._y;

orb90._x = orb89._x;
orb89._x = orb88._x;
......

orb11._x = orb10._x;
orb10._x = orb9._x;
orb9._x = orb8._x;
orb8._x = orb7._x;
orb7._x = orb6._x;
orb6._x = orb5._x;
orb5._x = orb4._x;
orb4._x = orb3._x;
orb3._x = orb2._x;
orb2._x = orb1._x;
orb1._x = dummy2._x;
dummy2._x = dummy._x;
dummy._x = ball._x;
```

EXAMPLE 190 吃豆子

● 游戏预览功能的添加　　◎ 实例文件\Chapyer 13\吃豆子\

制作提示

❶ 游戏界面的设置
❷ 键盘事件的运用
❸ HitTest ()方法的运用
❹ 游戏程序编写层次的把握

难度系数： ★ ★ ★

案例描述

本实例设计的是一个小游戏，游戏界面简单大方，整个过程清晰且有层次感。本实例中主要运用到hittest()方法和键盘侦听器事件，能很好地训练读者的逻辑思维。

01 执行"文件 > 打开"命令，打开"吃豆子素材.fla"文件。新建图层 pellet、walls、ballguy，分别拖入相应的元件，以制作该游戏的开始界面。

02 选择walls图层，在第19帧处插入空白关键帧，绘制一个无边框的矩形，转换为元件wall。将wall元件拖入多次，对其进行变形并摆放元件位置，作为阻止小球运动的墙。

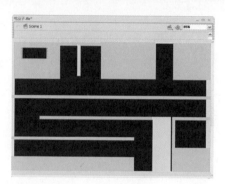

03 创建another_moving_wall和wall_moving影片剪辑元件，使其具有变形动画的效果。拖入舞台，为wall影片剪辑元件添加动作脚本，使其真正起到墙的作用。

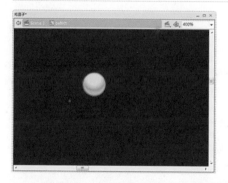

04 创建影片剪辑元件pellett。新建hitarea图层，拖入一个实例名为alt_hit小圆影片剪辑元件。新建pelletart图层，拖入影片剪辑元件explosion_effect，并设置其色彩效果。在第2、6帧处插入关键帧，并将第6帧中元件的Alpha值设置为0%，在第2～6帧间创建补间动画。新建图层Music。在第2帧处插入空白关键帧，导入音乐short_beep.mp3。

05 新建Layer 4图层，在第1、7帧处添加脚本stop();，在第2帧处添加相应的脚本。以判断小球是否被吃完，从而决定是否要转到游戏的下一关。

06 返回主场景中，选择pellet图层的第19帧，拖入多个pellett影片剪辑元件，并进行相应的排列。

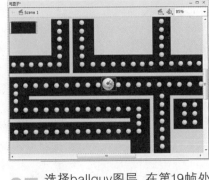

07 选择ballguy图层，在第19帧处插入空白关键帧，拖入影片剪辑元件balldude，并添加脚本。

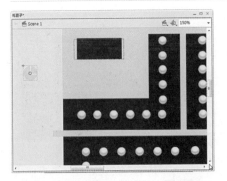

08 新建图层Layer 6，在第19帧处插入空白关键帧，并拖入影片剪辑元件timmmmer。

09 选择walls图层上的动态文本框，设置其变量为timer。新建图层Layer 2，在第19帧处插入空白关键帧，并添加脚本。

10 在图层Layer 2的第24帧处插入空白关键帧，并添加脚本stop();。新建图层Layer 4，在第19、23帧处插入空白关键帧，并设置第23帧的标签名称为level 1。至此该游戏第一关设置完成。

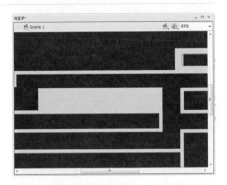

11 制作游戏第二关，首先为其布局界面。选择walls图层，在第25帧处插入空白关键帧，在第31帧处插入关键帧，然后对游戏界面中的墙体进行重置。并把动态文本摆放到右上角。

特效技法6 | balldude元件脚本解析

该程序脚本主要功能是便于键盘来控制小球的运动。代码如下。

```
onClipEvent(enterFrame){

if(_root.last_key_
typed == 40){

this._y = this._y +
15;
    }

if(_root.last_key_
typed == 38){

this._y = this._y -
15;
    }

if(_root.last_key_
typed == 37){
this._xscale = -100;
this._x = this._x -
15;
    }

if(_root.last_key_
typed == 39){
this._xscale = 100;
     this._x =
this._x + 15;
    }


/////this last part
keeps the ball onscreen

if(this._y > 520){
this._y = 0;
    }
if(this._y < -20){
this._y = 500;
    }
if(this._x > 770){
this._x = 0;
    }
if(this._x < -20){
this._x = 750;
    }

}
```

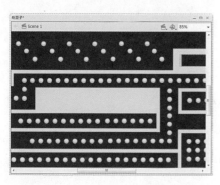

12 选择pellet图层,在第25帧处插入空白关键帧,在第31帧处插入关键帧,然后拖入小球并进行适当的摆放。

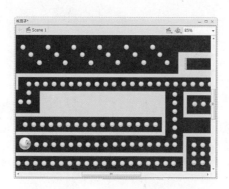

13 选择ballguy图层,在第25帧处插入空白关键帧,在第31帧处插入关键帧,拖入影片剪辑元件balldude并放置在合适位置。

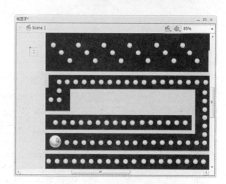

14 选择Layer 6图层,在第25帧处插入空白关键帧,在第31帧处插入关键帧,将timmmmer影片剪辑元件程序中的数字改为30。

15 选择Layer 2图层,在第33帧处插入空白关键帧并添加脚本。选择图层Layer 4,在第31帧插入空白关键帧,并设置其帧标签为level 2。

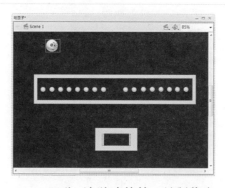

16 至此,该游戏的第二关制作完成。使用同样的方法,创建该游戏的第三关。

17 选择图层Layer 6,在第44帧处插入空白关键帧,在编辑区中创建相应的文本内容,并将其转换为影片剪辑元件。

18 选择图层Layer 6,在第48、49帧处插入空白关键帧。选择第49帧,在其编辑区域创建game over影片剪辑元件。

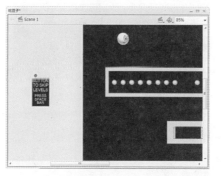

19 在所有图层的第60帧处插入普通帧。至此,整个游戏制作完成。最后为其添加一个附加功能,即开启该游戏后,按下空格键后能对整个游戏进行浏览。在舞台外创建一个按钮元件,并为其添加相应的控制脚本。然后将其分别放置在ballguy图层的第19,31,39帧中。最后测试游戏。

191 躲避火山岩

● 控制脚本的添加　　　　　◎ 实例文件\Chapyer 13\躲避火山岩\

制作提示 ////////////////

❶ 游戏界面的设计
❷ 控制脚本的添加
❸ 动画效果的设置
❹ 综合效果的实现

难度系数： ★ ★ ★ ★

案例描述 ////////////////

本实例设计的是一个类似于玻璃弹球的小游戏，岩石运动需要使用助推的弹射器，且还需避免它落地。在运动的过程中应将上方叠放的物体击落，全部击落方可完成该游戏。

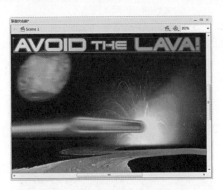

01 执行"文件>打开"命令，打开"躲避火山岩素材.fla"文件。新建图层paddle，拖入相应的元件，以制作该游戏的开始界面。

02 新建Layer 7图层，在第6、9帧处插入关键帧，选择第6帧，将元件use the mouse拖至舞台右侧，选择第9帧，将该元件移至舞台中央。在第6~9帧间创建补间动画，以实现该文字进场的动画效果。用同样的方法，在第26~29帧间创建该文字向左移动并离场的动画效果。

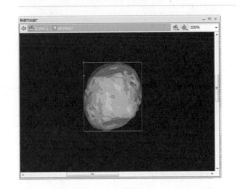

03 创建影片剪辑元件asteroid2，拖入元件boulder alt hit，然后设置其透明度为0，并在其"属性"面板中设置名称为alt_hit，作为感应区。新建一个图层，拖入具有旋转效果的spinit元件。

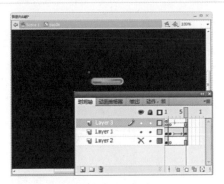

04 创建影片剪辑元件paddle，拖入元件alternate_hit_area_padle，然后设置其透明度为0。新建图层2，拖入元件pad。新建图层3，在第1帧处添加脚本stop();，在第2帧处插入音效switch box。

05 创建影片剪辑元件thing to break，拖入元件alternate_hit_area_padle作为感应区。新建图层2，拖入元件fade this并制作渐隐的动画效果。新建图层3，在第1、10帧处添加脚本，在第2帧处导入音效short_beep。

06 创建影片剪辑元件exit point，拖入元件exit_alt_hit作为感应区。新建图层2，制作通关的形状补间动画。新建图层3，制作通关提示语。

07 返回主场景中，新建图层frames和actions。在图层frames中设置帧标签，在actions图层的第1帧处添加游戏的初始化代码。

08 创建图层walls、Layer 8、Layer 10，在各图层的第32帧处插入关键帧，并拖入相应的元件，制作游戏的开始界面。

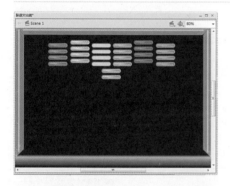

09 新建图层breakers，拖入影片剪辑元件thing to break，并复制多个。在第32、37、42和48帧处插入关键帧，排列成各自关卡的样式。

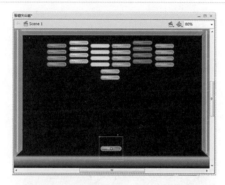

10 新建图层paddle，在第32帧处插入关键帧，从"库"面板中将影片剪辑元件paddle拖入，在第53帧处插入空白关键帧。

11 新建图层boulder，在第32帧处插入关键帧，拖入影片剪辑元件asteroid2，然后在第53~71帧间制作游戏结束的动画。

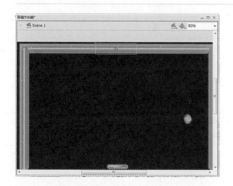

12 新建图层exits，分别在第32、37、42、48帧处插入关键帧，拖入影片剪辑元件exit point。在第36、41和47帧处插入空白关键帧。

13 至此，游戏所需的元件已添加完成。选择boulder图层，选中影片剪辑元件asteroid2，将该实例命名为ball，然后为其添加控制脚本。

14 选中影片剪辑元件paddle，然后为其添加相应的控制脚本。以使paddle的x坐标值跟随鼠标的x坐标值移动。

15 选择actions图层,在第32帧处添加相应的脚本以设定ball的坐标。在第37、42、48帧处,添加ball的坐标,以及控制ball运动速度的脚本。

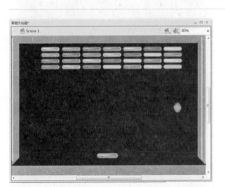
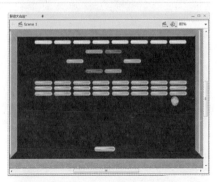

16 至此,躲避火山岩游戏就制作完成了。游戏第二、三关的界面布局,以及游戏结束的界面设计仅供读者参考。最后保存并测试该动画效果。

特效技法7 | 控制脚本解析

下面对三面墙体及底部区域的控制脚本进行分析。当ball碰撞到左右墙时x反向,碰撞到顶墙时y反向。代码如下。

```
onClipEvent(enterFrame)
{
    if(this.hitTest(_
root.ball.alt _ hit)){
        _ r o o t . x _
dir1 = _ root.x _ dir1 *
-1;
    _ r o o t . w a l l c r a s h _
sound.start();
    }
}


onClipEvent(enterFrame)
{
    ///if boulder hits
wall, bounce back and
reverse direction
    if(this.hitTest(_
root.ball.alt _ hit)){
        _ r o o t . y _
dir1 = _ root.y _ dir1 *
-1;
    _ r o o t . w a l l c r a s h _
sound.start();
    _ r o o t . w a l l c r a s h _
sound.setVolume(50);
    }
}
```

当ball碰撞到最下面的区域时,游戏结束。代码如下。

```
onClipEvent(enterFrame)
{
if(this.hitTest(_ root.
ball.alt _ hit)){
    _ root.gotoAndPlay
("gameover");
    }
}
```

EXAMPLE

192 太空大战

● 帧标签的设置　　　© 实例文件\Chapyer 13\太空大战\

制作提示 ////////////

❶ 游戏界面的设计
❷ 小人元件的制作
❸ 综合效果的创建
❹ 控制脚本的添加

难度系数：★ ★ ★

案例描述 ////////////

本实例设计的是一个射击游戏，炸弹不断的从天而降，一个小人用炮射击，以避免它落到地面上。如果超过一定数量的炸弹落地该游戏将结束。

01 打开"太空大战素材.fla"文件，新建bullets图层，拖入screen 1元件。在第1~6帧间创建补间动画，以实现该界面从右侧进场的动画效果。

02 新建fade to black图层，拖入元件choose_levels，在第7~15帧间创建补间动画，以实现该界面从下向上进场的动画效果。

03 在图层fade to black和bullets的第16~23帧间创建补间动画，以实现首游戏页面向左运动并离场的动画效果。

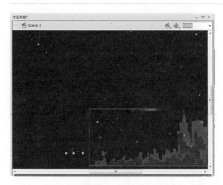

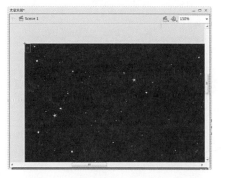

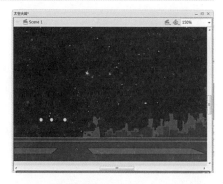

04 新建图层bomb placement symbol，在第26帧处插入空白关键帧，拖入星空影片剪辑元件stars_animated和城市影片剪辑元件city（实例名称为city），且将元件stars_animated置于元件city的下方。在舞台左上角的位置创建一个矩形影片剪辑元件bomb placement symbols，并设置其实例名为bomb_bg。最后在该图层的第51帧处插入空白关键帧。新建图层bullets，在其第26帧处插入空白关键帧并拖入蓝色小球影片剪辑元件ball。

05 新建图层background，在第26帧处插入空白关键帧，创建地面影片剪辑元件ground_plane，并在"属性"面板中设置该元件的实例名称为ground_plane。

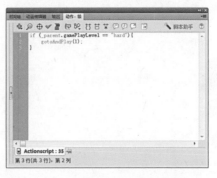

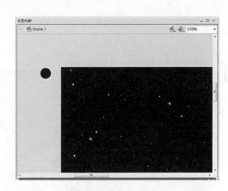

06 新建影片剪辑元件timer，绘制一个黑色的小圆，并将其延至第55帧处。新建图层Actionscript，在第1、35帧处插入空白关键帧，打开"动作"面板，依次为其添加相应的控制脚本。

07 选择图层background的第26帧，拖入影片剪辑元件timer，并将其移至舞台的左上角。

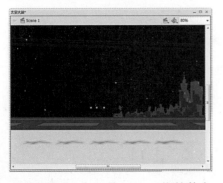

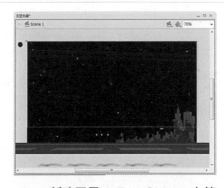

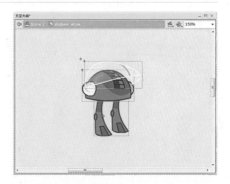

08 拖入5个元件crack，将其整齐的排列在舞台的下方，并设置其实例名为crack 1~5。制作炮弹与地面相撞时产生的爆炸效果。

09 新建图层hit Test Object，在第26帧插入空白关键帧，创建元件hitTest backing，设置填充色为透明，实例名称为hitBackground。

10 创建shipBase_whole影片剪辑元件。新建图层chacater，依次拖入元件leg_still、shipBase和ship_shield，并将其进行组合。

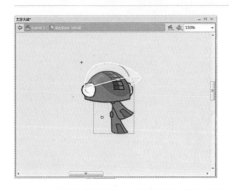

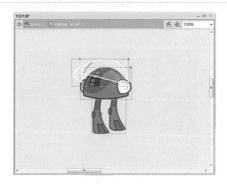

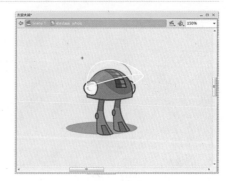

11 在第2帧处插入关键帧，将元件leg_still删除，拖入元件leg_moving，以制作出抬脚走路的效果，将该帧延至第11帧处，复制第1帧粘贴到第12帧处。在第11~16帧间创建逐帧动画，以制作外星人向右转了两次头的动画效果。将最后1帧延至第18帧。

12 在chacater图层下方新建图层shadow，在其第1帧处绘制阴影图形，为该图形填充颜色，设置透明度为44%。将该帧延至第18帧。

13 在图层chacater和shadow之间新建图层hit area,拖入影片剪辑元件hit area2,并将其放置在小人头部的下方。设置其实例名为hit_area,在第11帧处插入空白关键帧。

14 在图层chacater的上方新建图层Layer 2。在第2、11帧处插入空白关键,并设置其帧标签分别为moving、shake。新建图层Layer 4在第1帧处添加脚本stop();。

15 返回到主场景中,新建图层character,在第26帧处插入空白关键帧,然后将库中的影片剪辑元件shipBase_whole、turrent_base拖入舞台合适位置。

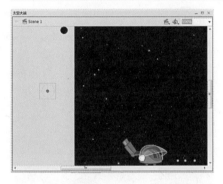

16 选择图层bullets,在"属性"面板中设置3个蓝色小球的实例名称为ball 1~3。在舞台左侧创建影片剪辑元件bullseye。

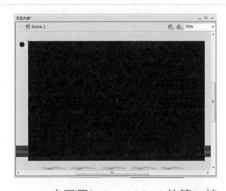

17 在图层fade to black的第24帧处插入空白关键帧,并拖入元件blackness,设置其Alpha值为0%。在第38、42帧处插入关键帧,设置Alpha值为50%、100%,创建补间动画。

18 新建图层text,在第38帧处插入空白关键帧并拖入元件you lose text。在第40,42,44帧处插入关键帧,在第39,41,43帧处插入空白关键帧。以制作文字闪烁的效果。

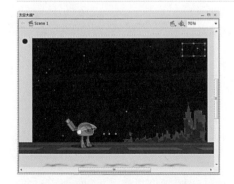

19 新建图层dynamic text,在第26帧处插入空白关键帧,在舞台右上角位置插入动态文本,并设置其实例名称为hit_counter。

20 新建图层Actionscript for moving character,在第26帧处插入空白关键帧,并添加相应的控制脚本。在其第34帧处插入空白关键帧。

21 新建图层Actionscript for firing canon,在第26帧处插入空白关键帧,并添加相应的控制脚本。在其第34帧处插入空白关键帧。

22 新建图层Actionscript for cursor and for sound，在第26帧处插入空白关键帧，并添加控制脚本。在其第34帧处插入空白关键帧。

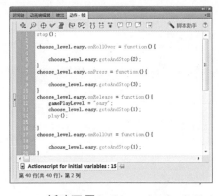

23 新建图层Actionscript for initial variables，在第1帧处添加脚本_global.glassBroken = false;，在第15帧处添加相应的控制脚本。

24 选择图层Actionscript for initial variables，在第26帧处插入空白关键帧，并添加相应的控制脚本。在其第34帧处插入空白关键帧。

25 新建图层sound，依次向第2、10、16帧中导入音频文件zipp.mp3、zapp.mp3、zipp.mp3。在第26帧处插入空白关键帧。

26 新建图层frame labals，在第26、34帧处插入空白关键帧并设置其帧标签为gameplay、gameover。

27 至此，太空大战游戏制作完成。按下快捷键Ctrl+S保存该动画，按下快捷键Ctrl+Enter对该动画进行预览。

特效技法8 | For循环

　　循环语句允许用户使用一系列值或变量来反复执行一个特定的代码块。Adobe 建议始终用大括号 ({}) 来括起代码块。如果用户以后添加一条语句，并希望将它包括在代码块中，但是忘了加必要的大括号，则该语句将不会在循环过程中执行。

　　使用 for 循环可以循环访问某个变量以获得特定范围的值。必须在 for 语句中提供 3 个表达式：一个设置了初始值的变量，一个用于确定循环何时结束的条件语句，以及一个在每次循环中都更改变量值的表达式。例如，下面的代码循环100次。变量 i 的值从 0 开始到99结束，输出结果是从 0 到99的100个数字，每个数字各占 1 行。

```
var i:int;
for (i = 0; i < 100; i++)
{
    trace(i);
}
```

　　此外，for...in 循环语句访问对象属性或数组元素。可以使用 for...in 循环语句来循环访问通用对象的属性（不按任何特定的顺序来保存对象的属性，因此属性可能以看似随机的顺序出现）。而for each...in 循环语句用于循环访问集合中的项，这些项可以是 XML 或 XMLList 对象中的标签、对象属性保存的值或数组元素。

EXAMPLE 193 太空巨石战

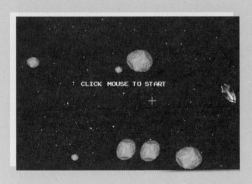

● 控制脚本的添加　　　　　　◎ 实例文件\Chapyer 13\太空巨石战\

制作提示 //////////////

❶ 元件的设计与制作
❷ 游戏界面的设计
❸ 控制脚本的编写
❹ 综合效果的实现

难度系数：★ ★ ★ ★ ★

案例描述 //////////////

本案例设计了一个太空巨石战小游戏。在整个游戏过程中，飞船将跟随鼠标一起运动。飞船在躲避巨石的撞击过程中，还可以发射子弹，以将巨石击碎。

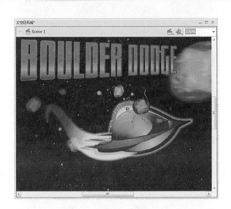

01 打开"太空巨石战素材.fla"文件，新建图层boulder，然后拖入元件start screen，以作为该游戏的初始界面。

02 新建图层bullet，在第7~11帧间创建补间动画，以实现解说文字从右进入舞台并向中间运动的动画效果。在第12~36帧间解说文字保持在中间位置显示状态。在第37~41帧间创建补间动画，以实现解说文字从中间位置向左运动并离场的动画效果。

03 新建图层Layer 6，在第42帧处插入关键帧，拖入元件fadeto-black，在第49帧处插入关键帧，并创建补间动画，以实现首界面渐隐的效果。

04 新建图层Layer 7，在第50帧插入关键帧，拖入位图bitmap 2，以用于设置游戏开始后的背景界面。新建图层ship，在第50帧插入关键帧，拖入ship元件并创建相应的文字元件。选择图层Layer 6，在第52帧处插入关键帧，在第49~52帧间创建补间动画，以实现将图层Layer 7和ship中的元件逐渐显示出来的效果。

05 创建影片剪辑元件asteroid 2，拖入元件boulder_alt_hit作为感应区。为该元件添加检测飞船和巨石的碰撞代码，及巨石运动的代码。

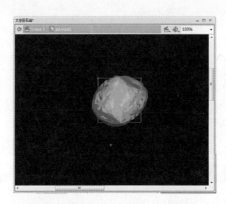

06 新建图层2，在第1～123帧间创建补间动画，以制作巨石旋转的动画效果。

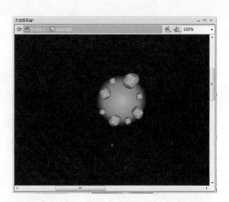

07 在第124帧处插入关键帧，然后拖入元件boulder_expload。新建图层Layer 5，在第123、124、148帧处插入空白关键帧，并添加脚本。

08 新建图层4，在第124帧处为其设置帧标签blowup。新建图层6，在第124帧插入空白关键帧，并导入音乐explo.mp3。

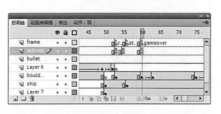

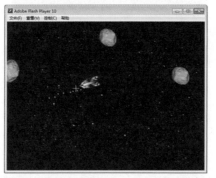

09 返回主场景，新建图层frames、actions。在图层frames的相应帧处设置帧标签，以确定游戏的框架。在actions图层的第42、53、55、60和86帧处插入空白关键帧，并添加相应的控制脚本，制作动画效果。选择ship图层，为影片剪辑元件ship添加相应的控制脚本。为飞船添加鼠标按下和弹起的交互效果。

10 选择bould图层，在第60～63、75～78帧间创建补间动画，制作游戏结束时的动画效果。

11 设置各图层显示效果在第86帧处结束。至此，该游戏制作完成，按下快捷键Ctrl+S保存该文件，按下快捷键Ctrl+Enter发布该游戏。

制作网站片头

好的网页片头具有简洁、大方、视觉冲击力强、音乐效果突出等特点。它不仅紧扣主题，还要便于以后的修改。只要有想法，便可以尽己所能，按照自己的思路先制作出片头的框架，然后在此基础上不断进行修改，最终制作出一个满意的片头。本章将对各类网站片头的设计与制作流程进行介绍，包括设计网站片头、景点专题片头、旅游公司网站片头、音乐网站片头等。

194 设计网站片头

● 传统补间动画的创建 ◎ 实例文件\Chapter 14\设计网站片头\

制作提示

❶ 各类元件的制作
❷ 补间动画的创建
❸ 按钮的制作

难度系数：★ ★ ★ ★

案例描述

本实例的设计与制作突出表现了片头的设计原则。它综合应用了遮罩动画、逐帧动画，以及相应的控制脚本进而得以实现。

01 新建一个Flash文档，并设置其尺寸为800×400像素，帧频为24fps，背景颜色为蓝色（#006699）。

02 将image1.jpg、image2.psd、image3.jpg和声音文件sound1.mp3导入到库中。

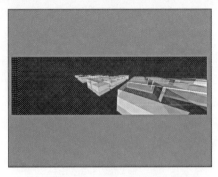

03 新建图形元件shape 1，将图片image 1拖入编辑区并居中，然后按下快捷键Ctrl+B打散图片。

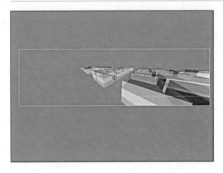

04 新建影片剪辑元件sprite 1，将元件shape 1拖至编辑区并居中。将图层重命名为Layer 1，在第70帧处插入帧。

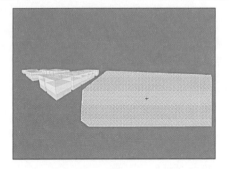

05 新建图层Layer 2，在第5帧处插入关键帧。绘制一个图形，并将其转换为图形元件shape 2，设置其Alpha值为50%。

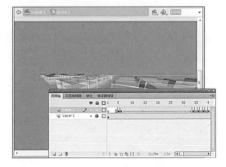

06 在第6、34、36、38、40帧插入关键帧，设置第6帧元件的Alpha值为0%，在第6~34帧间创建补间动画。在第35、37、39帧插入空白关键帧，在第70帧插入帧。

特效技法1 | Flash动画中的帧

　　帧是使舞台上的对象连续显示或发生变化的载体，当所有帧连续显示时，便形成了动画。随着时间的推进，动画会按照时间轴的横轴方向播放，其中时间轴是对帧进行操作的地方。在时间轴上，每一个小方格就是一个帧，在默认状态下，每隔5帧进行一次数字标示，即在时间轴上可以看到1、5、10、15等数字所标示的帧。帧在时间轴中的排列顺序决定了一个动画的播放顺序，但对于每帧的具体内容，则需在相应的帧工作域内进行制作。帧包括普通帧和关键帧。

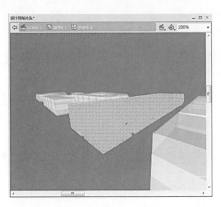

07 新建图层Layer 3~5，使用创建元件shape 2的方法，在各图层中创建图形元件shape 3~5。

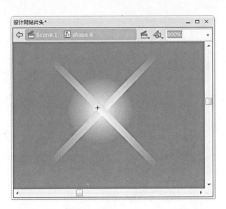

08 新建图形元件shape 6，使用工具箱中的绘图工具在编辑区域中绘制一个图形。

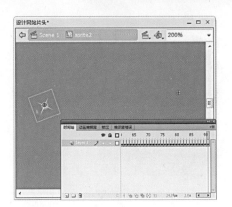

09 新建影片剪辑元件sprite 2。在第1~90帧之间插入关键帧，以制作旋转的星星。

10 新建图层actionscript，在第90帧处插入关键帧。打开"动作"面板输入相应的代码。

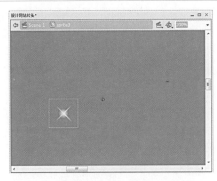

11 新建影片剪辑元件sprite 3，从"库"面板中将元件sprite 2拖曳至编辑区域合适位置。

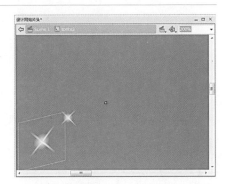

12 新建图层Layer 2，在第10帧处插入关键帧，将元件sprite 3拖至编辑区，并改变其大小形状。

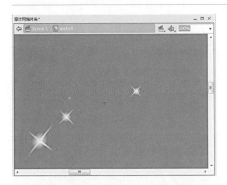

13 新建图层Layer 3，在第20帧处插入关键帧，将元件sprite 3拖至编辑区，并改变其大小形状。

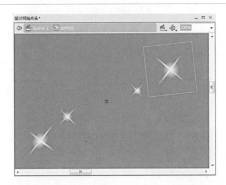

14 新建图层Layer 4。在第5帧处插入关键帧，将元件sprite 3拖至编辑区，并改变其大小形状。

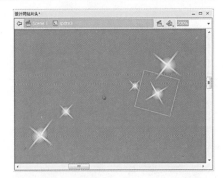

15 新建图层Layer 5，在第27帧处插入关键帧。将元件sprite 3拖入编辑区，并改变其大小。

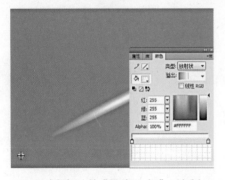

16 新建元件"星光飞行"。绘制一个图形,转换为图形元件"星光"。在第30帧处插入关键帧,移动元件。在第1~30帧间创建传统补间。

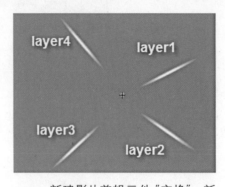

17 新建影片剪辑元件"变换"。新建图层Layer 1~4。将"星光"元件拖至4个图层,分别在4个图层的第40帧处插入帧,调整元件的位置。

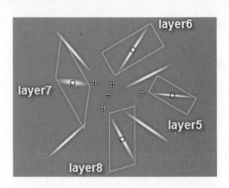

18 新建图层Layer 5~8,分别在4个图层的第8帧处插入关键帧。分别将"星光"元件拖至4个图层的编辑区中,并调整其位置和大小。

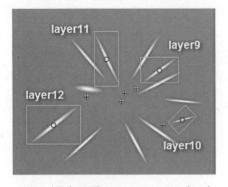

19 新建图层Layer 9~12,在4个图层的第20帧处插入关键帧。分别将"星光"元件拖至4个图层的编辑区中,并调整其位置和大小。

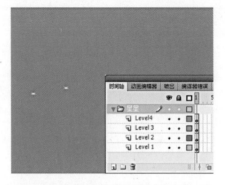

20 新建影片剪辑元件"星际"。在图层上新建文件夹,并命名为"星星"。新建4个图层,然后分别拖入元件sprite 3,散布四周。

21 新建图层"星空变幻1"与"星空变幻2",并将"变幻"元件分别拖入编辑区域。将图层"星空变幻2"中的原件旋转-23°。

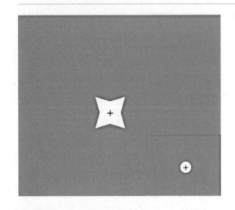

22 新建影片剪辑元件sprite 4。在编辑区域绘制一个星形图形。在第70帧处插入空白关键帧,然后再在编辑区域绘制一个圆形。在第1~70帧间创建形状补间动画。

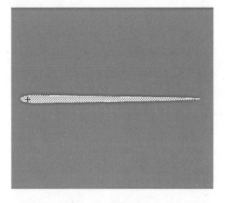

23 在第140、160帧处插入关键帧,并对第160帧中的图形进行调整。在第140~160帧间创建形状补间动画。新建图层2,在160帧处插入关键帧,并在此输入脚本stop();。

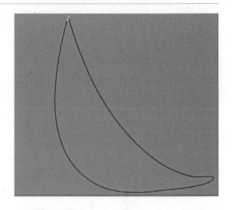

24 新建影片剪辑元件sprite 5。将元件sprite 4拖入到编辑区域中,调整大小为1px×1px。为图层1添加引导层,选择引导层,绘制一个图形。在第68帧处插入普通帧。

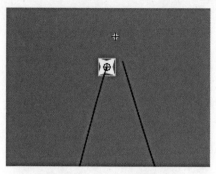

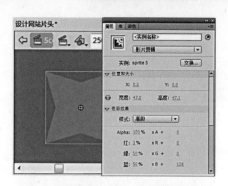

25 调整图层1中元件的位置。在第68帧处插入关键帧，然后再调整元件的位置和尺寸。

26 创建第1～68帧间的补间动画。在第75帧处插入关键帧，并调整该帧中元件的尺寸和色调。

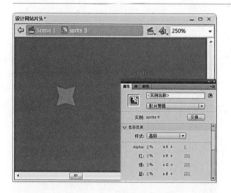

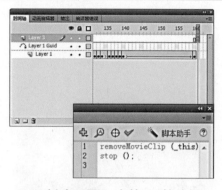

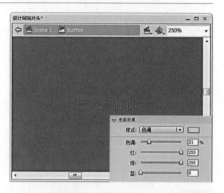

27 在第140、160帧处插入关键帧。将第160帧中的元件适当缩小并向左下角移动，并设置其Alpha值为0%。最后创建第140～160帧之间的补间动画。

28 新建图层3。在第161帧处插入关键帧。然后打开其"动作"面板输入相应的脚本。

29 新建按钮元件button。在编辑区中输入"进入网站"，设置其颜色为橙色。在第2、3帧处插入关键帧，并将第2帧中字体的色调改为黄色。在第5帧处插入普通帧。

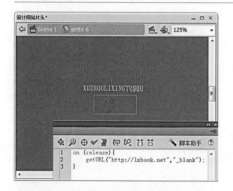

30 新建影片剪辑元件sprite 6。在第78帧处插入关键帧，然后在编辑区中输入文本。将元件button拖曳至文本内容的下方。选择按钮元件，添加相应的脚本。

31 新建图层4，然后将元件sprite 5拖入编辑区域，更改其实例名称为move。最后在第78帧处插入普通帧。

32 新建图层5，在第1帧输入脚本。在第4、5、6、78帧处插入关键帧，并分别在其对应的"动作"面板中输入相应的脚本（可查看源文件）。

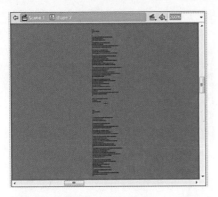

33 新建图形元件shape 7,将图片image 3拖曳至编辑区,然后将其进行排列并打散。以便于后面进一步进行编辑。

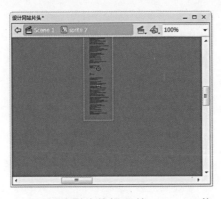

34 新建影片剪辑元件sprite 7。将元件shape 7拖入。在第20帧处插入关键帧,然后将元件向上拖动,并创建第1~20帧间的补间动画。

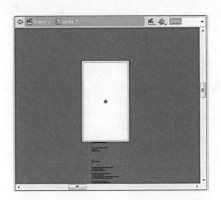

35 新建图层2,在编辑区中绘制一个图形。在第20帧处插入普通帧。然后将图层2设置为图层1的遮罩层。

36 新建影片剪辑元件sprite 8。将元件sprite 7拖入编辑区,设置其亮度为100%。

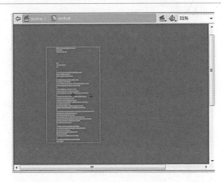

37 在第10、60、70帧处插入关键帧。选择第1帧中的元件,然后将其向左拖动并进行放大。

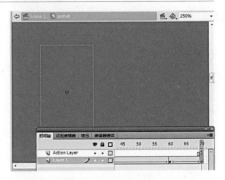

38 选择第70帧中的元件,设置其Alpha值为0%。创建第1~70帧间的补间动画。在第70帧输入脚本stop();。

39 新建影片剪辑元件sprite 9。从"库"面板中将图片image 2拖曳至编辑区域。

40 返回主场景,将元件sprite 1拖入舞台。在第20帧处插入关键帧,并创建第1~20帧间的补间动画。最后在第125帧处插入普通帧。

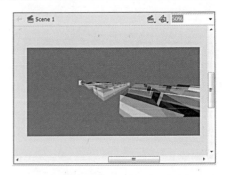

41 新建图层2,在70帧处插入关键帧,将元件sprite 9拖入到舞台合适位置,再打开该元件的"属性"面板设置其色调为白色。

42 在第85帧处插入关键帧,将元件适当放大并调整其位置。在第90帧处插入关键帧,设置该元件的颜色样式为无。在第70~90帧间创建补间动画,在第125帧处插入普通帧。

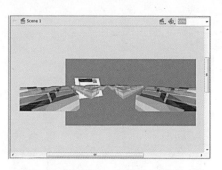

43 新建图层3,在第125帧处插入关键帧,然后将元件sprite 1拖入舞台中并进行水平翻转。

44 在第135帧处插入关键帧,再适当调整该帧中元件的位置,最后创建第125~135帧间的补间动画。在第209帧处插入普通帧。

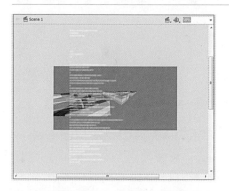

45 新建图层4,在第135帧处插入关键帧。将元件sprite 8拖入舞台合适位置,然后在第209帧处插入普通帧。

46 新建图层5,在第115帧处插入关键帧。绘制一个长方形,并将其转换为影片剪辑元件sprite 10。在第125、134、135、200、210和220帧处插入关键帧。

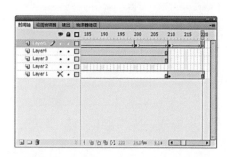

47 在第115、135、200和220帧处,将图片Alpha值改为0%。在第134帧处将图片的Alpha值改为10%。在各个关键帧间创建传统补间动画。

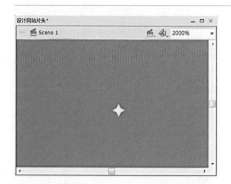

48 新建图层6,在220帧处插入关键帧,并将影片剪辑元件sprite 6拖曳至舞台中央。

49 在图层1的第210帧处插入关键帧,将元件"星际"拖入。选择第1帧,设置音频文件为sound 1.mp3。

50 新建图层7,在第220帧处插入关键帧,并在其"动作"面板中输入stop();。至此,完成本例制作。

EXAMPLE 195 景点专题片头

● 形状补间动画的创建　　◎ 实例文件\Chapter 14\景点专题片头\

制作提示

❶ 背景图案的制作
❷ 形状补间动画的设计与制作
❸ 标题的输入与设置
❹ 综合效果的实现

难度系数：★★★★

案例描述

本实例设计制作了一个景点网站的片头，它的播放效果就如同抖动的画布，从无到有、从小到大、从局部到整体逐渐展现在大家眼前。之所以如此设计，是因为它具有一定的典型性、特殊性。

01 新建一个Flash文档，并设置文档的属性，然后将素材图片image1.jpg、image2.psd和声音文件sound.mp3导入到库中。

02 新建影片剪辑元件sprite 1，将图片image1.jpg拖入到编辑区域中，将其选中并打散。对该图片的大小进行适当的修剪。

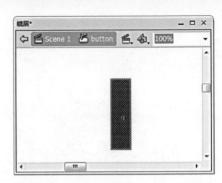

03 新建按钮元件button 1，在其编辑区域绘制一个图形。在第2帧处插入关键帧，并改变其大小。在第4帧处插入普通帧。

04 新建图层2，利用文本工具输入文本"进入主页"。将其转换为元件text 1，在第4帧处插入普通帧。

05 返回主场景，在图层1的第15帧处插入关键帧，将元件sprite 1拖入编辑区域，并设置其Alpha值为0%。

06 在图层1的第21帧处插入关键帧，然后选择此帧的图片，设置Alpha值为60%。

特效技法2 | 文本段落格式的设置

　　在Flash CS4中，用户可以在"属性"面板的"段落"卷展栏中设置段落文本的缩进、行距、左边距和右边距等。其中，边距决定了文本字段的边框与文本之间的间隔量，缩进决定了段落边界与首行开头之间的距离，行距决定了段落中相邻行之间的距离。对于垂直文本，行距将调整各个垂直列之间的距离。

07 在第23帧处插入关键帧,在第15~21、21~23帧间创建传统补间动画。在第100帧处插入关键帧。

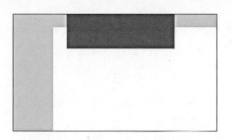

08 新建图层2,在第15帧处插入关键帧,选择矩形工具在舞台顶端绘制一个矩形。

09 在第21帧处插入关键帧,拖曳矩形使其变形。在第15~21帧之间创建形状补间动画。

10 在第22、27帧处插入关键帧。将27帧中的图形拖曳变形。在第22~27帧间创建形状补间动画。

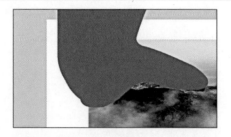

11 在第28、32帧处插入关键帧。将32帧中的图形拖曳变形。在第28~32帧间创建形状补间动画。

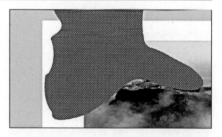

12 在第33、37帧处插入关键帧。将37帧中的图形拖曳变形。在第33~37帧间创建形状补间动画。

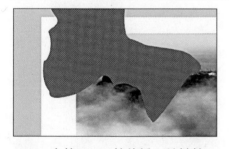

13 在第38、45帧处插入关键帧,将第45帧中的图形拖曳变形。在第38~45帧间创建形状补间动画。

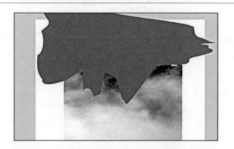

14 在第46、54帧处插入关键帧,将第54帧中的图形拖曳变形。在第46~54帧间创建形状补间动画。

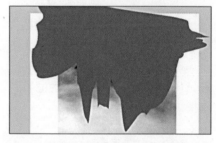

15 在第55、64帧处插入关键帧,将第64帧中的图形拖曳变形。在第55~64帧间创建形状补间动画。

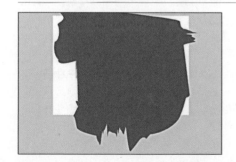

16 在第65、74帧处插入关键帧,将第74帧中的图形拖曳变形。在第65~74帧间创建形状补间动画。

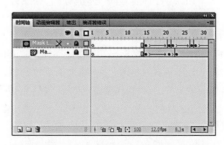

17 在图层2的第100帧处插入普通帧。选择图层2,将其设置为图层1的遮罩层。

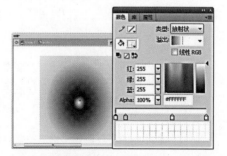

18 新建图层3,利用矩形工具在编辑区域中绘制一个图形。并将其转换为影片剪辑元件sprite 2。

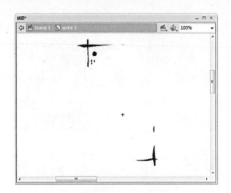

19 新建影片剪辑元件sprite 3，使用工具箱中的工具绘制一对图形，以便与装饰片头的主题相配合。

20 在编辑区域中输入"峨眉"，然后将图片image 2拖至编辑区，并利用任意变形工具将其等比缩小。

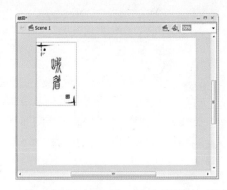

21 返回主场景。新建图层4，从"库"面板中将元件sprite 3拖曳至舞台合适位置。

22 在第12帧处插入关键帧，选择第1帧，将其Alpha值改为0%。在第1帧与第12帧之间插入关键帧。选择第100帧并插入普通帧。

23 新建图层5，在第100帧处插入关键帧。将元件button 1拖至编辑区域。新建图层6，打开"属性"面板选择声音sound.mp3。

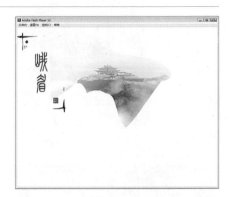

24 新建图层7。在最后一帧处插入关键帧，并在"动作"面板中输入脚本 stop();。至此，景点专题片头就制作完成了。

特效技法3 | 变形动画

在Flash动画中，根据动画的特点可能采用不同的制作方式和表现形式，不同的制作方法可以表现出不同的效果。下面将对变形动画进行介绍。

变形动画是Flash动画中比较特殊的一种过程动画，它与运动动画不同的是，其动画制作对象只能是矢量图形对象。它针对的是对象及对象之间可以发生形变的对象，如文字、矢量图、位图，且其必须是舞台层对象，所以要将不是舞台层的对象转换为舞台层对象再发生形变。可以发生形变的对象包括文字与文字；文字与矢量图；文字与位图；矢量图与位图；位图与位图；矢量图与矢量图。

变形动画可以在两个关键帧之间制作出形状改变的效果，可以使一种形状随动画的播放变成另外一种形状；并且还可以对形状的位置、大小和颜色进行渐变。变形动画有两种形式，一种是不可控制的（也叫简单变形），而另外一种则是可控制的（可以通过添加控制点来实现，也叫控制变形）。其制作要点为：在做形变动画之前，必须保证前后两个对象都是舞台层对象。

形变动画的实现原理：把第一帧和最后一帧做成舞台层对象，然后在它们的中间任选一帧补间后在"属性"面板中选择形状；形变动画可以改变对象的大小、形状、位置、颜色、透明度等，这些大部分都是在混色器中修改。

EXAMPLE 196 艺术网站片头

● 遮罩动画的创建　　　　　◎ 实例文件\Chapter 14\艺术网站片头\

制作提示
❶ 图片效果的添加
❷ 文本内容的设置
❸ 遮罩动画的制作

难度系数：★★★

案例描述
本实例设计的是艺术类网站片头，在整个制作过程凸显出了艺术的氛围，其中文本、音乐、图片相得益彰。艺术的产生基础是人类的语言，有效的艺术创造必须完全借助于语言。人类有什么样的语言形式，就会有什么样的艺术形式。在此便得到了充分的印证。

01 新建一个Flash文档，然后将素材图片image1.jpg、image2.psd、image3.jpg、image4.psd和声音文件sound.mp3导入到库中。并将图片image 4拖曳至编辑区域。

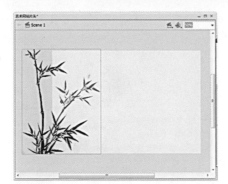

02 按下 F8 键将素材图片 image 4 转换为影片剪辑元件 sprite 1。在第 470 帧和 490 帧处插入关键帧，选择 490 帧，然后将元件 sprite 1 向左移动。

03 选择影片剪辑元件sprite 1，打开其"属性"面板，设置Alpha值为45%，并在"滤镜"卷展栏中为其添加模糊效果。在第470~490帧之间创建传统补间动画。

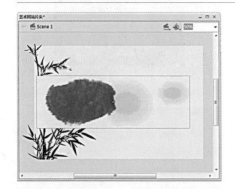

04 新建图层2，将图片image 1拖曳至编辑区域，将其转换成影片剪辑元件sprite 2。

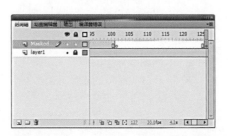

05 在第102帧和127帧处插入关键帧，选择第102帧，按下Delete键将此帧清空。

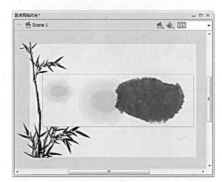

06 在第127帧处，选中影片剪辑元件sprite 2，进行水平翻转。在第237帧处插入普通帧。

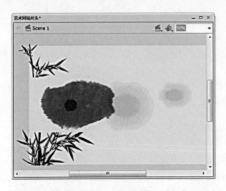

07 新建图层3,在编辑区域中绘制出一个黑色图形。

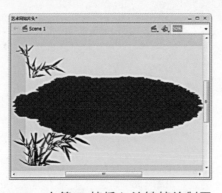

08 在第16帧插入关键帧绘制图形。在第1~16帧创建形状补间。

09 在第117帧处插入普通帧。将图层3设置为图层2的遮罩层。

10 新建影片剪辑元件sprite 3。将图片image 2拖入编辑区域。

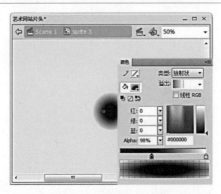

11 将图层1隐藏,新建图层2,利用椭圆工具绘制一个圆形。

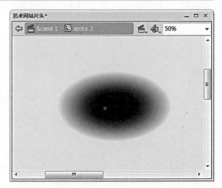

12 利用任意变形工具拖曳绘制的图形,转换为元件sprite 4。

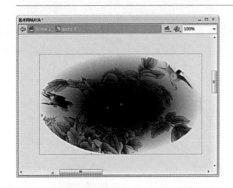

13 将图层2设置为图层1的遮罩层。新建图层3,将图层2第1帧复制到该图层。

14 选择编辑区中的元件sprite 4,打开其"属性"面板,将混合模式设置为Alpha。

15 新建影片剪辑元件sprite 5。将图片image 3拖入编辑区域中进行编辑。

特效技法4 | 矢量图和位图

　　图形根据其显示原理的不同可以分为位图和矢量图两种。矢量图是由计算机根据矢量数据计算后生成的,它用包含颜色和位置属性的直线或曲线来描述图像。所以计算机在存储和显示矢量图时只需记录图形的边线位置和边线之间的颜色这两种信息即可。矢量图的特点是占用的存储空间非常小,且矢量图无论放大多少倍都不会出现马赛克。位图是由计算机根据图像中每一点的信息生成的,要存储和显示位图就需要对每一个点的信息进行处理,这样的一个点就是像素。

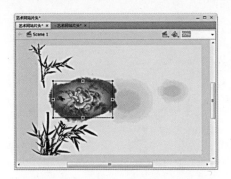

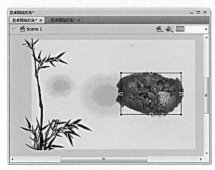

16 返回主场景,新建图层4,在第17帧处插入关键帧,将元件sprite 3拖至合适位置。在第117帧处插入普通帧。

17 在第143帧处插入关键帧并拖入元件sprite 4,在第237处插入帧。新建图层5,在第17帧处插入关键帧,复制图层3的第1~16帧粘贴至此,在第117帧处插入普通帧。在第143帧处插入关键帧,复制图层3的第1~16帧粘贴至此,在第237帧处插入普通帧。选择第143帧,改变此帧中图形的位置。

特效技法5 | 图层的复制

在Flash动画中,为了创建相同的动画效果,常常进行帧或图层的复制。在此就需要这样的操作。

设置图层5为图层4的遮罩层,新建图层6,在130帧处插入关键帧,复制图层2的第143帧粘贴至此。在第145帧处插入普通帧。新建图层7,在第130帧处插入关键帧,复制图层5的第143~158帧粘贴到此。设置图层7为图层6的遮罩层。

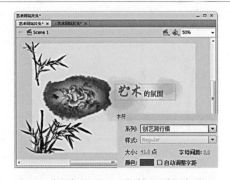

18 新建图层8,在第33帧处输入文本"艺术的氛围",将其转换为影片剪辑元件text 1。

19 在第46、117、127帧处插入关键帧。在第33帧处适当移动影片剪辑元件text 1的位置。

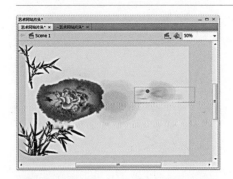

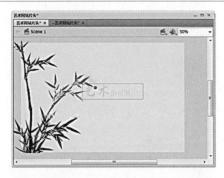

20 选择元件text 1,并打开其"属性"面板,设置Alpha值为23%,同时为其添加模糊效果。在第33~46帧之间创建传统补间动画。

21 将第127帧处中元件text 1的位置稍作改变,然后在"属性"面板中将其Alpha值更改为10%。

22 在第177帧处插入关键帧。输入文本"完美凸现"并将其转换为影片剪辑元件text 2。参照影片剪辑元件text 1的制作方法。

23 新建图层9，在第37帧处插入关键帧，输入"感受完美的，永恒的美"，将其转换为影片剪辑元件text 3。参照元件text 1的制作方法。

24 在第191帧处插入关键帧，输入文本"感受恒久美学"并将其转换为影片剪辑元件text 4。参照元件text 1的制作方法进行设置。

25 新建图层10，在第248帧插入关键帧输入"走进"，转换为元件text 5。设置Alpha值为4%，添加模糊效果。在第261、262帧插入关键帧。

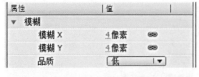

26 选择第261帧，将元件text 5的Alpha值改为93%，添加模糊效果。在第360、375帧处插入关键帧。选择第375帧，添加模糊效果。

27 新建图层11，输入文本"原来如此邻近"，字体为"创艺简行楷"，将其转换为影片剪辑元件 text 7。参照元件 text 1 的制作方法。

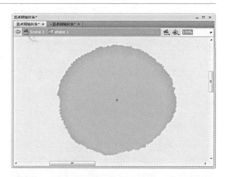

28 新建图形元件shape 1，设置颜色类型为"放射状"，透明度为67%，绘制一个圆形。

29 新建图层12，在第265帧处插入关键帧。将元件shape 1拖入至编辑区域，并调整其色彩。

30 在第296、297、360、384帧处插入关键帧。选择265帧，将其缩小至18×17像素。在第265～296帧间创建传统补间动画。

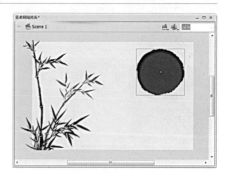

31 选择第384帧，将shape 1元件拖至合适位置。在第360～384帧之间创建传统补间动画。

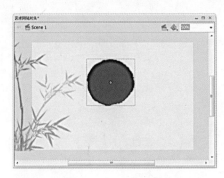

32 在第 470、490 帧处插入关键帧，将其拖至适当位置。在第470～490帧之间创建传统补间动画。

33 新建图层13，在第297帧处插入关键帧。输入文本"艺术"，并设置其属性。转换为图形元件text 6。

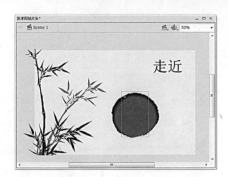

34 在第315帧处插入关键帧。选择第297帧，将Alpha值改为0%。在第297～315帧创建传统补间动画。

35 新建图层14，输入文本"新诚设计公司"，设置字体为"创艺简行楷"，大小为43点。字体颜色为黑色。

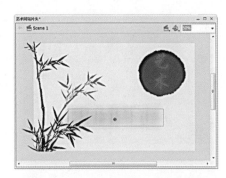

36 在第474帧处插入关键帧。选择第460帧，添加模糊效果。在第460～474帧间创建传统补间动画。在第490帧处插入普通帧。

37 新建按钮元件button，输入文本，设置颜色为黑色。在第2、3帧处插入关键帧，在第4帧处插入普通帧。选择第2帧，设置颜色为红色。

38 返回主场景。新建图层15，在第490帧处插入关键帧，拖入元件button。新建图层16，选择第1帧，设置声音文件为sound.mp3。

39 新建图层17，在第490帧处插入关键帧。打开该帧"动作"面板，输入脚本stop();。至此，艺术网站片头就制作完成了。最后按下快捷键Ctrl+S保存该动画，按下快捷键Ctrl+Enter对该动画进行预览。

EXAMPLE 197 旅游公司网站片头

● 声音文件的导入　　　　　◎ 实例文件\Chapter 14\旅游公司网站片头\

制作提示 ////////////////

❶ 传统补间动画的制作
❷ 遮罩效果的制作
❸ 按钮元件的制作

难度系数：★ ★ ★

案例描述 ////////////////

本实例设计制作了一个地方旅游公司网站的片头，其中以中国红为背景、景点特色为主体、美妙的乐曲为伴奏，充分地展示出了地方的文化特色。

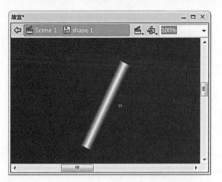

01 新建一个Flash文档，并设置文档属性，然后将素材文件导入到库中。新建图形元件shape 1。

02 新建影片剪辑元件sprite 1，在编辑区域中输入文本"北京故宫"。

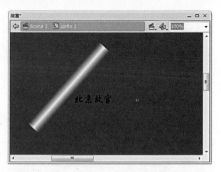

03 新建图层2，复制图层1至图层2。新建图层3，将元件shape 1拖入舞台，并进行适当摆放。

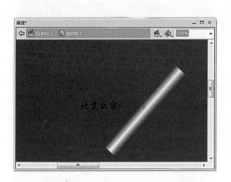

04 在第29、60帧插入关键帧，改变第29帧元件位置。在第1~29、29~60帧创建传统补间动画。

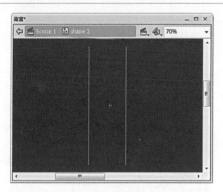

05 将图层2设置为图层3的遮罩层。新建图形元件shape 2，在编辑区域中绘制两条直线。

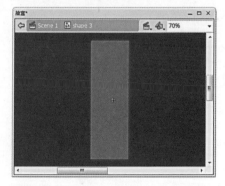

06 新建图形元件shape 3，使用矩形工具在编辑区域中绘制一个蓝色矩形。

特效技法6 | 嵌入字体的使用

　　在Flash影片中使用安装在系统中的字体时，Flash中嵌入的字体信息将保存在SWF文件中，以确保这些字体能在Flash播放时完全显示出来。但不是所有显示在Flash中的字体都能够与影片一起输出。为了验证一种字体是否能够与影片一起输出，可以通过执行"视图>预览模式>消除文字锯齿"命令，来预览文本。如果此时显示的文本有锯齿，则说明Flash不能识别字体的轮廓，它不能被导出。

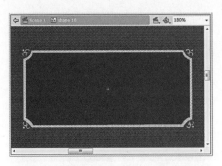

07 新建图形元件shape 4, 在编辑区域中绘制一个图形。

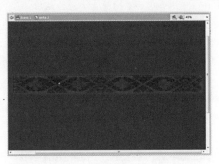

08 新建影片剪辑元件sprite 2, 将图片image 1拖至图层1。

09 新建图层2, 将图片image 2拖至合适位置。

10 新建图层3, 将图片image 3拖至适当位置, 并将其打散。

11 新建图层4, 复制图层3的第1帧至此图层。

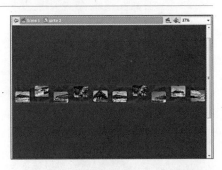

12 将图层3设置为图层2的遮罩层。同样地制作图片image 4~7。

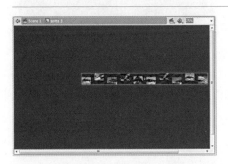

13 新建影片剪辑元件sprite 3, 将sprite 2拖入到编辑区域中。

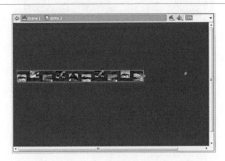

14 在第400帧处插入关键帧, 拖入元件sprite 2, 在第1~400帧之间创建传统补间动画。

15 新建按钮元件button, 输入"进入主页", 转换成元件text 2。在第4帧处插入普通帧。

16 在第2、3帧处插入关键帧, 将第2帧中元件的颜色设置为灰色。返回主场景, 拖入元件shape 4。

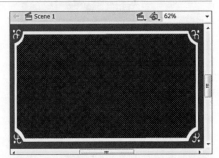

17 新建图层2, 将图片image 4拖曳至编辑区。在第27帧处插入普通帧。新建图层3, 在编辑区域中绘制一个图形。在第7、13、20、28帧处插入关键帧, 将第20帧至第1帧处的图形逐渐减少。并在各帧间创建形状补间动画。

18 将图层3设置为图层2的遮罩层。新建图层4,复制图层2的第1帧至此层的第28帧。在第94帧插入普通帧。在第95帧处插入关键帧,拖入image 2。

19 在第190帧处插入关键帧。将图片image 4拖入合适位置,并在第255帧处插入普通帧。在第256帧处插入关键帧。将图片image 5拖至编辑区中合适位置。

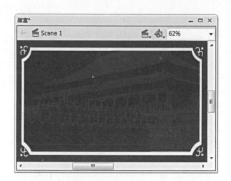

20 在第256帧处插入关键帧。并将其转换成图形元件,设置其Alpha值为10%。在第256~295帧间创建传统补间动画。在第296帧插入关键帧,将元件sprite 3拖至适当位置。

21 新建图层5,将图层4的第95帧复制到第28帧,并在第94帧处插入普通帧。在123帧处插入关键帧。将图层4的第190帧复制到此,在第189帧处插入普通帧。

22 新建图层6,在第28帧处插入关键帧,将元件shape 3拖至编辑区,将其调整到左边位置。在第24、46帧处插入关键帧,重新调整第24帧中元件shape 3的位置。

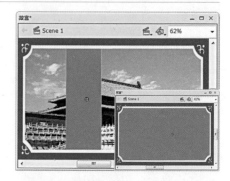

23 在第80帧处插入关键帧。将元件shape 3调整至合适位置。在第94帧处插入关键帧,将元件shape 3调整至合适位置。并在各关键帧之间创建传统补间动画。

24 在第123帧处插入关键帧。将元件shape 3拖曳至编辑区域。在第141、175、189帧处插入关键帧并制作相同的动画效果。

25 将图层6设置为图层5的遮罩层。新建图层7,在第296帧处插入关键帧,拖入元件button。新建图层13,在第1帧添加声音文件。

26 新建图层14,在第296帧处插入关键帧。打开"动作"面板输入脚本stop();。至此,旅游公司网站片头就制作完成了。

198 企业网站片头

● 声音按钮的制作　　　　　◎ 实例文件\Chapter 14\企业网站片头\

制作提示

❶ 文本内容的输入与编辑
❷ 逐帧动画的设计与制作
❸ 导航栏的设计
❹ 综合效果的实现

难度系数：★★★★

案例描述

本实例设计制作的是一个网络公司的网站片头，它以科技中心为主题，在展示现代办公的过程中，突出的描述了网络办公的特色、公司业务的范围等。

01 新建一个Flash文档，将素材导入到库中。新建影片剪辑元件sprite 1，在编辑区输入合适的文本。

02 新建图层2，在编辑区域中绘制一个图形，用来修饰和布局整体界面。

03 新建影片剪辑元件sprite 2，将图片image 1拖入编辑区域，并输入文本"网络建设"。

04 新建影片剪辑元件sprite 3，将元件sprite 2拖入编辑区域。

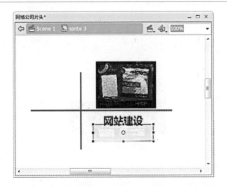

05 新建图层2，将图片image 1拖至合适位置，将其转换为图形元件shape 1，设置Alpha值为13%。

06 新建影片剪辑元件shape 4，将图片image 2拖入到编辑区域中，并输入文本"业务展区"。

特效技法7 | 元件的创建

　　在Flash CS4中，用户可以通过在舞台上选择对象来创建元件，或者是创建一个空白的元件，然后在元件编辑模式下制作或导入内容。在创建元件时首先要选择元件的类型，如图形元件、按钮元件和影片剪辑元件，创建何种元件主要取决于在影片中如何使用该元件。每个元件都有自己独立的时间轴、舞台以及图层。若直接将现有的图形转换为元件，则可以在选择的对象上右击，在弹出的快捷菜单中选择"转换为元件"命令。

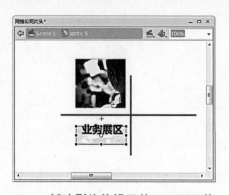

07 新建影片剪辑元件sprite 5, 拖入元件sprite 4。新建图层2, 拖入image 2, 并转换为图形元件shape 2, 设置Alpha值为13%。

08 新建影片剪辑元件sprite 6, 其效果的制作可参照影片剪辑元件sprite 2的设置方法。

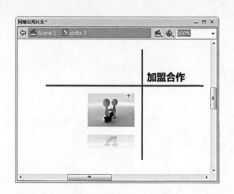

09 新建影片剪辑元件sprite 7, 其效果的制作可参照影片剪辑元件sprite 4的设置方法。

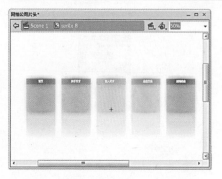

10 新建影片剪辑元件sprite 8, 制作导航按钮。

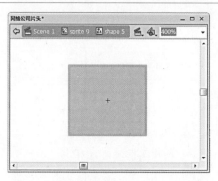

11 新建影片剪辑元件sprite 9, 绘制矩形, 转换为元件shape 9。

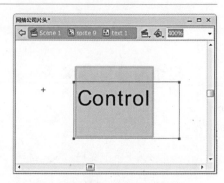

12 新建图层2, 输入文本Control, 并转换成图形元件text 1。

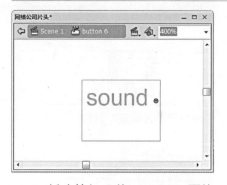

13 新建按钮元件button 6, 再输入文本sound。在第2帧处插入关键帧, 并改变其色彩效果。

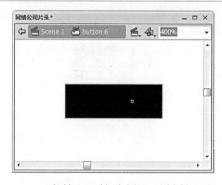

14 在第3、4帧处插入关键帧, 选择第4帧, 清空此帧, 绘制一个黑色的矩形。

15 新建图层2, 在第4帧处插入关键帧。复制图层1的第1帧到此帧。并将其颜色改为白色。

特效技法8 | 认识逐帧动画

　　逐帧动画 (Frame By Frame) 即在"连续的关键帧"中分解动画动作, 最后进行连续播放的动画。逐帧动画是一种常见的动画形式, 它具有非常大的灵活性, 几乎可以表现任何想要表现的内容。逐帧动画在时间轴上表现为连续出现的关键帧, 其播放模式类似于电影, 很适合表现细腻的动画。

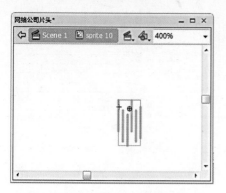

16 新建影片剪辑元件 sprite 10，在编辑区域绘制一个图形，在第 2 帧处插入关键帧，将其向上移动。

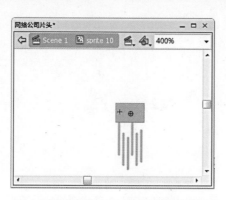

17 新建图层2，在编辑区域绘制一个图形，并将图层2设置为图层1的遮罩层。

18 新建图层3，将元件button 6拖至合适位置。打开其"动作"面板，输入脚本，控制音乐的播放。

19 在第2帧处插入关键帧，选择元件button 6，在其"动作"面板中输入相应的脚本。新建图层4，在第1、2帧处分别输入脚本stop();。

20 新建按钮元件button 7，在编辑区域中输入"跳过"。在第2、3帧处插入关键帧，分别改变第2、3帧处的色彩效果。

21 在第4帧处插入关键帧。绘制一个矩形。新建图层2，复制图层1的第1帧至图层2的第4帧。选择图层1的第2帧，为其加入声音。

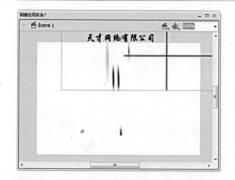

22 返回到主场景中，新建图层1~3，利用"库"中的元件制作逐帧动画。新建图层4，在第61帧处插入关键帧，将元件sprite 1拖至合适位置。

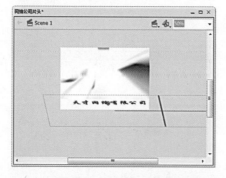

23 在第72帧处插入关键帧。将元件sprite 1适当向下拖动。在第126帧处插入关键帧，改变其中元件的形状及位置。在第61~72、72~126帧间创建传统补间动画。

24 在第133帧处插入关键帧。将元件sprite 3拖入编辑区并进行适当缩放。在165帧处插入关键帧，再次拖入元件sprite 3。在第201帧处插入关键帧，将元件sprite3放大。

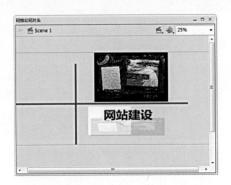

25 在第133~165、165~201帧间创建传统补间动画。在第245帧插入关键帧，拖入元件sprite 5。在第343帧处插入关键帧，拖入元件sprite 7，参照元件sprite 3的设置方法。

26 在第509帧处插入关键帧，在编辑区域输入文本内容，并将其转换成元件sprite 11。在第563帧处插入关键帧，将该元件缩小，在第509~563帧间创建传统补间动画。

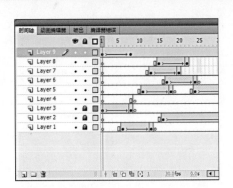

27 新建图层9，将元件sprite 10拖至舞台右下角。在第8、580、585帧处插入关键帧。将第1~585帧的Alphe值改为0%，并在第1~8、580~585帧间创建传统补间动画。

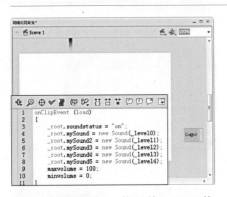

28 新建图层10，将元件sprite 9拖曳至舞台右侧。在第585帧处插入普通帧。选中影片剪辑元件sprite 9，添加相应的脚本。

29 新建图层11，将元件button 7拖至舞台左下角。新建图层16，在第657帧处插入关键帧。将image 4拖入舞台，并将其转换为shape 6。

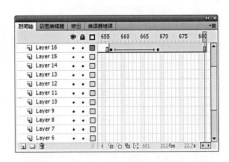

30 在第669帧处插入关键帧，在第681帧处插入普通帧，选择第657帧，将其Alpha值改为0%。在第657~669帧间创建传统补间动画。

31 新建图层17，在657帧处插入关键帧，输入文本"天才网络有限公司"，并转换为元件sprite 12。在第681帧处插入关键帧，选择元件sprite 12，添加滤镜。在第657~681帧创建传统补间动画。

32 新建图层18，在第591帧处插入关键帧，将元件sprite 8拖至适当位置。在第681帧处插入普通帧。新建图层19，选择第1帧，打开"属性"面板，设置该帧中所要播放的声音文件为sound1.mp3。

33 新建图层20，在第681帧处插入关键帧，并添加脚本stop();。至此，企业网站片头就制作完成了。最后按下快捷键Ctrl+S保存该动画，按下快捷键Ctrl+Enter对该动画进行预览。

EXAMPLE

199 Beer专题片头

● 文字效果的设计

◎ 实例文件\Chapter 14\Beer专题片头\

制作提示

❶ 影片剪辑的设计与制作
❷ 文本内容的设计与制作
❸ 图层的划分与使用

难度系数：★★★★

案例描述

本实例设计制作的是一个啤酒企业的专题片头，作为一种外来酒，它的发展具有一种势不可挡的气势。因此，啤酒文化也得到了很好的发展。

01 新建一个Flash文档，然后执行"文件>导入>导入到库"命令，将素材图片以及声音文件sound.mp3导入到库中。

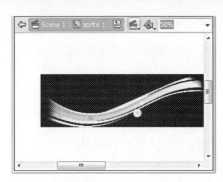

02 新建影片剪辑元件sprite 1，在图层1的第187帧处插入关键帧，拖入image 1，转换为图形元件shape 1。在第516帧处插入普通帧。

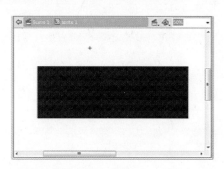

03 新建图层2，在187处插入关键帧并绘制一个图形。在第339、359帧处插入关键帧。

04 选择第359帧，利用自由变形工具将其拖曳变形。在第339～359帧之间创建形状补间动画。将图层2设置为图层1的遮罩层。

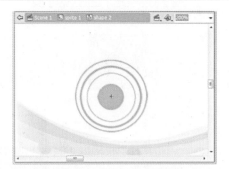

05 新建图层3，在第187帧处插入关键帧。将图片image 2拖入编辑区中，然后将其打散并转换为图形元件shape 2。

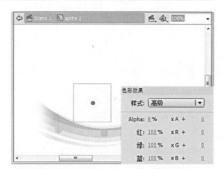

06 在第210、334、346帧处插入关键帧，分别将第187、346帧处元件shape 2的Alpha值设置为8%。在第187～210、334～346帧之间创建传统补间动画。

特效技法9 | Flash中的打散功能

在Flash中，如果需要对组合图形中的某一个图形或某一部分进行编辑，就应对其实施打散，其操作方法为：选择要打散的图形，按下快捷键Ctrl+B，或执行"修改>分离"命令。此操作不仅可以打散图形，还可以打散文字。在打散文字之前，只能对文本属性进行编辑。在打散之后，文字就转换成了图形，此时就可以像图形那样对文字进行操作，如描边，创建形状动画等。

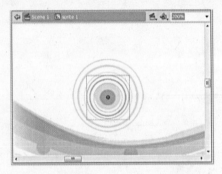

07 新建图层4，在第195帧处插入关键帧。将图片image 3拖曳至舞台合适位置，并将其转换为图形元件shape 3。

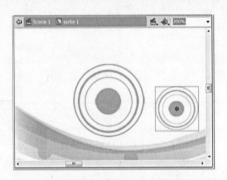

08 在第217帧处插入关键帧。选择195帧，将元件shape 3的Alpha值改为0%。选择216帧，将元件shape 3移至适当位置。

09 在第340、353帧处插入关键帧。选择第353帧，将其Alpha值更改为0%。分别在第195～217、340～353帧间创建传统补间动画。

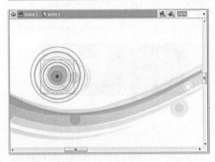

10 新建图层5，在第202帧处插入关键帧，将图形元件shape 3拖至合适位置。

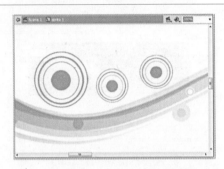

11 在第225帧处插入关键帧。将元件shape 3移至适当位置。其效果的制作可参照图层4。

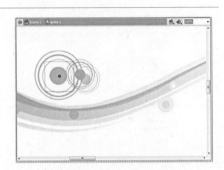

12 新建图层6，在第208帧处插入关键帧，将元件shape 3拖至合适位置。

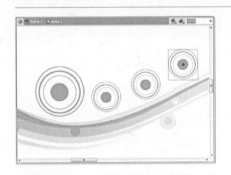

13 在第231帧处插入关键帧。将元件shape 3移至适当位置。其效果的制作可参照图层4。

14 新建图形元件shape 5，从"库"面板中将图片image 4拖入编辑区域合适的位置。

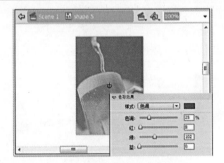

15 将其转换为图形元件shape 4，打开"属性"面板，设置色彩效果样式为"色调"，颜色为绿色。

特效技法10｜编辑文本

　　在Flash CS4中，将鼠标指针放置在任意变形工具变形编辑框的控制手柄上，鼠标指针的形状也会发生变化。将鼠标指针放置在变形框左右两边中间的控制手柄上，当鼠标指针变为 形状时，可以上下倾斜文本块；将鼠标指针放置在变形框4个角的控制手柄上，当鼠标指针变为 形状时，可以旋转文本块；将鼠标指针放置在变形框上下两边中间的控制手柄上，当鼠标指针变为 形状时，可以左右倾斜文本块。

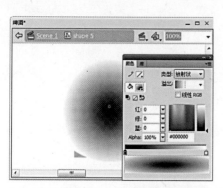

16 新建图层2，在编辑区域中绘制一个图形。将图层2设置为图层1的遮罩层。

17 新建图形元件shape 6，将图片 image 5拖至编辑区域中。其效果的制作可参照元件shape 5。

18 新建图形元件shape 7，拖入 image 6拖曳至合适位置，转换成元件shape 8，调整色调为绿色。

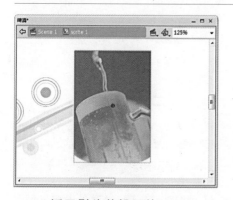

19 返回影片剪辑元件sprite 1，新建图层7，在第231帧处插入关键帧。将元件shape 5拖入适当位置。

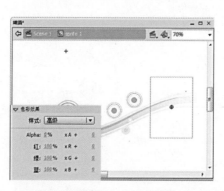

20 在第256、274帧处插入关键帧。选择第274帧，将其Alpha值更改为0%。在第256~274帧间创建传统补间动画。

21 新建图层8，在第275帧处插入关键帧，将元件shape 6拖入图中合适位置。

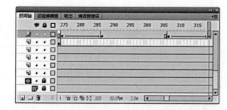

22 在第287、307和319帧处插入关键帧。将第275、319帧中元件的Alpha值更改为0%。在第275~287、307~319帧创建传统补间动画。

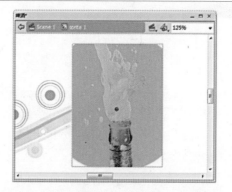

23 新建图层9，在第320帧处插入关键帧。将元件shape 7拖入舞台合适位置。其效果的制作可参照图层8的设置方法。

24 新建影片剪辑元件sprite 2，利用文本工具在编辑区域中输入"感"、"受"、"生"、"活"，并分别转换为影片剪辑元件text 1~4。

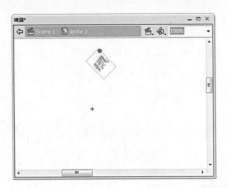

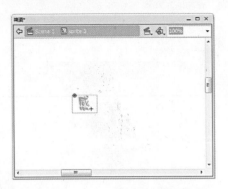

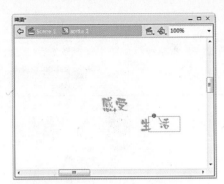

25 在第5帧处插入关键帧。将影片剪辑元件text 1拖入到编辑区中,在第15帧处插入关键帧,然后对影片剪辑元件text 1进行移动旋转。在第105、120帧处插入关键帧。选择第120帧,将其中元件的Alpha值改为0%。分别在第5~15、105~120帧之间创建传统补间动画。

26 新建图层2~4,分别拖入元件text 2~4,分别为其添加文字动画效果。创建"啤酒"二字的动画效果。

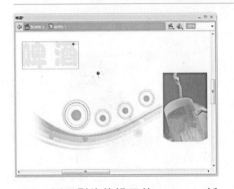

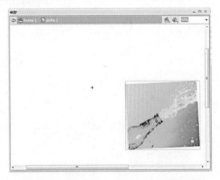

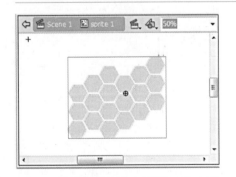

27 返回影片剪辑元件sprite 1,新建图层10,在第231帧处插入关键帧。将元件sprite 2拖入合适位置。在第382帧处插入普通帧。

28 新建图层11,在第18帧处插入关键帧。将图片image 7拖入编辑区域并将其转换为图形元件shape 9。在第41帧处插入关键帧,将元件shape 9拖至合适位置。在第61帧处插入关键帧,设置其Alpha值为0%。在第18~41、41~61帧间创建传统补间动画。

29 用同样的方法在图层12的合适位置创建同样的动画效果。新建图层13,在第18帧处插入关键帧。将图片image 8拖入编辑区,转换成图形元件shape 10。

30 在图层13的第150帧处插入普通帧。将图层13设置为图层12、11的遮罩层。新建图层14,在第23帧处插入关键帧,输入文本。在第57、136、151、152、169帧处插入关键帧。

31 选择第57、169帧,将其Alpha值改为0%。选择152帧,打开其"属性"面板进行设置。最后在第23~56、136~152、152~169帧间创建传统补间动画。

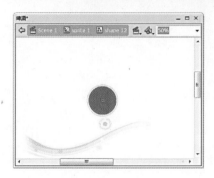

32 新建图层15，在第57帧处插入
关键帧，将image 8拖入编辑
区域并进行适当摆放，将其转换成图
形元件shape 11。

33 在第152、169帧处插入关键
帧，选择169帧，将其Alpha值
更改为0%。在第152～169帧间创建传
统补间动画。

34 新建图层16，在第383帧处插
入关键帧，将image 9拖入编
辑区中，转换为元件shape 12。

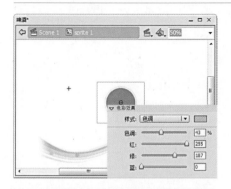

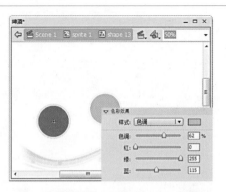

35 在第400帧处插入关键帧。选
择第383帧，将其Alpha值更改
为0%，在第400帧处插入关键帧。将
其色彩效果样式设置为"色调"。第
383～400帧之间创建传统补间动画。
在第501帧处插入普通帧。

36 新建图层17，将image 10拖入
合适位置，并将其转换成图形
元件shape 13。在第400帧处插入关
键帧。选择第383帧，将其Alpha值更
改为0%，在第400帧处插入关键帧。
将其色彩效果样式设置为"色调"。

37 新建图层18，在第410帧处插
入关键帧。在编辑区域输入
合适的文本内容，并将其转换为元件
shape 14。改变其颜色，以产生变化
效果。新建图层19，打开第1帧的"动
作"面板，输入相应的脚本。

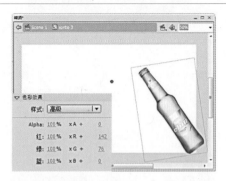

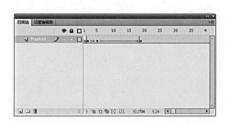

38 新建影片剪辑元件sprite 3。
在第2帧处插入关键字。拖入
image 11，转换为元件sprite 4。

39 在第6、19帧处插入关键帧。选
择第6帧，更改其色彩效果。

40 在第2～5帧、第5～19帧之间创
建传统补间动画。在第171帧处
插入普通帧。

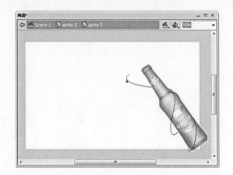

41 新建图层2,在第19帧处插入关键帧,绘制图形并转换成影片剪辑元件sprite 5。在第31帧处插入关键帧。在第171帧处插入普通帧。选择第19帧,将其Alpha值更改为0%。在第19~31帧间创建传统补间动画。

42 新建图层4、6,在第35帧处插入关键帧,拖入元件sprite 5。将元件sprite 5中的图形打散并分为3小节。新建图层3、5,绘制任意白色圆球并制作其运动效果。将图层4、6设置为图层3、5的遮罩层。

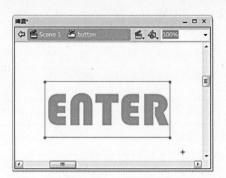

43 新建图层7,在第170帧处插入关键帧,在其"动作"面板中输入脚本 gotoAndPlay(30);。新建按钮元件 button,利用文本工具在编辑区中输入文本 ENTER,设置颜色为橙色。

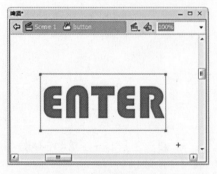

44 在第2、3帧处插入关键帧,在第4帧处插入普通帧。选择第2帧,将其颜色设置为暗橙色。

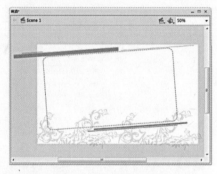

45 返回主场景,新建图层1~7,分别在各图层中绘制各个元素,以便于后期的编辑。

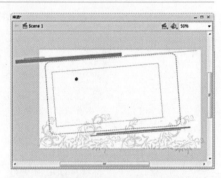

46 新建图层8,在第4帧处插入关键帧,将元件sprite 1拖入舞台合适位置。

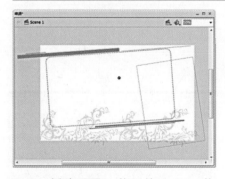

47 新建图层9,将元件sprite 3拖至舞台合适位置,在第4帧处插入普通帧。

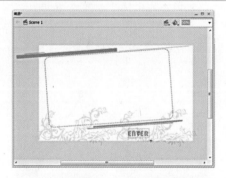

48 新建图层10,在第4帧处插入关键帧,拖入元件button。新建图层11,在第1帧处添加并设置声音文件。

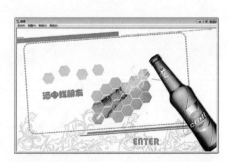

49 新建图层12,在第4帧处插入关键帧,输入脚本stop();。至此,完成Beer专题片头的制作。

200 音乐网站片头

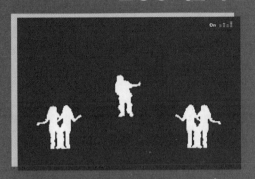

● 人物动作的绘制　　　　◎ 实例文件\Chapter 14\音乐网站片头\

制作提示 //////////////////////

❶ 人物动作的绘制
❷ 脚本内容的编写
❸ 模糊效果、滤镜效果的添加
❹ 综合效果的实现

难度系数：★★★★

案例描述 ///////////////////////

本实例设计的是一个音乐网站的片头，其中漂亮的舞姿、动感的音乐足以证实该音乐网的潮流性。这种强烈的视觉冲突将会激发广大用户的好奇心。

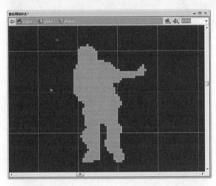

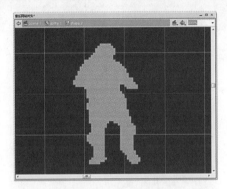

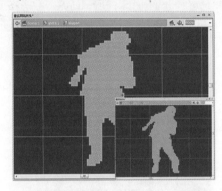

01 新建一个Flash文档，将素材文件导入到库中，显示网格。新建影片剪辑元件sprite 1。绘制一个跳舞的男孩，并转换成图形元件shape 1。

02 在第2帧处插入关键帧。在编辑区中制作图形元件shape 2。在第3帧处插入普通帧。在第4帧处插入关键帧。制作图形元件shape 3。

03 第5帧处插入关键帧。在编辑区中制作图形元件shape 4。在第6帧处插入关键帧。在编辑区中制作图形元件shape 5。

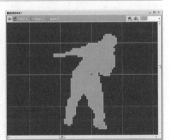

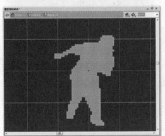

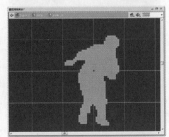

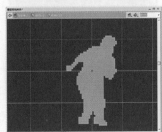

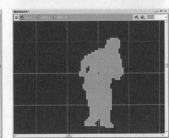

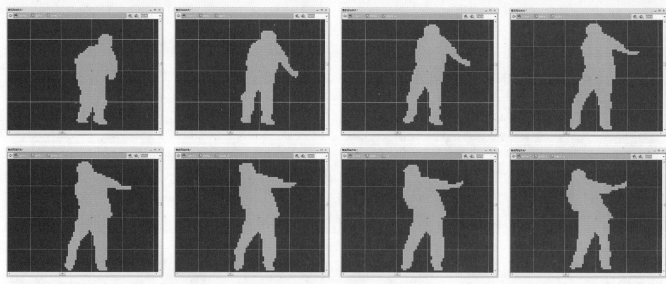

04 在第7~22帧处插入关键帧，依次在各帧编辑区域中创建图形元件shape 6~21。

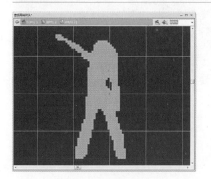

05 新建影片剪辑元件sprite 2。利用刷子工具在编辑区中绘制一个跳舞的女孩，并将其转换成图形元件shape 22。逐一绘制各帧中跳舞女孩的状态，并将其转换为图形元件。

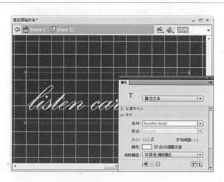

06 新建图形元件shape 51，利用文本工具在编辑区域中输入文本listen carefully字样。新建影片剪辑元件sprite 3。将元件shape 51拖入编辑区中，将其Alpha值改为30%。

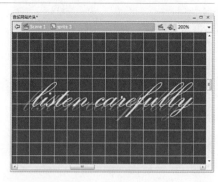

07 在第1~29帧之间插入关键帧。然后改变每帧位置，使其播放时产生跳动效果。新建图层2，将元件shape 51拖入舞台合适位置。在第29帧处插入普通帧。

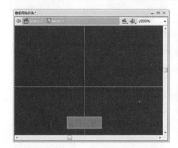

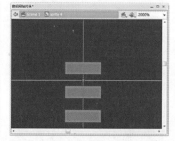
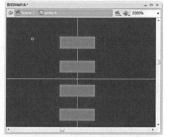

08 新建影片剪辑元件sprite 4，利用矩形工具绘制一个灰色矩形，并将其转换成图形元件shape 52。在第2~6帧处插入关键帧，在第2~4帧摆放方块的位置。其中，第5帧与第3帧相同，第6帧与第2帧相同，进行帧的复制即可得到。

09 新建图层2，在第1~4帧处插入关键帧。分别打开各帧的"动作"面板，输入相应的动作脚本。

10 新建一个按钮元件button 1。利用文本工具在编辑区中输入文本on，并转换为图形元件text 1。

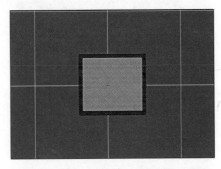

11 在第2、3处插入关键帧。在第4帧处插入关键帧，然后绘制一个矩形。

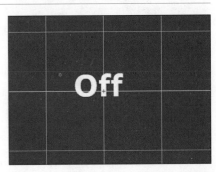

12 新建按钮元件button 2，利用文本工具输入Off。其效果的制作可参照元件button 1。

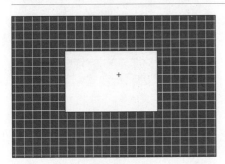

13 新建按钮元件button 3。在第1~4帧插入关键帧。选择第4帧，在编辑区中绘制一个图形。用同样的方法创建按钮元件button 4。新建按钮元件button 5，输入"进入网站"，并将其转换为图形元件text 3。

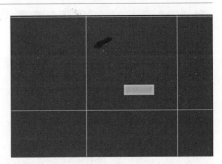

14 在第2、3帧处输入关键帧，在第4帧处插入普通帧。选择第2帧的元件，将其色调颜色改为黑色。新建图层，利用线条工具在编辑区中绘制一条黑色直线。

15 新建影片剪辑元件sprite 5，将元件sprite 4拖入编辑区域。通过"属性"面板对其属性进行设置（图层2~3的Alpha值及红、绿、蓝的设置方法与此相同）。

16 在第2帧插入关键帧并拖入元件shape 52。在第6帧处插入普通帧。新建图层2，在第2帧插入关键帧，将元件shape 52拖入编辑区域合适位置。在第6帧处插入普通帧。

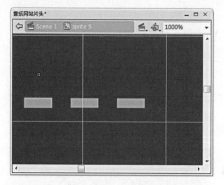

17 新建图层3，在第1帧处将元件 sprite 4拖入编辑区域合适位置。在第2帧处插入关键帧。将元件 shape 52拖至编辑区域合适位置。在第6帧处插入普通帧。

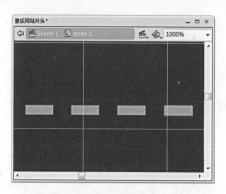

18 新建图层4。在第2帧处插入关键帧。将元件shape 52拖至编辑区域合适位置。在第6帧处插入普通帧。新建图层5。选择第1帧，再将元件sprite 4拖至编辑区域合适位置。

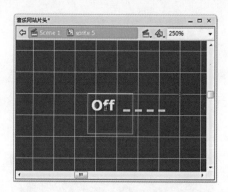

19 在第2帧处插入关键帧。将元件button 2拖入到编辑区合适位置。在第6帧处插入普通帧。选择元件button 2。打开"动作"面板，输入相应的控制脚本。

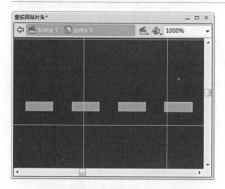

20 新建图层6，在第1帧处将元件 sprite 5拖至编辑区域合适位置。

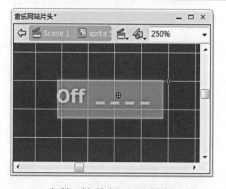

21 在第2帧处插入关键帧。拖入按钮元件button 4，输入脚本。在第6帧处插入普通帧。

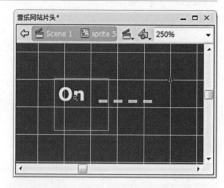

22 新建图层7，将按钮元件button 1拖至编辑区域合适位置。选择button 1，输入相应的控制脚本。

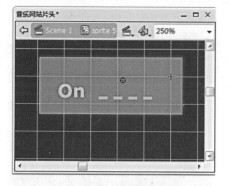

23 新建图层8，将按钮元件button 3拖至编辑区域合适位置，并打开其"动作"面板，输入相应的控制脚本。新建图层9，在第1、6帧处插入关键帧，输入脚本stop();。

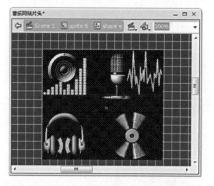

24 选择图层9的第1帧，打开"属性"面板，设置该帧中所播放的声音文件为sound.mp3。新建影片剪辑元件sprite 6，将图片image 1拖入到编辑区域中，然后将其打散。

25 将耳机周围的图形全部删除，转换为图形元件shape 53。在第3、5帧处插入关键帧。在第3帧与第5帧处将元件shape 53放大。在第1~3、3~5帧间创建传统补间动画。

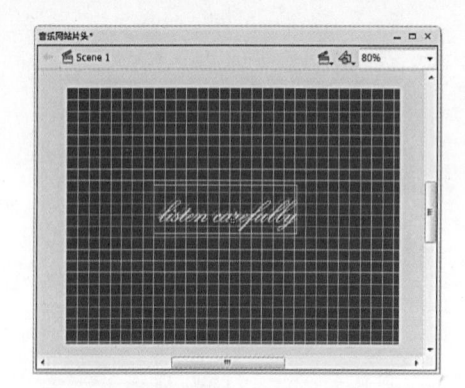

26 返回主场景。在第4帧处插入关键帧，将元件sprite 3拖入到编辑区域中。在第70帧处插入关键帧。

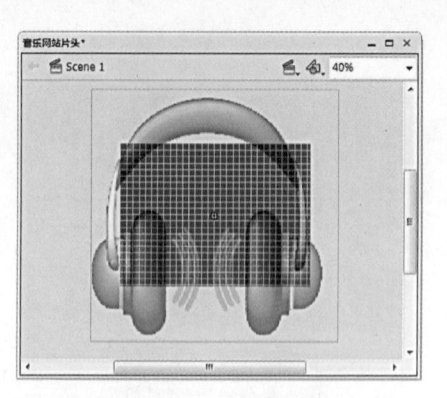

27 新建图层2，拖入影片剪辑元件sprite 6，调整其大小，并将其Alpha值改为50%。在第2帧处插入关键帧，调整该帧中元件的大小及位置，并将其Alpha值改为67%。

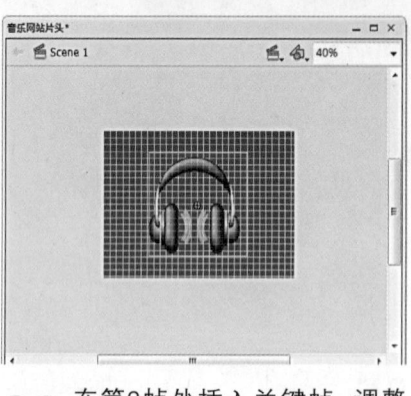

28 在第3帧处插入关键帧，调整该帧中元件的大小及位置，并将其Alpha值更改为83%。在第4帧处插入关键帧，调整该帧中元件的大小及位置，并将其样式更改为"无"。

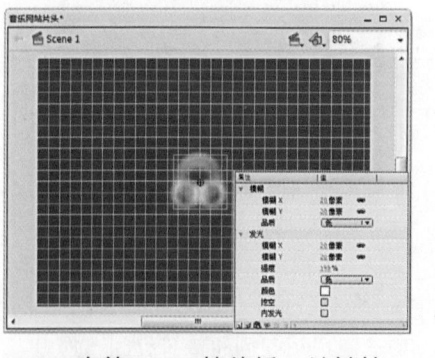

29 在第75、76帧处插入关键帧。选择76帧，为其添加模糊与发光效果。

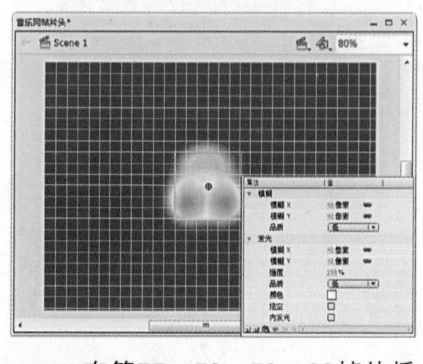

30 在第77、78、79、80帧处插入关键帧，更改模糊与发光的数值。

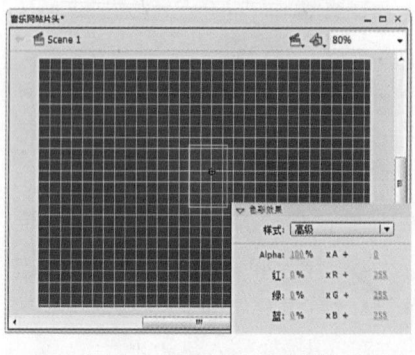

31 在第81帧处插入关键帧。将元件sprite 1拖入到编辑区域中，并设置其色彩效果。

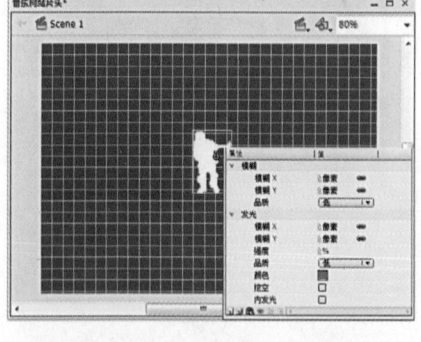

32 将第82~89帧插入关键帧，设置颜色由浅红慢慢过渡到深红色。除第80帧与第85帧外，在各关键帧间创建传统补间动画。

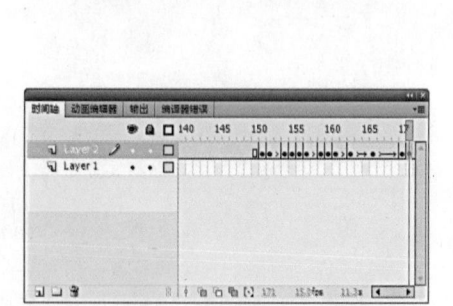

33 在第151~171帧处插入关键帧，设置从第151帧开始图像渐渐模糊，从第160帧开始图像渐渐清晰。在每个关键帧间创建传统补间动画。

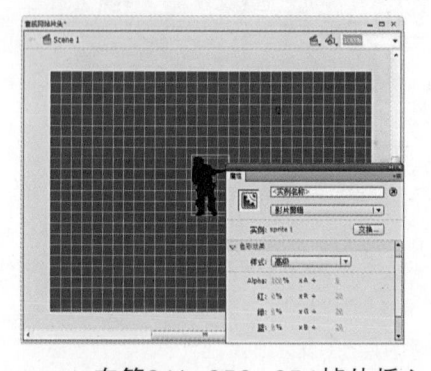

34 在第241、253、254帧处插入关键帧。选择第253帧，分别将R、G、B的数值设置为20。在第269帧处插入普通帧。

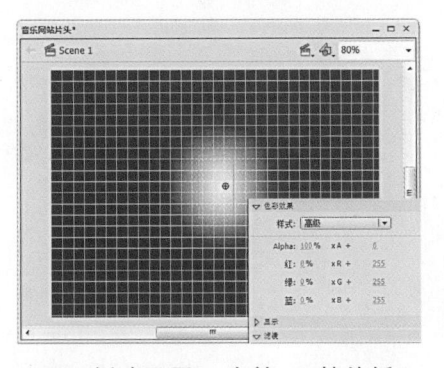

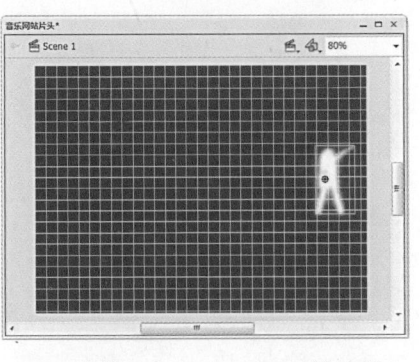

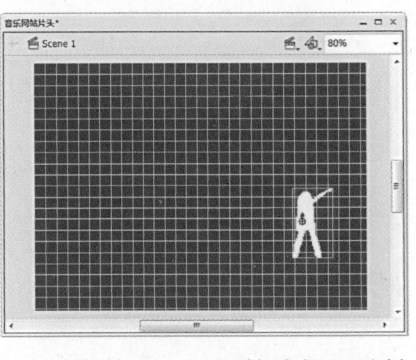

35 新建图层3，在第160帧处插入关键帧，将元件sprite 2拖入到编辑区域，设置色彩和模糊效果。

36 在第163、166、170、171帧处插入关键帧，设置色彩和模糊效果。选择第170帧，改变sprite 2的位置。

37 在第201、210帧处插入关键帧，改变元件sprite 2的位置。在第201~210帧创建传统补间。

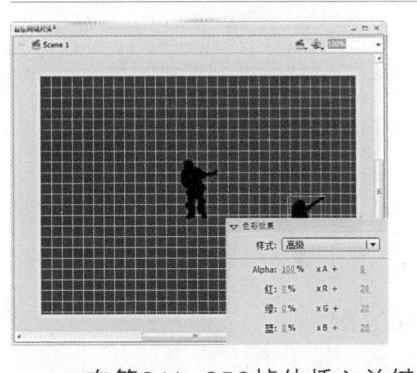

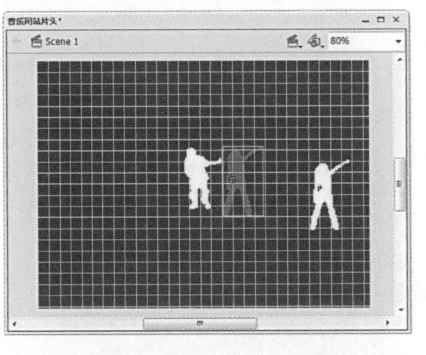

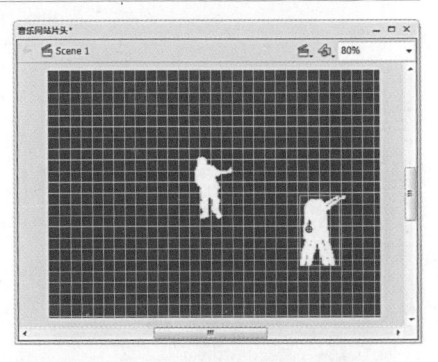

38 在第241、253帧处插入关键帧，选择253帧，更改其色彩效果。在269帧处插入普通帧。

39 新建图层4，在203帧处插入关键帧，将sprite 2拖入到编辑区域，将其Alpha值改为30%。

40 在第213帧处插入关键帧，改变元件sprite 2的位置。在第203~213帧间创建传统补间动画。

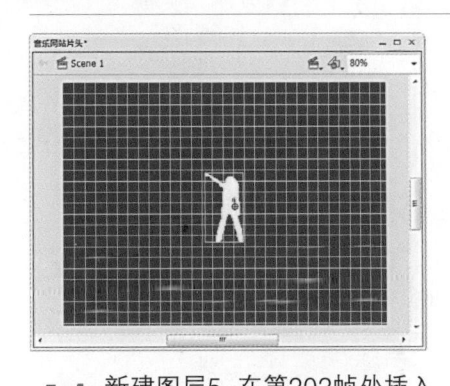

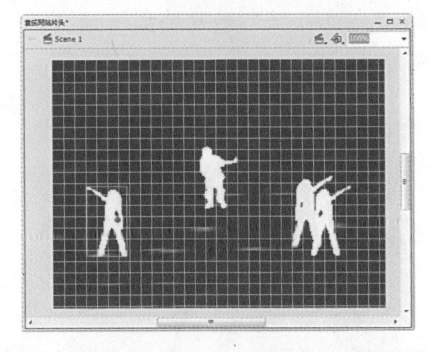

41 新建图层5，在第202帧处插入关键帧。复制图层4中第203帧至图层5的第213帧。

42 新建图层6，在第160帧处插入关键帧。拖入元件sprite 2并执行水平翻转操作。图层6中效果的实现方法与图层3中效果的实现方法一致。第1个图为第171帧，第2个图为第211帧，这两帧中人物的位置发生了变化。

特效技法11 | 变形操作

在Flash CS4中，选择任意变形工具，执行"修改>变形"子菜单中的命令，就可以对所选图形对象、组、文本块和实例进行变形操作。如扭曲、封套、缩放、旋转与倾斜、垂直翻转、水平翻转、逆时针旋转90度、顺时针旋转90度等。在执行垂直翻转和水平翻转时，分别是沿着垂直轴和水平轴翻转对象的。执行变形命令后，若要将变形对象还原到初始状态，则可以执行"修改>变形>取消变形"命令。

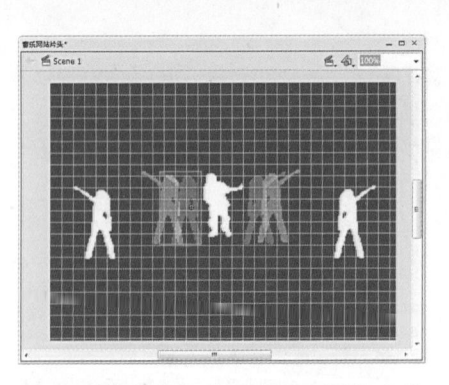

43 新建图层7与图层8，制作人物的影子。制作方法与图层4和图层5的制作方法相同。

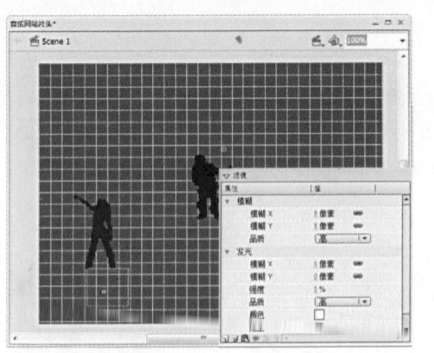

44 新建图层9、10，在其第269帧插入关键帧。将元件sprite 1依次摆放到两个图层中的合适位置，并调整其形状。选择图层9中的元件sprite 1，将其Alpha值更改为20%，并为其添加滤镜。用同样的方法对图层10进行设置。

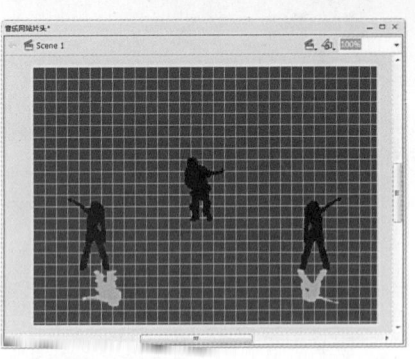

45 新建图层11，在第269帧处插入关键帧，拖入按钮元件button 5。新建图层12。在第269帧处插入关键帧，输入"我的音乐地盘"。并将其转换成为影片剪辑元件sprite 7。

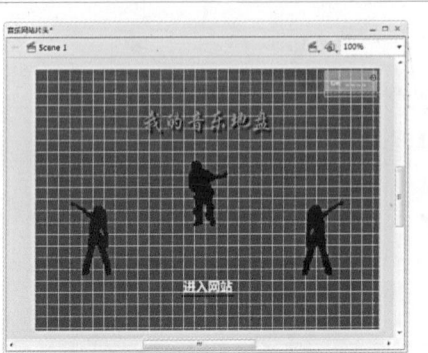

46 新建图层13，将元件sprite 5拖至编辑区域合适位置。在第269帧处插入普通帧。新建图层14，在第70帧处插入关键帧，利用矩形工具绘制一个矩形，以遮住舞台为准。

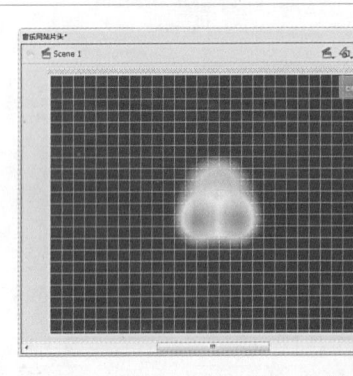

47 在第77帧处插入关键帧，将白色矩形缩小并拉至舞台上方。在第70~77帧间创建形状补间动画。在第159帧处插入关键帧，复制第70~77帧粘贴至第159帧处。

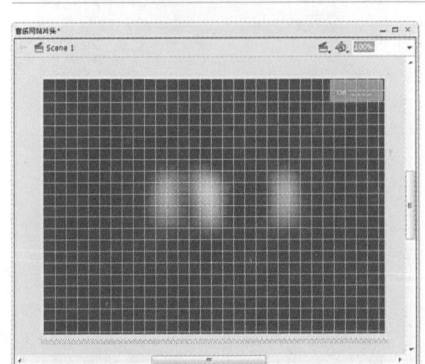

48 选择168帧，选中白色长条，移至舞台下方，在第159~168帧之间创建形状补间动画。在第229帧处插入关键帧。

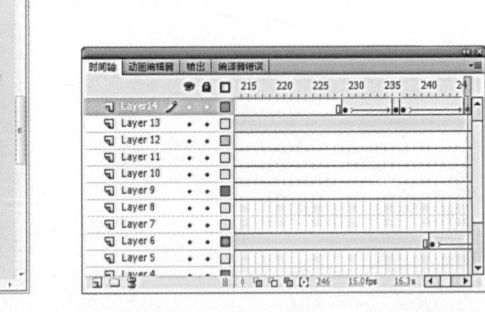

49 再次复制第70~77帧粘贴到第229帧处。在第237帧处插入关键帧。复制第166帧粘贴至第246帧。在第237~246帧间创建形状补间动画。

50 新建图层15，在第269帧处插入关键帧，打开"动作"面板，添加脚本stop();。至此，完成音乐网站片头的制作。

图书在版编目（CIP）数据

Flash CS4 动画制作与特效设计 200 例 / 力行工作室编著 . — 北京：中国青年出版社，2010.6

ISBN 978-7-5006-9322-2

I.① F... II.①力 ... III.①动画 — 设计 — 图形软件，Flash CS4 IV.① TP391.41

中国版本图书馆 CIP 数据核字（2010）第 083855 号

Flash CS4动画制作与特效设计200例

力行工作室　编著

出版发行：中国青年出版社

地　　址：北京市东四十二条 21 号

邮政编码：100708

电　　话：（010）59521188 / 59521189

传　　真：（010）59521111

企　　划：中青雄狮数码传媒科技有限公司

责任编辑：肖　辉　邱秋罗　张海玲

封面设计：刘洪涛

印　　刷：北京顺诚彩色印刷有限公司

开　　本：889×1194　1/16

印　　张：28.5

版　　次：2010 年 7 月北京第 1 版

印　　次：2010 年 7 月第 1 次印刷

书　　号：ISBN 978-7-5006-9322-2

定　　价：86.00 元（附赠 1DVD，含视频与海量素材）

本书如有印装质量等问题，请与本社联系　电话：（010）59521188 / 59521189

读者来信：reader@cypmedia.com

如有其他问题请访问我们的网站：www.21books.com

"北大方正公司电子有限公司"授权本书使用如下方正字体。

封面用字包括: 方正兰亭黑系列